"十四五"职业教育国家规划教材

中国电力教育协会职业院校
电力技术类专业精品教材

电力系统分析

主　编　武　娟

副主编　张兴然

编　写　张建军　郭晓敏

主　审　赵兴勇

中国电力出版社

CHINA ELECTRIC POWER PRESS

内 容 提 要

本书为"十四五"职业教育国家规划教材、中国电力教育协会职业院校电力技术类专业精品教材。

本书内容在满足教学与培训对专业知识要求的同时，注重技能的培养。本书不仅包括电力系统的常规内容，如电力系统基本知识、电力系统等值电路及潮流计算、电力系统的故障分析与计算、电力系统的频率调整、电力系统的电压调整、电力系统的经济运行、架空线路导线截面的选择和电力系统的稳定运行，还利用二维码增加了特高压输电技术、高压直流输电技术、智能电网技术以及新标准体系、中国智能电网的实施进程等内容。

为满足"岗位、课程、技能鉴定证书"融通的需求，根据电力系统分析课程的特点，补充了大量的数字资源，包括国家、行业、企业的标准、规范，浅显易懂的动画视频，体现关键知识和技能体系的教学视频，内容完整的试题库，丰富生动的教学案例库，体现了新技术、新工艺、新设备等的新型电力系统、微电网等内容，实现教材内容的动态更新。

本书主要作为高职高专电力技术类专业教材，也可作为电力职业资格和岗位技能培训教材，同时可作为电力工程技术人员的参考用书。

图书在版编目（CIP）数据

电力系统分析/武娟主编. —北京：中国电力出版社，2012.9（2024.7重印）

普通高等教育"十二五"规划教材. 高职高专教育

ISBN 978-7-5123-3315-4

Ⅰ.①电… Ⅱ.①武… Ⅲ.①电力系统－系统分析－高等职业教育－教材 Ⅳ.①TM711

中国版本图书馆 CIP 数据核字（2012）第 162692 号

中国电力出版社出版、发行

（北京市东城区北京站西街 19 号 100005 http://www.cepp.sgcc.com.cn）

廊坊市文峰档案印务有限公司印刷

各地新华书店经售

*

2012 年 9 月第一版 2024 年 7 月北京第十三次印刷

787 毫米×1092 毫米 16 开本 16.75 印张 408 千字

定价 48.00 元

前 言

本书根据《国家职业教育改革实施方案》的有关精神，按照教育部审定的电力类专业教学标准，参照电力行业职业能力标准，结合电力职业教育的需求以及教材发行以来广大院校师生的反馈，于 2019 年进行了重印修订。

本书内容从理论上坚持"必需、够用"原则，根据电力类专业技术领域和职业岗位（群）的任职要求，参照相关的职业资格标准，把电力行业的相关技术准则、条例、标准、规程规范引入书中，体现了职业性、适用性；不仅适用于高职高专学历教育用书，也可作为电力类专业技术技能人才职业技能考核和岗位培训教材。

为学习贯彻落实党的二十大精神，本书根据《党的二十大报告学习辅导百问》《二十大党章修正案学习问答》，在二维码链接的数字资源中设置了"二十大报告及党章修正案学习辅导"栏目，以方便师生学习。

本书由山西电力职业技术学院武娟担任主编，保定电力职业技术学院张兴然担任副主编。武娟编写项目一、四、八、九，张兴然编写项目三、六、七，山西电力职业技术学院张建军编写项目二、五和附录，山西电力职业技术学院郭晓敏参加了部分内容的编写和校对工作。全书由武娟统稿，山西大学工程学院赵兴勇主审。主审为本书提出了很多宝贵的意见和建议，在此表示衷心的感谢。

限于编者水平，存在的问题和不足之处难免，诚请读者指正。

编 者

2019 年 8 月

目 录

项目一　电力系统基本知识

项目目标　能够列举出电力系统、电网的概念；能简述我国电网发展的历程；能够说出电力系统运行的特点及对电力系统的基本要求；会确定电网中各电气设备的额定电压；能够理解电力负荷分类、各类负荷曲线及其作用；能说出最大负荷利用小时数的意义并根据负荷曲线求最大负荷利用小时数。

电力工业是支撑国民经济和社会发展的重要基础性产业和公用事业。它不仅能满足人民生活水平的不断提高，还为工业、农业、现代科学技术和国防提供了必不可少的动力。多年来，我国电力建设逐步加强，城乡电网建设与改造取得了显著成效，保障了国民经济和社会发展对电力的强劲需求。从世界各国经济的发展进程来看，国民经济每增加 1%，就要求电力工业增长 1.3%～1.5%，一些发达国家几乎是每 7～10 年（个别的是 5～6 年）容量增加一倍。所以，国民经济要发展，电力工业先行是基础。

任务 1.1　认知电力系统

一、电力系统和电网

将自然能转变为电能的过程称为发电，一般在发电厂中进行。煤炭、石油、天然气、水能、核能等自然能称为一次能源，电能是经过人们加工的二次能源。电能与其他能源不同，其主要特点是：不能大规模储存，发电、输电、配电和用电在同一瞬间完成；发电和用电之间必须实时保持供需平衡，如果不能保持实时平衡，将危及电力生产的安全性和连续性。

由于发电厂和负荷之间往往距离很远，这就需要电力线路作为输送电能的通道。在线路输送功率不变的情况下，通过提高线路电压等级输送电能可以减少电流在导线中的功率损耗、电压损耗。电能输送至负荷中心后必须降压，用户才能使用。

电压的升高和降低是通过变压器完成的。安装变压器、断路器等及其测量、保护与控制设备的场所，称为变电所（站）。变电所用于改变电压和联络、汇聚、分配电能。用于升高电压的称为升压变电所；用于降低电压的称为降压变电所。

发电厂、变电所和电力用户之间是通过电力线路来联系的。电力线路分为输电线路和配电线路。我国输电线路电压在 220kV 及以上，配电线路的电压等级有 110、35、10、0.4kV 等。输电线路将发电厂发出的电力输送到消费电能的地区（也称负荷中心），或进行相邻电网之间的电力互送，使其形成互联电网或统一电网，保持发电和用电或两电网之间供需平衡。升压变电所、降压变电所及其相连的输电线路连接起来构成输电网。配电线路是在消费电能的地区接收输电网受端的电力，然后进行再分配，输送到城市、郊区、乡镇和农村，并进一步分配和供给工业、农业、商业、居民以及特殊需要的用电部门。所有配电变压器及其配电线路连接起来构成配电网。

电力系统中，由不同电压等级的变电所和输配电线路构成的网络称为电网。

　　发电、变电、输电、配电和用电等的各种电气设备连接在一起的整体称为电力系统。它包括发电厂的电气部分、升压变压器、降压变压器、输配电线路及各类用电设备。

　　电力系统加上各种类型发电厂的动力部分（如火力发电厂的热力部分、水力发电厂的水力部分、原子能反应堆部分等）以及热力用户，称为动力系统。

　　图 1-1 是用单线图表示的动力系统、电力系统及电网的示意图。

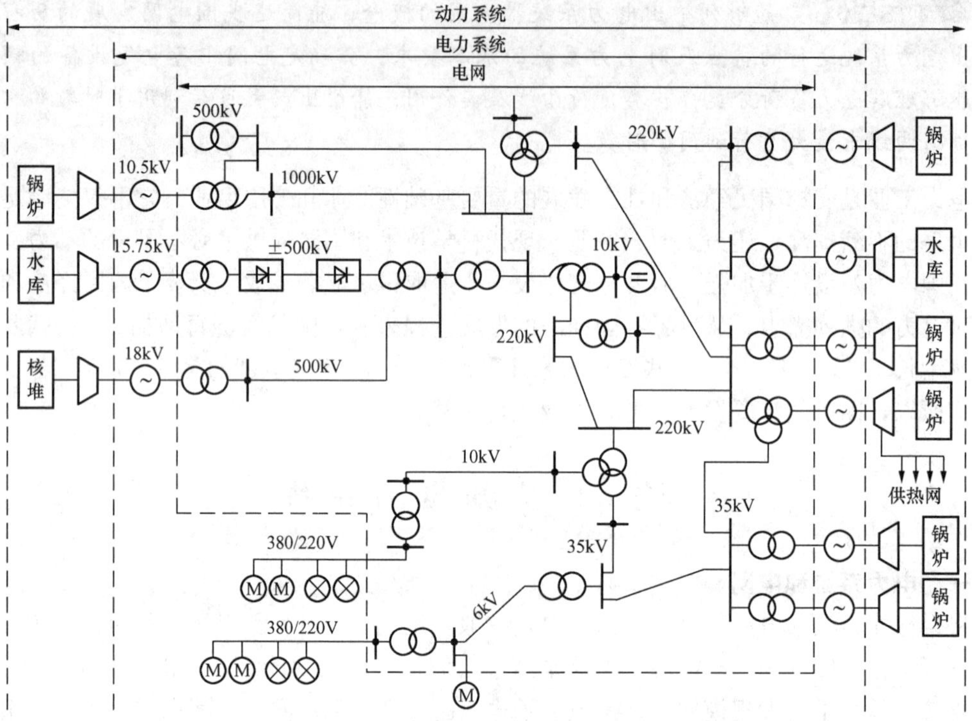

图 1-1　动力系统、电力系统与电网示意图

　　为了分析计算，电网可分为地方电网、区域电网和远距离输电网。地方电网电压较低（110kV 以下），输送功率较小，线路较短，计算时可作较多简化。区域电网则一般电压较高，输送功率较大，线路较长，计算时只能作一定简化。远距离输电网电压在 330kV 及以上，输电线路长度超过 300km，计算时一般不能简化（详见项目九）。

　　按电压的高低，电网又可分为低压网（1kV 以下）、中压网（1～10kV）、高压网（35～220kV）、超高压网（330～750kV）、特高压网（1000kV 及以上）。高压直流（HVDC）通常指的是 ±600kV 及以下的直流电压等级，±600kV 以上的电压称为特高压直流（UHVDC）。

　　按电网在电力系统中的作用可分为系统联络网与供用电网两类。系统联络网主要是为系统运行调度服务的；供用电网主要是为用户服务的。

　　按接线方式，电网还可分为一端电源供电网（又称为开式网）、两端电源供电网（包括环网）、多端电源供电网（又称复杂网），如图 1-2 所示。一端电源供电网是指用户只能从一个方向得到电能的电网，如单回路放射式、干线式、树枝式等类型。它的特点是接线简单、经济、运行方便，但供电可靠性较差。两端电源供电网是指用户可以从两个方向得到电能的电网，如环形网和双回路电网。它的特点是接线较简单、运行灵活、供电可靠性较高。电力系统网架和向一级负荷或重要二级负荷供电的电网，常采用这种接线方式。多端电源供电网是指电网中有从三个或三个以上方向得到电能的变电所或负荷点，又称复杂网。多端电源供电网供电可靠性高，运行、检修灵活，但是接线复杂、投资大，继电保护、运行操作复杂。这类电网主要用于电力系统网架接线，以加强电力系统发电厂之间及发电厂与枢纽变电所之间的联系。供用电网络一般不采用复杂网的接线形式。

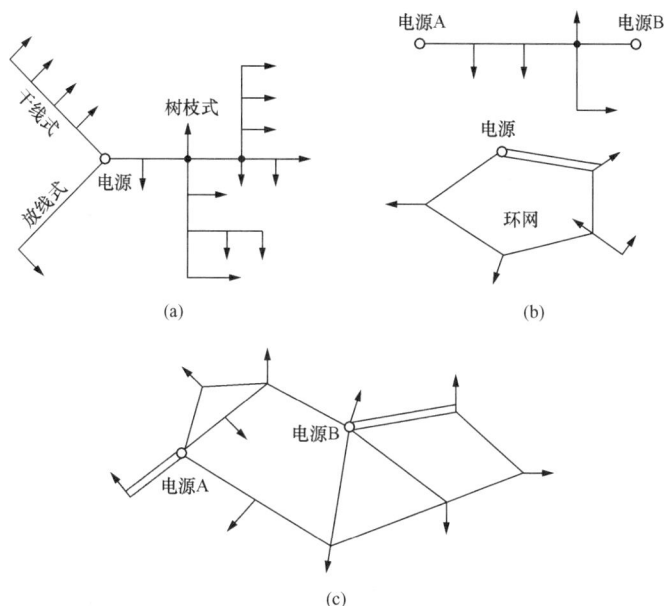

图 1-2 电网的接线图
(a) 开式网；(b) 环网；(c) 复杂网

二、电力系统发展概述

1. 我国电力系统的发展历程

1831 年法拉第的电磁感应定律，从本质上解释了电与磁之间的关系，为电力系统的形成奠定了理论基础。1882 年法国人德普勒将慕尼黑郊外 57km 水电厂的电力输送到慕尼黑，形成了世界上最早、最简单的电力系统。它是一种直流输电系统，其发展受到了许多限制。直至 1891 年生产出了三相异步电动机、三相变压器，建立了三相交流输电系统才奠定了近代输电技术的基础。

三相交流电的出现，以及人们对电力需求的日益增加，使电力系统的容量越来越大、输电电压越来越高、输送功率也越来越大。目前，世界上最高线路电压已达 1150kV（苏联在 20 世纪 80 年代建成世界上第一条 1150kV 特高压乌拉尔—西伯利亚输电线路）。随着输电距离及容量的不断增大，电力系统运行的稳定性问题也日益突出。20 世纪 50 年代开始直流输电又重新被人们所认识和利用。

在我国，1882 年上海有了第一座发电厂（容量为 150kW），主要供附近地区的照明负荷用电需要。1949 年以后电力工业逐年发展，尤其在改革开放以来，电力系统的规模也在壮大。1978 年底，全国装机容量仅 5712 万 kW，35kV 及以上输电线路长度仅为 23.1 万 km，变电设备容量为 1.3 亿 kV·A。改革开放以来，我国电力系统建设步伐不断加快。截至 2022 年底，全国全口径发电装机容量累计 25.6 亿 kW，我国发电装机总容量、非化石能源发电装机容量等指标均稳居世界第一。其中非化石能源发电装机容量 12.7 亿 kW，占总装机容量的 49.6％。分类型看，常规水电装机规模达到 4.1 亿 kW，其中抽水蓄能 4579 万 kW；核电 5553 万 kW；并网风电 3.65 亿 kW，其中，陆上风电 3.35 亿 kW、海上风电 3046 万 kW；并网太阳能发电 3.9 亿 kW；火电 13.3 亿 kW。电网 220kV 及以上输电线路回路长度 84 万 km，220kV 及以上变电设备容量 51.98 亿 kV·A。

随着我国工农业的发展，对电力的需求越来越多。2022 年，全国全口径发电量 8.69 万亿 kW·h。其中，全口径非化石能源发电量 3.15 万亿 kW·h，占总发电量的比例为 36.2％。全口径水电、核电、并网风电和并网太阳能发电量分别为 13550 亿、4178 亿、7624 亿 kW·h 和 4276 亿 kW·h。全国全社会用电量 8.64 万亿 kW·h，其中第一产业用电量 1146 亿 kW·h，第二产业用电量 5.70 万亿 kW·h，第三产业用电量 1.49 万亿 kW·h，城乡居民生活用电量 1.34 万亿 kW·h。

随着技术的发展，我国不断提升输电电压。1981 年 12 月河南平顶山—湖北武昌 500kV 输变电工程建成投运，以此为标志，我国成为世界上第 8 个拥有 500kV 输电线路的国家。几乎同时，500kV 元宝山—锦州—辽阳—海城输变电工程开工建设，采用国产 500kV 设备，分段调试投运，于 1985 年全线建成。此后，500kV 超高压输电线路逐渐成为除西北地区以外各省级及跨省大区电网的骨干网架。

2005 年 9 月，我国第一个 750kV 输变电示范工程（甘肃兰州东—青海官亭，世界上海拔最高的 750kV 输电线路）正式建成投运。此后，兰州东—白银—银川东 750kV 输变电工程于 2008 年投运。2009 年，新疆电网首批 750kV 输变电工程开工建设。2010 年初，新疆与西北主网联网 750kV 输变电工程开工建设。2009 年 1 月 6 日，晋东南—南阳—荆门 1000kV 特高压交流试验示范工程建成投运并保持安全运行，验证了特高压输电的可行性、安全性和优越性，标志着我国在特高压输电技术领域取得重大突破。同时，直流输电发展迅速，我国已经成为世界上直流输电技术领先的国家。1987 年，由我国自主设计、设备全部国产化的 ±100kV 舟山直流输电工程建成。1985 年，我国首条 ±500kV 直流输电工程（葛洲坝—上海）开工建设，1989 年 9 月单极建成投运，1990 年双极全部建成投运，首次实现华中、华东两大区域电网的直流联网。

尤其是在"十四五"以来，我国重大输电通道工程建设稳步推进。至 2022 年底，我国共建成投运 33 项特高压线路。随着交流特高压输变电工程以及直流特高压输电工程的建设，跨区联网逐步加强，特高压交直流线路将承担起更大范围、更大规模的输电任务。

"十四五"时期，电网发展面临着更具挑战性的新形势、新任务。碳达峰、碳中和目标和 2030 年风电、太阳能发电装机达到 12 亿 kW 以上的要求，意味着未来一段时期新能源将持续大规模接入电网，要着力加快构建适应高比例大规模可再生能源发展的新型电力系统，进一步优化电力生产和输送通道布局，提升新能源消纳和存储能力。

2. 跨省跨区电网互联互通建设

多年来，我国电网建设以各省电网和各大区跨省电网建设为重点，在 20 世纪 80 年代末形成东北、华北、华中、华东、西北、南方电网六大跨省区域电网，福建、山东、川渝、海南、新疆、西藏电网独立运行。以 1989 年建成的葛洲坝—上海 ±500kV 直流输电工程实现华中与华东电网直流联网为起步，我国大力加强跨区电网的规划和建设，全国联网进程不断加快。

1997 年，三峡输变电工程建设全面展开。2000 年以后，随着三峡工程的建设，为加大跨省跨区能源资源优化配置能力，缓解电煤运输压力，在六大区域电网的基础上逐步开展了全国联网工作。2001年5月，华北电网与东北电网通过交流500kV线路实现了跨大区联网，同年11月，福建电网与华东电网实现互联。2002年5月，川电东送工程实现川渝电网与华中电网的交流互联。2003年9月，华中与华北联网工程建成投运，形成了东北—华北—华中同步电网。2004年4月，华中电网通过三峡—广州直流输电工程实现与南方电网的互联。2005年3月，山东电网并入华北电网，同年6月，西北电网与华中电网通过灵宝直流背靠背工程实现异步联网，标志着我国主要电网实现全国联网。2008年11月，东北电网与华北电网通过高岭直流背靠背实现异步联网。2009年，华北电网与华中电网通过特高压交流试验示范工程实现联网运行，海南联网工程建成投产，灵宝背靠背扩建工程投产运行，云南—广东特高压直流工程、宝鸡—德阳直流工程单极投运，向家坝—上海特高压直流工程成功带电，电网跨区联系进一步增强。

随着同步电网规模的扩大，大电网互联规模效益逐步递减，安全复杂性和控制难度不断增加。为统筹兼顾联网规模效益与大电网安全，我国电网互联逐步由同步互联向异步互联发展。目前，我国已形成华东、华北、华中、东北、西北、川渝、南方等七个区域电网，除华中、华北电网经一回特高压交流互联外，其他分区均以直流实现异步互联。全国已形成以东北、西北、西南区域为送端，华北、华东、华中、华南区域为受端区域间交直流混联的电网格局，电网技术水平和运行效率显著提升，电网资源优化配置能力显著增强。随着跨区联网的建设，跨区跨省输电量逐年提高。2022年全国跨区输电能力达到17215万kW（跨区网对网输电能力15881万kW；跨区点对网送电能力1334万kW）；全国跨区输送电量7654亿kW·h，跨省输送电量1.77万亿kW·h，有效缓解我国能源资源与负荷分布矛盾，有力推进能源供给和消费向清洁低碳加速转型。

3. 跨省跨区电网互联互通对构建新型电力系统的意义

在新型电力系统下，跨省跨区电网互联互通将承担更多的功能定位，在保障电力供应安全、消纳高比例新能源、提升电网运行效益、扩大电力交易规模等方面将发挥更加显著的作用。

一是增强电力安全可靠供应能力。受国际能源价格飙升、极端天气条件下可再生能源输出功率不足等多重因素影响，电力供应能力提升有限，导致局部地区、局部时段出现电力供需紧张。考虑到不同地区气候条件、产业结构、电源结构不同，地区之间在日用电高峰和年用电高峰时段负荷特性不同，电源特性存在水火互济、风光互补效益。通过电网互联互通，可有效提高不同地区电力互补互济、调剂余缺能力，缓解电力供应紧张，同时在应急情况下可以互为备用、相互支援，进一步提升极端条件下的保供电能力和事故应急处置能力。

二是促进清洁能源高效消纳。随着碳达峰碳中和目标的深入推进，风光等新能源发展迅猛。由于新能源发电具有随机性、波动性特点，大规模接入将给电力系统消纳带来较大的压力。通过电网互联互通，建成联系紧密、规模更大的电网平台，有利于发挥新能源发电的时空互补特性，降低新能源的波动性和间歇性；也有利于将新能源富集地区的绿色电力输送到负荷中心地区消纳，从而扩大新能源消纳空间；同时还能利用不同地区多时间尺度调峰互补特性，增强调峰互济能力，助力新能源大规模开发和安全可靠消纳。

三是提高电力系统运行经济性。在电力互补潜力较大地区实施适当规模的电网互联互通工程，通过电力双向互济，最高可取得200%互联容量的装机替代效益，与分别在两地建设应急备用和支撑调峰电源相比，联网工程经济效益明显。此外，互联互通大电网与若干独立电网相比，可以适当减少系统备用容量，提高火电利用效率，有利于促进网源协调可持续发展。

四是推动全国统一电力市场体系建设。互联互通的大电网是建设全国统一电力市场体系的重要物理基础。通过电网互联互通，打通跨省跨区交易通道，推动各层级电力市场之间相互耦合、有序衔接，扩大电力中长期、现货、辅助服务市场交易范围，加速绿电交易等模式规模化发展，实现更大范围内电力资源的优化配置和更加高效的新能源消纳体系。

三、对电力系统的基本要求

1. 电力系统运行的特点

电能是一种特殊的商品，其生产具有特殊性。

(1) 电能的生产、输送、分配和使用同时进行。目前尚不能大量地、廉价地储存电能。发电厂发出的电能还不能做到恰好等于用户所需要的电能和输送分配过程中的电能损耗。当电力系统负荷变化或发生故障使平衡有所破坏时，电力系统会自动调整或经人工干预调整到新的平衡。所以电能的生产、输送、分配和使用必须同时进行，要求统一调度、协调生产，保证整个系统的连续性。

(2) 电能的生产与国民经济及人民生活关系非常密切。由于电能使用和控制方便，能够远距离输送，当今社会电能的使用越来越广泛，各类用户无处不在。如果电能供应不足或中断将给国民经济造成巨大损失，直接影响工农业生产，给人民生活带来诸多不便。另外，电能的价格还影响产品的成本，从而影响大多数商品和服务价格。

(3) 电力系统运行的过渡过程非常短暂。电能以电磁波的形式传播，其传输速度与光速相同。电力系统中各元件的投、切和电能输送过程几乎都在一瞬间进行，即电力系统从一种运行方式过渡到另一种运行方式的过渡过程非常短暂。在电力系统中，由于雷击或开关操作引起的过电压，其暂态过程只有微秒到毫秒数量级；从发生故障到系统失去稳定通常也只有几秒的时间，因事故而使系统全面瓦解的过程一般也只以分钟计。为了使设备在故障等暂态过程中不致损坏，更为了防止电力系统失去稳定或发生崩溃，因此电力系统要求具有较高的自动化程度，需要继电保护、自动装置的投入，实施实时监控，保证电力系统的安全稳定运行。

2. 对电力系统的基本要求

电力系统的根本任务是：最大限度地为用户提供安全、可靠、优质、价廉的电能。根据电能生产的特点和电力系统的任务，对电力系统有以下基本要求。

(1) 最大限度地满足用户的需求。电力生产要满足现在各个行业及人民生活不断增长的用电需求，并且电力的发展制约国民经济的发展。所以，保障供电是电力部门的首要任务，并要求电力的发展超前其他行业的发展，最大限度地满足人们对电能的需求。

(2) 安全可靠地供电。电力生产必须执行"安全第一、预防为主"的方针，没有安全，就没有生产。可靠的供电就是满足电能生产的连续性，电力系统供电的中断将使生活停顿，生活混乱，甚至危及人身和设备的安全，会造成十分严重的后果。电力系统为了保持高的可靠性，必须具有足够的电源容量（包括一定的备用容量）和合理的布局，电网结构必须合理，使得在某一（或某些）线路、电气设备因故障或检修而退出运行时，不影响或不严重影响对用户的供电。对电力系统可靠性威胁最大的就是系统失去稳定，必须要有保护投入和提高稳定性的措施。

(3) 提供优质的电能。电能的优劣可用电能质量来衡量。对一般用户主要考虑交流电的频率、电压和波形质量。在我国，对于频率的容许偏差、电压的容许偏差以及谐波电流电压闪变等都有相应的标准，在电力系统设计和运行中都不允许超出这些标准。我国电力系统频率偏移一般不超过额定频率的 $\pm(0.2 \sim 0.3)$Hz，电压偏移一般不超过用电设备额定电压的 $\pm 5\%$，频率或者电压偏移过大，无论对用户，还是对电力系统本身都会产生不良后果。随着计算机技术、高新技术设备在电力系统中的广泛应用，电能的波形、电压波动和闪变、三相电压不平衡度等也应予以考虑，否则将影响这些设备的正常工作。

（4）系统运行的经济性。电能生产的规模很大，消耗的一次能源在国民经济一次能源总消耗量中占有很大的比重，因此，提高电力系统运行的经济性具有极其重要的意义。任何产品的生产都讲究其经济性，都要最大限度地降低生产成本。电力系统的经济性应考虑合理分配各发电厂之间的负荷、降低发电厂燃料消耗率和厂用电率、降低电网的电能损耗和管理成本等。

（5）节能和环保。环境保护问题为人们日益关注。在火力发电厂生产过程中产生的各种污染物质，包括氧化硫、氧化氮、飞灰、灰渣、废水等排放量的限制，也将成为对电力系统运行的基本要求。节能降耗和污染减排是一项全社会任务，是构建和谐社会的重要因素。据测算，线损电量占电网公司总能耗的 97.05%；其次大楼建筑用能、用水等方面的能耗占 1.43%。因此节能降耗重点在优化调度、降低综合线损、用电侧管理、建筑节能等领域开展。另外，可再生能源的开发利用也是实现节能、降耗、环保、增效的一种重要手段，我国将大力发展风电，适当发展太阳能光伏发电和分布式供能系统。

电力系统既要同时满足以上要求，又要兼顾它们之间的矛盾。比如，最大限度满足用电，就可能影响电力系统的安全和供电的可靠；要满足供电的可靠，提供优质电能，就要投入更多的电力设备，必然影响经济性。

任务 1.2　认知电力负荷

一、电力负荷

1. 电力系统的负荷

电力系统中的总负荷就是系统中千万个用电设备消耗功率的综合，它们大致分为异步电动机、同步电动机、电热电炉、整流设备、照明设备等若干类。根据用户的性质，用户的用电负荷可以分为工业负荷、农业负荷、交通运输负荷和人们生活用电负荷等。在不同行业中，各类用电设备占的比重也不同。表 1-1 所示是几种工业用电设备比重的统计。

表 1-1　　　　　　　　几个工业部门用电设备比重的统计（%）

用电设备	综合性中小工业	纺织工业	化学工业（化肥厂、焦化厂）	化学工业（电化厂）	大型机械加工厂	钢铁工业
异步电动机	79.1	99.8	56.6	13.0	82.5	20.0
同步电动机	3.2		43.4		1.3	10.0
电热设备	17.7	0.2			15.0	70.0
整流设备				87.0	1.2	
合计	100.0	100.0	100.0	100.0	100.0	100.0

　　系统中所有电力用户的用电设备所消耗的电功率总和就是电力系统的负荷，也称为电力系统的综合用电负荷，它是把不同地区、不同性质的所有用户的总负荷加起来而得到的。综合用电负荷加上网络中损耗的功率就是系统中各发电厂应供应的功率，因而称为电力系统的供电负荷。供电负荷再加各发电厂的厂用电，即为系统中各发电机应发的功率，也称为电力系统的发电负荷。

　　2. 电力负荷的分类

　　电力系统要为广大用户提供电能，由于用户的用电设备类型不同，对供电的连续性、可靠性要求也不同。根据用户对供电可靠性的不同要求，目前我国将电力负荷分为以下三级。

　　(1) 一级负荷。一级负荷是非常重要的负荷，对这类负荷的供电中断将发生下列一种或几种严重后果。

　　1) 造成人身伤亡。

　　2) 造成环境严重污染。

　　3) 造成重要设备损坏、连续生产过程长期不能恢复或大量产品的报废。

　　4) 在政治上或军事上造成重大影响。

　　5) 造成重要公共场所秩序混乱。

　　对于一级负荷，必须由两个或两个以上的独立电源供电。所谓独立电源，就是不因其他电源停电而影响本身供电的电源。此外，除正常供电电源外还应配保安电源。

　　(2) 二级负荷。二级负荷是比较重要的负荷。对此类负荷中断供电，将造成工厂大量减产、工人窝工、城市中大量居民的正常生活受到影响等后果。

　　对于二级负荷，可由两个电源供电或专用线路供电。

　　(3) 三级负荷。不属于一级、二级负荷，受停电影响不大的其他负荷都属于三级负荷。如工厂的附属车间、次城镇和农村的公共负荷等。对这类负荷中断供电不会造成什么损失，所以对供电不作特殊的要求。

　　二、负荷曲线

　　负荷用电是随时间变化的，而且有很大的随机性。所以，电力系统的供电负荷是时刻在变化着的，相对应的电力系统的功率（或电流）分布、母线电压、系统频率、功率损耗以及电能损耗等也在变化。因此在分析和计算电力系统时，首先必须了解负荷随时间变化的规律。用户、变电所、发电厂及电力系统的负荷随时间变化的规律，通常以负荷曲线来表示。一般用直角坐标系的横坐标表示时间，以时、日、月等时间为单位，纵坐标表示有功功率、无功功率、视在功率或者电流。负荷曲线可以分为有功功率日负荷曲线、无功功率日负荷曲线、年最大负荷曲线、年持续负荷曲线等类型。一般常用的负荷曲线有日负荷曲线和年负荷曲线。

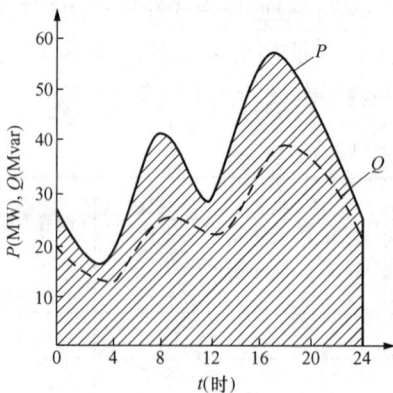

图 1-3　有功及无功日负荷曲线图

　　1. 日负荷曲线

　　图 1-3 表示用户或地区的日负荷曲线，它可以由自动记录式仪表、电力生产系统软件或运行人员运行记录日志的有关数据画出。日负荷曲线描述了电力负荷 24 小时的变化情况。

日负荷曲线包括有功日负荷曲线与无功日负荷曲线。由于用户取用有功功率的同时也取用无功功率，无功日负荷曲线与有功日负荷曲线形状基本相似。不过，当有功负荷降低时，由于变压器、电动机取用的励磁无功功率只与电网电压有关而与负荷无关，所以无功负荷并不成比例下降。因此，在最小负荷时，无功负荷减少的程度比有功负荷要小一些。同时，由于照明负荷取用的无功功率甚少，有功负荷因照明而出现峰值时，无功负荷比有功负荷增加的程度要低些。因此，无功负荷曲线比有功负荷曲线平坦。

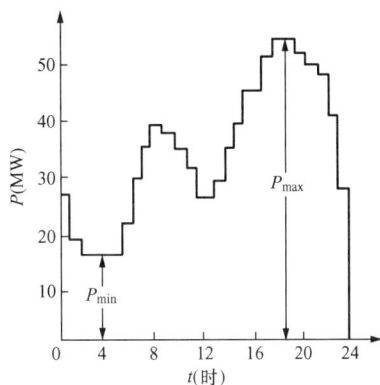

图 1-4 阶梯形有功日负荷曲线图

为了简化计算和便于在运行中绘制负荷曲线，常把连续变化的负荷看成在测量的那一小段时间内不变。因此，将连续变化的曲线绘制成阶梯形的负荷曲线，如图 1-4 所示。

日负荷曲线用来描述电力负荷 24 小时的变化情况，可以根据有功日负荷曲线计算一日的总耗电量，即

$$W_d = \int_0^{24} P \mathrm{d}t \tag{1-1}$$

很明显，这就是日有功负荷曲线下面所包围的面积，即图 1-3 中阴影部分的面积。如果有功功率 P 的单位是 kW，时间的单位是时，则电能 A 的单位为 kW·h。根据整个电力系统的日负荷曲线，电力系统的调度管理部门就可以据此制定日发电量计划。

日负荷曲线的特性指标：

（1）日最大负荷 P_{max}：日负荷曲线中的最大值，又称峰荷；

日最小负荷 P_{min}：日负荷曲线中的最小值，又称为谷荷；

日平均负荷 P_{av}：把一日内各小时的负荷加起来取平均值，其值等于图 1-3 曲线下的面积除以 24h，表达式为

$$P_{av} = \frac{W_d}{24} = \frac{1}{24}\int_0^{24} P \mathrm{d}t \tag{1-2}$$

（2）日负荷系数（负荷率）γ：表示负荷的平复程度，其值越高，说明负荷在一天内的变化越小。其表达式为

$$\gamma = \frac{P_{av}}{P_{max}} \tag{1-3}$$

（3）日基本负荷系数 α

$$\alpha = \frac{P_{min}}{P_{av}} \tag{1-4}$$

（4）日最小负荷系数 β：表明一天内负荷变化的幅度，其值越高，说明负荷在一天内大小的变化越小。其表达式为

$$\beta = \frac{P_{min}}{P_{max}} \tag{1-5}$$

γ 和 β 值的大小受电力系统中用电结构的影响，连续性生产的工业用电比重越大，γ 和 β 值也越高。若电力系统人为进行削峰填谷，则 γ 和 β 值也很高；反之，若系统中市政生活、

商业及照明用电比重很大，则 γ 和 β 值就比较低。

对于不同性质的用户，负荷曲线是不同的，图 1-5 给出了不同行业的有功功率日负荷曲线。

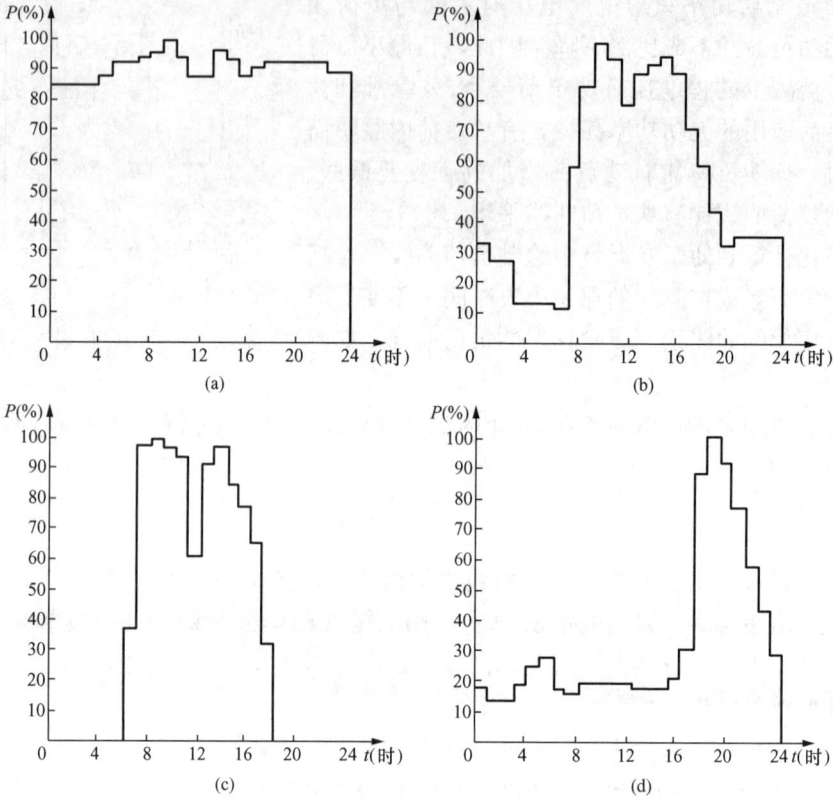

图 1-5 不同行业的有功功率日负荷曲线
(a) 钢铁工业负荷（三班制负荷）；(b) 食品加工负荷（两班制）；
(c) 一般加工负荷（单班制）；(d) 人们生活负荷

一般来说，负荷曲线的变化规律由负荷的性质、厂矿企业生产的发展情况及作息制度、用电地区的地理位置、当地气候变化情况和群众生活习惯等因素决定。例如，照明的最大负荷出现在天黑以后，白天却比较小；而单班制生产的工厂则负荷主要在白天。不同班制工厂的日负荷曲线有很大的差别，单班制的日负荷曲线在一天中变化比较剧烈，而三班制的则比较平稳。另外，就是同一用户的负荷曲线每天也是不完全相同的。例如，一般工作日与休假日负荷差别很大。三班制企业最小负荷率可达到 0.85，单班制企业最小负荷率只有 0.13。各用户的最大负荷、最小负荷不是同时出现，所以系统最大负荷总是小于各用户最大负荷之和，而系统最小负荷总是大于各用户最小负荷之和。

2. 年最大负荷曲线

在电力系统的运行和设计中，不仅要知道一天之内负荷的变化规律，而且还要知道一年之中负荷的变化规律。最常用的是系统年最大负荷曲线，如图 1-6 所示。年最大负荷曲线是描述一年内从年初元月一日起至年终，电力系统每月（或每日）最大有功功率负荷变化的情况。它主要用来安排发电设备的检修计划，同时也可为制订发电机组和发电厂的扩建或新建计划提供依据。从图 1-6 中可以看到，春秋季最大负荷比较小些；夏季负荷随着空调等防暑措施的利用，负荷值会增加；至于年末负荷比年初大，是由于厂矿企业技术革新和电气化程度不断提高以及新建、扩建厂矿投入生产而用电增加的结果。

图 1-6 中带斜线小方块面积 A 的高度代表系统计划检修机组和其他附属设备的容量，横坐标表示该设备计划检修的时间。B 代表系统新装的机组容量。显然这些退出运行进行检修的设备，应安排在年最大负荷曲线低谷的地方，并且不能超过系统装机容量。

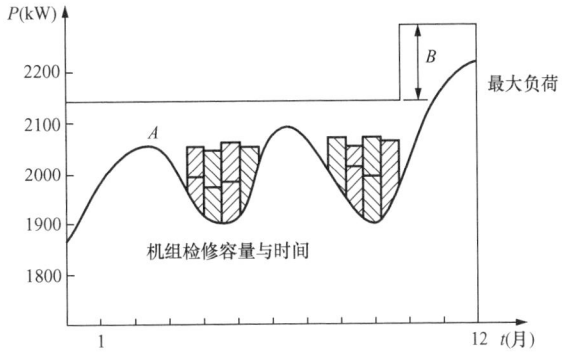

3. 年持续负荷曲线

在电力系统的分析计算中，还常常用到年持续负荷曲线，如图 1-7 所示。它是根据全年的负荷变化，按照一年

图 1-6 年最大负荷曲线

（8760h）中系统负荷的数值大小及其累计时间数的顺序排列而绘制成的。

利用年持续负荷曲线，可以计算出电网一年中电能消耗的大小。计算式表示为

$$W = \int_0^{8760} P \mathrm{d}t = \sum_{t=1}^{n} P_t \Delta t_t \tag{1-6}$$

4. 最大负荷利用小时数

用户全年所取用的电能与一年内的最大负荷相比所得的时间称为用户年最大负荷利用小时数，记作 $T_{\max}$，用数学式表示为

$$T_{\max} = \frac{W}{P_{\max}} = \frac{\int_0^{8760} P \mathrm{d}t}{P_{\max}} \tag{1-7}$$

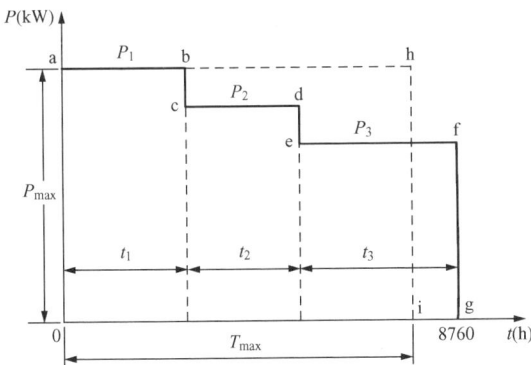

图 1-7 年持续负荷曲线

$T_{\max}$ 的几何意义如图 1-7 所示。负荷所消耗的电能为曲线从 0～8760h 所围成的面积。如果把这一面积用一相等的矩形面积表示，矩形的高代表最大负荷 $P_{\max}$，则矩形的底 $T_{\max}$ 表示最大负荷利用小时数。$T_{\max}$ 的物理意义是：如果用户始终以最大负荷 $P_{\max}$ 运行，则经过 $T_{\max}$ 后，它所消耗的电能恰好等于全年按实际负荷曲线运行所消耗的电能。

年最大负荷利用小时数的大小，在一定程度上反映了实际负荷在一年内变化的程度。如果负荷曲线比较平坦，即负荷随时间的变化比较小，则 $T_{\max}$ 的值较大；如果负荷变化剧烈，则 $T_{\max}$ 的值较小。根据电力系统长期运行和实测所积累的经验，不同类型的负荷，其年最大负荷利用小时数大体上在一定的范围之内，见表 1-2。

表 1 - 2   各类负荷的最大利用小时(T_{max})

负荷类型	年最大负荷利用小时（h）	负荷类型	年最大负荷利用小时（h）
户内照明及生活用电	2000～3000	三班制企业用电	6000～7000
单班制企业用电	1500～2200	农业用电	2500～3000
两班制企业用电	2000～4500		

在电网设计与运行中，用户的负荷曲线往往是未知的。但如果知道负荷的性质，掌握了各类用户的年最大负荷利用小时后，就可以选择适当的 T_{max} 值，从而可以利用式(1 - 7)近似地估算出用户的全年耗电量，即 $W = P_{max}T_{max}$。

三、负荷特性

负荷取用的功率一般是要随系统的运行参数（主要是电压和频率）的变化而变化，反映这种变化规律的曲线或数学表达式称为负荷特性。

当频率维持额定值不变时，负荷功率与电压的关系称为负荷的电压静态特性；当负荷端电压维持额定值不变时，负荷功率与频率的关系称为负荷的频率静态特性。所谓"静态"，是指这些关系是在系统处于静态下确定的。

各类用户的负荷特性依其用电设备的组成情况而不同，一般是通过实测而定。图 1 - 8 表示由 6kV 电压供电的中小工业负荷的静态特性，其中负荷的组成为异步电动机占 79.1%，同步电动机占 3.2%，电热电炉占 17.7%。

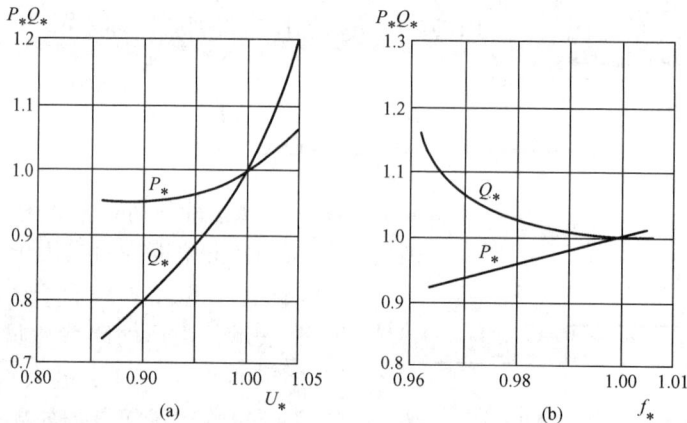

图 1 - 8 6kV 综合性中小工业负荷的静态特性

（a）负荷的电压静态特性；（b）负荷的频率静态特性

任务 1.3 确定电力系统的额定电压

额定电压，是国家有关部门根据国情、技术条件综合比较确定的标准电压，用 U_N 表示。电力系统中的发电机、变压器、线路、用电设备等都规定有额定电压，它们在额定电压下运行时，其技术性与经济性为最佳。为了标准化、系列化制造电力设备，且便于设备的运行、维护、管理，额定电压等级不宜过多，电压级差不宜过小。一般认为，在一个电力系统中，相邻两级电压之比取 1.7～3.0 是比较合适的。GB/T 156—2017《标准电压》中规定的电力系统电

压 有 220V、380V、3kV、6kV、10kV、35kV、60kV、110kV、220kV、330kV、500kV、750kV、1000kV 等，其中 220V 为单相交流电，其余均为三相交流电。其中，60kV 电压等级只在东北电力系统采用，并不再使用 110kV 和 35kV 电压等级；330kV 电压等级只在西北电力系统采用。1000kV 电压等级输电线路于 2006 年开始投建，2009 年 1 月投运。

一、额定电压的分类

目前，国家根据电压的高低和使用范围，把多种电力设备的额定电压分为三类。

(1) 第一类额定电压是指 100V 以下的额定电压，见表 1-3，主要用于安全、照明、蓄电池及开关设备的直流操作电源等。其中，交流 36V 电压只作为潮湿环境的局部照明及其他特殊电力负荷使用。

表 1-3 第一类额定电压(V)

直流	交流		直流	交流	
	三相	单相		三相	单相
6		6		36	36
12		12	48		
24		24			

(2) 第二类额定电压是 100~1000V 之间的额定电压，见表 1-4。这类电压应用最广、数量最多，如低压电动机、工业、民用、照明、普通电器、动力及控制设备等都采用此类电压，表 1-4 中括号内的电压，只用于矿井下或其他安全条件要求较高的地方。

表 1-4 第二类额定电压(V)

变电设备			发电机		变压器			
直流	三相交流		直流	三相交流	单相		三相	
	线电压	相电压			一次绕组	二次绕组	一次绕组	二次绕组
110			115					
	(127)			(133)	(127)	(133)	(127)	(133)
220	220	127	230	230	220	230	220	230
	380	220	400	400	380		380	400
440								

注 括号内电压用于矿井或保安条件要求高的场所。

(3) 第三类额定电压是高于 1000V 的额定电压，见表 1-5。这类电压主要用于发电机、变压器、输配电线路及受电设备。

表 1-5 第三类额定电压(kV)

电力系统电压等级	线路平均额定电压	交流发电机	变压器	
			一次绕组	二次绕组
3	3.15	3.15	3 及 3.15	3.15 及 3.3
6	6.3	6.3	6 及 6.3	6.3 及 6.6

电力系统电压等级	线路平均额定电压	交流发电机	变压器	
			一次绕组	二次绕组
10	10.5	10.5	10 及 10.5	10.5 及 11
		13.8	13.8	
		15.75	15.75	
		18	18	
35	37		35	38.5
(60)	(63)		(60)	(66)
110	115		110	121
220	230		220	242
(330)	(345)		(330)	(363)
500	525		500	550
750	787.5		750	825
1000	1050		1000	1100

注 1. 表中所列均为线电压。

2. 括号内的电压仅用于特殊地区。

3. 水轮发电机允许用非标准额定电压。

二、主要设备的额定电压

由表 1-5 可见，同一电压等级的受电设备中发电机、变压器的额定电压并不完全相等。这是由于功率传输过程中线路要产生电压损耗，沿线路各点的电压是不同的，一般是首端电压高于末端电压。线路的额定电压规定与受电设备的额定电压相同，这样所有接在线路上的用电设备都可以在额定电压附近运行。

1. 线路的额定电压

输配电线路的额定电压与受电设备的额定电压规定的相同，但是线路运行时有电压损耗，一般线路首端电压高于末端电压。负荷变化时，线路中的电压损耗也变化，所以线路运行时各处的电压不同。一般情况下，受电设备的允许电压偏移为 ±5%，沿线路的电压损耗为 10%。如果线路首端电压为额定电压的 1.05 倍，末端电压就不会低于额定电压的 0.95倍，各受电设备就能在允许电压范围内运行。所以线路的额定电压，一般就是受电设备的额定电压。

在一些计算中一般采用表 1-5 中的线路的平均额定电压。这是为了使线路末端受电设备得到额定电压，可将线路首端电压提高 10%，这样线路的平均额定电压就是受电设备电压的 1.05 倍。

2. 发电机的额定电压

发电机是输出电能的设备，接在线路的首端，额定电压要比线路的高。发电机出口一般接母线或直接接变压器，线路较短，因此，发电机的额定电压比线路额定电压高 5%，即

$$U_{GN} = 1.05 U_N$$

式中 U_{GN}——发电机的额定电压；

U_N——线路的额定电压。

对于没有直配负荷的大容量发电机，其额定电压按技术经济条件来确定，不受线路额定电压的限制，例如国产 125、200、300、600MW 的汽轮发电机，其额定电压分别为 13.8、15.75、18、20kV。

3. 变压器的额定电压

变压器每个绕组都有其额定电压。若为降压变压器，一次绕组相当于受电设备，其额定电压等于所连线路的额定电压；若为升压变压器，变压器直接和发电机相连，其额定电压等于发电机额定电压。

二次绕组输出电能，相当于发电机。因变压器二次侧额定电压规定为空载变压器一次侧加额定电压时的二次侧电压，而额定负荷下变压器内部的电压降落约为 5%，为使正常运行时变压器二次绕组的实际输出电压比线路额定电压高 5% 左右，变压器二次侧额定电压应比线路额定电压高 5% ~10%。一般变压器二次侧额定电压比线路额定电压高 10%；只有漏抗较小的变压器（高压侧电压不大于 35kV 且短路电压百分值不大于 7.5%）或二次绕组所连线路较短以及三绕组变压器连接同步调相机的绕组时，二次侧额定电压才比线路额定电压高 5%。现在新建的工程有时不论漏抗大小，二次侧额定电压都比线路额定电压高 5%。

【例 1 - 1】 如图 1 - 9 所示电力系统，线路额定电压已知，试求发电机、变压器的额定电压。

解 （1）发电机 G 的额定电压为 10.5kV。

（2）升压变压器 T1 一次侧与发电机直接相连，二次侧分别与 110、220kV 线路相连，则 T1 的各侧额定电压为 242/121/10.5kV。

（3）降压变压器 T2 一次侧与 110kV 线路相连，二次侧

图 1 - 9 ［例 1 - 1］附图

分别与 35kV 线路和 10kV 调相机相连，则 T2 的各侧额定电压为 110/38.5/10.5kV。

（4）降压变压器 T3 一次侧与 220kV 线路相连，二次侧与 35kV 线路相连，则 T3 的各侧额定电压为 220/38.5kV。

（5）降压变压器 T4 一次侧与 35kV 线路相连，二次侧与 0.38kV 线路相连，又因 T4 的 $U_k(\%) \leqslant 7.5$，则它的各侧额定电压为 35/0.4kV。

三、各级电压电网的适应范围

电力系统输送的三相功率 S 和线电压 U、线电流 I 之间的关系为 $S = \sqrt{3}UI$，所以输送功率一定时，输电电压越高，电流越小，可采用较小截面的导线。但电压越高对绝缘的要求越高，电气设备的绝缘费用就越高，杆塔、变电所的构架尺寸增大、投资就要增加。因此对应一定的输电距离和输送功率，必然有一个在技术上、经济上均较合理的电压。

选择电网电压时，除应根据输送容量和输送距离，以及周围电网额定电压情况外，还应考虑电力的发展，拟定几个方案，通过技术经济比较确定。如果两个方案的技术经济指标相

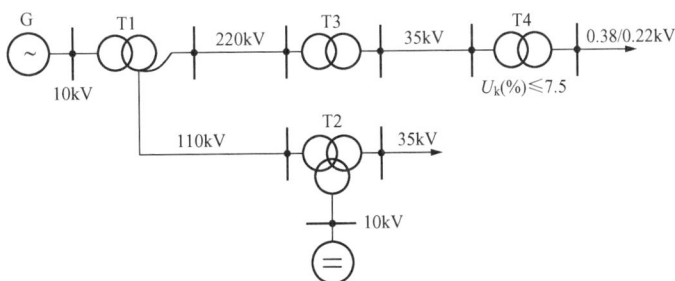

近，或较低电压等级的方案优点不太明显时，应采用电压等级较高的方案。各级电压电网的经济输送容量，输送距离与适用地区可参照表1-6。

表1-6　　　　　　　　　　　电网的经济输送容量、输送距离与适用地区

额定电压（kV）	输送容量（MW）	输送距离（km）	适　用　地　区
0.38	0.1以下	0.6以下	低压动力与三相照明
3	0.1～1.0	1～3	高压电动机
6	0.1～1.2	4～15	发电机电压、高压电动机
10	0.2～2.0	6～20	配电线路、高压电动机
35	2.0～10	20～50	县级输电网、用户配电网
110	10～50	30～150	地区级输电网、用户配电网
220	100～200	100～300	省、区输电网
330	200～500	200～600	省、区输电网、联合系统输电网
500	400～1000	150～850	省、区输电网、联合系统输电网
750	800～2200	500～1200	联合系统输电网
1000	2000～5000	1000～1500	联合系统输电网

小　　结

电力在各行业起着不可替代的作用，直接影响国民经济的发展。电力工业经过一百多年的发展，世界各国都已经形成了各自特点的电力系统，组成了不同的电力网络。改革开放后，我国电力系统也有了巨大的发展。电力系统是由发电厂电气部分、各电压等级的变电所、输配电线路以及电力用户组成。

为了标准化、系列化生产以及运行的技术性与经济性，电力系统中的各电气设备均规定了额定电压。我国根据电压的高低，把多种电力设备的额定电压分为三类。

电力用户性质不同，对供电可靠性的要求不同，目前我国将电力负荷分为一级、二级和三级负荷，并按不同等级的负荷采用适当的接线方式。为了解用户、变电所、发电厂及电力系统的负荷随时间变化的规律，制定了负荷曲线。负荷曲线可以分为有功功率日负荷曲线、无功功率日负荷曲线、年最大负荷曲线、年持续负荷曲线等类型。

习　　题

1-1　什么是电力系统？电力系统包括哪些设备？

1-2　电网按照作用分哪几类？其作用各是什么？

1-3　联合电力系统有哪些优越性？电力系统如何保证供电的可靠性？

1-4　电力系统运行的主要特点是什么？电力系统的基本要求是什么？

1-5　为什么要采用高压输电、低压配电？

1-6　为什么要规定各类电气设备的额定电压?

1-7　判断图1-10所示哪些是升压变压器? 哪些是降压变压器?

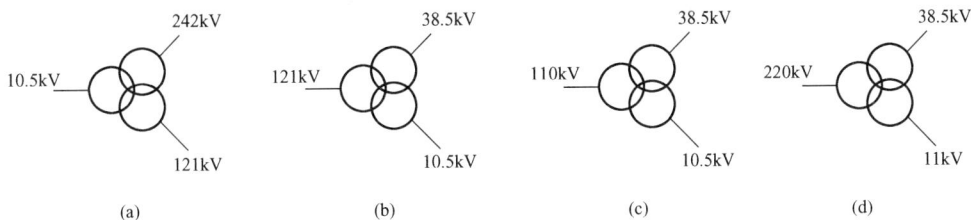

图 1-10　题 1-7 图

1-8　电力负荷按照供电可靠性的要求，分为几类? 各有什么要求?

1-9　简述用户日负荷曲线、系统年最大负荷曲线、年持续负荷曲线及最大负荷利用时间各代表的意义。

1-10　系统典型日负荷曲线如图1-11所示，试计算日平均负荷、负荷率 γ、最小负荷系数 β 以及峰谷差 ΔP_m。

1-11　若图1-12作为系统全年平均日负荷曲线，并求出年平均负荷及最大负荷利用时间 T_{max}。

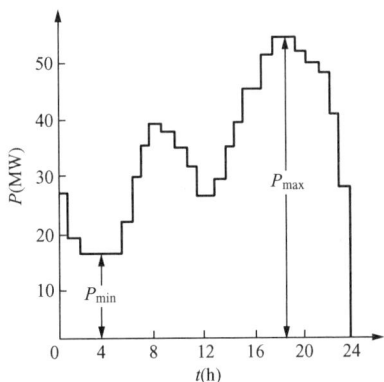

图 1-11　题 1-10 图

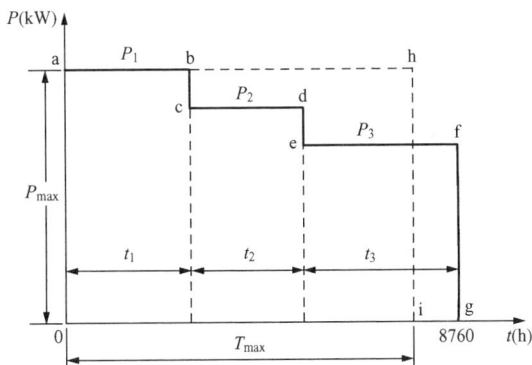

图 1-12　题 1-11 图

项目二 电力系统的等值电路及潮流计算

项目目标 会画出不同长度线路、变压器的等值电路；能够作出有名值表示和标幺值表示的电网等值电路；会计算电力网络电压降落和功率损耗；会计算开式区域网络和地方网的潮流分布；会计算两端电源供电网络的初步潮流分布和最终潮流分布，知道功率分点的含义；能够理解复杂电力系统潮流计算的数学模型；会作出和修改节点导纳矩阵；能够理解高斯—塞德尔法、牛顿—拉夫逊法、P-Q分解法三种潮流计算方法。

本项目介绍系统稳态时进行的分析和计算——潮流计算，而要分析电力系统，首先要了解系统中各元件的特性。电力系统主要由生产、变换、输送和消费电能的四大部分——发电机、变压器、电力线路和负荷组成。在潮流计算中，发电机母线、负荷视为系统边界点，因而常把电力系统的计算称为电网计算。所以本项目主要介绍两大部分内容：一是由电力线路和变压器组成的电网的数学模型；二是简单电网和复杂电网的潮流计算基本方法。

任务 2.1 认知电力线路

电力线路是电力系统的重要组成部分，发电厂生产出来的电能通过数百甚至上千公里的电力线路输送给电力用户。本任务主要是认识电力线路的类型、组成及其特点。

电力线路按其功能可分为输电线路、配电线路和联络线路：输电线路将发电厂发出的电能送到负荷中心，经降压后由配电线路分配给用户；联络线路的作用是将两个相邻的系统连接，以加强联系，提高系统运行的稳定性，改善运行条件，也可相互传送功率，互为备用。

按其结构可分为架空线路和电缆线路两大类：架空线路由杆塔、绝缘子、金具、导线和避雷线等部件组成，耸立在地上；电缆线路由电力电缆和其附件组成，埋设于地下。二者各有利弊：架空线路造价低、维修方便，但占地多、易受损伤及外界条件影响，可靠性较差；而电缆线路占地小、供电可靠，比较安全，但造价高、检修不便。目前，除大城市、发电厂和变电所内部及穿越江河海峡时采用电缆线路外，一般采用架空线路。下面分别予以介绍。

一、架空线路

1. 导线和避雷线

导线的作用是传输电能，避雷线俗称架空地线，其作用是保护导线，受雷击时将雷电引入地中。架空线路的导线和避雷线是在露天条件下运行的，它不仅要承受导线自重、风力、冰霜及温度变化等因素引起的机械载荷，而且还要遭受空气中各种有害气体的化学侵蚀，运行条件相当恶劣。因此，导线和避雷线除了要有良好的导电性能外，还必须有较高的机械强度和耐化学腐蚀的能力。

目前常用的导线材料有铜、铝、铝合金，特殊情况下也用钢线。避雷线一般用钢线，在某些情况下也用铝包钢线。各种导线材料的物理性能见表 2 - 1。

表 2 - 1 常用导线材料物理性能

材料	20℃时的电阻率 （$\Omega \cdot mm^2/m$）	密度 （g/cm^3）	抗拉强度 （kg/mm^2）	抗化学腐蚀能力及其他
铜	0.0182	8.9	39	表面易形成氧化膜，抗腐蚀能力强，价格高
铝	0.029	2.7	16	抗一般化学腐蚀性能好，但易受酸碱盐的腐蚀
钢	0.103	7.85	120	在空气中易生锈，镀锌后不易生锈
铝合金	0.0339	2.7	30	抗化学腐蚀性能好，受震动时易损坏

除有些低压配电线路使用外包绝缘导线外，架空线一般都用裸导线，其结构有以下三种。

（1）单股线。由单根实心金属线构成，用在负荷小又不重要的线路上。

（2）多股绞线。由单一金属线数根绞制而成，有以下优点。

1）当单股线较粗时，其抗破坏能力要比细线高。采用多股绞线时，如果要增大导线截面积，可以借增加导线的股线数来实现，其抗破坏能力会随导线截面积的增大而增加。

2）多股绞线有较大的柔性，这使得多股线的制造、安装、存放均较方便。

3）当导线受风力作用发生振动时，多股线不易折断。

4）因导线的缺陷而使导线总的破坏强度下降的可能性很小。因为多股导线的各股都在同一处存在缺陷的可能性非常小。

（3）钢芯铝绞线。钢芯铝绞线是由两种金属（钢和铝）构成的多股绞线。芯线为钢线，承受导线的大部分机械载荷；外层由多股铝线绞成，承受绝大部分电载荷。

根据铝线和钢线的截面比的不同，分成三种类型，它们有不同的机械强度。

1）普通钢芯铝绞线，型号表示为 LGJ（L—铝，G—钢，J—绞线）。

2）轻型钢芯铝绞线，型号表示为 LGJQ（Q—轻型）。

3）加强型钢芯铝绞线，型号表示为 LGJJ（J—加强型），用于重冰区或大跨越。

如 LGJ - 185/31.76 表示钢芯铝绞线，铝线部分额定截面面积为 $185mm^2$，钢芯部分额定截面面积为 $31.76mm^2$。

由于钢芯铝绞线具有良好的导电性能和机械性能，在 35kV 及以上的架空线路上得到广泛应用。在相同的载流条件下，钢芯铝绞线可加大线路档距，从而减少杆塔基数，节约线路造价。

对于 220kV 以上输电线路，为减少导线的电晕损耗和线路电抗，要采用扩径导线、空心导线或分裂导线，如图 2 - 1 表示。

分裂导线就是把线路每一相的导线分成多根，每根之间保持一定的距离，这样使导线的有效半径增加，使电晕损耗相应减少。

2. 杆塔

杆塔的作用是支持导线和避雷线。按其所用材料可分为木杆、钢筋混凝土杆和铁塔。

木杆优点是质量轻，制造方便，价格便宜，绝缘性能好；缺点是易腐，易燃，寿命短，要消耗大量木材，目前已不多用。钢筋混凝土杆优点是耐压，耐拉，节约钢材和木材；寿命长，维护量小；广泛用于 220kV 以下的输电线路。铁塔的优点是塔身机械强度高，一般不

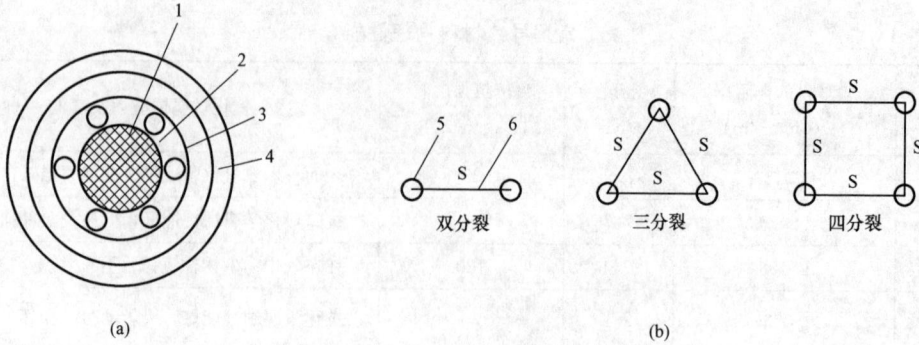

图 2-1　扩径导线与分裂导线

（a）扩径导线；（b）分裂导线

1—钢芯；2—支撑层（6 股铝线）；3—内层（18 股铝线）；

4—外层（24 股铝线）；5—多股胶线；6—金属间隔棒

　　需拉线，基座占地面积小，使用寿命长；缺点是耗用钢材多，造价高，维护工作量大；多用于大跨越、超特高压线路，以及某些线路的耐张、转角、换位杆塔上。

　　杆塔按其使用类型分为：直线杆塔、耐张杆塔、转角杆塔、终端杆塔和特殊杆塔。直线杆塔是相邻两基耐张杆塔之间的杆塔，它的绝缘子串垂直向下悬挂导线，主要承受导线自重，它是线路上用得最多的一类杆塔。耐张杆塔主要用来承担杆塔两侧正常及故障情况下导

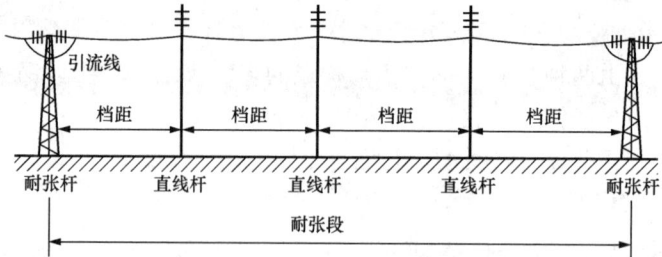

图 2-2　一个耐张段示意图

线和避雷线的拉力，两基耐张杆塔之间形成一个耐张段，耐张段内有若干基直线杆塔，相邻两基直线杆塔之间的水平距离称为档距，如图 2-2 所示。耐张段将线路分成相对独立的部分，以便于施工、检修和限制事故范围；由于承受两侧导线的拉力，耐张杆塔上的绝缘子串与导线的方向一致，杆塔两边的同相导线由跳线连接。转角杆塔用于线路转角处，转角小时可用直线杆塔代替，转角大时做成耐张型式，但均应能承受侧向拉力。终端杆塔是线路始末端进出发电厂和变电所的一基杆塔，能承受比耐张杆塔更大的两侧张力差。特种杆塔是用于特殊情况的一类杆塔，如换位杆塔，用以使导线互换位置达到三相参数基本对称的目的，经过换位的线路，三相导线在空间每一位置的长度和相等时称为完全换位，进行一次完全换位则称为一个换位循环，换位方法如图 2-3 所示。根据需

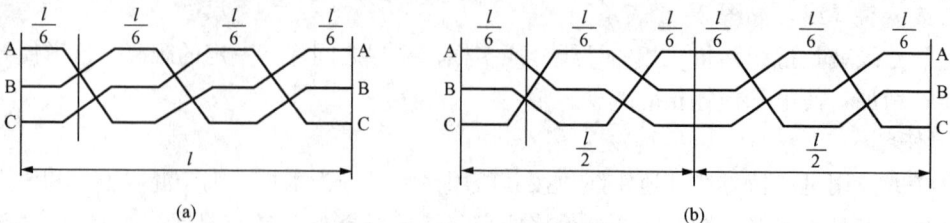

图 2-3　换位循环示意图

（a）单换位循环；（b）双换位循环

要可用直线换位杆塔和耐张换位杆塔，如图 2-4 所示。跨越杆塔是在跨越江河湖海或山谷时，中间无法设置杆塔，档距很大，使用的一类高大的大跨越杆塔。

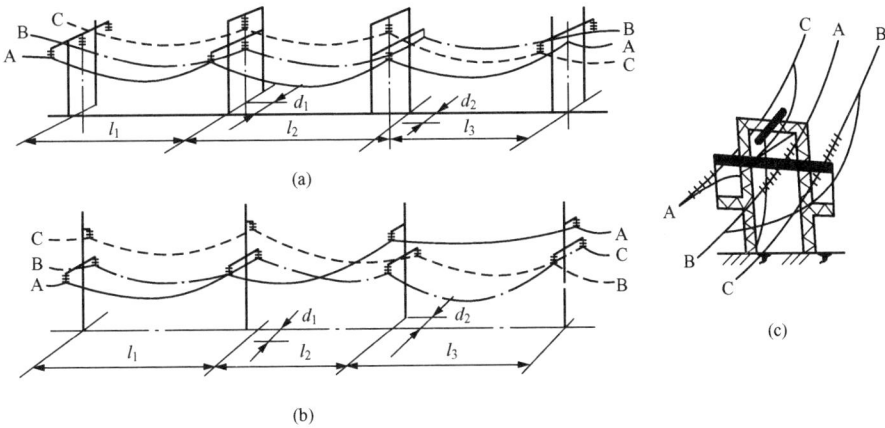

图 2-4　换位杆塔

（a）门形换位杆塔；（b）单杆直线换位杆塔；（c）耐张换位杆塔

3. 绝缘子

绝缘子用来支持和悬挂导线，并使导线与杆塔绝缘，需要有足够的电气与机械强度，同时对化学腐蚀有足够的抵抗力，还要适应大气温度、湿度的变化。

架空线路上使用的绝缘子按照形状的不同可分为针式绝缘子、悬式绝缘子、瓷横担式绝缘子、棒形绝缘子以及避雷线绝缘子，如图 2-5 所示。

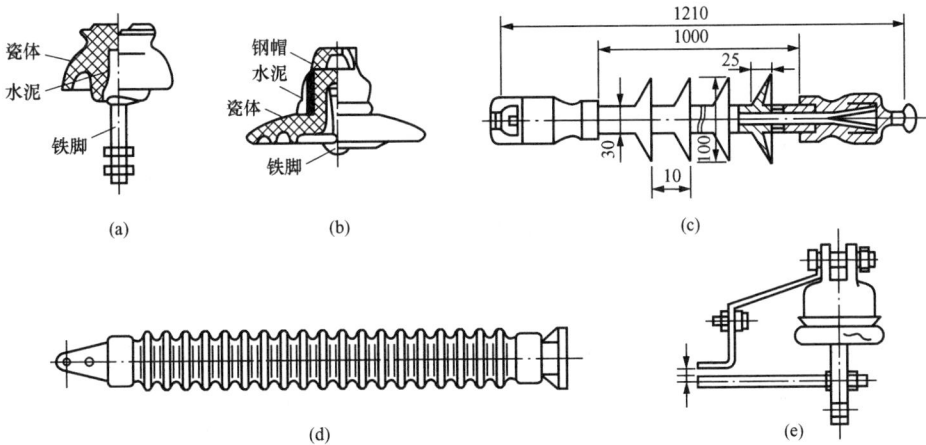

图 2-5　架空线路的绝缘子

（a）针式绝缘子；（b）悬式绝缘子；（c）棒形绝缘子；（d）瓷横担式绝缘子；（e）避雷线绝缘子

针式绝缘子用于 35kV 及以下的线路上，使用在直线杆塔或小转角杆塔上。

悬式绝缘子广泛用于 35kV 以上的线路，通常将它们组成绝缘子串，每串绝缘子的片数和它们的型号及线路额定电压有关，见表 2-2。

表 2 - 2　　　　　　　　　　　　电压等级与绝缘子片数

额定电压（kV）	35	60	110	220	330	500
绝缘子片数	3	5	7	13	19	24

　　棒形绝缘子是用硬质材料做成的整体型绝缘子，它可代替悬式绝缘子串。瓷横担式绝缘子同时起到横担和绝缘子的作用，节省木材、钢材，并有效地降低杆塔高度，一般可节约线路投资 30％～40％左右。

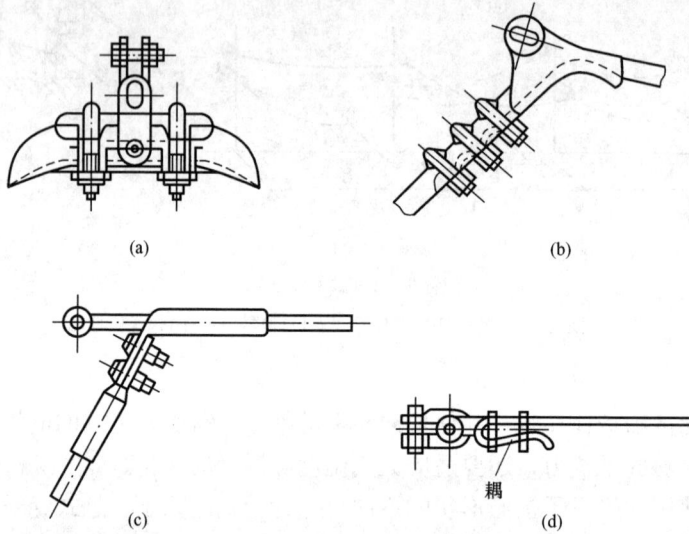

(a)　　　　　　　　　　　　　　　　(b)

(c)　　　　　　　　　　　　　　　　(d)

图 2 - 6　线夹

（a）悬垂线夹；（b）倒装螺栓型耐张线夹；（c）压接型耐张线夹；（d）楔形耐张线夹（避雷器用）

4. 金具

　　在架空线路上，连接导线和绝缘子的金属部件统称为金具，按其用途大致可分为线夹、连接金具、接续金具、保护金具等。

　　线夹的作用是将导线和避雷线固定在绝缘子和杆塔上。用于直线杆塔和绝缘子串上的线夹称为悬垂线夹；用于耐张杆塔和耐张绝缘子上的线夹称为耐张线夹，按其结构分为压接型、楔形和螺栓型。

　　连接金具用于将绝缘子组装或将绝缘子、线夹、杆塔横担之间相互连接。

　　接续金具的作用是将两段导线或避雷线连接起来，分为压接管和钳接管，如图 2 - 7 所示。

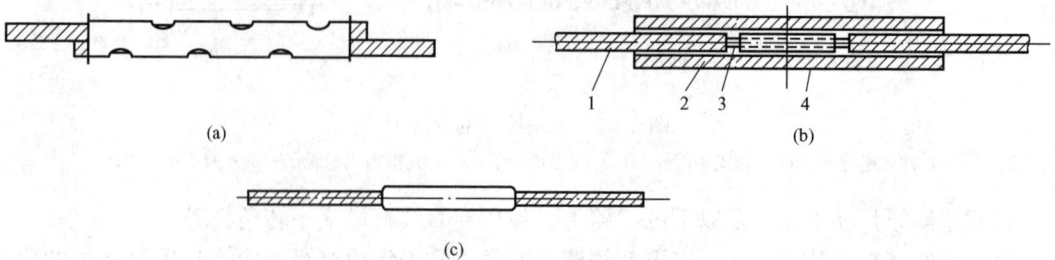

(a)　　　　　　　　　　　　　　　　(b)

(c)

图 2 - 7　接续金具

（a）钳接管连接铝线；（b）压接管连接钢芯铝绞线；（c）爆炸压接的导线接头；

1—钢芯铝绞线；2—铝压接管；3—钢芯；4—钢压接管

保护金具有防振保护金具和绝缘保护金具两大类。防振保护金具是用来保护导线或避雷线因风引起的周期性振动而造成的破坏，如护线条、防振锤、阻尼线等。绝缘保护金具悬重锤可减小悬垂绝缘子串的偏移，防止其过分靠近钢塔，以保持导线和杆塔之间的绝缘，如图2-8所示。

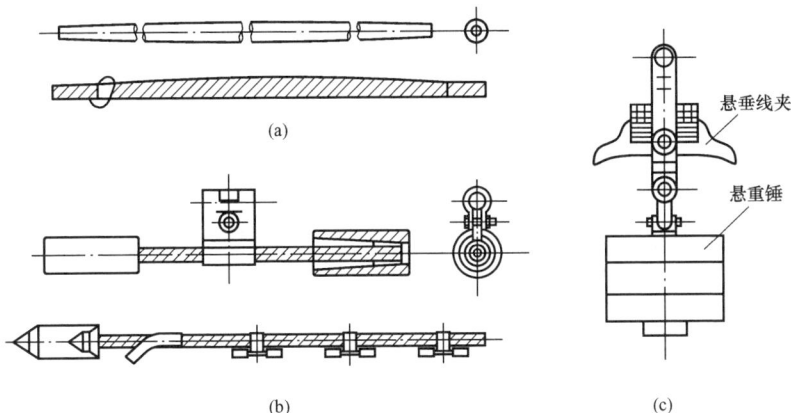

图 2-8　几种保护金具

（a）护线条；（b）防振锤；（c）悬重锤

二、电缆线路

电缆线路由电力电缆和电缆附件组成。

1. 电力电缆

电力电缆由导体、绝缘层和包护层组成，如图2-9所示。导体采用多股铜线或铝绞线，以增加电缆柔性。绝缘层采用橡胶、聚乙烯、聚丁烯、棉、麻、绸缎、纸、油、气等，使各相导体及包护层之间绝缘。包护层采用铝包皮或铅包皮，电缆外层还采用钢带铠甲，以保护绝缘层不受损伤及防止水分侵入。

电缆按导体数分为单芯、三芯和四芯，按导体截面分为圆形、扇形，按包护层分为统包型、屏蔽型和分相铅包型。10kV 以下电缆线路常采用扇形铝（铜）芯纸绝缘铝（铅）包屏蔽型电力电缆，110kV 及以上电缆线路采用单芯或三芯充油电缆，其导体中空，内充油。

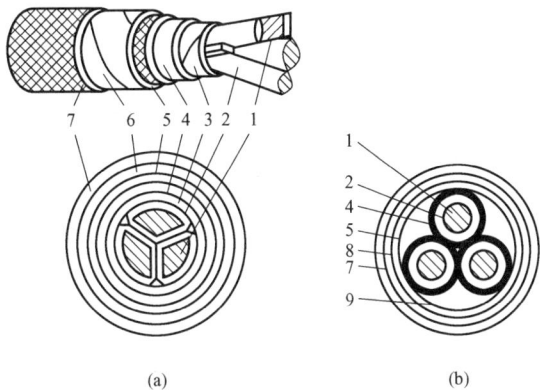

图 2-9　电缆结构示意图

（a）三相统包型；（b）分相铅包型

1—导体；2—相绝缘；3—纸绝缘；4—铅包皮；5—麻衬；6—钢带铠甲；7—麻被；8—钢丝铠甲；9—填充物

2. 电缆附件

电缆附件主要有连接盒和终端盒。连接盒用以连接两段电缆，终端盒用于线路末端以保护缆芯绝缘及连接缆芯与其他电气设备。对于充油电缆，还有一套供油装置。

任务 2.2 确定电力线路的参数及等值电路

由于电力线路主要以架空线路为主，所以这里主要讨论架空线路的参数和等值电路。

输电线路的参数有电阻、感抗、电导和容纳，其中电阻反映线路通过电流时产生有功功率损失，感抗反映载流导体周围的磁场效应，电导反映线路带电时绝缘介质中产生泄漏电流及导线附近空气游离而产生的有功功率损失，容纳则反映带电导线周围的电场效应。

在下面讨论电力线路电气参数时，假设三相电气参数是相同的。只有架空线路的空间布置选用使三相参数平衡的方法，三相参数才相同，使三相参数平衡的方法有两种。

(1) 三相导线布置在等边三角形的顶点上。

(2) 三相导线不是布置在等边三角形顶点上时，采用架空线路换位的方法减小三相不平衡。

一、线路的参数计算

1. 电阻

导线单位长度的直流电阻可按下式计算

$$r_0 = \frac{\rho}{S} \tag{2-1}$$

式中　r_0——导线单位长度的直流电阻，Ω/km；

　　　ρ——导线材料电阻率，$\Omega \cdot \text{mm}^2/\text{km}$；

　　　S——导线截面积，mm^2。

设导线长度为 $l(\text{km})$ 时，每相导线的直流电阻 $R(\Omega)$ 为

$$R = r_0 l \tag{2-2}$$

电力系统计算时，导线电阻率要做一些适当修改，主要基于以下原因：①在交流电路中，由于集肤效应和邻近效应的影响，交流电阻比直流电阻要大；②由于所用电线和电缆芯线大多是绞线，其中每股导线的实际长度要比电线本身的长度大 $2\% \sim 3\%$；③导线额定截面积与实际截面积也略有出入。考虑到这些因素的影响，在应用式（2-1）时，不用导线材料的标准电阻率而是用略微增大了的计算值。一般情况下，温度为 20℃ 时，取铜导线 $\rho = 18.8\Omega \cdot \text{mm}^2/\text{km}$，铝导线采用 $\rho = 31.5\Omega \cdot \text{mm}^2/\text{km}$。为了使用方便，工程上已经将各类导线在 20℃ 时的单位长度有效值电阻计算值 r_{20} 列在《电力工程电气设计手册》（电气一次部分）中，可直接查阅，任意温度 t℃ 时的电阻值 r_t 可按式（2-3）计算

$$r_t = r_{20}[1 + \alpha(t - 20)] \tag{2-3}$$

式中　α——电阻的温度系数，铜导线为 0.00382（1/℃），铝导线为 0.0036（1/℃）。

2. 电抗

线路感抗是由于交流电流通过导线时，在导线周围及导线内产生交变磁场而引起的。下面分两种情况介绍线路感抗计算方法。

(1) 普通导线线路的感抗。经过整循环换位的三相导线感抗相同，每相导线单位长度的等值感抗可按式（2-4）计算

$$x_0 = 2\pi f \left(4.61 \lg \frac{D_\text{m}}{r} + 0.5\mu_\text{r} \right) \times 10^{-4} \tag{2-4}$$

式中 x_0——每相导线单位长度感抗，Ω/km；

$\quad\quad f$——交流电频率，Hz；

$\quad\quad r$——导线计算半径，mm；

$\quad\quad \mu_r$——导线材料相对磁导率，铜和铝的 $\mu_r = 1$，钢的 $\mu_r \gg 1$；

$\quad\quad D_m$——三相导线的几何平均距离，简称几何均距，mm。

几何均距与导线的具体布置方式有关，当三相导线间的距离分别为 D_{UV}、D_{VW}、D_{WU} 时（见图 2 - 10），几何均距的计算公式为

$$D_m = \sqrt[3]{D_{UV}D_{VW}D_{WU}}\,(\text{mm})$$

图 2 - 10 导线的几何均距

若取 $f = 50\text{Hz}$，$\mu = 1$，则普通导线电抗可由下式得出

$$x_0 = 0.1445\lg\frac{D_m}{r} + 0.0157 \qquad (2 - 5)$$

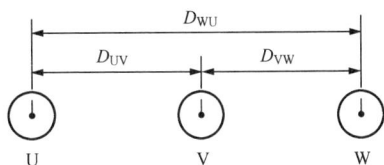

若导线长度为 $l(\text{km})$，则每相导线感抗 X 为

$$X = x_0 l \qquad (2 - 6)$$

（2）分裂导线线路的感抗。对于高压及超特高压远距离输电线路，为减小线路电晕损耗及线路电抗，以增加线路输送能力，往往采用分裂导线。分裂导线的架空线路，每相导线用相同规格的、相互间隔一定距离的数根导线架设，其每相由 $2 \sim 8$ 根导线组成，每根间距 $400 \sim 500\text{mm}$，将它们均匀布置在一个半径为 R 的圆周上，因此 R 比一根导线的外径大得多，可以有效地减小线路电抗和电晕损耗，但与此同时线路电容也增大。

三相分裂导线经过整循环换位，每相每千米感抗可按式（2 - 7）计算

$$x_0 = 2\pi f\left(4.6\lg\frac{D_m}{r_{eq}} + \frac{0.5\mu}{n}\right)\times 10^{-4} \qquad (2 - 7)$$

式中 n——每相导线的分裂根数；

$\quad\quad r_{eq}$——每相分裂导线等值半径，mm。

r_{eq} 可由下式计算得出

$$r_{eq} = \sqrt[n]{rd_{12}d_{13}\cdots d_{1n}} = \sqrt[n]{r\prod_{m=2}^{n}d_{1m}} \qquad (2 - 8)$$

式中 r——每根导线半径，mm；

$\quad\quad d_{1m}$——第一根导线与第 m 根导线间的几何均距。

若取 $f = 50\text{Hz}$，$\mu = 1$，则分裂导线感抗可由下式得出

$$x_0 = 0.1445\lg\frac{D_m}{r_{eq}} + \frac{0.0157}{n} \qquad (2 - 9)$$

3. 电导

电导是反映电压施加在导体上时产生泄漏电流和电晕现象引起有功损耗的参数。泄漏电流是电流杆塔处沿绝缘子串的表面流入大地的一种现象。一般情况下，绝缘子串的绝缘良好，因而泄漏电流引起的损耗很小，可以忽略。电晕是当导体表面的电场强度超过空气的击穿场强时导体附近的空气游离而产生局部放电的一种现象。电晕时会发出咝咝声，并产生臭氧，夜里还可以看到紫色晕光。导线产生电晕的最低电压称为电晕临界电压 U_{cr}，当线路正常工作电压大于 U_{cr} 时，电晕损耗将大大增加而不可忽略。

临界电压计算公式为

$$U_{cr} = 49.3 m_1 m_2 \delta r \lg \frac{D_m}{r} \qquad (2-10)$$

其中

$$\delta = \frac{3.86P}{273+t}$$

式中 U_{cr}——电晕临界电压，kV。

m_1——考虑导线表面状况的参数称为粗糙系数，对表面光洁的单股线，$m_1=1$；对绞线，推荐 $m_1=0.95$。

m_2——考虑气象状况的参数，称气象系数；在干燥或晴朗的天气 $m_2=1$；在有雾、雨、霜、暴风雨时，$m_2<1$；在最恶劣的情况下，$m_2=0.8$。

δ——空气的相对密度。

P——大气压力，Pa。

t——大气温度，℃。

当架空线路运行电压小于电晕临界电压时，全线路不会发生电晕。因此，在设计架空输电线路时，应使电晕的临界电压大于最高运行电压。式（2-10）仅适用于三相三角排列的导线。三相水平排列时，边相的电晕临界电压较式（2-10）求出的高6%，中间相的电晕临界电压则低4%。

为提高电晕临界电压，避免导线发生全面电晕有以下几项措施。

（1）施工时尽量避免磨损导线，要保持导线及金属元件表面光滑，以防电场不均匀。

（2）增大导线半径，是减小导线表面附近电场强度，避免发生全面电晕的重要措施。为此，可以采用分裂导线、扩径导线和空心导线等。

虽然增加线间距离也可以提高临界电压，但试验表明，效果不明显。增加线间距离使杆塔造价迅速增大，因此，用增加线间距离来提高电晕临界电压是十分不经济的。

当架空线路实际运行电压大于电晕临界电压时，可通过实测方法求取电导，与电晕对应的电导为

$$g_0 = \frac{\Delta P_g}{U^2} \times 10^{-3} \qquad (2-11)$$

式中 g_0——导线每相单位长度电导，S/km；

ΔP_g——实测三相电晕损耗总功率，kW/km；

U——线路电压，kV。

为避免过大的电晕损耗，架空线路导线的直径应选择得使其在天气晴朗时不发生电晕，在雨雪天气时允许略有电晕。由于一年中雨雪天气时间不长，全年电晕损耗不会显著增加线路运行费用。不需计算电晕的部分导线最小值见表2-3。

表2-3   各级电压下晴天不发生电晕的部分最小导线半径和相应的导线型号

额定电压（kV）	110	220	330		500
			单分裂	双分裂	四分裂
相应导线型号	LGJ-50	LGJ-240	LGJ-600	2×LGJ-240	4×LGJQ-300

由实验和运行经验表明，一般110kV以下电压的架空线路以及35kV以下电压的电缆线路，由于电压低，不会发生全面电晕，因此也不必考虑电晕损耗和绝缘介质损耗。

4. 容纳

电力线路运行时，相与相之间及相与地之间都存在电位差，因而导线间以及导线与大地间有电容存在，也即存在容性电纳。容纳大小与相间距离、导线截面、杆塔结构等因素有关。如果三相线路参数相同时，每相导线的等值电容可由下式计算

$$C = \frac{0.0241}{\lg \dfrac{D_{\mathrm{m}}}{r}} \times 10^{-6} (\mathrm{F/km}) \tag{2-12}$$

当 $f = 50 \mathrm{Hz}$ 时，单位长度容纳为

$$b_0 = \omega C = 2\pi f C = \frac{7.58}{\lg \dfrac{D_{\mathrm{m}}}{r}} \times 10^{-6} (\mathrm{S/km}) \tag{2-13}$$

若导线长度为 $l(\mathrm{km})$，则每相导线容纳 B 为

$$B = b_0 l \tag{2-14}$$

当采用分裂导线时，仍可按式（2-14）计算容纳，只是这时导线的半径 r 应由式（2-8）计算得的等效半径 r_{eq} 代替，可见分裂导线的容纳要比普通导线的大，一般双分裂导线线路容纳要比同样截面的单导线容纳增大 20% 左右。

【例 2-1】　某三相单回输电线路，采用 LGJ-300 型导线，已知导线的相间距离 $D = 6\mathrm{m}$，试求：

（1）每相每千米线路的电阻；

（2）三相导线水平布置，且完全换位时，每相每千米线路的感抗和容纳值；

（3）三相导线按等边三角形布置时，每相每千米线路的感抗和容纳值。

解　（1）LGJ-300 的截面积为 $300\mathrm{mm}^2$，代入式（2-1）可得导线 20℃时单位长度的电阻为

$$r_0 = \frac{\rho}{S} = \frac{31.5}{300} = 0.105 (\Omega/\mathrm{km})$$

查手册可知 LGJ-300 的计算外径为 25.2mm，因而计算半径为

$$r = 25.2/2 = 12.6 (\mathrm{mm})$$

（2）当三相导线水平布置时，导线间几何均距为

$$D_{\mathrm{m}} = \sqrt[3]{D \times D \times 2D} = \sqrt[3]{2}D = 1.26D = 1.26 \times 6 = 7.56 (\mathrm{m})$$

代入式（2-5），可得导线每千米感抗、电导和容纳

$$x_0 = 0.1445 \lg \frac{D_{\mathrm{m}}}{r} + 0.0157 = 0.1445 \times \lg \frac{7.56 \times 10^3}{12.6} + 0.0157 = 0.42 (\Omega/\mathrm{km})$$

$$b_0 = \frac{7.58}{\lg \dfrac{D_{\mathrm{m}}}{r}} \times 10^{-6} = \frac{7.58}{\lg \dfrac{7.56 \times 10^3}{12.6}} \times 10^{-6} = 2.728 \times 10^{-6} (\mathrm{S/km})$$

（3）当三相导线按等边三角形布置时，有

$$D_{\mathrm{m}} = D = 6 (\mathrm{m})$$

代入式（2-5），可得

$$x_0 = 0.1445 \lg \frac{D_{\mathrm{m}}}{r} + 0.0157 = 0.1445 \times \lg \frac{6 \times 10^3}{12.6} + 0.0157 = 0.403 (\Omega/\mathrm{km})$$

$$b_0 = \frac{7.58}{\lg \dfrac{D_m}{r}} \times 10^{-6} = \frac{7.58}{\lg \dfrac{6 \times 10^3}{12.6}} \times 10^{-6} = 2.831 \times 10^{-6} (\text{S/km})$$

二、电力线路等值电路

求得导线单位长度的参数以后，就可以做出电力线路的等值电路，由于讨论的是三相导线对称的情况，所以可以用单相等值电路表示三相。线路沿线均匀分布着电阻、感抗、电导和容纳，其等值电路可近似用链形电路表示，如图 2 - 11。

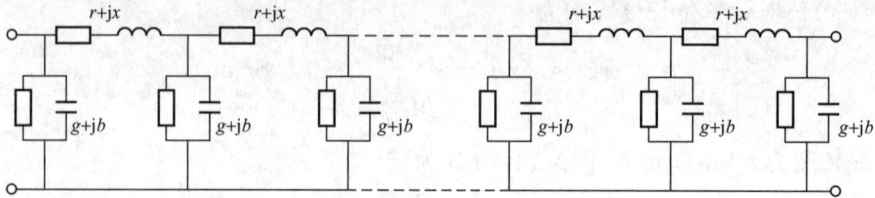

图 2 - 11　电力线路链形等值电路

由于电力线路的长度往往有数十乃至数百公里，如将每公里的参数都画到图上，所得的等值电路非常复杂。况且，这也不是最精确的，因为线路的参数实际上均匀分布的，所以，即使是很短的一段线路也有电阻、电抗、电导和电纳。如果用这样的等值电路去分析网络是非常复杂的，甚至根本无法分析，在实际分析中，一般只关心线路两端的电压、线路上的电流，功率等。所以一般将线路的参数用集中参数表示，并且将等值电路作不同程度的简化，只有对线路长度超过 300km 的长距离线路，才会考虑分布参数的影响。在工程上，根据输电线路长度，可分为短线路（长度小于 100km）、中等长度线路（长度为 100~300km）和长距离线路（长度为 300km 以上）三种类型，不同长度线路采用不同的等值电路，分别叙述如下。

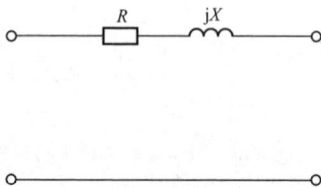

图 2 - 12　一字形等值电路

1. 短线路

对于线路长度不超过 100km，且电压在 35kV 以下的架空线路，线路容纳影响不大，可令 $b_0 = 0$。因天气晴朗时不发生电晕，绝缘子泄漏电流又很小，可令 $g_0 = 0$。这样只考虑 r_0、x_0 两个参数，得到图 2 - 12 表示的一字形等值电路。

对于电缆线路，当线路不长，电纳影响不大时也可采用这种等值电路。

2. 中等长度线路等值电路

对于线路长度为 100~300km，电压为 110~330kV 的中等长度架空线路，或长度不超过 100km 的电缆线路，由于在设计这种线路时，要求在一般天气下不允许出现电晕现象，并且由于线路本身绝缘水平很高，它的泄漏电流也可忽略不计，因此 $g_0 = 0$。但这种线路由于电压较高，线路长，所以电容的影响不可以忽略。中等长度线路可采用 Ⅱ 形等值电路或 T 形等值电路，工程上一般采用 Ⅱ 形等值电路，该等值电路是把线路电纳平分为两半，首末端各挂一半，如图 2 - 13（a）所示。

在电网计算中，对于中等长度线路 Ⅱ 形等值电路的导纳参数，往往用与之对应的功率来表示，如图 2 - 13（b）所示。它们之间的关系，可用式（2 - 15）计算

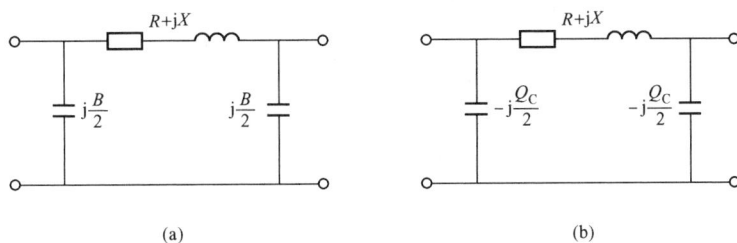

图 2 - 13　中等长度线路 Π 形等值电路

（a）用容纳表示；（b）用功率表示

$$
\left.\begin{aligned}
I_C &= \frac{U}{\sqrt{3}} B \\
Q_C &= \sqrt{3} U I_C = U^2 B
\end{aligned}\right\} \tag{2 - 15}
$$

式中　U——线电压；

　　　I_C——电容电流。

3. 长距离线路电路

对于线路长度超过 300km，电压等级在 330kV 以上的架空线路和超过 100km 的电缆线路，必须考虑它们参数的分布特性。

在工程上，如果只要求计算线路始末端电压、电流和功率，也可采用类似图 2 - 14 所示的 Π 形等值电路。图中参数 Z' 和 Y' 由式（2 - 16）计算

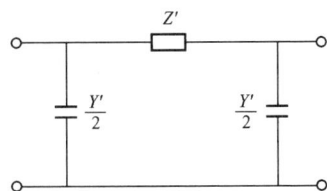

图 2 - 14　长距离线路 Π 形等值电路

$$
\left.\begin{aligned}
Z' &= Z\, \frac{\operatorname{sh}\sqrt{ZY}}{\sqrt{ZY}} \\
\frac{Y'}{2} &= Y\, \frac{\operatorname{ch}\sqrt{ZY} - 1}{\sqrt{ZY}\,\operatorname{sh}\sqrt{ZY}}
\end{aligned}\right\} \tag{2 - 16}
$$

式（2 - 16）中，Z、Y 为不计线路分布特性时，长度为 l 的输电线路的阻抗和导纳。其具体分析见项目九。

任务 2.3　确定变压器的参数和等值电路

变压器是电力系统中非常重要的元件。由于它的出现，使得高电压大容量的电力系统成为可能，又使得电力系统成为一个多电压等级的复杂系统。变压器的种类很多，电力系统分析中常用到的是双绕组、三绕组和自耦变压器。本任务介绍电网分析中常用电力变压器的参数计算及等值电路。

一、双绕组变压器等值电路及参数

在《电机学》中已经学过变压器的等值电路。在电网分析中，双绕组变压器一般用 Γ 形或 Π 形等值电路，这里介绍 Γ 形等值电路，如图 2 - 15。图中表示变压器电气特性的有四个参数，即 R_T、X_T、G_T、B_T，其中反映变压器励磁支路的导纳支路放在电源侧，可用导纳表示也可用功率表示。图中所示变压器等值电路的四个参数可由变压器的空载试验和短路

试验结果求出，这四个数据分别是：短路损耗 ΔP_k、短路电压百分数 $U_k\%$、空载损耗 ΔP_0、空载电流百分数 $I_0\%$。这四个数据可在本书附录或产品铭牌上直接查到，以下介绍用变压器的试验数据求变压器参数的计算方法。

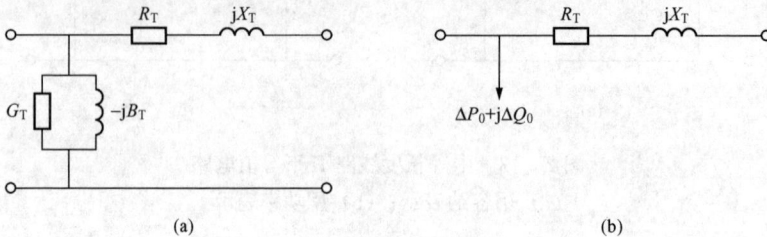

图 2-15 双绕组变压器等值电路

（a）导纳表示的变压器等值电路；（b）功率表示的变压器等值电路

1. 电阻 R_T

变压器的电阻 R_T 可由其短路试验得到的短路损耗 ΔP_k 求得，ΔP_k 近似等于额定电流流过变压器时高低压绕组中的总损耗 ΔP_{cu}（铜损），即

$$\Delta P_{cu} \approx \Delta P_k$$

而铜损与变压器电阻之间有如下关系

$$\Delta P_{cu} = 3I_N^2 R_T \times 10^{-3} = 3 \times \left(\frac{S_N}{\sqrt{3}U_N}\right)^2 R_T \times 10^{-3} = \frac{S_N^2}{U_N^2}R_T \times 10^{-3}$$

得到

$$\Delta P_k \approx \frac{S_N^2}{U_N^2}R_T \times 10^{-3}$$

得到 R_T 的计算公式

$$R_T = \frac{\Delta P_k U_N^2}{S_N^2} \times 10^3 \qquad (2-17)$$

式中　R_T——归算至 U_N 电压侧的变压器高低压绕组总电阻，Ω；

　　　I_N——变压器额定电流，A；

　　ΔP_k——变压器短路损耗，kW；

　　U_N——变压器额定电压，kV；

　　S_N——变压器额定容量，kVA。

2. 电抗 X_T

变压器电抗 X_T 可由作短路试验时所测得的短路电压百分数 $U_k\%$ 求得，由式（2-18）得

$$U_k\% = \frac{\sqrt{3}I_N Z_T \times 10^{-3}}{U_N} \times 100 \qquad (2-18)$$

可得

$$Z_T = \frac{U_k\% U_N^2}{S_N} \times 10 \qquad (2-19)$$

因此可得到变压器的电抗 X_T 为

$$X_T = \sqrt{Z_T^2 - R_T^2} \qquad (2-20)$$

对于小容量变压器可用式（2-20）计算电抗。对于大容量变压器，由于绕组的电抗比电阻大得多，因此可以近似认为 $Z_T \approx X_T$，因此

$$X_T \approx Z_T = \frac{U_k\%U_N^2}{S_N} \times 10 \qquad (2-21)$$

式中，S_N、U_N 的单位与式（2-17）相同。

3. 电导 G_T

变压器的电导用来反映变压器的铁心损耗，由变压器的空载试验得到的损耗为空载损耗 ΔP_0，它是变压器一次侧加额定电压，二次侧空载时，在变压器上产生的损耗，包括铁心损耗和空载电流流过绕组引起的铜损，但后者由于空载电流很小，与此对应的绕组铜损也很小，所以变压器的铁心损耗可以近似认为等于空载损耗。因此，变压器电导可由空载损耗得到，如式（2-22）所示

$$G_T = \frac{\Delta P_0}{1000 U_N^2} \qquad (2-22)$$

式中　G_T——变压器电导，S；

　　ΔP_0——变压器空载损耗，kW；

　　U_N——变压器额定电压，kV。

4. 电纳 B_T

变压器电纳决定于它的励磁功率 ΔQ_0，其值可由变压器的空载试验得到的空载电流百分数 $I_0\%$ 计算得到。变压器空载电流包括有功分量和无功分量，其中无功分量与励磁功率相对应，而变压器空载时其有功分量很小，因此变压器空载电流近似等于其无功分量，如式（2-23）所示

$$I_0\% = \frac{I_0}{I_N} \times 100 = \frac{\sqrt{3}U_N I_0}{\sqrt{3}U_N I_N} \times 100 \approx \frac{\Delta Q_0}{S_N} \times 100 \qquad (2-23)$$

得到

$$\Delta Q_0 = \frac{I_0\% S_N}{100}$$

而

$$\Delta Q_0 = 1000 U_N^2 B_T \qquad (2-24)$$

因此

$$B_T = \frac{\Delta Q_0}{1000 U_N^2} \qquad (2-25)$$

式中　B_T——变压器电纳，S；

　　ΔQ_0——变压器空载损耗，kvar；

　　U_N——变压器额定电压，kV。

【例 2-2】　试计算 SFL1-20000/110 型双绕组变压器归算到高压侧的参数，并画出它的等值电路。铭牌数据为：变比 110/11kV，$S_N = 20000$kVA，$\Delta P_0 = 22$kW，$\Delta P_k = 135$kW，$U_k\% = 10.5$，$I_0\% = 0.8$。

解　按照公式（2-17），由短路损耗 $\Delta P_k = 135$kW 可求得变压器电阻 R_T 为

$$R_T = \frac{\Delta P_k U_N^2}{S_N^2} \times 10^3 = \frac{135 \times 110^2}{20000^2} \times 10^3 = 4.08(\Omega)$$

按照式 (2-21)，由 $U_k\% = 10.5$ 可求得变压器电抗 X_T 为

$$X_T = \frac{U_k\% U_N^2}{S_N} \times 10 = \frac{10.5 \times 110^2}{20000} \times 10 = 63.53(\Omega)$$

按照式 (2-22)，由 $\Delta P_0 = 22\text{kW}$ 可求得变压器电导 G_T 为

$$G_T = \frac{\Delta P_0}{1\,000 U_N^2} = \frac{22}{1000 \times 110^2} = 1.82 \times 10^{-6}(\text{S})$$

按照式 (2-24)，由 $I_0\% = 0.8$ 可得到变压器励磁功率 ΔQ_0 为

$$\Delta Q_0 = \frac{I_0\% S_N}{100} = \frac{0.8 \times 20000}{100} = 160(\text{kvar})$$

按照式 (2-25)，可得到变压器电抗为

$$B_T = \frac{\Delta Q_0}{1000 U_N^2} = \frac{160}{1000 \times 110^2} = 13.22 \times 10^{-6}(\text{S})$$

变压器等值电路如图 2-16。

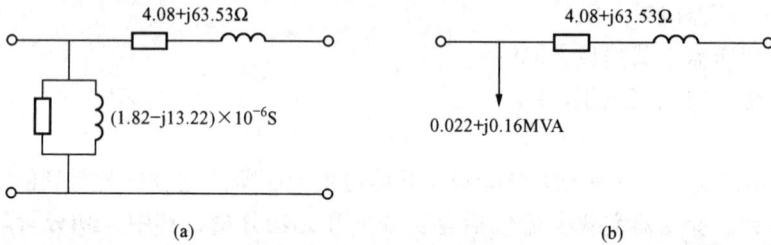

图 2-16　变压器等值电路

二、三绕组变压器等值电路及参数

三绕组变压器的等值电路如图 2-17 所示。图中变压器励磁支路可以用导纳表示，也可以用与导纳对应的功率表示。三绕组变压器的基本参数有三侧绕组的电阻、电抗，即 R_{T1}、R_{T2}、R_{T3}，X_{T1}、X_{T2}、X_{T3}，及励磁支路的导纳 $G_T(\Delta P_0)$、$B_T(\Delta Q_0)$。由于三绕组变压器空载试验方法与双绕组变压器相同，所以其励磁支路的计算方法与双绕组变压器相同，这里不再赘述。下面介绍电阻和电抗的计算方法。

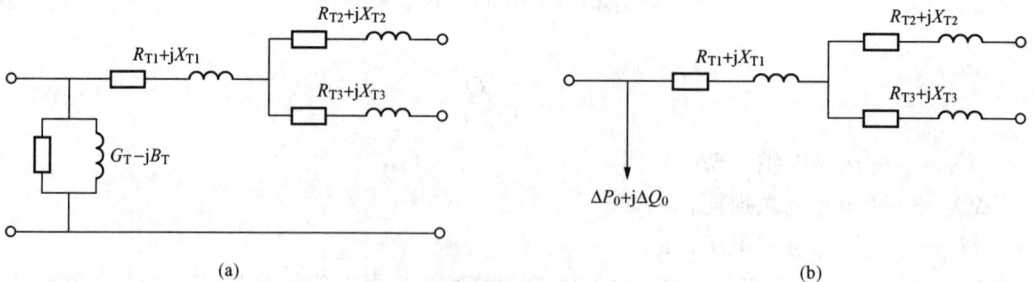

图 2-17　三绕组变压器等值电路

(a) 导纳表示的变压器等值电路；(b) 功率表示的变压器等值电路

三绕组变压器短路试验的结果是绕组两两短路得到的，因此，短路试验得到的短路损耗和短路电压都是两个绕组的总损耗和电压降落。而电阻和电抗的参数都是各个绕组的参数，所以首先要计算出各绕组的短路损耗和电压降落。

1. 绕组电阻 R_{T1}、R_{T2}、R_{T3}

三绕组变压器各绕组的电阻与三个绕组的制造容量有关，而各绕组的制造容量可以根据工程要求选择不同的容量比。三绕组变压器的额定容量是按最大绕组容量来表示的。目前，我国三绕组变压器的容量比主要有三种类型，见表 2 - 4。以下分别介绍不同容量比下各绕组电阻值的计算方法。

表 2 - 4   变压器各绕组容量比

类　　别	各绕组容量占变压器额定容量百分比（%）		
	高压侧	中压侧	低压侧
1	100	100	100
2	100	100	50
3	100	50	100

对于容量比为 100/100/100 的三绕组变压器，首先由短路试验测得的短路损耗 ΔP_{k12}、ΔP_{k23}、ΔP_{k13} 求出各个绕组的短路损耗 ΔP_{k1}、ΔP_{k2}、ΔP_{k3}（为书写简便，后面约定用1、2、3分别表示变压器的高、中、低压侧绕组）。由于

$$
\left.
\begin{aligned}
\Delta P_{k12} &= \Delta P_{k1} + \Delta P_{k2} \\
\Delta P_{k23} &= \Delta P_{k2} + \Delta P_{k3} \\
\Delta P_{k13} &= \Delta P_{k1} + \Delta P_{k3}
\end{aligned}
\right\}
\tag{2 - 26}
$$

由式（2 - 26）得到

$$
\left.
\begin{aligned}
\Delta P_{k1} &= \frac{1}{2}(\Delta P_{k12} + \Delta P_{k13} - \Delta P_{k23}) \\
\Delta P_{k2} &= \frac{1}{2}(\Delta P_{k12} + \Delta P_{k23} - \Delta P_{k13}) \\
\Delta P_{k3} &= \frac{1}{2}(\Delta P_{k13} + \Delta P_{k23} - \Delta P_{k12})
\end{aligned}
\right\}
\tag{2 - 27}
$$

将式（2 - 27）代入式（2 - 17）求得各绕组的电阻为

$$
\left.
\begin{aligned}
R_{T1} &= \frac{\Delta P_{k1} U_N^2}{S_N^2} \times 10^3 \\
R_{T2} &= \frac{\Delta P_{k2} U_N^2}{S_N^2} \times 10^3 \\
R_{T3} &= \frac{\Delta P_3 U_N^2}{S_N^2} \times 10^3
\end{aligned}
\right\}
\tag{2 - 28}
$$

对于容量比为 100/100/50 或 100/50/100 的三绕组变压器，由于做短路试验时受 50% 容量的限制，故有两组的短路损耗数值是按 50% 额定容量的绕组达到额定容量时测量的值，而式（2 - 28）中的 S_N 都是指 100% 绕组的额定容量，因此需要将与 50% 容量有关的短路损耗归算到 100% 绕组的额定容量，以 100/100/50 为例，与 50% 容量有关的短路损耗为 $\Delta P'_{k23}$、$\Delta P'_{k13}$ 归算公式为

$$
\left.
\begin{aligned}
\Delta P_{k23} &= \Delta P'_{k23}\left(\frac{S_N}{S_{N3}}\right)^2 \\
\Delta P_{k13} &= \Delta P'_{k13}\left(\frac{S_N}{S_{N3}}\right)^2
\end{aligned}
\right\}
\tag{2 - 29}
$$

式中 $\Delta P'_{k13}$、$\Delta P'_{k23}$——未经归算的绕组间短路损耗；

ΔP_{k13}、ΔP_{k23}——归算至 100% 额定容量下的短路损耗。

2. 绕组电抗 X_{T1}、X_{T2}、X_{T3}

三绕组变压器的容量一般都比较大，与双绕组变压器相同，可以近似认为 $X_T \approx Z_T$，因此根据已知的 $U_{k12}\%$、$U_{k23}\%$、$U_{k13}\%$ 求出各绕组短路电压后，代入式（2-21）即可得到各绕组等值电抗。它们的计算公式为

$$\left.\begin{array}{l} U_{k1}\% = \dfrac{1}{2}(U_{k12}\% + U_{k13}\% - U_{k23}\%) \\[2mm] U_{k2}\% = \dfrac{1}{2}(U_{k12}\% + U_{k23}\% - U_{k13}\%) \\[2mm] U_{k3}\% = \dfrac{1}{2}(U_{k13}\% + U_{k23}\% - U_{k12}\%) \end{array}\right\} \quad (2\text{-}30)$$

$$\left.\begin{array}{l} X_{T1} = \dfrac{U_{k1}\%U_N^2}{S_N} \times 10 \\[2mm] X_{T2} = \dfrac{U_{k2}\%U_N^2}{S_N} \times 10 \\[2mm] X_{T3} = \dfrac{U_{k3}\%U_N^2}{S_N} \times 10 \end{array}\right\} \quad (2\text{-}31)$$

应该指出，厂家给出的短路电压值一般已归算到变压器额定容量相对应的值，因此不论变压器各绕组容量比如何，都可以直接按照式（2-30）、式（2-31）计算。

三相三绕组变压器的三个绕组在铁心上排列时应遵循两个原则：①为便于绝缘，高压绕组排列在最外层；②传递功率的绕组应紧靠，以减小漏磁损失。因此对升压变压器的三个绕组排列顺序从外到内依次为高—低—中，因为功率是从低压侧向高压侧、中压侧输送的；降压变压器三个绕组从外到内依次为高—中—低。由于绕组的排列方式不同，各绕组间的漏磁通以及由此引起的短路电压百分数也不相同。对于中间绕组，它和相邻绕组的漏抗较小，而内外两绕组相距较远，漏抗较大，因此中间绕组的等值电抗最小。例如对于升压变压器低压绕组的等值电抗最小，而降压变压器中压绕组等值电抗最小，甚至可能使相距较近的绕组间的短路电压之和小于相距较远两绕组间的短路电压，从而会出现负值，但是并不意味着其为容抗，因为它只是数学上等值的结果，并无实际物理意义。实际上即使出现负值也很小，一般近似为零。

【例 2-3】 三相三绕组变压器型号为 SSPSZ7-180000/220，额定容量为 180000/180000/90000kVA，额定电压为 $220 \pm 8 \times 1.5\%/115/37.5$kV，厂家给出的技术参数：空载电流 $I_0\% = 0.38$，空载损耗 $\Delta P_0 = 165$kW，短路损耗为 $\Delta P_{k12} = 700$kW、$\Delta P'_{k23} = 137$kW、$\Delta P'_{k13} = 206$kW，短路电压百分数为 $U_{k12}\% = 13.1$、$U_{k23}\% = 7.2$、$U_{k13}\% = 21.5$。

解 由题可知这台变压器容量比为 180000/180000/90000，先对短路损耗进行折算，由式（2-29）得

$$\left.\begin{array}{l} \Delta P_{k23} = \Delta P'_{k23}\left(\dfrac{S_N}{S_{N3}}\right)^2 = 137 \times \left(\dfrac{180000}{90000}\right)^2 = 548\,(\text{kW}) \\[3mm] \Delta P_{k13} = \Delta P'_{k13}\left(\dfrac{S_N}{S_{N3}}\right)^2 = 206 \times \left(\dfrac{180000}{90000}\right)^2 = 824\,(\text{kW}) \end{array}\right\}$$

由式（2 - 27）得

$$\Delta P_{k1} = \frac{1}{2}(\Delta P_{k12} + \Delta P_{k13} - \Delta P_{k23}) = \frac{1}{2} \times (700 + 824 - 548) = 488(\text{kW})$$

$$\Delta P_{k2} = \frac{1}{2}(\Delta P_{k12} + \Delta P_{k23} - \Delta P_{k13}) = \frac{1}{2} \times (700 + 548 - 824) = 212(\text{kW})$$

$$\Delta P_{k3} = \frac{1}{2}(\Delta P_{k13} + \Delta P_{k23} - \Delta P_{k12}) = \frac{1}{2} \times (824 + 548 - 700) = 336(\text{kW})$$

因求归算至高压侧的参数，故取 $U_N = 220\text{kV}$，由式（2 - 28）得

$$R_{T1} = \frac{\Delta P_{k1} U_N^2}{S_N^2} \times 10^3 = \frac{488 \times 220^2}{180000^2} \times 10^3 = 0.73(\Omega)$$

$$R_{T2} = \frac{\Delta P_{k2} U_N^2}{S_N^2} \times 10^3 = \frac{212 \times 220^2}{180000^2} \times 10^3 = 0.32(\Omega)$$

$$R_{T3} = \frac{\Delta P_3 U_N^2}{S_N^2} \times 10^3 = \frac{336 \times 220^2}{180000^2} \times 10^3 = 0.50(\Omega)$$

由式（2 - 30）求得各绕组短路电压百分数得

$$U_{k1}\% = \frac{1}{2}(U_{k12}\% + U_{k13}\% - U_{k23}\%) = \frac{1}{2} \times (13.1 + 21.5 - 7.2) = 13.7$$

$$U_{k2}\% = \frac{1}{2}(U_{k12}\% + U_{k23}\% - U_{k13}\%) = \frac{1}{2} \times (13.1 + 7.2 - 21.5) = -0.6 \approx 0$$

$$U_{k3}\% = \frac{1}{2}[U_{k13}(\%) + U_{k23}(\%) - U_{k12}(\%)] = \frac{1}{2} \times (21.5 + 7.2 - 13.1) = 7.8$$

由式（2 - 31）得到各绕组电抗为

$$X_{T1} = \frac{U_{k1}(\%) U_N^2}{S_N} \times 10 = \frac{13.7 \times 220^2}{180000} \times 10 = 36.84(\Omega)$$

$$X_{T2} = 0(\Omega)$$

$$X_{T3} = \frac{U_{k3}(\%) U_N^2}{S_N} \times 10 = \frac{7.8 \times 220^2}{180000} \times 10 = 20.97(\Omega)$$

变压器的导纳为

$$G_T = \frac{\Delta P_0}{1000 U_N^2} = \frac{165}{1000 \times 220^2} = 3.41 \times 10^{-6}(\text{S})$$

$$\Delta Q_0 = \frac{I_0(\%) S_N}{100} = \frac{0.38 \times 180000}{100} = 684(\text{kvar})$$

$$B_T = \frac{\Delta Q_0}{1000 U_N^2} = \frac{684}{1000 \times 220^2} = 14.13 \times 10^{-6}(\text{S})$$

其 Γ 形等值电路如图 2 - 18 所示。

三、自耦变压器等值电路及参数

自耦变压器与普通变压器的主要差别在于：前者既有磁的耦合，又有电的联系；后者只有磁的耦合，没有电的联系。与普通变压器相比，自耦变压器具有省材料、投资低、效率高的优点。但也有缺点，如短路电流大、绝缘要求高等。自耦变压器在电力系统中得到了广泛的

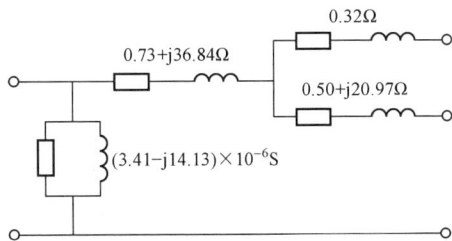

图 2 - 18　变压器等值电路

应用。

自耦变压器的等值电路和参数计算公式与普通变压器相同。只是由于自耦变压器均采用星形自耦的接线方式，为了消除铁心饱和引起的三次谐波，常加上一个三角形连接的第三绕组作为低压绕组，给附近的负荷供电，或接调相机和电力电容器以调节系统的无功功率和电压。第三绕组在电气上独立，容量比较小，一般容量比为 100/100/50 或 100/100/33.3。所以计算时需要对短路试验数据进行折算。如短路电压百分数也未折算，亦需要按照下式先折算

$$
\left.
\begin{aligned}
U_{k13}\% &= U'_{k13}\%\left(\frac{S_N}{S_{3N}}\right) \\
U_{k23}\% &= U'_{k23}\%\left(\frac{S_N}{S_{3N}}\right)
\end{aligned}
\right\}
\tag{2-32}
$$

式中，$U'_{k13}\%$、$U'_{k23}\%$ 为厂家提供的未折算的短路电压百分值。

任务 2.4　确定电力系统的等值电路

前面介绍了电力系统中电力线路和变压器的参数计算和等值电路，在此基础上，本任务介绍电力系统的等值电路。

制定全系统等值电路的目的是将各个孤立元件形成一个有机的整体，以便进行有关的计算和分析。电力系统参数有两种表示方法，即有名制和标幺制，因此电力系统的等值电路也有两种表示方法，即有名值表示法和标幺值表示法。同时由于变压器的存在，使电力系统成为一个多电压等级的系统，所以需要将系统各参数归算到同一电压等级下才能进行统一分析。下面分别讨论有名值和标幺值表示的电力系统等值电路。

一、有名值表示

在进行电力系统计算时，各参数可以采用有单位的阻抗、导纳、电流、电压、功率等来表示，称为有名值。

在多电压等级的电力系统中，需要将各参数归算到同一电压等级下，该电压等级称为基本级，一般把系统中的最高电压等级作为基本级。归算方法为

$$
\left.
\begin{aligned}
R &= R'(k_1 k_2 \cdots k_n)^2 \\
X &= X'(k_1 k_2 \cdots k_n)^2 \\
G &= G'\left(\frac{1}{k_1 k_2 \cdots k_n}\right)^2 \\
B &= B'\left(\frac{1}{k_1 k_2 \cdots k_n}\right)^2 \\
U &= U'(k_1 k_2 \cdots k_n) \\
I &= I'\left(\frac{1}{k_1 k_2 \cdots k_n}\right)
\end{aligned}
\right\}
\tag{2-33}
$$

式中　　　　　R、X、G、B、U、I——归算后的各参数值；

　　　　　　R'、X'、G'、B'、U'、I'——归算前的各参数值；

　　　　　　k_1、k_2、$\cdots$、k_n——待归算级到基本级间所有变压器的变比。

　　例如图 2 - 19 中，要将 35kV 侧 L1 线路的参数和变量归算至 500kV 侧，则变压器 T1、T2 的变比 k_1、k_2 应分别取 110/38.5、500/121，即变比的分子为基本级一侧的额定电压，分母为待归算级一侧的额定电压。

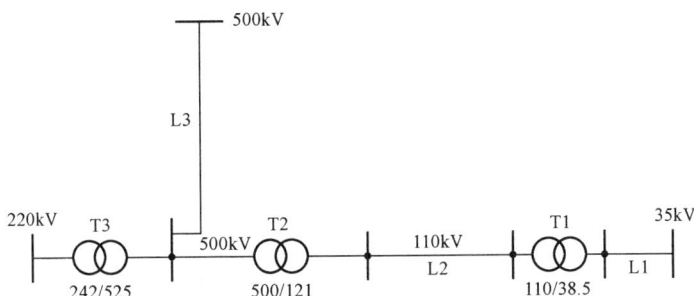

图 2 - 19　多电压等级网络

二、标幺值表示

　　在电力系统计算时，将各参数采用其实际值与一个选定的同单位的基准值之比来表示的方法称为标幺制，所以标幺值是一个相对量。采用标幺值表示的参数进行计算时具有结果清晰、便于迅速判断计算结果的正确性，可大量简化计算等优点。它与有名值、基准值之间有如下关系

$$\text{标幺值} = \frac{\text{有名值}}{\text{基准值}} \tag{2 - 34}$$

　　1. 基准值的选择

　　基准值的选择要遵循以下两个原则：

　　（1）基准值的量纲应该与有名值的量纲相同；

　　（2）遵循各电气量有名值之间的基本关系。对于各电气量要满足三相交流电路的基本原理，即应满足如下关系

$$\left. \begin{array}{l} U_B = \sqrt{3} I_B Z_B \\ S_B = \sqrt{3} U_B I_B \\ Z_B = \dfrac{1}{Y_B} \end{array} \right\} \tag{2 - 35}$$

　　由此可见，五个基准值中只有两个可以任意选择，其余三个必须根据上列关系派生。通常选取三相功率和线电压基准值 S_B、U_B，然后按上列关系计算每相阻抗、导纳和线电流的基准值

$$\left. \begin{array}{l} Z_B = \dfrac{U_B^2}{S_B} \\ I_B = \dfrac{S_B}{\sqrt{3} U_B} \\ Y_B = \dfrac{1}{Z_B} \end{array} \right\} \tag{2 - 36}$$

　　一般功率的基准值往往就选取某个发电厂的总功率或系统总功率，也可取某发电机或变压器的额定功率或取一个整数，如 100、1000MVA 等。选好基准值后，用有名值除以相应的基准值就可以得到标幺值，即

$$
\left.\begin{aligned}
U_* &= \frac{U}{U_B} \\
I_* &= \frac{I}{I_B} = \frac{I \times \sqrt{3} U_B}{S_B} \\
Z_* &= \frac{Z}{Z_B} = \frac{Z S_B}{U_B^2} \\
Y_* &= \frac{Y}{Y_B} = \frac{Y U_B^2}{S_B}
\end{aligned}\right\}
\tag{2-37}
$$

式中 U_*、I_*、Z_*、Y_*——电压、电流、阻抗、导纳的标幺值；

            U、I、Z、Y——电压、电流、阻抗、导纳的有名值；

         U_B、I_B、Z_B、Y_B——电压、电流、阻抗、导纳的基准值。

    这里还需指出的是，由于在三相系统中，线电压为相电压的 $\sqrt{3}$ 倍，三相功率为单相功率的 3 倍，这样当取线电压基准值为相电压基准值的 $\sqrt{3}$ 倍，而三相功率的基准值为单相功率的 3 倍时，则线电压和相电压标幺值数值上相等，而三相功率和单相功率标幺值数值相等，那么三相电路计算可以转化为单相电路计算见式（2-38），所以运算更简便，这也是标幺值的一个优点。

$$
\left.\begin{aligned}
S_* &= U_* I_* \\
U_* &= I_* Z_*
\end{aligned}\right\}
\tag{2-38}
$$

2. 多电压等级基准值的归算

在多电压等级的电网中，标幺值的归算有两种方法：

一是将网络各元件的阻抗、导纳以及电网的电压、电流等参数按前述方法归算到基本级下，然后除以基本级下的阻抗、导纳、电流、电压等的基准值。

另一个方法是将基本级下的基准值归算到各有名值所在的电压级，然后用未经归算的各元件阻抗、导纳以及网络中各点的电压、电流有名值除以由基本级归算到各电压级的基准值。功率基准值不需要归算。

归算式如下

$$
\left.\begin{aligned}
U_* &= \frac{U'}{U_B'} \\
I_* &= \frac{I'}{I_B'} = \frac{I' \times \sqrt{3} U_B'}{S_B} \\
Z_* &= \frac{Z'}{Z_B'} = \frac{Z' S_B}{U_B'^2} \\
Y_* &= \frac{Y'}{Y_B'} = \frac{Y' U_B'^2}{S_B}
\end{aligned}\right\}
\tag{2-39}
$$

式中 U_*、I_*、Z_*、Y_*——电压、电流、阻抗、导纳的标幺值；

        U'、I'、Z'、Y'——未经归算的电压、电流、阻抗、导纳的有名值；

     U_B'、I_B'、Z_B'、Y_B'——归算到各电压级的电压、电流、阻抗、导纳的基准值。

3. 不同基准值的标幺值的换算

在电力系统计算时，有些参数如发电机、变压器等元件的电抗，生产厂家给出的都是以额定值为基准的标幺值，但在计算中整个电路必须选取统一的基准值。因此，必须把以额定参数为基准的标幺值换算为统一选取的基准值下的标幺值。换算原则是：不论基准值如何改变，有名值不变。

进行换算时，先把标幺值还原为有名值，再用统一的基准值计算新的标幺值。例如变压器的电抗 X_{T*}，其电抗有名值为

$$X = X_{T*} \frac{U_N^2}{S_N}$$

如果统一选取基准值为 U_B、S_B，则新的标幺值计算为

$$X_{B*} = X \frac{S_B}{U_B^2} = X_{T*} \cdot \frac{U_N^2}{S_N} \cdot \frac{S_B}{U_B^2} \tag{2-40}$$

式中　X——变压器电抗有名值；

X_{B*}——新基准值下的标幺值。

【例 2-4】　电网接线如图 2-20 所示。图中各元件技术数据见表 2-5，其中 T1 的短路电压百分数 $U_k\%$ 已归算至 100% 额定容量下。试分别用有名值和标幺值表示归算至 220kV 侧的该网络等值电路。作等值电路时，变压器电阻、导纳，线路 L1、L2、L3 的电阻、导纳都可以略去。

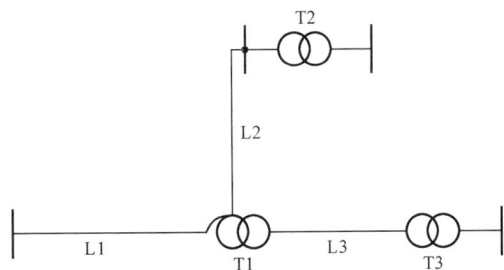

图 2-20　电网接线

表 2-5　　　　　　　　　　　　电网各元件技术数据

符号	名称	容量（MVA）	电压比（kV）	短路电压百分数 $U_k\%$		
				$U_{k12}\%$	$U_{k13}\%$	$U_{k23}\%$
T1	变压器	120	220/121/38.5	9	30	20
T2	变压器	180	13.8/242	14		
T3	变压器	15	35/6.6	8		

符号	名称	长度（km）	电压（kV）	电抗（Ω/km）
L1	电力线路	50	110	0.41
L2	电力线路	60	220	0.38
L3	电力线路	13	35	0.38

解　1. 采用有名值表示

变压器 T1 的电抗，由式（2-30）、式（2-31）

$$U_{k1}\% = \frac{1}{2}(U_{k12}\% + U_{k13}\% - U_{k23}\%) = \frac{1}{2} \times (9 + 30 - 20) = 9.5$$

$$U_{k2}\% = \frac{1}{2}(U_{k12}\% + U_{k23}\% - U_{k13}\%) = \frac{1}{2} \times (9 + 20 - 30) \approx 0$$

$$U_{k3}\% = \frac{1}{2}(U_{k13}\% + U_{k23}\% - U_{k12}\%) = \frac{1}{2} \times (30 + 20 - 9) = 20.5$$

$$X_{1(T1)} = \frac{U_{k1}\% U_N^2}{S_N} \times 10 = \frac{9.5 \times 220^2}{120000} \times 10 = 38.32(\Omega) \left.\vphantom{\begin{array}{c} \\ \\ \\ \\ \end{array}}\right\}$$

$$X_{2(T1)} = 0(\Omega)$$

$$X_{3(T1)} = \frac{U_{k3}\% U_N^2}{S_N} \times 10 = \frac{20.5 \times 220^2}{120000} \times 10 = 82.68(\Omega)$$

变压器 T2 的电抗，由式（2-31）可得

$$X_{(T2)} = \frac{U_k\% U_N^2}{S_N} \times 10 = \frac{14 \times 242^2}{180000} \times 10 = 37.64(\Omega)$$

变压器 $T3$ 的电抗，首先由式（2-31），再归算到 220kV 下可得

$$X_{(T3)} = \frac{U_k\% U_N^2}{S_N} \times 10 \times \left(\frac{220}{38.5}\right)^2 = \frac{8 \times 35^2}{15000} \times 10 \times \left(\frac{220}{38.5}\right)^2 = 213.33(\Omega)$$

电力线路的电抗

L1 $\quad X_{L1} = 0.41 \times 50 \times \left(\frac{220}{121}\right)^2 = 67.77(\Omega)$

L2 $\quad X_{L2} = 0.38 \times 60 = 22.8(\Omega)$

L3 $\quad X_{L3} = 0.38 \times 13 \times \left(\frac{220}{38.5}\right)^2 = 161.31(\Omega)$

最后得到有名值表示的电网等值电路如图 2-21（a）所示。

2. 标幺值表示的电网等值电路

首先选取基准值 $U_B = 220$kV，$S_B = 100$MVA，则基准阻抗为

$$Z_B = \frac{U_B^2}{S_B} = \frac{220^2}{100} = 484(\Omega)$$

各参数的标幺值为

$$X_{*1(T1)} = \frac{X_{1(T1)}}{Z_B} = \frac{38.32}{484} = 0.079$$

$$X_{*3(T1)} = \frac{X_{3(T1)}}{Z_B} = \frac{82.68}{484} = 0.171$$

$$X_{*(T2)} = \frac{X_{(T2)}}{Z_B} = \frac{37.64}{484} = 0.078$$

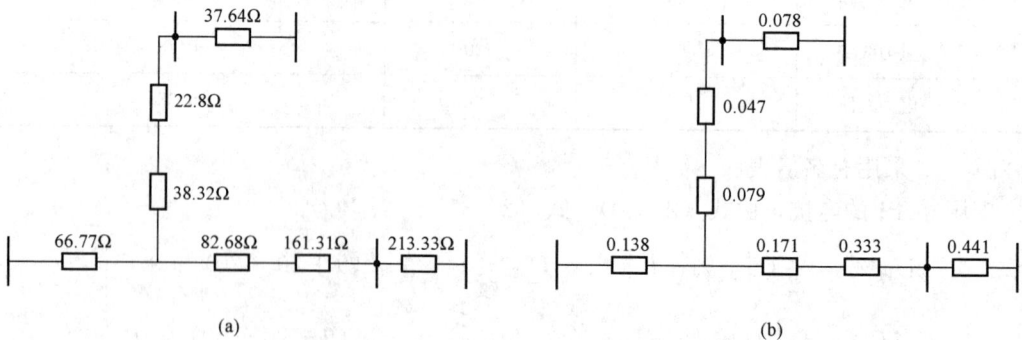

图 2-21 电网等值电路
（a）有名值表示；（b）标幺值表示

$$X_{*(T3)} = \frac{X_{(T3)}}{Z_B} = \frac{213.33}{484} = 0.441$$

$$X_{*L1} = \frac{X_{L1}}{Z_B} = \frac{66.77}{484} = 0.138$$

$$X_{*L2} = \frac{X_{L2}}{Z_B} = \frac{22.8}{484} = 0.047$$

$$X_{*L3} = \frac{X_{L3}}{Z_B} = \frac{161.31}{484} = 0.333$$

最后得到标幺值表示的等值电路如图 2-21（b）所示。

任务 2.5　计算电网的电压降落和功率损耗

在作出电网的等值电路后，即可对电网进行分析和计算。当电流流过电网中电力线路和变压器等元件时，在这些元件上会产生电压降落和功率损耗。本任务介绍电网电压降落和功率损耗的计算方法。

一、电网负荷功率的表示方法

在电网的潮流计算中，负荷可以用电流表示，也可以用功率表示。由于在电力生产中，人们一般关心的是功率，而且采用功率计算也较为简便，所以在电网分析时负荷用功率来表示。本书中复功率的表示采用国际电工委员会推荐的约定，即

$$\tilde{S} = \sqrt{3}\dot{U}\overset{*}{I} \tag{2-41}$$

式中　$\tilde{S}$——三相复功率；

　　　$\dot{U}$——线电压相量；

　　　$\overset{*}{I}$——线电流相量的共轭。

若负荷为感性，则电流相量滞后电压相量 φ 角，如图 2-22（a）所示，用复功率表示为

$$\tilde{S} = \sqrt{3}\dot{U}\overset{*}{I} = \sqrt{3}U\angle\beta \cdot I\angle-\alpha = \sqrt{3}UI\angle(\beta-\alpha) = \sqrt{3}UI\angle\varphi$$

$$= \sqrt{3}UI\cos\varphi + j\sqrt{3}UI\sin\varphi = P + jQ$$

式中　φ——功率因数；

　　　P——三相有功功率；

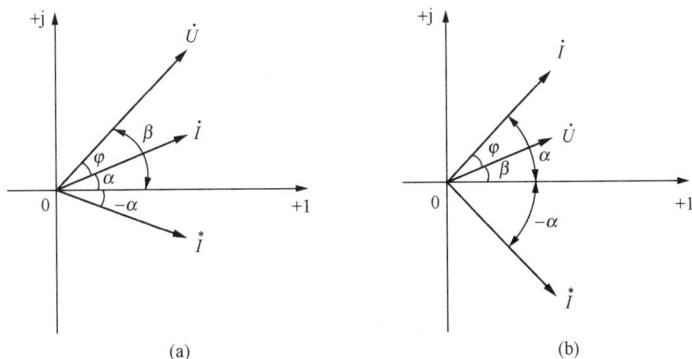

图 2-22　电压与电流相量图

（a）感性负荷；（b）容性负荷

Q——三相无功功率。

若负荷为容性，则电流相量超前电压相量 φ 角，如图 2 - 22 （b）所示，用复功率表示为

$$\tilde{S} = \sqrt{3}\dot{U}\overset{*}{I} = \sqrt{3}U\angle\beta \cdot I\angle-\alpha = \sqrt{3}UI\angle(\beta-\alpha) = \sqrt{3}UI\angle-\varphi$$
$$= \sqrt{3}UI\cos\varphi - \sqrt{3}UI\sin\varphi = P - jQ$$

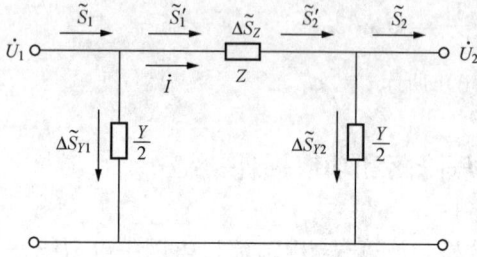

图 2 - 23　电线路中的电压和功率

二、电力线路的功率损耗和电压降落

电网运行时，电流沿电网流动时，在电网元件上会产生功率损耗和电压降落。下面首先介绍电力线路上功率损耗和电压降落的计算方法。对于 II 形等值电路表示的电力线路，假设已知末端电压 $\dot{U}_2$ 和三相功率 $\tilde{S}_2 = P_2 + jQ_2$，如图 2 - 23 所示，则电力线路的计算内容如下：

末端导纳支路的功率损耗

$$\Delta\tilde{S}_{Y2} = \left(\frac{Y}{2}\dot{U}_2\right)^* \overset{*}{U}_2 = \frac{\overset{*}{Y}}{2}\overset{*}{U}_2\dot{U}_2 = \frac{1}{2}(G-jB)U_2^2 = \frac{1}{2}GU_2^2 - j\frac{1}{2}BU_2^2$$

$$\tilde{S}_2' = \tilde{S}_2 + \Delta\tilde{S}_{Y2}$$

线路阻抗上的功率损耗

$$\Delta\tilde{S}_Z = 3I^2Z \times 10^{-6} = \left(\frac{S_2'}{U_2}\right)^2 Z = \frac{P_2'^2 + Q_2'^2}{U_2^2}(R+jX)$$

$$= \frac{P_2'^2 + Q_2'^2}{U_2^2}R + j\frac{P_2'^2 + Q_2'^2}{U_2^2}X = \Delta P_Z + j\Delta Q_Z$$

$$\tilde{S}_1' = \tilde{S}_2' + \Delta\tilde{S}_Z$$

计算线路首端电压 $\dot{U}_1$，以末端电压 $\dot{U}_2$ 为参考相量，即 $\dot{U}_2 = U_2\angle 0°$，则

$$\dot{U}_1 = U_2 + \sqrt{3}\dot{I}Z = U_2 + \sqrt{3}\left(\frac{\tilde{S}_2'}{\sqrt{3}U_2}\right)^* Z = U_2 + \frac{P_2' - jQ_2'}{U_2}(R+jX)$$

$$= U_2 + \frac{P_2'R + Q_2'X}{U_2} + j\frac{P_2'X - Q_2'R}{U_2}$$

$$\tilde{S}_1 = \tilde{S}_1' + \Delta\tilde{S}_{Y1}$$

这里要指出的是，$\Delta\tilde{S}_{Y1}$ 与 $\Delta\tilde{S}_{Y2}$ 计算方法相同，只需将 $\dot{U}_2$ 换为 $\dot{U}_1$ 即可。以上就是电力线路功率计算和电压计算的全部内容，从上述推导可以得出以下参数和特点。

（1）电力线路导纳支路功率损耗

$$\Delta\tilde{S}_Y = \frac{1}{2}U^2\overset{*}{Y} \tag{2-42}$$

式中　$\Delta\tilde{S}_Y$——电力线路导纳支路功率损耗，MVA；

　　　U——与导纳支路对应的线路线电压，kV；

　　　$\overset{*}{Y}$——线路总导纳的共轭，S。

（2）线路阻抗支路功率损耗

$$\Delta \widetilde{S}_Z = \Delta P_Z + \mathrm{j} \Delta Q_Z = \frac{P^2 + Q^2}{U^2} R + \mathrm{j} \, \frac{P^2 + Q^2}{U^2} X \tag{2-43}$$

式中　$\Delta \widetilde{S}_Z$——电力线路阻抗支路功率损耗，MVA；

　　　P、Q——线路阻抗支路首端或末端功率，MW、Mvar；

　　　U——与阻抗支路功率对应的线路首端或末端线电压，kV。

这里要强调的是，计算阻抗支路功率损耗时，所取的阻抗支路功率必须与电压相对应，例如取末端功率 P'_2、Q'_2 时，电压也取末端电压 $\dot{U}_2$。

（3）阻抗支路的电压降落

$$\Delta \dot{U}_{12} = \frac{P'_2 R + Q'_2 X}{U_2} + \mathrm{j} \, \frac{P'_2 X - Q'_2 R}{U_2} \tag{2-44}$$

式中　$\Delta \dot{U}_{12}$——电力线路首末端电压降落，kV；

　　　U_2——电力线路末端电压，kV；

　　　P'_2、Q'_2——电力线路阻抗支路末端三相有功和无功，MW、Mvar。

式（2-44）中，令

$$\Delta U = \frac{P'_2 R + Q'_2 X}{U_2}; \ \delta U = \frac{P'_2 X - Q'_2 R}{U_2} \tag{2-45}$$

则 $\dot{U}_1$ 可表示为

$$\dot{U}_1 = U_2 + \Delta U + \mathrm{j} \delta U \tag{2-46}$$

式中 ΔU 称为电压降落纵分量，δU 称为电压降落横分量，用相量图表示电力线路电压相量关系如图 2-24 所示。

由此可得到首端电压的大小和相位角为

$$\left. \begin{array}{l} U_1 = \sqrt{(U_2 + \Delta U)^2 + \delta U^2} \\ \delta = \tan^{-1} \dfrac{\delta U}{(U_2 + \Delta U)} \end{array} \right\} \tag{2-47}$$

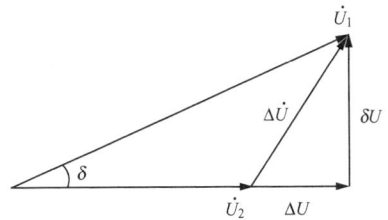

图 2-24　电力线路电压相量图

对于电压较低，长度较短的电力线路，由于线路电阻和电抗数值相差不大，则在计算电压时电压降落横分量 δU 可略去，则式（2-46）可简化为

$$\dot{U}_1 = U_2 + \Delta U \tag{2-48}$$

以上就是电力线路功率损耗和电压降落的计算方法，类似于这种推导，如果已知首端电压 $\dot{U}_1$ 和首端功率 $\widetilde{S}_1$，也可以求取末端电压 $\dot{U}_2$ 和末端功率 $\widetilde{S}_2$，功率的计算过程与上述无原则上的区别，而电压的计算部分则应改写为

$$\dot{U}_2 = U_1 - \Delta U' - \mathrm{j} \delta U' \tag{2-49}$$

式中

$$\Delta U' = \frac{P'_1 R + Q'_1 X}{U_1}; \ \delta U' = \frac{P'_1 X - Q'_1 R}{U_1} \tag{2-50}$$

$$\left. \begin{array}{l} U_2 = \sqrt{(U_1 - \Delta U)^2 + \delta U^2} \\ \delta = \tan^{-1} \dfrac{-\delta U}{U_1 - \Delta U} \end{array} \right\} \tag{2-51}$$

(4) 电力系统中功率方向。对于高压电网，由于 $X \gg R$，可取 $R = 0$，此时

$$\dot{U}_1 = U_2 + \frac{Q_2' X}{U_2} + j \frac{P_2' X}{U_2}$$

从图 2-24 所示相量图可得到

$$\sin\delta = \frac{P_2' X}{U_1 U_2}; \quad P_2' = \frac{U_1 U_2}{X} \sin\delta$$

当 $\dot{U}_1$ 超前 $\dot{U}_2$ 时，$\sin\delta > 0$，$P_2' > 0$，这说明：电网环节中有功功率是从电压超前的一端输向滞后的一端。

从图 2-24 所示相量图还可得到

$$\cos\delta = \frac{U_2^2 + Q_2' X}{U_1 U_2}; \quad Q_2' = \frac{U_1 U_2 \cos\delta - U_2^2}{X}$$

由于电力系统稳定运行的要求，δ 角很小，令 $\cos\delta = 1$，所以

$$Q_2' \approx \frac{U_1 U_2 - U_2^2}{X}$$

当 $U_1 > U_2$ 时，$Q_2' > 0$，这说明：在电网环节中，感性无功功率是从电压高的一端输向电压低的一端，容性无功功率则是从电压低的一端输向电压高的一端。

求得线路两端电压后，就可计算出某些标志电压质量的指标，如电压降落、电压偏移、电压损耗和电压调整等。

电压降落是指线路首末两端的电压相量之差 $\Delta\dot{U}_{12}$，它有两个分量，分别为电压降落的纵分量 ΔU 和横分量 δU，即

$$\Delta\dot{U}_{12} = \dot{U}_1 - \dot{U}_2 = \Delta U + j\delta U$$

电压损耗指线路始末端电压的数值差 $\Delta U = U_1 - U_2$，电压损耗常用百分数表示

$$\Delta U\% = \frac{U_1 - U_2}{U_N} \times 100\%$$

电压偏移是指线路首端或末端与额定电压的数值差 $U_1 - U_N$ 或 $U_2 - U_N$。电压偏移常用百分数 $m\%$ 表示，即

始端电压偏移为

$$m_1\% = \frac{U_1 - U_N}{U_N} \times 100\%$$

末端电压偏移为

$$m_2\% = \frac{U_2 - U_N}{U_N} \times 100\%$$

所谓电压调整是指末端空载和负载时电压数值差 $U_{20} - U_2$，电压调整也通常用百分数表示，即

$$电压调整\% = \frac{U_{20} - U_2}{U_{20}} \times 100\%$$

求得线路两端功率后，即可计算某些标志经济性能的指标，如输电效率。输电效率是指线路末端输出有功功率 P_2 与线路始端输入功率 P_1 的比值，常以百分数表示，即

$$输电效率\% = \frac{P_2}{P_1} \times 100\%$$

线路始端有功功率 P_1 总是大于末端有功功率 P_2，因此输电效率小于 1。但对于无功来说却未必如此，由于线路对地电纳吸取容性无功，也即发出感性无功，线路轻载时，线路电

纳发出的感性无功可能会大于电抗中消耗的感性
无功，以致线路末端输出的无功功率 Q_2 可能大
于线路始端输入的无功功率 Q_1。

三、变压器的功率损耗和电压降落

变压器功率损耗和电压降落的计算同电力线
路计算方法。

双绕组变压器 Γ 形等值电路的电压和功率分
布如图 2 - 25 所示。

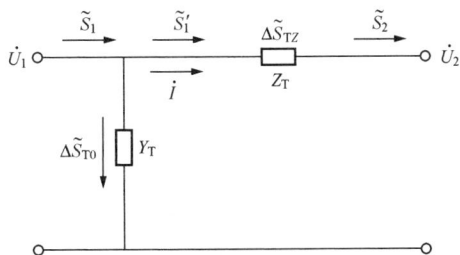

图 2 - 25 变压器中电压和功率

与电力线路的计算方法相同，假如已知末端电压 $\dot U_2$、末端功率 $\widetilde S_2$，可列出变压器阻抗
支路的功率损耗 $\triangle \widetilde S_{TZ}$ 为

$$\triangle \widetilde S_{TZ} = \left(\frac{S_2}{U_2}\right)^2 Z_T = \frac{P_2^2 + Q_2^2}{U_2^2}(R_T + jX_T)$$

$$= \frac{P_2^2 + Q_2^2}{U_2^2}R_T + j\frac{P_2^2 + Q_2^2}{U_2^2}X_T = \triangle P_{TZ} + j\triangle Q_{TZ} \tag{2 - 52}$$

列出变压器导纳支路功率为 $\triangle \widetilde S_{T0}$ 为

$$\triangle \widetilde S_{T0} = (\dot U_1 Y_T)^* \dot U_1 = U_1^2 \overset{*}{Y}_T = U_1^2 G_T + jU_1^2 B_T = \triangle P_{T0} + j\triangle Q_{T0} \tag{2 - 53}$$

以 $\dot U_2$ 为参考相量，首端电压的计算方法为

$$\dot U_1 = U_2 + \frac{P_2 R_T + Q_2 X_T}{U_2} + j\frac{P_2 X_T - Q_2 R_T}{U_2} = U_2 + \triangle U + j\delta U \tag{2 - 54}$$

与电力线路相同，式中 $\triangle U$ 称为电压降落纵分量，δU 称为电压降落横分量。

三绕组变压器的功率损耗与电压降落计算方法与双绕组变压器相同，可直接由制造厂家
提供的试验数据计算其功率损耗。将式（2 - 28）和式（2 - 31）代入式（2 - 52）中并整理
得到

$$\left.\begin{array}{l} \triangle P_{TZ} = \dfrac{S_2^2}{U_2^2} \times \dfrac{\triangle P_k U_N^2}{S_N^2} \\[3mm] \triangle Q_{TZ} = \dfrac{S_2^2}{U_2^2} \times \dfrac{U_k\% U_N^2}{100 S_N} \end{array}\right\}$$

由于正常运行时电压与额定电压相差不大，所以 $U_2 \approx U_N$。上式可简化为

$$\left.\begin{array}{l} \triangle P_{TZ} = \triangle P_k \left(\dfrac{S_2}{S_N}\right)^2 \\[3mm] \triangle Q_{TZ} = \dfrac{U_k\%}{100} \times \dfrac{S_2^2}{S_N} \end{array}\right\} \tag{2 - 55}$$

式中，$\triangle P_{TZ}$、$\triangle P_k$ 的单位为 kW，S_2、S_N 的单位为 kVA，$\triangle Q_{TZ}$ 的单位为 kVar。

假设三绕组变压器三侧功率分别为 S_1、S_2、S_3，则其功率损耗为

$$\left.\begin{array}{l} \triangle P_T = \triangle P_{k1}\left(\dfrac{S_1}{S_N}\right)^2 + \triangle P_{k2}\left(\dfrac{S_2}{S_N}\right)^2 + \triangle P_{k3}\left(\dfrac{S_3}{S_N}\right)^2 + \triangle P_{T0} \\[3mm] \triangle Q_T = \dfrac{U_{k1}\%}{100} \times \dfrac{S_1^2}{S_N} + \dfrac{U_{k2}\%}{100} \times \dfrac{S_2^2}{S_N} + \dfrac{U_{k3}\%}{100} \times \dfrac{S_3^2}{S_N} + \dfrac{I_0\%}{100} S_N \end{array}\right\} \tag{2 - 56}$$

式中　　　　$\triangle P_T$、$\triangle Q_T$——三绕组变压器功率损耗，MW、Mvar；

ΔP_{k1}、ΔP_{k2}、ΔP_{k3}——三绕组变压器的三侧绕组短路损耗，MW；

ΔP_{T0}——三绕组变压器空载损耗，MW；

$I_0 \%$——三绕组变压器空载电流百分数；

S_N——三绕组变压器的额定容量，MVA；

$U_{k1}\%$、$U_{k2}\%$、$U_{k3}\%$——三绕组变压器的三侧绕组短路电压百分数。

四、计算负荷与计算功率

为了简化电网的等值电路，引入计算负荷与计算功率两个概念。降压变电所的计算负荷等于将变电所低压母线的负荷功率加上变压器的功率损耗，再加上高压母线负荷及与其高压母线相连的电力线路导纳支路无功功率的一半，如图 2 - 26（a）、（c）所示。所谓计算功率是指发电厂电源侧的功率减去厂用电和地方负荷，再减去升压变压器中的功率损耗，并计及与它相连的线路导纳支路功率的一半。

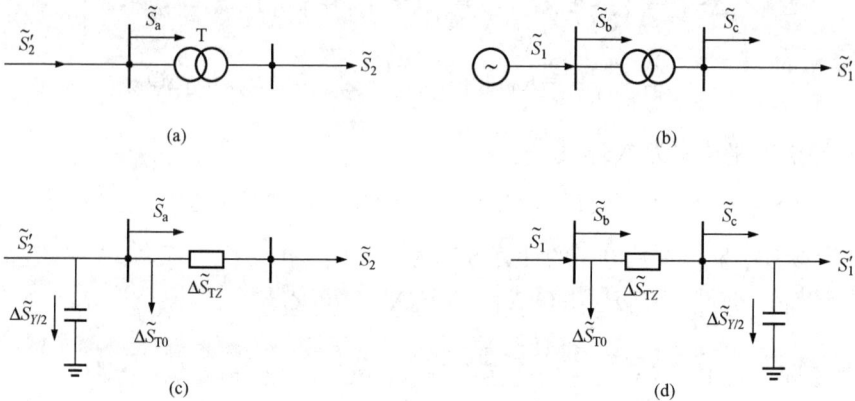

图 2 - 26　计算负荷和计算功率

（a）计算负荷接线图；（b）计算功率接线图；
（c）计算负荷等值电路；（d）计算功率等值电路

计算方法为

$$\tilde{S}'_2 = \tilde{S}_2 + \Delta \tilde{S}_T + \tilde{S}_a + \Delta \tilde{S}_{Y/2} \tag{2-57}$$

式中　$\tilde{S}'_2$——降压变电所计算负荷，MVA；

$\tilde{S}_2$——变压器低压侧负荷功率，MVA；

$\Delta \tilde{S}_T$——变压器功率损耗，包括阻抗支路和导纳支路功率损耗，即 $\Delta \tilde{S}_T = \Delta \tilde{S}_{TZ} + \Delta \tilde{S}_{T0}$，MVA；

$\tilde{S}_a$——降压变电所高压母线所带负荷，MVA；

$\Delta \tilde{S}_{Y/2}$——线路导纳支路功率的一半，Mvar。

$$\tilde{S}'_1 = \tilde{S}_1 - \tilde{S}_b - \Delta \tilde{S}_T - \tilde{S}_c - \Delta \tilde{S}_{Y/2} \tag{2-58}$$

式中　$\tilde{S}'_1$——发电厂计算功率，MVA；

$\tilde{S}_1$——发电厂电源发出的功率，MVA；

$\tilde{S}_b$——发电厂厂用电和低压母线所带地方负荷，MVA；

$\tilde{S}_c$——发电厂高压母线所带负荷，MVA；

$\Delta \tilde{S}_T$ 同上。

计算时要注意，线路充电功率为负值。

任务 2.6 计算简单电网的潮流

所谓电力系统的潮流计算就是采用一定的方法确定系统中各处的电压和功率分布，即潮流分布。电力系统中进行潮流计算的目的在于：确定电力系统的运行方式，检查系统中的各元件是否过压或过载，为电力系统继电保护的整定提供依据，为电力系统的稳定计算提供初值，为电力系统的规划和经济运行提供分析的基础。可见，电力系统的潮流计算是电力系统一项最基本的计算。

本任务介绍简单电网的潮流计算。目前，计算机的应用已经十分广泛，这里仍适当介绍某些手算方法，一则通过手算加深对物理概念的理解，再则在运用计算机计算前仍需以手算求取某些原始数据。

一、开式网的潮流计算

开式网潮流计算的步骤是按照电网环节首末两端功率、电压平衡关系逐段计算，最后求出整个电网的潮流分布。

1. 开式区域网的潮流计算

电压等级在 110kV 及以上的开式网，其潮流计算步骤和内容如下。

（1）计算电网元件参数。

（2）将电网各元件参数归算至同一电压等级。

（3）作出系统等值电路。

（4）计算计算负荷与计算功率，化简等值电路。

（5）潮流计算。

根据不同已知条件，对简单开式区域网的潮流计算分为以下三种。

（1）已知末端负荷功率和末端电压，求始端功率和始端电压，可用计算电力线路和变压器功率及电压降落的公式进行计算。由末端逐步往始端推算，从而算出各支路功率及各节点电压。

（2）已知末端负荷功率和始端电压，求始端功率和末端电压。一般采用简化计算方法，先由末端向始端推算时，设全网都为额定电压，仅计算各元件中的功率损耗而不计算电压降落，从而求出首端功率和全网的功率分布；然后由始端电压及计算所得的始端功率向末端逐段推算电压降落，从而求出各节点电压，此时不必重新计算功率损耗和功率分布。这种简化计算的结果一般能满足工程上要求的精度。

（3）已知末端负荷功率。先假设一个略低于额定电压的末端母线电压，连同已知的末端负荷功率，逐段推算前面母线的电压和支路功率。需要注意的是，这种推算是将所有参数和变量归算到同一电压等级后进行的。因此，在求得各母线电压后，还应按相应的变比将它们归算到原电压级。进行这种归算后，应检查这些电压是否过多偏离额定值。一般电压偏移不允许大于10％。如出现电压偏移超过允许值，应重新假设末端电压，重复上述全部计算过程。

【例 2 - 5】 有一额定电压为 110kV 的开式区域网，电网接线如图 2 - 27（a）所示，有关数据已注明于图中，已知降压变电所 a、b 低压母线上的负荷及发电厂 A 高压母线上的电压，试计算潮流分布。

解 （1）求出各元件参数并归算到 110kV 电压级下，作出等值电路如图 2 - 27（b）所示。

（2）用降压变电所计算负荷简化等值电路。

1）降压变电所 a。

变压器阻抗支路的功率损耗为

$$\Delta \widetilde{S}_{TaZ} = \frac{20^2 + 15^2}{110^2} \times 2.04 + j\frac{20^2 + 15^2}{110^2} \times 31.8 = 0.105 + j1.64(MVA)$$

变压器的导纳支路功率损耗

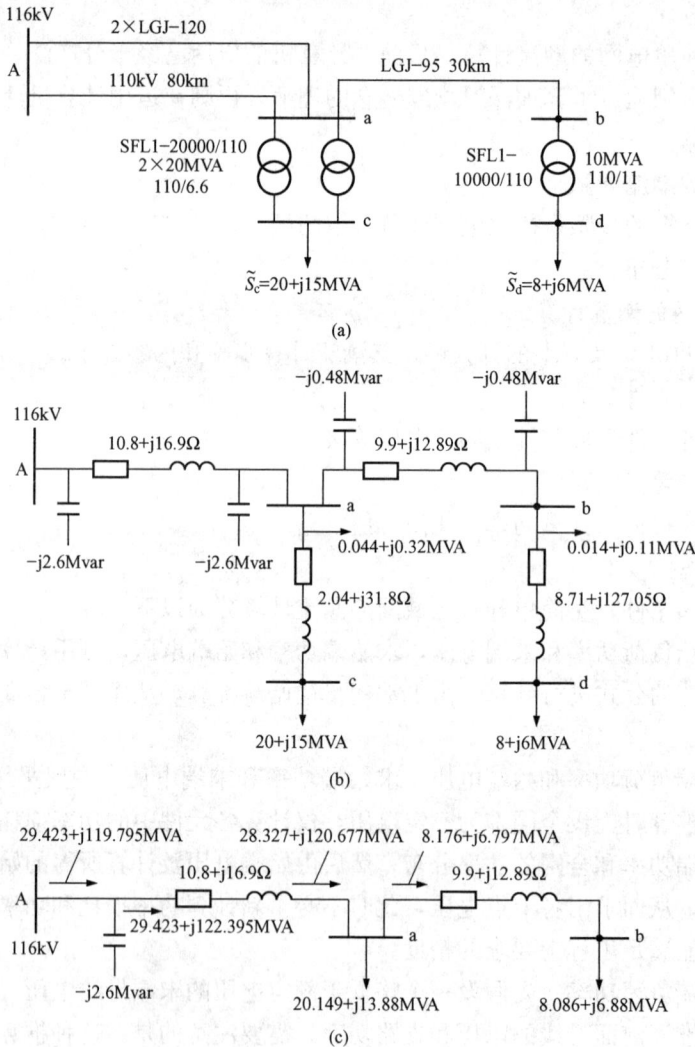

(a)

(b)

(c)

图 2 - 27 ［例 2 - 5］图

（a）电网接线图；（b）等值电路图；（c）简化后等值电路与潮流分布图

$$\Delta \tilde{S}_{\text{Ta0}} = 0.044 + \text{j}0.32 (\text{MVA})$$

全部相连线路电容功率总和之半

$$\Delta \tilde{S}_{1Y/2} = -\text{j}2.6 - \text{j}0.48 = -\text{j}3.08 (\text{MVA})$$

降压变电所 a 的计算负荷

$$\tilde{S}_a = \Delta \tilde{S}_{\text{TaZ}} + \Delta \tilde{S}_{\text{Ta0}} + \Delta \tilde{S}_{1Y/2} + \tilde{S}_c = P_a + \text{j}Q_a = 20.149 + \text{j}13.88 (\text{MVA})$$

2）降压变电所 b。

变压器阻抗支路的功率损耗

$$\Delta \tilde{S}_{\text{TbZ}} = \frac{8^2 + 6^2}{110^2} \times 8.71 + \text{j}\frac{8^2 + 6^2}{110^2} \times 127.05 = 0.072 + \text{j}1.05 (\text{MVA})$$

变压器导纳支路功率损耗

$$\Delta \tilde{S}_{\text{Tb0}} = 0.014 + \text{j}0.11 (\text{MVA})$$

全部相连线路电容功率总和之半

$$\Delta \tilde{S}_{2Y/2} = -\text{j}0.48 (\text{MVA})$$

降压变电所 b 的计算负荷

$$\tilde{S}_b = \Delta \tilde{S}_{\text{TbZ}} + \Delta \tilde{S}_{\text{Tb0}} + \Delta \tilde{S}_{2Y/2} + \tilde{S}_d = P_b + \text{j}Q_b = 8.086 + \text{j}6.68 (\text{MVA})$$

简化后的等值电路如图 2 - 27（c）所示。

（3）计算电网的功率分布。从线路末端的变电所 b 开始，按照电网环节首末端功率或电压平衡关系，逐段计算功率分布。其中：

简化等值电路 ab 环节末端功率 $\tilde{S}'_{ab} = 8.086 + \text{j}6.68 (\text{MVA})$

ab 线路阻抗中功率损耗

$$\Delta \tilde{S}_{ab} = \frac{8.086^2 + 6.68^2}{110^2} \times 9.9 + \text{j}\frac{8.086^2 + 6.68^2}{110^2} \times 12.89 = 0.09 + \text{j}0.117 (\text{MVA})$$

ab 线路环节首端功率

$$\tilde{S}_{ab} = (8.086 + \text{j}6.68) + (0.09 + \text{j}0.117) = 8.176 + \text{j}6.797 (\text{MVA})$$

Aa 线路环节末端功率

$$\tilde{S}'_{\text{Aa}} = (8.176 + \text{j}6.797) + (20.149 + \text{j}13.88) = 28.325 + \text{j}20.677 (\text{MVA})$$

Aa 线路阻抗支路功率损耗

$$\Delta \tilde{S}_{\text{Aa}} = \frac{28.325^2 + 20.677^2}{110^2} \times 10.8 + \text{j}\frac{28.325^2 + 20.677^2}{110^2} \times 16.9 = 1.098 + \text{j}1.718 (\text{MVA})$$

Aa 线路环节首端功率

$$\tilde{S}_{\text{Aa}} = (28.325 + \text{j}20.677) + (1.098 + \text{j}1.718) = 29.423 + \text{j}22.395 (\text{MVA})$$

注入母线 A 的功率

$$\tilde{S}_A = 29.423 + \text{j}22.395 - \text{j}2.6 = 29.423 + \text{j}19.795 (\text{MVA})$$

（4）计算电网各母线的电压（忽略电压降落的横分量 δU）。因为电压 $U_A = 116\text{kV}$，所以：

变电所 a 高压母线电压

$$U_a = 116 - \frac{29.423 \times 10.8 + 22.395 \times 16.9}{116} = 110 (\text{kV})$$

变电所 a 低压母线归算到高压侧的值

$$U_c = 110 - \frac{20.105 \times 2.04 + 16.64 \times 31.8}{110} = 104.82(\text{kV})$$

变电所 a 低压母线的实际电压

$$U_c' = 104.82 \times \frac{6.6}{110} = 6.29(\text{kV})$$

变电所 b 高压母线实际电压

$$U_b = 110 - \frac{8.176 \times 9.9 + 6.797 \times 12.89}{110} = 108.47(\text{kV})$$

变电所 b 低压母线电压归算到高压侧的值

$$U_d = 108.47 - \frac{8.072 \times 8.71 + 7.05 \times 127.05}{108.47} = 99.57(\text{kV})$$

变电所 b 低压母线的实际电压

$$U_d' = 99.57 \times \frac{11}{110} = 9.96(\text{kV})$$

2. 开式地方网的潮流计算

地方网相对区域网来说，电压较低、线路较短，输送功率小，根据这些特点，对于地方网的潮流计算可作如下简化。

1）由于电压较低，所以对地导纳中的无功功率值 $Q_c = U^2 B$ 可以忽略不计。

2）由于线路较短，线路两端电压间夹角较小，因而电压降落的横分量 δU 可忽略不计。

3）由于输送功率较小，从而输送过程中阻抗支路的功率损耗可以忽略不计。

4）由于地方网直接面向用户，对电压偏移要求比较严格，因而潮流计算中可以用额定电压代替实际电压。

采用上述简化后，配电网潮流计算将会大大简化。下面分两种情况讨论集中负荷开式地方网和均匀分布负荷开式地方网的潮流计算。

（1）具有集中负荷开式地方网潮流计算。下面举例说明其潮流计算方法。

【例 2 - 6】 有一条额定电压为 10kV 的配电线路，供电给四个单位，已知数据示于图 2 - 28（a）中，试计算最大电压损耗；若 $U_A = 10.4\text{kV}$，试计算各负荷点的实际电压与电压偏移百分数。

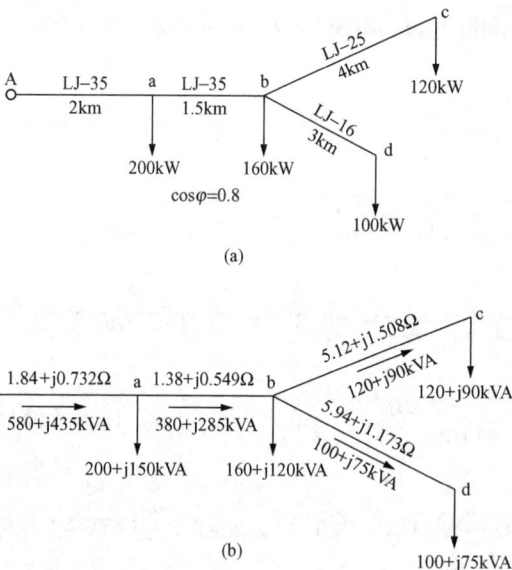

图 2 - 28 ［例 2 - 6］图
(a) 电网接线图；(b) 电网参数与潮流分布图

解 1）画出等值电路并求出线路参数，示于图 2 - 28（b）中。

2）计算潮流分布。各负荷点的功率因数为 $\cos\varphi = 0.8$，所以各负荷点复功率为

$$P_a + jQ_a = 200 + j150(\text{kVA}); \quad P_b + jQ_b = 160 + j120(\text{kVA})$$

$$P_c + jQ_c = 120 + j90(\text{kVA}); \ P_d + jQ_d = 100 + j75(\text{kVA})$$

线路的功率分布为

$$P_{bc} + jQ_{bc} = 120 + j90(\text{kVA}); \ P_{bd} + jQ_{bd} = 100 + j75(\text{kVA})$$

$$P_{ab} + jQ_{ab} = (120 + j90) + (100 + j75) + (160 + j120) = 380 + j285(\text{kVA})$$

$$P_{Aa} + jQ_{Aa} = (380 + j285) + (200 + j150) = 580 + j435(\text{kVA})$$

各点复功率及线路上的潮流分布，如图 2 - 28 （b）所示。

3）计算各线路的电压损耗和各点实际电压

$$\Delta U_{Aa} = \frac{P_{Aa}R_{Aa} + Q_{Aa}X_{Aa}}{U_N} = \frac{580 \times 1.84 + 435 \times 0.732}{10} = 138.6(\text{V})$$

$$\Delta U_{ab} = \frac{P_{ab}R_{ab} + Q_{ab}X_{ab}}{U_N} = \frac{380 \times 1.38 + 285 \times 0.549}{10} = 68.1(\text{V})$$

$$\Delta U_{bc} = \frac{P_{bc}R_{bc} + Q_{bc}X_{bc}}{U_N} = \frac{120 \times 5.12 + 90 \times 1.508}{10} = 75(\text{V})$$

$$\Delta U_{bd} = \frac{P_{bd}R_{bd} + Q_{bd}X_{bd}}{U_N} = \frac{100 \times 5.94 + 75 \times 1.173}{10} = 68.2(\text{V})$$

最大电压损耗为

$$\Delta U_{Ac} = \Delta U_{Aa} + \Delta U_{ab} + \Delta U_{bc} = 138.6 + 68.1 + 75 = 281.7(\text{V}) \approx 0.282(\text{kV})$$

当 $U_A = 10.4\text{kV}$，各负荷点的实际电压与电压偏移为

$$U_a = 10.4 - 0.139 = 10.26(\text{kV}); \ m_a\% = \frac{10.26 - 10}{10} \times 100\% = 2.6\%;$$

$$U_b = 10.26 - 0.068 = 10.19(\text{kV}); \ m_b\% = \frac{10.19 - 10}{10} \times 100\% = 1.9\%;$$

$$U_c = 10.19 - 0.075 = 10.115(\text{kV}); \ m_c\% = \frac{10.115 - 10}{10} \times 100\% = 1.15\%;$$

$$U_d = 10.19 - 0.068 = 10.122(\text{kV}); \ m_d\% = \frac{10.122 - 10}{10} \times 100\% = 1.22\%。$$

（2）具有均匀分布负荷地方网的潮流计算。对于城市配电网，某些农村配电网及路灯负荷等，可以近似认为负荷沿线均匀分布，均匀分布负荷线路的最大电压损耗计算式推导如下。

如图 2 - 29 所示，负荷在 dl 线路上产生的电压损耗为

$$d(\Delta U) = \frac{1}{U_N}(pr_0 + qx_0)ldl$$

式中　p、q——线路单位长度有功功率、无功功率，kW/km、kvar/km；

r_0、x_0——线路单位长度的电阻、电抗，Ω/km。

Ac 线路的最大电压损耗为

$$\Delta U_{Ac} = \int_{L_b}^{L_c} d(\Delta U) = \frac{pr_0 + qx_0}{U_N} \int_{L_b}^{L_c} ldl = \frac{pr_0 + qx_0}{U_N} \cdot \frac{L_c^2 - L_b^2}{2}$$

$$= \frac{pr_0 + qx_0}{U_N} \left[\frac{(L_c - L_b)(L_c + L_b)}{2} \right]$$

$$= \frac{pr_0 + qx_0}{U_N}(L_c - L_b)\left(L_b + \frac{L_c - L_b}{2} \right)$$

$$= \frac{Pr_0 + Qx_0}{U_N}\left(L_b + \frac{L_c - L_b}{2} \right) \tag{2-59}$$

式中　P、Q——均匀分布负荷总的有功功率与无功功率，kW、kvar。

式（2 - 59）表明，计算均匀分布负荷线路的最大电压损耗时，可以用一个与均匀分布负荷总负荷相等，位于均匀分布负荷中心的集中负荷等值代替，如图2 - 29（b）所示。

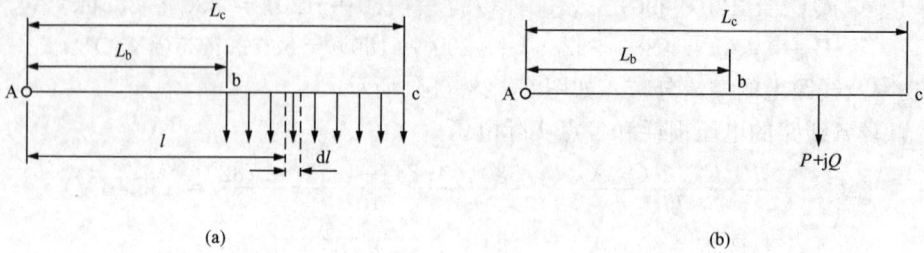

(a)　　　　　　　　　　　　　　　　　(b)

图2 - 29　具有均匀分布负荷的地方电网

（a）负荷沿线路均匀分布；（b）用集中负荷表示的均匀负荷

二、闭式网的潮流计算

负荷能够从两个及以上的方向取得电能的电网称为闭式网。潮流计算中，闭式网络可分为环形网络和两端电源供电网络，如图2 - 30所示。为了计算方便，将闭式网的等值电路进行简化，即在全网均为额定电压的假设下，计算各变电所的运算负荷和发电厂运算功率，并将它们接在相应节点上。这时，等值网络中就不再包含各变压器的阻抗支路和线路的导纳支路，从而形成只有运算负荷和运算功率及网络参数的简化等值电路，如图2 - 31（b）所示。在以下所有关于闭式网手算方法的讨论中，对它的等值电路都已做了这种简化。

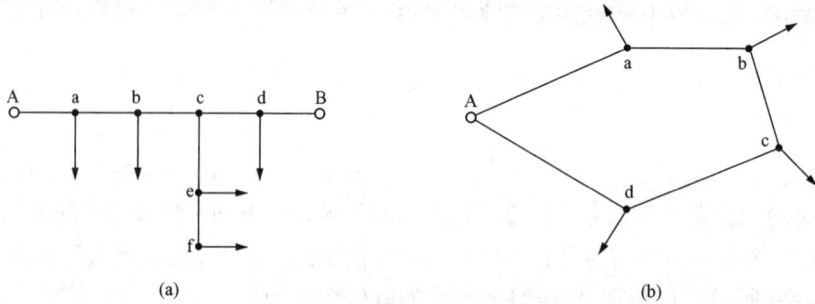

(a)　　　　　　　　　　　　　　　　　(b)

图2 - 30　闭式网接线

（a）两端电源供电网；（b）环网

1. 闭式网的初步潮流计算

假设全网电压为额定电压，且相位相同，同时不计网络的功率损耗，求得的闭式网的功率分布，称为初步功率分布。下面分几种情况讨论初步功率分布计算方法。

（1）环网的初步功率分布

以图2 - 31（a）所示环形网络为例，应用支路电流法列回路方程式，有

$$Z_{12}\dot{I}_a + Z_{23}(\dot{I}_a - \dot{I}_2) + Z_{31}(\dot{I}_a - \dot{I}_2 - \dot{I}_3) = 0 \qquad (2 - 60)$$

式中　$\dot{I}_a$——流经阻抗Z_{12}的电流；

$\dot{I}_2$、$\dot{I}_3$——节点2、3的计算负荷电流。

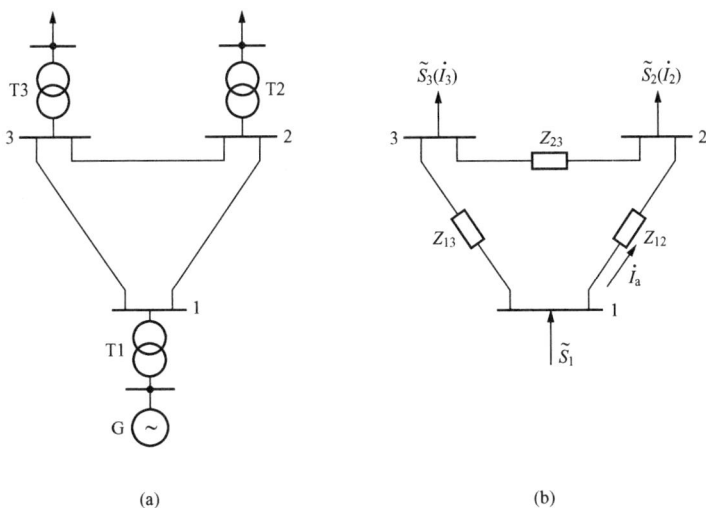

图 2 - 31　简单环形网络

(a) 网络接线图；(b) 简化等值电路图

设全网电压为额定电压 U_N，并将 $\dot{I} = \dfrac{\overset{*}{S}}{\sqrt{3}\,\overset{*}{U}_N}$ 代入式 (2 - 60) 中，则可得到

$$Z_{12}\overset{*}{S}_a + Z_{23}(\overset{*}{S}_a - \overset{*}{S}_2) + Z_{31}(\overset{*}{S}_a - \overset{*}{S}_2 - \overset{*}{S}_3) = 0$$

由上式解得

$$\widetilde{S}_a = \frac{(\overset{*}{Z}_{23} + \overset{*}{Z}_{31})\dot{S}_2 + \overset{*}{Z}_{31}\dot{S}_3}{\overset{*}{Z}_{12} + \overset{*}{Z}_{23} + \overset{*}{Z}_{31}} = \frac{\overset{*}{Z}_2\dot{S}_2 + \overset{*}{Z}_3\dot{S}_3}{\overset{*}{Z}_\Sigma} \tag{2 - 61}$$

式 (2 - 61) 中　　$\overset{*}{Z}_2 = \overset{*}{Z}_{23} + \overset{*}{Z}_{31}$；$\overset{*}{Z}_3 = \overset{*}{Z}_{31}$；$\overset{*}{Z}_\Sigma = \overset{*}{Z}_{12} + \overset{*}{Z}_{23} + \overset{*}{Z}_{31}$

同理，流经阻抗 Z_{31} 的功率 $\widetilde{S}_b$ 为

$$\widetilde{S}_b = \frac{(\overset{*}{Z}_{23} + \overset{*}{Z}_{12})\widetilde{S}_3 + \overset{*}{Z}_{12}\widetilde{S}_2}{\overset{*}{Z}_{12} + \overset{*}{Z}_{23} + \overset{*}{Z}_{31}} = \frac{\overset{*}{Z}'_2\widetilde{S}_2 + \overset{*}{Z}'_3\widetilde{S}_3}{\overset{*}{Z}_\Sigma} \tag{2 - 62}$$

式 (6 - 62) 中 $\overset{*}{Z}'_2 = \overset{*}{Z}_{12}$；$\overset{*}{Z}'_3 = \overset{*}{Z}_{23} + \overset{*}{Z}_{12}$

对于式 (2 - 61)、式 (2 - 62) 可作如下理解。将节点 1 一分为二，可得到一等值两端供电网络的等值电路如图 2 - 32 所示。其两端电压大小相等、相位相同，该电网两端的功率是按阻抗反比分布的。

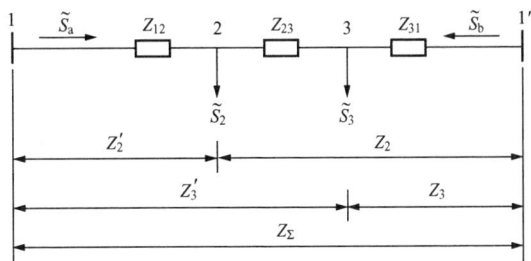

图 2 - 32　等值两端供电网

对于具有 n 个节点的环网，以上两式可推广如下

$$\widetilde{S}_a = \frac{\displaystyle\sum_{m=2}^{n} \overset{*}{Z}_m\widetilde{S}_m}{\overset{*}{Z}_\Sigma} \tag{2 - 63}$$

$$\widetilde{S}_{b} = \frac{\sum\limits_{m=2}^{n} \overset{*}{Z}'_{m} \widetilde{S}_{m}}{\overset{*}{Z}_{\Sigma}} \qquad (2\text{-}64)$$

上两式称为复功率法。

如果电网各段线路均采用相同截面、相同材料的导线，而且导线间的几何均距亦相等，这种电网称为均一网。对于均一网，各段线路单位长度的阻抗相等，因而有

$$\widetilde{S}_{a} = \frac{\sum\limits_{m=2}^{n} \overset{*}{Z}_{m} \widetilde{S}_{m}}{\overset{*}{Z}_{\Sigma}} = \frac{(r-jx)\sum\limits_{m=2}^{n} l_{m} \widetilde{S}_{m}}{(r-jx)L_{\Sigma}} = \frac{\sum\limits_{m=2}^{n} l_{m} \widetilde{S}_{m}}{L_{\Sigma}}$$

$$= \frac{\sum\limits_{m=2}^{n} l_{m}(P_{m}+jQ_{m})}{L_{\Sigma}} = \frac{\sum\limits_{m=2}^{n} l_{m}P_{m}}{L_{\Sigma}} + j\frac{\sum\limits_{m=2}^{n} l_{m}Q_{m}}{L_{\Sigma}}$$

从而有

$$\left. \begin{array}{l} P_{a} = \dfrac{\sum\limits_{m=2}^{n} l_{m}P_{m}}{L_{\Sigma}} \\[4mm] Q_{a} = \dfrac{\sum\limits_{m=2}^{n} l_{m}Q_{m}}{L_{\Sigma}} \end{array} \right\} \qquad (2\text{-}65)$$

式中　　l_{m}——该点负荷到另一电源的长度之和；

L_{Σ}——线路总长度。

由式（2-65）可见，均一网中功率是按距离的反比分配的，用该式进行功率分布计算，可以避免复杂的复数计算，从而使计算得到简化。

在实际电力系统中，线路均一的电网不多。但在电压较高的电网中，线路导线截面较大。为了运行、检修的灵活性，各段线路导线截面的差别不超过国家标称截面的 2～3 个等级；又由于在同一电压等级下，导线材料相同，线间几何均距接近相等，这样的电网称为接近均一网。对于接近均一网，在某些情况下，容许近似用线路长度代替阻抗计算潮流分布。

为避免复数运算，又要提高精度，对于 110kV 及以上接近均一的电网，可以利用网络拆开法计算潮流，计算公式为

$$\left. \begin{array}{l} P_{a} = \dfrac{\sum\limits_{m=2}^{n} X_{m}P_{m}}{X_{\Sigma}} \\[4mm] Q_{a} = \dfrac{\sum\limits_{m=2}^{n} R_{m}Q_{m}}{R_{\Sigma}} \end{array} \right\} \qquad (2\text{-}66)$$

网络拆开法的意义是将具有复数阻抗输送复功率的电网，拆成两个电网，其中一个只具有感抗，输送有功功率；另一个只具有电阻，输送无功功率，这样就把功率分布的复数运算化简为两个实数运算式，大大简化了计算工作。

【例 2-7】 有一额定电压为 110kV 的环形电网，如图 2-33（a）所示，变电所计算负荷

值、导线型号及线路长度均在图中标出，线间几何均距为 5m，试计算电网的初步功率分布。

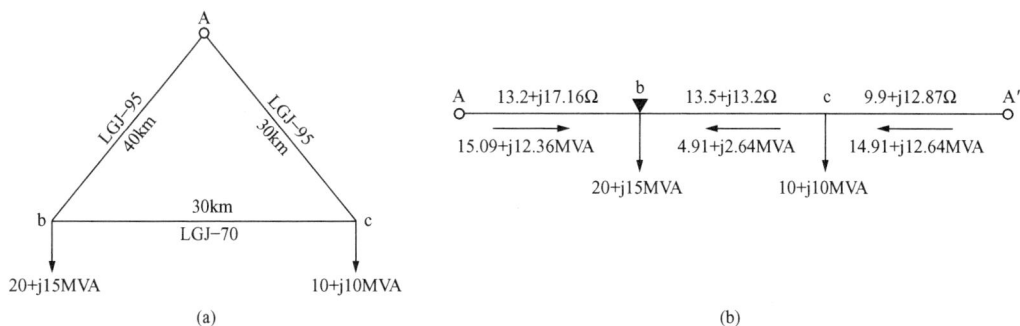

图 2 - 33　［例 2 - 7］图
(a) 电网接线图；(b) 等值电路与初步潮流分布

解　1）计算参数。导线参数可由附录查出，所以，各参数计算如下

$$Z_{bA'} = (13.5 + j13.2) + (9.9 + j12.87) = 23.4 + j26.07(\Omega)$$

$$Z_{cA'} = 9.9 + j12.87(\Omega)$$

$$Z_{AA'} = (13.2 + j17.16) + (13.5 + j13.2) + (9.9 + j12.87)$$
$$= 36.6 + j43.23(\Omega)$$

2）计算潮流分布。

利用复功率法计算

$$\widetilde{S}_{Ab} = \frac{\sum \widetilde{S}_m \overset{*}{Z}_m}{\overset{*}{Z}_\Sigma} = \frac{(20 + j15)(23.4 - j26.07) + (10 + j10)(9.9 - j12.87)}{36.6 - j43.23}$$
$$= 15.09 + j12.36(MVA)$$

同理

$$\widetilde{S}_{A'c} = \frac{\sum \widetilde{S}_m \overset{*}{Z}'_m}{\overset{*}{Z}_\Sigma} = 14.91 + j12.64(MVA)$$

所以

$$\widetilde{S}_{bc} = (15.09 + j12.36) - (20 + j15) = -(4.91 + j2.64)(MVA)$$

利用网络拆开法计算

$$P_{Ab} = \frac{\sum PX}{X_\Sigma} = \frac{20 \times 26.07 + 10 \times 12.87}{43.23} = 15.04(MW)$$

$$Q_{Ab} = \frac{\sum QR}{R_\Sigma} = \frac{15 \times 23.4 + 10 \times 9.9}{36.6} = 12.3(Mvar)$$

从以上结果可以看出，用网络拆开法计算和复功率法计算得到的结果差别很小，而计算工作量小了很多，计算结果如图 2 - 33（b）所示。

在［例 2 - 7］中，b 点的功率是由两个方向供给的，这种功率汇合点称为功率分点。有功分点与无功分点重合时，用"▼"表示，如果不重合，有功分点用"▼"、无功分点用"▽"分别表示。

（2）两端电源供电网初步功率分布。电压不等、相位不同的两端供电网如图 2 - 34 所示。根据基尔霍夫第一定律，可列出电压方程式

$$\Delta \dot{U} = \dot{U}_a - \dot{U}_b = \sqrt{3}[Z_{a2}\dot{I}_a + Z_{23}(\dot{I}_a - \dot{I}_2) + Z_{3b}(\dot{I}_a - \dot{I}_2 - \dot{I}_3)]$$

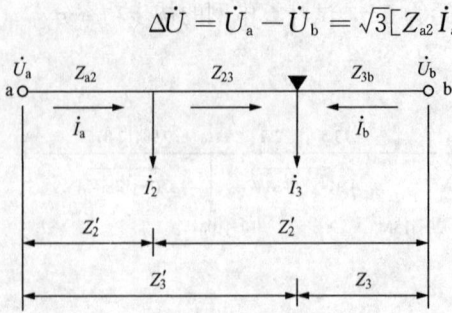

图 2-34　两端电源供电网络初步潮流计算

由于在推导初步功率分布时假设全网电压为额定电压 $\dot{U}_N = U_N\angle 0°$，则 $\dot{I} = \dfrac{\overset{*}{S}}{\sqrt{3}\overset{*}{U}_N}$，代入上式可得

$$\Delta \dot{U}U_N = Z_{a2}\overset{*}{S}_a + Z_{23}(\overset{*}{S}_a - \overset{*}{S}_2) + Z_{3b}(\overset{*}{S}_a - \overset{*}{S}_2 - \overset{*}{S}_3)$$

解得流经 Z_{a2} 的三相功率 $\widetilde{S}_a$ 为

$$\widetilde{S}_a = \frac{(\overset{*}{Z}_{23} + \overset{*}{Z}_{3b})\widetilde{S}_2 + \overset{*}{Z}_{3b}\widetilde{S}_3}{\overset{*}{Z}_{a2} + \overset{*}{Z}_{23} + \overset{*}{Z}_{3b}} + \frac{\Delta\dot{U}U_N}{\overset{*}{Z}_{a2} + \overset{*}{Z}_{23} + \overset{*}{Z}_{3b}} = \frac{\overset{*}{Z}_2\widetilde{S}_2 + \overset{*}{Z}_3\widetilde{S}_3}{\overset{*}{Z}_\Sigma} + \widetilde{S}_h \quad (2-67)$$

同理

$$\widetilde{S}_b = \frac{(\overset{*}{Z}_{a2} + \overset{*}{Z}_{23})\widetilde{S}_3 + \overset{*}{Z}_{a2}\widetilde{S}_2}{\overset{*}{Z}_{a2} + \overset{*}{Z}_{23} + \overset{*}{Z}_{3b}} - \frac{\Delta\dot{U}U_N}{\overset{*}{Z}_{a2} + \overset{*}{Z}_{23} + \overset{*}{Z}_{3b}} = \frac{\overset{*}{Z}'_2\widetilde{S}_2 + \overset{*}{Z}'_3\widetilde{S}_3}{\overset{*}{Z}_\Sigma} - \widetilde{S}_h \quad (2-68)$$

对于有 n 个节点的两端电压不等的供电网，式（2-65）、式（2-66）可推广如下

$$\left.\begin{aligned} \widetilde{S}_a &= \frac{\displaystyle\sum_{m=2}^{n}\overset{*}{Z}_m\widetilde{S}_m}{\overset{*}{Z}_\Sigma} + \widetilde{S}_h \\[2em] \widetilde{S}_b &= \frac{\displaystyle\sum_{m=2}^{n}\overset{*}{Z}'_m\widetilde{S}_m}{\overset{*}{Z}_\Sigma} - \widetilde{S}_h \end{aligned}\right\} \quad (2-69)$$

由式（2-69）可见，节点 a、b 输出的功率 $\widetilde{S}_a$、$\widetilde{S}_b$ 可分为两部分，一部分为两端电压相等时的功率，由于这部分功率与负荷有关，所以称为供载功率；另一部分功率取决于两端电压降落 $\Delta\dot{U}$ 和网络总阻抗 Z_Σ，而与负荷无关，这部分功率称为循环功率，用 $\widetilde{S}_h$ 表示。所以，在计算两端供电网初步潮流分布时可以分开计算，即先令两端电压相等，求出供载功率；再令负荷为零，求出循环功率，最后再将两者叠加，求出初步功率分布。叠加时要注意循环功率 $\widetilde{S}_h$ 的方向。

【例 2-8】　有一额定电压为 10kV 的两端供电网，如图 2-35（a）导线型号、线路长度及负荷值注明于图中，试求当 $\dot{U}_A = 10.5\angle 0°$ kV，$\dot{U}_B = 10.4\angle 0°$ kV 时，电网的潮流分布。

解　1）计算供载功率。由于电网干线均一，所以可以用式（2-65）计算潮流。

$$P'_A = \frac{\sum l_m P_m}{L_{AB}} = \frac{340 \times 7.5 + 330 \times 3.5}{10} = 370\text{(kW)}$$

$$Q'_A = \frac{\sum l_m Q_m}{L_{AB}} = \frac{255 \times 7.5 + 160 \times 3.5}{10} = 247\text{(kvar)}$$

所以

$$\widetilde{S}'_A = 370 + j247\text{(kVA)}$$

$$\widetilde{S}'_{ab} = \widetilde{S}'_A - \widetilde{S}_a = (370 + j247) - (340 + j255) = 30 - j8\text{(kVA)}$$

$$\widetilde{S}'_B = \widetilde{S}'_b - \widetilde{S}_{ab} = (330 + j160) - (30 - j8) = 300 + j168(\text{kVA})$$

b 点为有功分点，a 点为无功分点，标明于图 2-35（b）中。

为校验上述供载功率计算是否正确，可再计算 $\widetilde{S}'_B$，并与上述计算结果相比较

$$P'_B = \frac{\sum l'_m P_m}{L_{AB}} = \frac{330 \times 6.5 + 340 \times 2.5}{10} = 300(\text{kW})$$

$$Q'_B = \frac{\sum l'_m Q_m}{L_{AB}} = \frac{160 \times 6.5 + 255 \times 2.5}{10} = 168(\text{kvar})$$

所以，上述计算结果正确。

2）计算循环功率。两电源间的线路阻抗 Z_{AB} 为

$$Z_{AB} = (r + jx)L_{AB} = (0.45 + j0.345) \times 10 = 4.5 + j3.45 = 5.67\angle 37.4°(\Omega)$$

所以循环功率为

$$\widetilde{S}_h = \left[\frac{\dot{U}_A - \dot{U}_B}{Z_{AB}}\right]^* U_N = \left[\frac{10.5 - 10.4}{5.67\angle 37.4°}\right]^* \times 10$$

$$= 0.176\angle 37.4°(\text{MVA}) = 140 + j107(\text{kVA})$$

结果示于图 2-35（c）中。

3）计算初步功率分布。将供载功率与循环功率相叠加，即可求得各线路的初步功率分布为

$$\widetilde{S}_A = \widetilde{S}'_A + \widetilde{S}_h = (370 + j247) + (140 + j107) = 510 + j354(\text{kVA})$$

$$\widetilde{S}_{ab} = \widetilde{S}'_{ab} + \widetilde{S}_h = (30 - j8) + (140 + j107) = 170 + j99(\text{kVA})$$

$$\widetilde{S}_B = \widetilde{S}'_B + \widetilde{S}_h = (300 + j168) - (140 + j107) = 160 + j61(\text{kVA})$$

功率分布示于图 2-35（a）中。

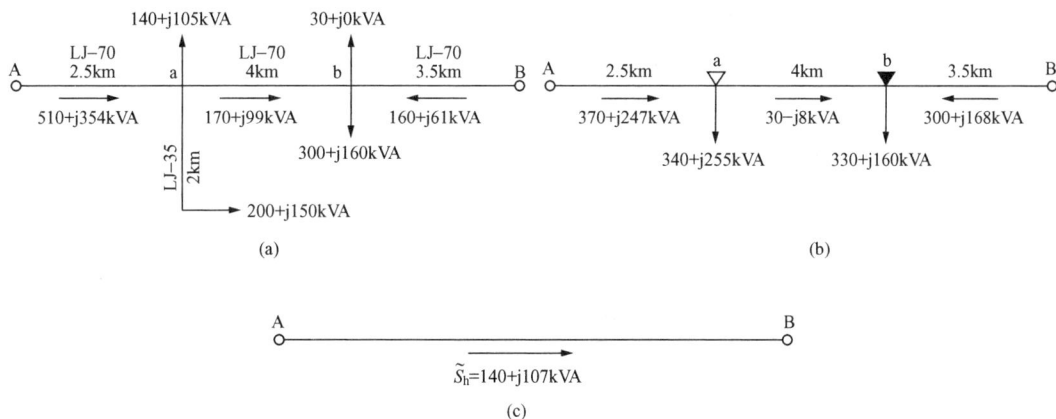

图 2-35　［例 2-8］图
(a) 初步潮流分布；(b) 供载功率分布；(c) 循环功率分布

2. 闭式网的最终潮流分布

上述功率分布是在假设全网为额定电压，也就是不计电压降落和功率损耗条件下求得的初步潮流分布，在求得初步功率分布后，还必须计及网络各线段的电压降落和功率损耗，求出网络的最终潮流分布。

(1) 闭式地方网的最终潮流分布。由于地方网计算中可以忽略电网功率损耗，所以在求

得初步潮流分布后，即可进行电压计算，从而求得全网络的最终潮流分布。电压计算方法与开式网完全相同，这里不再赘述。

（2）闭式区域网最终潮流计算。在求出初步潮流分布后，从功率分点处将闭式网拆开为两个开式网，然后分别计算两个开式网的潮流分布。若有功分点和无功分点不重合，一般从无功分点处解开电网，这是由于在电压等级较高的电网中，电压损耗主要由无功功率的流动引起，因此无功分点一般为电网电压最低点，所以从无功分点作为计算起点。

任务 2.7 复杂电力系统的潮流计算机算法

在任务 2.6 中，介绍了简单电网的潮流分布计算，但现代电力系统是一个复杂而庞大的系统，其中有些节点可以从三个或三个以上的电源获得电能，这样的电网称为复杂网。对于复杂网，手算方法显然不能适应，本节介绍复杂网潮流分布的计算机算法。

采用计算机计算复杂网的潮流，需要掌握潮流计算问题的数学模型、计算方法和程序设计三个方面的知识，这里只介绍前两部分。

一、潮流计算的数学模型

对电力系统来说，数学模型是指对电力系统中运行状态参数（如电压、电流等）之间相互关系和变化规律的一种数学描述，它把电力系统中物理现象的分析归结为某种形式的数学问题。电网是一种电路，因此电路求解方法可用于潮流计算，如回路电流法、节点电压法等。实际中回路电流法用得较少，而采用节点电压法比较普遍，所以此处介绍节点电压法，如无特别说明，下面的公式都用标幺值表示。

1. 节点电压方程

现以简单电网为例，说明利用节点电压方程计算电网的原理。

图 2-36 表示一个具有两个电源和一个等值负荷的系统。$\dot{e}_1$、$\dot{e}_2$ 为电源电动势，y_1、y_2 为电源的内部导纳，y_3 为负荷的等值导纳，y_4、y_5、y_6 为支路的导纳。

如果取地为电压参考节点，设节点 1、2、3 的线电压为 $\dot{U}_1$、$\dot{U}_2$、$\dot{U}_3$，流入节点的电流方向为正。根据基尔霍夫第一定律可以列出下面的电流方程

$$\left.\begin{aligned}y_1(\dot{e}_1-\dot{U}_1)+y_6(\dot{U}_2-\dot{U}_1)+y_4(\dot{U}_3-\dot{U}_1)=0\\y_2(\dot{e}_2-\dot{U}_2)+y_6(\dot{U}_1-\dot{U}_2)+y_5(\dot{U}_3-\dot{U}_2)=0\\y_4(\dot{U}_1-\dot{U}_3)+y_5(\dot{U}_2-\dot{U}_3)-y_3\dot{U}_3=0\end{aligned}\right\} \qquad (2-70)$$

将式（2-70）中与电源电动势 $\dot{e}_1$、$\dot{e}_2$ 有关的项移到等式右端，经整理后可以写出

$$\left.\begin{aligned}y_1\dot{U}_1+y_6(\dot{U}_1-\dot{U}_2)+y_4(\dot{U}_1-\dot{U}_3)=y_1\dot{e}_1\\y_2\dot{U}_2+y_6(\dot{U}_2-\dot{U}_1)+y_5(\dot{U}_2-\dot{U}_3)=y_2\dot{e}_2\\y_4(\dot{U}_3-\dot{U}_1)+y_5(\dot{U}_3-\dot{U}_2)+y_3\dot{U}_3=0\end{aligned}\right\} \qquad (2-71)$$

式（2-71）左端为节点 1、2、3 流出的电流，右端为注入各节点的电流，由此式可以得到该电网的另一种等值电路，如图 2-37 所示，图中用理想电流源代替了电压源。在图 2-37 中

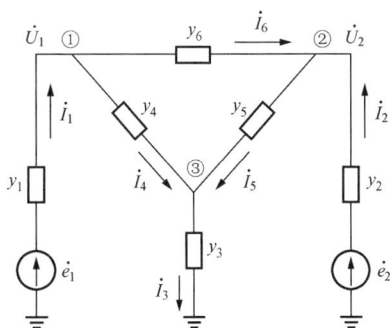

图 2 - 36　节点电压法图例　　　　　　　图 2 - 37　用电流源代替电源图例

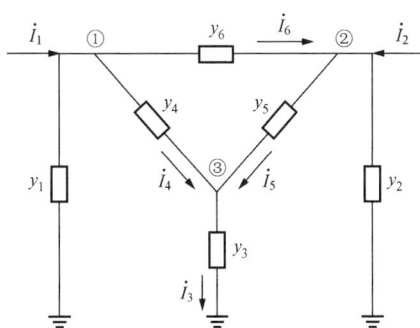

$$
\left.\begin{aligned}
\dot{I}_1 &= y_1 \dot{e}_1 \\
\dot{I}_2 &= y_2 \dot{e}_2 \\
\dot{I}_3 &= 0
\end{aligned}\right\} \tag{2-72}
$$

将式（2-71）左端各项按电压合并，将式（2-72）代入右端，可得

$$
\left.\begin{aligned}
Y_{11}\dot{U}_1 + Y_{12}\dot{U}_2 + Y_{13}\dot{U}_3 &= \dot{I}_1 \\
Y_{21}\dot{U}_1 + Y_{22}\dot{U}_2 + Y_{23}\dot{U}_3 &= \dot{I}_2 \\
Y_{31}\dot{U}_1 + Y_{32}\dot{U}_2 + Y_{33}\dot{U}_3 &= 0
\end{aligned}\right\} \tag{2-73}
$$

式（2-73）称为电网的节点电压方程，它反映了节点电压和注入电流之间的关系，其右端的 $\dot{I}_1$、$\dot{I}_2$、$\dot{I}_3$ 为各节点的注入电流。式中 $Y_{11}=y_1+y_4+y_6$、$Y_{22}=y_2+y_5+y_6$、$Y_{33}=y_3+y_4+y_5$ 称为节点 1、2、3 的自导纳；$Y_{12}=Y_{21}=-y_6$、$Y_{13}=Y_{31}=-y_4$、$Y_{23}=Y_{32}=-y_5$ 称为相应节点之间的互导纳。式（2-73）用矩阵表示为

$$
\begin{bmatrix} \dot{I}_1 \\ \dot{I}_2 \\ 0 \end{bmatrix} = \begin{bmatrix} Y_{11} & Y_{12} & Y_{13} \\ Y_{21} & Y_{22} & Y_{23} \\ Y_{31} & Y_{32} & Y_{33} \end{bmatrix} \begin{bmatrix} \dot{U}_1 \\ \dot{U}_2 \\ \dot{U}_3 \end{bmatrix} \tag{2-74}
$$

一般情况下，如果电网有 n 个节点（参考节点除外），则可按式（2-74）推广后列出 n 个节点的节点电压方程，用矩阵形式可以表示为

$$
\boldsymbol{I}_{\mathrm{B}} = \boldsymbol{Y}_{\mathrm{B}}\boldsymbol{U}_{\mathrm{B}} \tag{2-75}
$$

式中

$$
\boldsymbol{I}_{\mathrm{B}} = \begin{bmatrix} \dot{I}_1 \\ \dot{I}_2 \\ \vdots \\ \dot{I}_n \end{bmatrix}; \boldsymbol{U}_{\mathrm{B}} = \begin{bmatrix} \dot{U}_1 \\ \dot{U}_2 \\ \vdots \\ \dot{U}_n \end{bmatrix}
$$

上式也可以写成展开的形式

$$\dot{I}_i = \sum_{j=1}^{n} Y_{ij}\dot{U}_j \qquad (i = 1, 2, 3, \cdots, n) \qquad (2-76)$$

分别为节点注入电流列向量和节点电压列向量。其中 I_B 为节点注入电流列向量，注入电流有正有负，注入网络电流为正，流出网络电流为负。根据这一规定，电源节点的注入电流为正，负荷节点为负，既无电源又无负荷的联络节点为零，带有地方负荷的电源节点为二者代数和。U_B 为节点电压列向量，由于节点电压是相对于参考节点而言的，因而需先选定参考节点。在电力系统中一般以地为参考节点，如整个网络无接地支路，则需选定某一节点为参考节点。本书中都以大地为参考节点，并规定其编号为零。

$$Y_B = \begin{bmatrix} Y_{11} & Y_{12} & \cdots & Y_{1n} \\ Y_{21} & Y_{22} & \cdots & Y_{2n} \\ \vdots & \vdots & \vdots & \vdots \\ Y_{n1} & Y_{n2} & \cdots & Y_{nn} \end{bmatrix}$$

为 $n \times n$ 阶的节点导纳矩阵，其中对角元素 Y_{ii} 为第 i 个节点的自导纳，它在数值上等于与该节点相连的所有支路导纳之和，即 $Y_{ii} = \sum_{j=0}^{n} y_{ij} (i \neq j)$；非对角元素 Y_{ij} 为第 i 个节点的互导纳，它在数值上等于第 i 节点和第 j 节点相连的支路导纳的负值 $Y_{ij} = -y_{ij}$，同理第 j 个节点互导纳 $Y_{ji} = -y_{ji} = -y_{ij} = Y_{ij}$，所以节点导纳矩阵是一个对称矩阵；而且由于每个节点所连接的支路数总有一定的限度，随着网络中节点数的增加，非零元素会越来越少。综上所述，节点导纳矩阵是一个对称的稀疏矩阵。

2. 节点导纳矩阵的形成与修改

(1) 节点导纳矩阵的形成。节点导纳矩阵可以根据自导纳和互导纳的定义直接求取，根据定义求取节点导纳矩阵时，需注意以下几点。

1) 节点导纳矩阵是方阵，其阶数就等于网络中除参考节点外的节点数 n。

2) 节点导纳矩阵是稀疏矩阵，其各行非零非对角元素数就等于与该行相对应节点所连接的不接地支路数。

3) 节点导纳矩阵的对角元素 Y_{ii} 就等于该节点所连接的支路导纳总和。

4) 节点导纳矩阵的非对角元素 Y_{ij} 等于连接节点 i、j 的支路导纳的负值。

5) 节点导纳矩阵是对称矩阵，从而只要求取这个矩阵的上三角或下三角即可。

(2) 节点导纳矩阵的修改。在电力系统计算中，往往要计算不同接线方式下的运行情况，例如某电力线路或变压器投入前后的情况，以及某些元件参数变更前后的运行状况。由于改变一个支路的参数或它的投入、退出状态只影响该支路两端节点的自导纳和它们之间的互导纳，可不必重新形成与新运行状况相对应的节点导纳矩阵，仅需对原有的矩阵作某些修改。以下介绍几种常用的修改方法。

1) 从原有网络引出一支路，同时增加一节点，如图 2-38（a）所示。

设 i 为原有网络中节点，j 为新增加节点，新增加支路导纳为 y_{ij}，则因增加一节点，节点导纳矩阵将增加一阶。

新增的对角元 Y_{jj}，由于对节点 j 只有一条支路 y_{ij}，所以 $Y_{jj} = y_{ij}$；新增非对角元为 $Y_{ij} = Y_{ji} = -y_{ij}$，原有矩阵中的对角元 Y_{ii} 将增加 $\Delta Y_{ii} = y_{ij}$。

2) 在原有的网络节点 i、j 之间增加一条支路，如图 2-38（b）所示。

这时由于只增加支路不增加节点，节点导纳矩阵阶数不变，但与节点 i、j 有关元素应作如下修改

$$\Delta Y_{ii} = y_{ij};\Delta Y_{jj} = y_{ij};\Delta Y_{ij} = \Delta Y_{ji} = -y_{ij}$$

3）在原有网络的节点 i、j 之间切除一条支路，如图 2 - 38（c）所示。

切除一导纳为 y_{ij} 的支路相当于增加一导纳为 $-y_{ij}$ 的支路，从而与节点 i、j 有关元素应作如下修改

$$\Delta Y_{ii} = -y_{ij};\Delta Y_{jj} = -y_{ij};\Delta Y_{ij} = \Delta Y_{ji} = y_{ij}$$

4）原有网络节点 i、j 之间的导纳由 y_{ij} 改变为 y'_{ij}，如图 2 - 38（d）所示。

这种情况相当于切除一条导纳为 y_{ij} 的支路并增加一导纳为 y'_{ij} 的支路，从而与节点 i、j 有关元素应作如下修改

$$\Delta Y_{ii} = y'_{ij} - y_{ij};\Delta Y_{jj} = y'_{ij} - y_{ij};\Delta Y_{ij} = \Delta Y_{ji} = y_{ij} - y'_{ij}$$

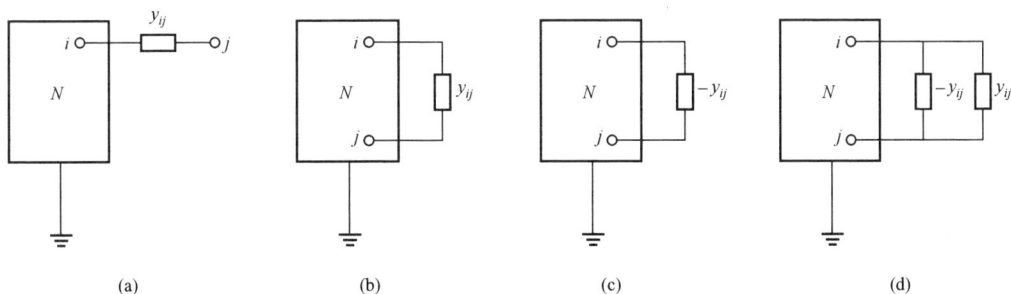

图 2 - 38 电网接线示意图

（a）增加支路和节点；（b）增加支路；（c）切除支路；（d）改变支路参数

5）原有网络节点 i、j 之间变压器的变比由 K 变为 K'。

节点 i、j 之间变压器的等值电路如图 2 - 39 所示时，该变压器变比的改变将要求与节点 i、j 有关的元素作如下修改

$$\Delta Y_{ii} = 0;\ \Delta Y_{jj} = \left(\frac{1}{K'^2} - \frac{1}{K^2}\right)y_{\mathrm{B}};\ \Delta Y_{ij} = \Delta Y_{ji} = -\left(\frac{1}{K'} - \frac{1}{K}\right)y_{\mathrm{B}}$$

这些公式其实就是切除一变比为 K 的变压器并增加一变比为 K' 的变压器的计算公式。

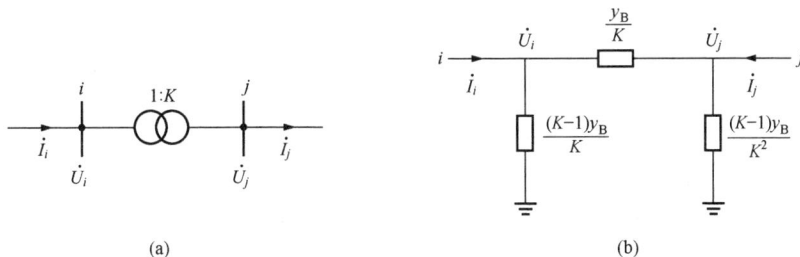

图 2 - 39 变压器 Π 型等值电路

（a）变压器接线图；（b）变压器 Π 型等值电路

【例 2 - 9】　如图 2 - 40 所示系统是一个由三条输电线路组成的环形网络，输电线路用 Π 型等值电路表示。设三条线路参数的标幺值相同：$z_{\mathrm{L}} = \mathrm{j}0.1$；$y_{\mathrm{L}} = \mathrm{j}0.02$。求系统的节点导纳矩阵。

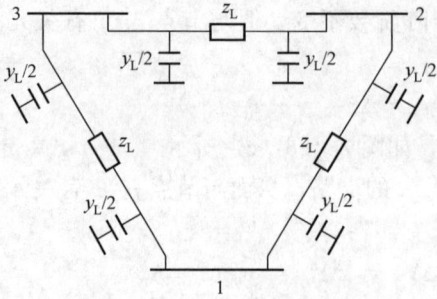

图 2 - 40　［例 2 - 9］附图

解　选地为参考节点。以节点 1 为例说明自导纳 Y_{ii} 的形成。和节点 1 直接相连的支路有支路 12 的阻抗支路 z_L、支路 13 的阻抗支路 z_L，以及和节点 1 直接相连的两条并联导纳支路 $y_L/2$，从而

$$Y_{11} = 1/j0.1 + 1/j0.1 + j0.01 + j0.01$$
$$= -j19.98$$

以节点 1 和节点 2 之间的互导纳 Y_{12} 为例说明互导纳 Y_{ij} 的形成。12 节点间有直接支路，其导纳为 $1/z_L$，故

$$Y_{12} = -y_{12} = -1/j0.1 = j10$$

照此方法，得到系统的节点导纳矩阵为

$$\boldsymbol{Y}_\mathrm{B} = \begin{bmatrix} -j19.98 & j10 & j10 \\ j10 & -j19.98 & j10 \\ j10 & j10 & -j19.98 \end{bmatrix}$$

3. 潮流计算的数学模型

前面介绍了节点电压方程和节点导纳矩阵的形成及修改，下面讨论潮流计算的数学模型。由于工程实践中通常已知的不是节点注入电流 $\boldsymbol{I}_\mathrm{B}$，而是各节点的注入功率，节点电压 $\boldsymbol{U}_\mathrm{B}$ 为待求量。为此，必须找到一个利用节点功率计算节点电压的关系式。在讨论之前，规定节点电流正方向为注入电网的方向。

由于三相电路功率方程为

$$\dot{I}_i = \frac{\overset{*}{S}_i}{\overset{*}{U}_i} = \frac{P_i - jQ_i}{\overset{*}{U}_i}(i = 1, 2, \cdots, n) \tag{2 - 77}$$

式中　P_i、Q_i——节点 i 向网络注入的有功功率和无功功率；

$\overset{*}{U}_i$——节点 i 对参考节点的电压 $\dot{U}_i$ 的共轭。

将式（2 - 77）代入式（2 - 76）可得

$$\frac{P_i - jQ_i}{\overset{*}{U}_i} = \sum_{j=1}^{n} Y_{ij}\dot{U}_j,(j = 1, 2, \cdots, n) \tag{2 - 78}$$

式（2 - 78）即为潮流计算的基本方程。由此可见，由于不能给出节点电流，只能根据节点功率求取节点电压，这就使得节点电压方程由线性变为非线性，即用计算机算法进行潮流计算可归结为求解一组非线性方程的问题。

对于一个除参考点外有 n 个节点的电力系统，因为参考点电压已给定，只需计算 n 个节点的电压，按式（2 - 78）可列出 n 个方程，在电力系统潮流计算中，表征各节点运行状态的参数是该点的电压相量和复功率，所以表征节点运行状态的量有：电压幅值 U、电压相位角 δ、有功功率 P、无功功率 Q。因此上述电力系统的 n 个节点有 $4n$ 个运行参数，而表示这些参数相互关系的方程式，根据（2 - 78）可列出 n 个复数方程式，可拆为 $2n$ 个实数方程式，所以只能解出 $2n$ 个参数，其余 $2n$ 个参数需要事先给定。

在电力系统潮流计算中，一般对每个节点给出两个运行参数作为已知条件，而另外两个

作为待求量。根据原始数据给出的方式，电力系统中节点可分为以下三种类型。

（1）*PQ* 节点。这类节点的有功功率 *P* 和无功功率 *Q* 是给定的，节点电压幅值 *U* 和相位角 *δ* 是待求量。通常，变电所为这一类节点，由于没有发电设备，故其发电功率为零。系统中基载发电厂的母线也可作为 *PQ* 节点。因此电力系统中的绝大多数节点属于这一类型。

（2）*PV* 节点。这类节点有功功率 *P* 和电压幅值 *U* 是给定的，节点的无功功率 *Q* 和电压的相位 *δ* 是待求量。这类节点必须有足够的可调无功容量，用以维持给定的电压幅值，因而也称为电压控制点。有一定无功功率储备的发电厂和有一定无功功率电源的变电所母线都可选为 *PV* 节点，这一类节点数目很少。

（3）平衡节点。这类节点电压幅值 *U*、电压相位角 *δ* 是给定的，而注入功率是待求的。担负调整系统频率任务的发电厂母线往往被选为平衡节点，潮流计算时，一般只设一个平衡节点。

二、高斯—塞德尔法潮流计算

运用计算机进行潮流计算，目前常用的算法有两种：牛顿—拉夫逊法和由此派生的 *P*-*Q* 分解法。但由于牛顿—拉夫逊法对初值选取要求严格，某些程序的第一、二次迭代往往采用高斯—塞德尔法估算初值，因此下面首先介绍高斯—塞德尔法。

1. 高斯—塞德尔法

高斯—塞德尔法既可以用以解线性方程组，也可以用来求解非线性方程组。其方法如下。

设有方程组

$$\left.\begin{array}{l} a_{11}x_1 + a_{12}x_2 + a_{13}x_3 = y_1 \\ a_{21}x_1 + a_{22}x_2 + a_{23}x_3 = y_2 \\ a_{31}x_1 + a_{32}x_2 + a_{33}x_3 = y_3 \end{array}\right\} \tag{2-79}$$

可改写为

$$\left.\begin{array}{l} x_1 = \dfrac{1}{a_{11}}(y_1 - a_{12}x_2 - a_{13}x_3) \\[2mm] x_2 = \dfrac{1}{a_{22}}(y_2 - a_{21}x_1 - a_{23}x_3) \\[2mm] x_3 = \dfrac{1}{a_{33}}(y_3 - a_{31}x_1 - a_{32}x_2) \end{array}\right\}$$

于是迭代格式为

$$\left.\begin{array}{l} x_1^{(k+1)} = \dfrac{1}{a_{11}}(y_1 - a_{12}x_2^{(k)} - a_{13}x_3^{(k)}) \\[2mm] x_2^{(k+1)} = \dfrac{1}{a_{22}}(y_2 - a_{21}x_1^{(k+1)} - a_{23}x_3^{(k)}) \\[2mm] x_3^{(k+1)} = \dfrac{1}{a_{33}}(y_3 - a_{31}x_1^{(k+1)} - a_{32}x_2^{(k+1)}) \end{array}\right\} (k = 1, 2, \cdots, n) \tag{2-80}$$

式（2-8）中 *k* 称为迭代次数。对式（2-79）中各个变量 x_1、x_2、x_3 分别给予初值 $x_1^{(0)}$、$x_2^{(0)}$、$x_3^{(0)}$，将它们分别代入式（2-80）第一式就可得到 x_1 的第一次迭代值 $x_1^{(1)}$，再将第一迭代值 $x_1^{(1)}$、$x_2^{(0)}$、$x_3^{(0)}$ 分别代入式（2-80）第二式，得到 x_2 的第一次迭代值 $x_2^{(1)}$，然后再

按同样的方法得到 x_3 的第一次迭代值 $x_3^{(1)}$。以后就不断重复上述步骤，直到等于或逼近 x_1、x_2、x_3 的真正解为止。迭代过程从 $k=0$ 开始，直到所有变量满足以下条件即可停止，即

$$| x_i^{(k+1)} - x_i^{(k)} | < \varepsilon \tag{2-81}$$

这里 ε 是给定的小正数，一般可取为 10^{-6}。满足式（2-81）就叫做迭代收敛。

这里需要注意的是，高斯—塞德尔法实际是迭代法的一种，该方法为了提高收敛速度，在迭代过程中，在求下一个变量的迭代值时，要代入上一个变量的最新值。例如求取 $x_2^{(k+1)}$ 时，要代入 $x_1^{(k+1)}$，而不是 $x_1^{(k)}$。下面举例说明应用高斯—塞德尔法解非线性方程组的步骤。

【例 2-10】 设有二维非线性方程组

$$\left.\begin{array}{r} 2x_1 + x_1 x_2 - 1 = 0 \\ 2x_2 - x_1 x_2 + 1 = 0 \end{array}\right\}$$

解　根据式（2-80），将上面方程式改写为

$$\left.\begin{array}{l} x_1 = 0.5 - \dfrac{x_1 x_2}{2} \\[2mm] x_2 = -0.5 + \dfrac{x_1 x_2}{2} \end{array}\right\} \tag{2-82}$$

给出任意初始值

$$x_1^{(0)} = 0, x_2^{(0)} = 0$$

迭代 1　代入式（2-82），令迭代次数 $k=0$，有

$$\left.\begin{array}{l} x_1^{(1)} = 0.5 - 0 = 0.5 \\[2mm] x_2^{(1)} = -0.5 + \dfrac{0.5 \times 0}{2} = -0.5 \end{array}\right\}$$

迭代 2　再代入式（2-82），令 $k=1$，有

$$\left.\begin{array}{l} x_1^{(2)} = 0.5 - \dfrac{0.5 \times (-0.5)}{2} = 0.625 \\[2mm] x_2^{(2)} = -0.5 + \dfrac{0.5 \times 0.625}{2} = -0.34375 \end{array}\right\}$$

迭代 3　令 $k=2$，同样有

$$\left.\begin{array}{l} x_1^{(3)} = 0.5 - \dfrac{0.625 \times (-0.34375)}{2} = 0.60742 \\[2mm] x_2^{(3)} = -0.5 + \dfrac{0.60742 \times (-0.34375)}{2} = -0.70880 \end{array}\right\}$$

继续迭代，直到 $x_1^{(k)}$、$x_2^{(k)}$ 接近真正解 1 和 -1 为止。

2. 高斯—塞德尔法潮流计算

现在将高斯—塞德尔法用于电力系统的潮流计算。潮流计算的基本方程式在前面已经推出，它是

$$\frac{P_i - jQ_i}{\overset{*}{\dot{U}}_i} = \sum_{j=1}^{n} Y_{ij} \dot{U}_j \qquad (j = 1, 2, \cdots, n)$$

上式可以展开为

$$Y_{ii} \dot{U}_i + \sum_{\substack{j=1 \\ j \neq i}}^{n} Y_{ij} \dot{U}_j = \frac{P_i - jQ_i}{\overset{*}{\dot{U}}_i} \tag{2-83}$$

设电力系统有 n 个节点，其中一个为平衡节点，m 个 PQ 节点，$n-(m+1)$ 个 PV 节点。平衡节点编号为 1，因为电压已知，所以不参加迭代，将式（2-83）改写为高斯—塞德尔的迭代格式为

$$
\left.
\begin{aligned}
&\dot{U}_1 = U_1 \angle 0° \\
&\dot{U}_2^{(k+1)} = \frac{1}{Y_{22}}\left[\frac{P_2 - jQ_2}{\overset{*}{\dot{U}}_2^{(k)}} - Y_{21}\dot{U}_1 - Y_{23}\dot{U}_3^{(k)} - Y_{24}\dot{U}_4^{(k)}\cdots Y_{2n}\dot{U}_n^{(k)}\right] \\
&\dot{U}_3^{(k+1)} = \frac{1}{Y_{33}}\left[\frac{P_3 - jQ_3}{\overset{*}{\dot{U}}_3^{(k)}} - Y_{31}\dot{U}_1 - Y_{32}\dot{U}_2^{(k+1)} - Y_{34}\dot{U}_4^{(k)}\cdots Y_{3n}\dot{U}_n^{(k)}\right] \\
&\qquad\qquad\qquad\qquad\cdots \\
&\dot{U}_n^{(k+1)} = \frac{1}{Y_{nn}}\left[\frac{P_n - jQ_n}{\overset{*}{\dot{U}}_n^{(k)}} - Y_{n1}\dot{U}_1 - Y_{n2}\dot{U}_2^{(k+1)} - Y_{n3}\dot{U}_3^{(k+1)}\cdots Y_{n(n-1)}\dot{U}_{n-1}^{(k+1)}\right]
\end{aligned}
\right\}
\tag{2-84}
$$

式中　P_i、Q_i——节点 i 向网络注入的有功功率和无功功率。

按式（2-84）迭代时，除平衡节点外，其他节点的电压都将变化，而这一情况不符合 PV 节点电压大小不变的约定。因此每次求出这些节点电压后，都要对 PV 节点电压大小按给定值修正，并根据此值调整这些节点注入的无功功率。这是潮流计算应用高斯—塞德尔法的特殊之处。

高斯—塞德尔法简单，在早期的潮流计算程序中得以应用。但由于其收敛速度慢，后来就逐渐被牛顿法所取代。目前这种方法多与牛顿法配合以弥补后者不足。鉴于它已不再被广泛应用，所以这里就不再展开说明了。

三、牛顿—拉夫逊法

牛顿—拉夫逊法是常用的解非线性方程组的方法，也是当前广泛采用的计算潮流方法。

1. 牛顿—拉夫逊法

牛顿—拉夫逊法（以下简称牛顿法）是求解非线性方程式的有效方法。这个方法把非线性方程式的求解过程变成反复求解相应的线性方程式的过程。下面举例说明。

试求非线性方程

$$
f(x) = 0 \tag{2-85}
$$

的解。

为 x 赋予初值 $x^{(0)}$，它与真正解 x 相差 $\Delta x^{(0)}$，则

$$
x = x^{(0)} + \Delta x^{(0)} \tag{2-86}
$$

式（2-86）中 $\Delta x^{(0)}$ 称为 $x^{(0)}$ 的修正量。将式（2-86）代入式（2-85），可得

$$
f(x^{(0)} + \Delta x^{(0)}) = 0 \tag{2-87}
$$

将式（2-87）在 $x^{(0)}$ 处按泰勒级数展开，可得

$$
\begin{aligned}
f(x^{(0)} + \Delta x^{(0)}) = f(x^{(0)}) &+ f'(x^{(0)})\Delta x^{(0)} + f''(x^{(0)})\frac{(\Delta x^{(0)})^2}{2!} \\
&+ \cdots + f^{(n)}(x^{(0)})\frac{(\Delta x^{(0)})^n}{n!}
\end{aligned}
\tag{2-88}
$$

式中 $f'(x^{(0)})$，$\cdots$，$f^{(n)}(x^{(0)})$ 分别为函数 $f(x)$ 在 $x^{(0)}$ 处的一阶导数、$\cdots$，n 阶导数。当初始值选得较合适时，$\Delta x^{(0)}$ 比较小，因此包含 $(\Delta x^{(0)})^2$ 及更高阶次的项都可以略去不计。因此式（2-88）可简化为

$$f(x^{(0)} + \Delta x^{(0)}) = f(x^{(0)}) + f'(x^{(0)})\Delta x^{(0)} = 0 \tag{2-89}$$

式（2-89）即为求解 $\Delta x^{(0)}$ 的线性方程式，称为修正方程式。由于式（2-89）是式（2-88）简化的结果，所以求得的 $\Delta x^{(0)}$ 有一定误差，因此还不能得到方程（2-85）的真解，实际上得到的为 $x^{(1)} = x^{(0)} + \Delta x^{(0)}$，只是向真解逼近了一些。

现再以 $x^{(1)}$ 为初值代入式（2-89），即

$$f(x^{(1)}) + f'(x^{(1)})\Delta x^{(1)} = 0$$

可解得 $\Delta x^{(1)}$，也就可得到更逼近真解的 $x^{(2)} = x^{(1)} + \Delta x^{(1)}$。如此反复下去，就构成了不断求解线性方程式（2-89）的迭代过程。第 k 次迭代时的方程式为

$$f(x^{(k)}) + f'(x^{(k)})\Delta x^{(k)} = 0 \tag{2-90}$$

或

$$f(x^{(k)}) = -f'(x^{(k)})\Delta x^{(k)} \tag{2-91}$$

式（2-91）右端可看成是近似解 $x^{(k)}$ 所引起的误差，当 $f(x^{(k)}) \to 0$ 时，就满足了方程 $f(x) = 0$，$x^{(k)}$ 也就为方程（2-85）的真解。式 $f'(x^{(k)})$ 为函数 $f(x)$ 在 $x^{(k)}$ 点的一次导数，也就是曲线 $y = f(x)$ 在 $x^{(k)}$ 点的斜率，如图 2-41 所示，表达式为

$$\tan\alpha^{(k)} = -f'(x^{(k)})$$

修正量 $\Delta x^{(k)}$ 则为曲线在 $x^{(k)}$ 点的切线与横轴的交点，由图 2-41 可以直观看出牛顿法的求解过程。因此，牛顿法也称为切线法。

运用牛顿法求解时初值 $x^{(0)}$ 要选择得比较接近它们的真正解，否则迭代过程可能不收敛。简单说明如下：设函数如图 2-42 所示，$f(x) = 0$ 的修正方程为 $f(x^{(k)}) = f'(x^{(k)})\Delta x^{(k)}$。按此修正方程式迭代求解过程如图 2-42 所示。由图可见，当初值选择接近真实解时，迭代过程法迅速收敛。反之，将可能不收敛。正因为如此，如前所述，在潮流计算中运用牛顿法的某些程序中，第一、二次迭代采用高斯—塞德尔法，因为高斯—塞德尔法对初值没有特殊要求。

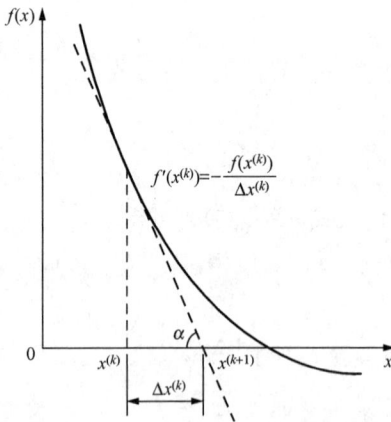

图 2-41　牛顿法迭代原理图　　　　　图 2-42　牛顿法潮流收敛性说明

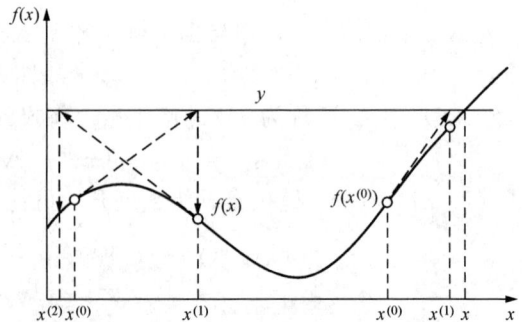

现在把牛顿法推广到多变量非线性方程组的情况。

设有非线性方程组

$$\left.\begin{aligned}
f_1(x_1, x_2 \cdots, x_n) &= y_1 \\
f_2(x_1, x_2 \cdots, x_n) &= y_2 \\
&\vdots \\
f_n(x_1, x_2 \cdots, x_n) &= y_n
\end{aligned}\right\} \tag{2-92}$$

为每个变量赋予初值为 $x_1^{(0)}$、$x_2^{(0)}$、$\cdots$、$x_n^{(0)}$，设初值与精确解分别相差 Δx_1、Δx_2、$\cdots$、Δx_n，则有如下关系式

$$\left.\begin{aligned}
f_1(x_1^{(0)} + \Delta x_1, x_2^{(0)} + \Delta x_2, \cdots, x_n^{(0)} + \Delta x_n) &= y_1 \\
f_2(x_1^{(0)} + \Delta x_1, x_2^{(0)} + \Delta x_2, \cdots, x_n^{(0)} + \Delta x_n) &= y_2 \\
&\vdots \\
f_n(x_1^{(0)} + \Delta x_1, x_2^{(0)} + \Delta x_2, \cdots, x_n^{(0)} + \Delta x_n) &= y_n
\end{aligned}\right\} \tag{2-93}$$

将式（2-93）按泰勒级数展开，并且略去高阶项后得到

$$\left.\begin{aligned}
y_1 - f_1(x_1^{(0)}, x_2^{(0)}, \cdots, x_n^{(0)}) &= \frac{\partial f_1}{\partial x_1}\Big|_0 \Delta x_1^{(0)} + \frac{\partial f_1}{\partial x_2}\Big|_0 \Delta x_2^{(0)} + \cdots + \frac{\partial f_1}{\partial x_n}\Big|_0 \Delta x_n^{(0)} \\
y_2 - f_2(x_1^{(0)}, x_2^{(0)}, \cdots, x_n^{(0)}) &= \frac{\partial f_2}{\partial x_1}\Big|_0 \Delta x_1^{(0)} + \frac{\partial f_2}{\partial x_2}\Big|_0 \Delta x_2^{(0)} + \cdots + \frac{\partial f_2}{\partial x_n}\Big|_0 \Delta x_n^{(0)} \\
&\vdots \\
y_n - f_n(x_1^{(0)}, x_2^{(0)}, \cdots, x_n^{(0)}) &= \frac{\partial f_n}{\partial x_1}\Big|_0 \Delta x_1^{(0)} + \frac{\partial f_n}{\partial x_2}\Big|_0 \Delta x_2^{(0)} + \cdots + \frac{\partial f_n}{\partial x_n}\Big|_0 \Delta x_n^{(0)}
\end{aligned}\right\} \tag{2-94}$$

这是一组线性方程组，称为修正方程组。可用矩阵方程表示为

$$\begin{bmatrix} y_1 - f_1(x_1^{(0)}, x_2^{(0)}, \cdots, x_n^{(0)}) \\ y_2 - f_2(x_1^{(0)}, x_2^{(0)}, \cdots, x_n^{(0)}) \\ \vdots \\ y_n - f_n(x_1^{(0)}, x_2^{(0)}, \cdots, x_n^{(0)}) \end{bmatrix} = \begin{bmatrix} \frac{\partial f_1}{\partial x_1}\big|_0 & \frac{\partial f_1}{\partial x_2}\big|_0 & \cdots & \frac{\partial f_1}{\partial x_n}\big|_0 \\ \frac{\partial f_2}{\partial x_1}\big|_0 & \frac{\partial f_2}{\partial x_2}\big|_0 & \cdots & \frac{\partial f_2}{\partial x_n}\big|_0 \\ \vdots & \vdots & & \vdots \\ \frac{\partial f_n}{\partial x_1}\big|_0 & \frac{\partial f_n}{\partial x_2}\big|_0 & \cdots & \frac{\partial f_n}{\partial x_n}\big|_0 \end{bmatrix} \begin{bmatrix} \Delta x_1^{(0)} \\ \Delta x_2^{(0)} \\ \vdots \\ \Delta x_n^{(0)} \end{bmatrix} \tag{2-95}$$

式（2-95）可简写为

$$\Delta f = J \Delta x \tag{2-96}$$

J 为函数 f 的雅可比矩阵，Δx 为由 Δx_i 组成的列向量，Δf 则为不平衡量的列向量。将 $x_i^{(0)}$ 代入，可得 Δf、J 中的各元素。然后应用解线性方程组的方法，可求得 $\Delta x_i^{(0)}$，从而求得第一次迭代后 x_i 的新值 $x_i^{(1)} = x_i^{(0)} + \Delta x_i^{(0)}$。再将求得的 $x_i^{(1)}$ 代入，又可求得 Δf、J 中各元素的新值，从而求得 $\Delta x_i^{(1)}$ 以及 $x_i^{(2)} = x_i^{(1)} + \Delta x_i^{(1)}$。如此循环，最后可获得对式（2-92）足够精确的解。

为了判断收敛情况，可以采用以下两个不等式中的一个

$$|\Delta x_i^{(k)}|_{\max} < \varepsilon_1$$
$$|y_i - f_i(x_1^{(k)}, x_2^{(k)}, \cdots, x_n^{(k)})|_{\max} < \varepsilon_2$$

式中 $|\Delta x_i^{(k)}|_{\max}$ 和 $|y_i - f_i(x_1^{(k)}, x_2^{(k)}, \cdots, x_n^{(k)})|_{\max}$ 分别为 Δx 和 Δf 列向量中最大分量的绝对值，ε_1、ε_2 为预先给定的很小正数。

2. 牛顿法潮流计算

潮流计算的基本方程式为

$$\frac{P_i - jQ_i}{\overset{*}{\dot{U}_i}} = \sum_{j=1}^{n} Y_{ij}\dot{U}_j \qquad (j = 1, 2, \cdots, n)$$

由于潮流方程中的电压 $\dot{U}$ 和导纳 Y 既可表示为直角坐标，也可表示为极坐标形式。因而潮流方程可以有三种表达形式——极坐标形式、直角坐标形式和混合坐标形式。

取 $\dot{U}_i = U_i \angle \theta_i$，$Y_{ij} = |y_{ij}| \angle \beta_{ij}$，得到潮流方程的极坐标形式

$$P_i - jQ_i = U_i \angle \theta_i \sum_{j=1}^{n} Y_{ij} U_j \angle \theta_j \qquad (2 - 97)$$

取 $\dot{U}_i = e_i + jf_i$，$Y_{ij} = G_{ij} + jB_{ij}$，得到潮流计算的直角坐标形式

$$\left.\begin{aligned} P_i &= e_i \sum_{j=1}^{n} (G_{ij}e_j - B_{ij}f_j) + f_i \sum_{j=1}^{n} (G_{ij}f_j + B_{ij}e_j) \\ Q_i &= f_i \sum_{j=1}^{n} (G_{ij}e_j - B_{ij}f_j) - e_i \sum_{j=1}^{n} (G_{ij}f_j + B_{ij}e_j) \end{aligned}\right\} \qquad (2 - 98)$$

取 $\dot{U}_i = U_i \angle \theta_i$，$Y_{ij} = G_{ij} + jB_{ij}$，得到潮流方程的混合坐标形式

$$\left.\begin{aligned} P_i &= U_i \sum_{j=1}^{n} U_j (G_{ij}\cos\theta_{ij} + B_{ij}\sin\theta_{ij}) \\ Q_i &= U_i \sum_{j=1}^{n} U_j (G_{ij}\sin\theta_{ij} - B_{ij}\cos\theta_{ij}) \end{aligned}\right\} \qquad (2 - 99)$$

式中 $$\theta_{ij} = \theta_i - \theta_j$$

不同坐标形式的潮流方程适用于不同的迭代解法。牛顿法求解时以直角坐标和混合坐标形式求解较为方便，此处仅介绍混合坐标形式。

将混合坐标形式的潮流方程表示为迭代方程的形式如下

$$\left.\begin{aligned} \Delta P_i &= P_i - U_i \sum_{j=1}^{n} U_j (G_{ij}\cos\theta_{ij} + B_{ij}\sin\theta_{ij}) = P_i - P_i' = 0 \\ \Delta Q_i &= Q_i - U_i \sum_{j=1}^{n} U_j (G_{ij}\sin\theta_{ij} - B_{ij}\cos\theta_{ij}) = Q_i - Q_i' = 0 \end{aligned}\right\} \qquad (2 - 100)$$

式（2-100）的含义是：求解一组 $U_i \angle \theta_i$，使得由节点电压求得的功率 P_i'、Q_i'，与给定的节点注入功率 P_i、Q_i 相等，或者说使失配功率 ΔP、ΔQ 满足给定的精度要求 ε。

用牛顿法求解时，对三类节点的处理方法为：设电网共有 n 个节点，一个平衡节点，m 个 PQ 节点，则 PV 节点有 $n-m-1$ 个。对平衡节点，因其节点电压已经给定，所以不参与迭代；对 PQ 节点，因其 P 和 Q 已经指定，U 和 θ 待求，故其既有有功失配功率，也有无功失配功率，即每个 PQ 节点有两个迭代方程，并需设定电压的初值 $U_i^{(0)}$、$\theta_i^{(0)}$；对于 PQ 节点，U 越限时，PQ 节点转化为 PV 节点；对 PV 节点，因其 P 和 U 指定，Q 和 θ 待求，故仅有 ΔP_i 一个迭代方程，并需设定无功功率初值 $Q_i^{(0)}$ 和电压相位初值 $\theta_i^{(0)}$。每次迭代后，对 PV 节点，令 $\dot{U}_i^{(k)} = U_i \angle \theta_i^{(k)}$，计算无功功率 $Q_i^{(k)} = U_i \sum_{j=1}^{n} U_j (G_{ij}\sin\theta_{ij} - B_{ij}\cos\theta_{ij})$，检验其是否满足约束条件 $Q_{imin} \leqslant Q_i \leqslant Q_{imax}$；如不满足则用给定的限值代替，这时 PV 节点就转化为 PQ 节点，转入下一次迭代。

综上可知，利用牛顿法迭代求解混合坐标形式的潮流计算方程时共有 $n-1$ 个有功失配方程和 m 个无功失配方程，方程总数为 $n+m-1$，未知量有：$n-1$ 个电压相角 δ_i（$i=1$，$\cdots$，$n-1$）和 m 个电压幅值 U_i（$i=1$，$\cdots$，m），总数为 $n+m-1$，方程数与未知数量相等，方程有定解。

此时，迭代方程为

$$\begin{bmatrix} \Delta P_1 \\ \vdots \\ \Delta P_{n-1} \\ \Delta Q_1 \\ \vdots \\ \Delta Q_m \end{bmatrix} + \begin{bmatrix} \dfrac{\partial \Delta P_1}{\partial \theta_1} & \cdots & \dfrac{\partial \Delta P_1}{\partial \theta_{n-1}} & \dfrac{\partial \Delta P_1}{\partial U_1} & \cdots & \dfrac{\partial \Delta P_1}{\partial U_m} \\ \vdots & & \vdots & \vdots & & \vdots \\ \dfrac{\partial \Delta P_{n-1}}{\partial \theta_1} & \cdots & \dfrac{\partial \Delta P_{n-1}}{\partial \theta_{n-1}} & \dfrac{\partial \Delta P_{n-1}}{\partial U_1} & \cdots & \dfrac{\partial \Delta P_{n-1}}{\partial U_m} \\ \dfrac{\partial \Delta Q_1}{\partial \theta_1} & \cdots & \dfrac{\partial \Delta Q_1}{\partial \theta_{n-1}} & \dfrac{\partial \Delta Q_1}{\partial U_1} & \cdots & \dfrac{\partial \Delta Q_1}{\partial U_m} \\ \vdots & & \vdots & \vdots & & \vdots \\ \dfrac{\partial \Delta Q_m}{\partial \theta_1} & \cdots & \dfrac{\partial \Delta Q_m}{\partial \theta_{n-1}} & \dfrac{\partial \Delta Q_m}{\partial U_1} & \cdots & \dfrac{\partial \Delta Q_m}{\partial U_m} \end{bmatrix} \begin{bmatrix} \Delta\theta_1 \\ \vdots \\ \Delta\theta_{n-1} \\ \Delta U_1 \\ \vdots \\ \Delta U_m \end{bmatrix} = 0$$

$$\begin{bmatrix} \theta_1^{(k+1)} \\ \vdots \\ \theta_{n-1}^{(k+1)} \\ U_1^{(k+1)} \\ \vdots \\ U_m^{(k+1)} \end{bmatrix} = \begin{bmatrix} \theta_1^{(k)} \\ \vdots \\ \theta_{n-1}^{(k)} \\ U_1^{(k)} \\ \vdots \\ U_m^{(k)} \end{bmatrix} + \begin{bmatrix} \Delta\theta_1^{(k)} \\ \vdots \\ \Delta\theta_{n-1}^{(k)} \\ \Delta U_1^{(k)} \\ \vdots \\ \Delta U_m^{(k)} \end{bmatrix} \quad (k=0,1,2,\cdots) \tag{2-101}$$

简记为

$$\begin{bmatrix} \Delta\boldsymbol{P} \\ \Delta\boldsymbol{Q} \end{bmatrix} + \begin{bmatrix} \boldsymbol{H} & \boldsymbol{N} \\ \boldsymbol{K} & \boldsymbol{L} \end{bmatrix} \begin{bmatrix} \Delta\boldsymbol{\theta} \\ \Delta\boldsymbol{U} \end{bmatrix} = 0$$

$$\begin{bmatrix} \boldsymbol{\theta}^{(k+1)} \\ \boldsymbol{U}^{(k+1)} \end{bmatrix} = \begin{bmatrix} \boldsymbol{\theta}^{(k)} \\ \boldsymbol{U}^{(k)} \end{bmatrix} + \begin{bmatrix} \Delta\boldsymbol{\theta}^{(k)} \\ \Delta\boldsymbol{U}^{(k)} \end{bmatrix} (k=1,2,\cdots) \tag{2-102}$$

收敛判据为 $\max\{|\Delta P_i, \Delta Q_i|\} < \varepsilon$。

式（2-102）中，$\boldsymbol{H}$ 为 $(n-1)\times(n-1)$ 阶矩阵，其各元素表达式为

$$\left. \begin{aligned} H_{ii} &= \frac{\partial \Delta P_i}{\partial \theta_i} = U_i \sum_{\substack{j=1 \\ j\neq i}}^{n} U_j(G_{ij}\sin\theta_{ij} - B_{ij}\cos\theta_{ij}) = U_i^2 B_{ii} + Q_i' \\ H_{ij} &= \frac{\partial \Delta P_i}{\partial \theta_j} = -U_i U_j(G_{ij}\sin\theta_{ij} - B_{ij}\cos\theta_{ij})(i\neq j) \end{aligned} \right\} \tag{2-103}$$

$\boldsymbol{N}$ 为 $(n-1)\times m$ 阶矩阵，其各元素表达式为

$$\left. \begin{aligned} N_{ii} &= \frac{\partial \Delta P_i}{\partial U_i} = -2U_i G_{ii} - \sum_{\substack{j=1 \\ j\neq i}}^{n} U_j(G_{ij}\cos\theta_{ij} + B_{ij}\sin\theta_{ij}) = -U_i G_{ii} - P_i'/U_i \\ N_{ij} &= \frac{\partial \Delta P_i}{\partial U_j} = -U_i(G_{ij}\cos\theta_{ij} + B_{ij}\sin\theta_{ij})(i\neq j) \end{aligned} \right\} \tag{2-104}$$

K 为 $m\times(n-1)$ 阶矩阵，其各元素表达式为

$$K_{ii} = \frac{\partial \Delta Q_i}{\partial \theta_i} = -U_i\sum_{\substack{j=1\\j\neq i}}^{n}U_j(G_{ij}\cos\theta_{ij}+B_{ij}\sin\theta_{ij})=U_i^2 G_{ii}-P_i'$$

$$K_{ij}=\frac{\partial \Delta Q_i}{\partial \theta_j}=U_iU_j(G_{ij}\cos\theta_{ij}+B_{ij}\sin\theta_{ij})(i\neq j)$$

(2-105)

L 为 $m\times m$ 阶矩阵，其元素表达式为

$$L_{ii}=\frac{\partial \Delta Q_i}{\partial U_i}=2U_iB_{ii}-\sum_{\substack{j=1\\j\neq i}}^{n}U_j(G_{ij}\sin\theta_{ij}-B_{ij}\cos\theta_{ij})=U_iB_{ii}-Q_i'/U_i$$

$$L_{ij}=\frac{\partial \Delta Q_i}{\partial U_j}=-U_i(G_{ij}\sin\theta_{ij}-B_{ij}\cos\theta_{ij})(i\neq j)$$

(2-106)

式（2-103）～式（2-106）中的 P_i'、Q_i' 定义见式（2-100），此处引用它们是因为在计算失配有功功率和失配无功功率时已算出，直接引用可节省工作量。

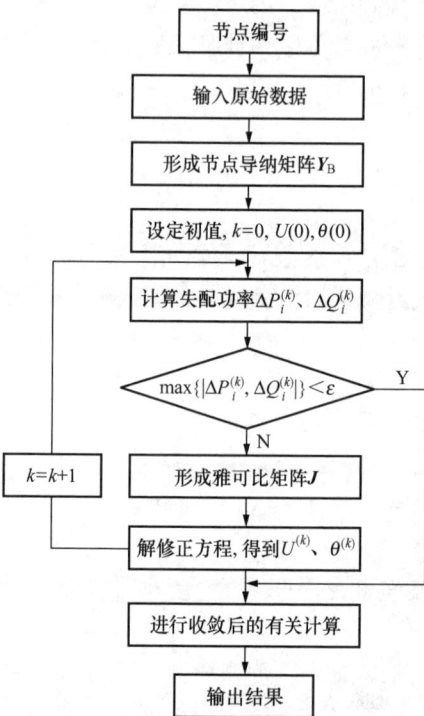

图 2-43 牛顿法潮流迭代框图

观察上述各表达式可发现：H、N、K、L 的非对角元的表达式均只有一项，且都含有 G_{ij}、B_{ij}，如果节点 i、j 之间没有支路连接，则 G_{ij}、B_{ij} 为零，从而对应的 H_{ij}、N_{ij}、K_{ij}、L_{ij} 皆为零。所以雅可比矩阵 J 是稀疏阵，同时 J 具有强对角性，但不是对称阵。

由于 J 阵中的元素随 θ 和 U 而改变，因而利用牛顿法迭代求解潮流方程时每次迭代均需重新形成 J 阵，每次要解修正方程，因而运算量大，但是收敛速度快，一般迭代 5～7 次便可得到满意的精度，且迭代次数不随节点数 n 的增加而明显增加。利用牛顿法求解潮流的计算流程示于图 2-43。

迭代收敛后需要计算的内容有平衡节点功率、支路功率及全系统的功率损耗。

其中平衡节点的功率为

$$\widetilde{S}_{\mathrm{S}}=\dot{U}_{\mathrm{S}}\sum_{i=1}^{n}\overset{*}{Y}_{\mathrm{S}i}\overset{*}{U}_i=P_{\mathrm{S}}+\mathrm{j}Q_{\mathrm{S}}$$

(2-107)

线路功率的计算公式为

$$\widetilde{S}_{ij}=\dot{U}_i\overset{*}{I}_{ij}=\dot{U}_i[\overset{*}{U}_iy_{i0}+(\overset{*}{U}_i-\overset{*}{U}_j)\overset{*}{y}_{ij}]=P_{ij}+\mathrm{j}Q_{ij}$$

$$\widetilde{S}_{ji}=\dot{U}_j\overset{*}{I}_{ji}=\dot{U}_j[\overset{*}{U}_j\overset{*}{y}_{j0}+(\overset{*}{U}_j-\overset{*}{U}_i)\overset{*}{y}_{ji}]=P_{ji}+\mathrm{j}Q_{ji}$$

(2-108)

从而，线路上损耗的功率为

$$\Delta\widetilde{S}_{ij}=\widetilde{S}_{ij}+\widetilde{S}_{ji}=\Delta P_{ij}+\mathrm{j}\Delta Q_{ij}$$

(2-109)

式（2-108）中各符号的含义如图 2-44 所示。

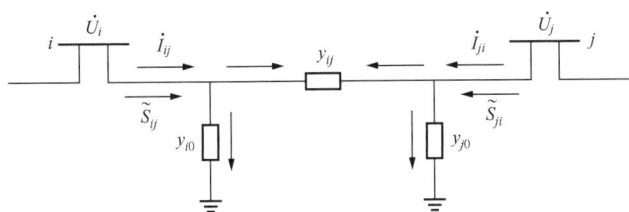

图 2 - 44　线路上流通的电流和功率

【例 2 - 11】　　利用牛顿迭代法求解图 2 - 45 给出的系统潮流分布。设发电机 G1 端电压为 1p. u. ，其发出的有功功率和无功功率可调；发电机 G2 的端电压为 1p. u. ，按指定的有功功率 0.5p. u. 发电，取 ε＝10^{-4}。电网各元件参数如图 2 - 45 示意。

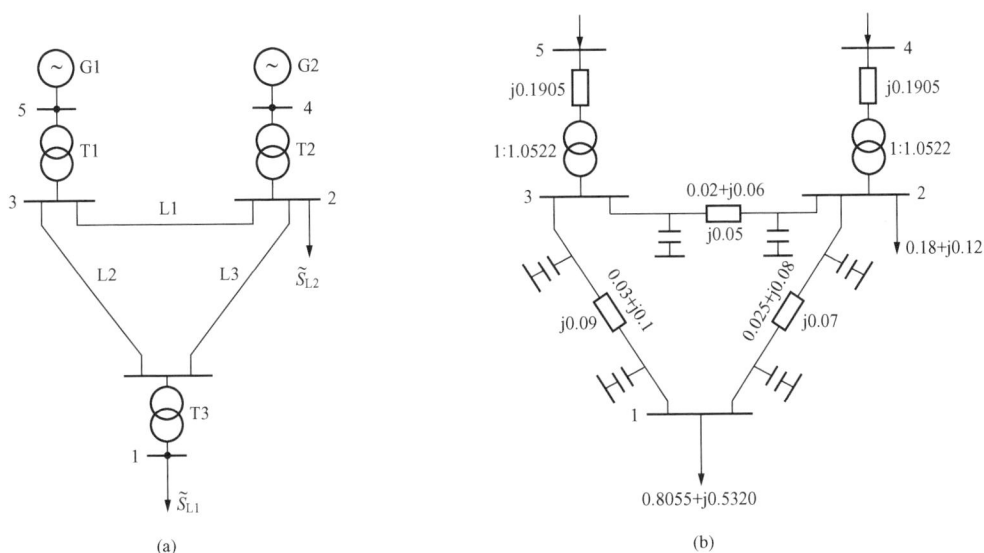

图 2 - 45　［例 2 - 11］附图

(a) 电网接线图；(b) 等值电路图

解　电网的等值电路如图 2 - 45 (b) 所示，电网参数和等值电路的求解过程此处从略。重点介绍牛顿法潮流计算的过程。

(1) 节点编号。由已知条件 G1 为平衡节点，编号为 5；G2 为 PV 节点，编号为 4；其余为 PQ 节点，分别编号为 1、2、3。

(2) 原始数据见表 2 - 6、表 2 - 7。

表 2 - 6　　　　　　　　　　　　　　支　路　数　据

i	j	R	X	$B/2$（或 k）
1	2	0.025	0.08	0.07
1	3	0.03	0.1	0.09
2	3	0.02	0.06	0.05
4	2	0	0.1905	1.0522
5	3	0	0.1905	1.0522

表 2-7 节 点 数 据

i	U	P_G	Q_G	P_L	Q_L	节点类型
1	待求	0	0	0.8055	0.5320	PQ
2	待求	0	0	0.18	0.12	PQ
3	待求	0	0	0	0	PQ
4	1.0	0.5	待定	0	0	PV
5	1.0	待定	待定	0	0	$V\theta$

（3）形成节点导纳矩阵

$$\boldsymbol{Y_B} = \begin{bmatrix} 6.3110-j\,20.4022 & -3.5587+j\,11.3879 & -2.7523+j\,9.1743 & 0+j0 & 0+j0 \\ & 8.5587-j\,3100093 & -5+j15 & 0+j\,4.9889 & 0+j0 \\ & & 7.7523-j\,28.7757 & 0+j0 & 0+j\,4.9889 \\ & & & 0-j\,5.2493 & 0+j0 \\ & & & & 0-j\,05.2493 \end{bmatrix}$$

因为 $\boldsymbol{Y_B}$ 为对称矩阵，所以只示出了上三角部分。

（4）设定初值：$\dot{U}_1^{(0)} = \dot{U}_2^{(0)} = \dot{U}_3^{(0)} = 1\angle 0°$, $Q_4^{(0)} = 0$, $\theta_4^{(0)} = 0$。

（5）计算失配功率

$$\Delta P_1^{(0)} = P_1 - P_1^{(0)} = -0.8055 - U_1 \sum_{j=1}^{5}(G_{ij}\cos\theta_{ij} + B_{ij}\sin\theta_{ij}) = -0.8055$$

$$\Delta P_2^{(0)} = P_2 - P_2^{(0)} = -0.18; \quad \Delta P_3^{(0)} = P_3 - P_3^{(0)} = 0$$

$$\Delta P_4^{(0)} = P_4 - P_4^{(0)} = -0.5; \quad \Delta Q_1^{(0)} = Q_1 - Q_1^{(0)} = -0.3720$$

$$\Delta Q_2^{(0)} = Q_2 - Q_2^{(0)} = 0.2475; \quad \Delta Q_3^{(0)} = Q_3 - Q_3^{(0)} = 0.3875$$

显然，$\max\{|\Delta P_i, \Delta Q_i|\} = 0.8055 > \varepsilon$。

（6）形成雅可比矩阵（阶数为 7×7）

$$\boldsymbol{J_0} = \begin{bmatrix} 20.562 & 11.388 & 9.174 & 0.000 & -6.311 & 3.559 & 2.752 \\ 11.388 & -31.377 & 15.000 & 4.989 & 3.559 & -3.559 & 5.000 \\ 9.1743 & 15.000 & -29.163 & 0.000 & 2.752 & 5.000 & -7.752 \\ 0.000 & 4.989 & 0.000 & -4.989 & 0.000 & 0.000 & 0.000 \\ 6.311 & -3.559 & -2.752 & 0.000 & -20.242 & 11.388 & 9.174 \\ -3.559 & 8.559 & -5.000 & 0.000 & 11.388 & -30.642 & 15.000 \\ -2.752 & -5.000 & 7.752 & 0.000 & 9.174 & 15.000 & -28.388 \end{bmatrix}$$

（7）解修正方程，得到

$$\Delta\theta_1^{(0)} = -7.4848°; \quad \Delta\theta_2^{(0)} = -5.8404°; \quad \Delta\theta_3^{(0)} = -5.5758°; \quad \Delta\theta_4^{(0)} = -0.0981°$$

$$\Delta U_1^{(0)} = 0.0034; \quad \Delta U_2^{(0)} = 0.0285; \quad \Delta U_3^{(0)} = 0.0339$$

从而

$$\theta_1^{(1)} = \theta_1^{(0)} + \Delta\theta_1^{(0)} = -7.4848; \quad \theta_2^{(1)} = \theta_2^{(1)} + \Delta\theta_2^{(0)} = -5.8404$$

$$\theta_3^{(1)} = \theta_3^{(1)} + \Delta\theta_3^{(0)} = -5.5758; \quad \theta_4^{(1)} = \theta_4^{(1)} + \Delta\theta_4^{(0)} = -0.0981$$

$$U_1^{(1)} = U_1^{(0)} + \Delta U_1^{(0)} = 1.0034$$

$$U_2^{(1)} = U_2^{(0)} + \Delta U_2^{(0)} = 1.0285$$

$$U_3^{(1)} = U_3^{(0)} + \Delta U_3^{(0)} = 1.0339$$

然后转入下一次迭代，经三次迭代后，$\max\{|\Delta P_i, \Delta Q_i|\} < \varepsilon = 10^{-4}$。迭代过程中失配功率的变化情况列于表 2 - 8，节点电压的变化情况列于表 2 - 9。

表 2 - 8   历次迭代失配功率的变化情况

k	0	1	2	3
ΔP_1	-0.8055	1.9322×10^{-2}	2.00×10^{-4}	-7.7×10^{-7}
ΔP_2	-0.18	4.0048×10^{-3}	-4.73×10^{-5}	9.39×10^{-7}
ΔP_3	0	-5.5076×10^{-3}	-8.66×10^{-5}	-1.01×10^{-6}
ΔP_4	-0.5	-1.3401×10^{-2}	-8.37×10^{-5}	$< 10^{-8}$
ΔQ_1	-3.3720	-1.4848×10^{-2}	-2.75×10^{-4}	-2.15×10^{-6}
ΔQ_2	0.2475	-3.8574×10^{-2}	-4.06×10^{-4}	6.78×10^{-7}
ΔQ_3	0.3875	-4.2440×10^{-2}	-4.34×10^{-4}	3.14×10^{-8}

表 2 - 9   迭代过程中节点电压变化情况

k	U_1	U_2	U_3	k	U_1	U_2	U_3
0	1	1	1	2	0.99171	1.01765	1.02299
1	1.00345	1.02852	1.03388	3	0.99156	1.01751	1.02286

迭代收敛后还需要进行平衡节点功率计算、支路功率的计算和全系统功率损耗的计算，计算结果列于表 2 - 10 和表 2 - 11。

表 2 - 10   迭代收敛后各节点电压和功率

k	U	θ	P_G	Q_G	P_L	Q_L
1	0.9916	-7.4748	0.0000	0.0000	0.8055	0.5320
2	1.0175	-5.8548	0.0000	0.0000	0.1800	0.1200
3	1.0229	-5.5864	0.0000	0.0000	0.0000	0.0000
4	1.0000	-0.2022	0.5000	0.1977	0.0000	0.0000
5	1.0000	0.0000	0.4968	0.1706	0.0000	0.0000

表 2 - 11   迭代收敛后各支路的功率和功率损耗

i	j	P_{ij}	Q_{ij}	P_{ji}	Q_{ji}	ΔP_{ij}	ΔQ_{ij}
1	2	-0.4510	-0.2558	0.4563	0.1314	0.0053	-0.1224
1	3	-0.3905	-0.2762	0.3962	0.1126	0.0057	-0.1636
2	3	-1.003	-0.1087	0.1005	0.0054	0.0002	-0.1033
4	2	-0.5000	0.1977	0.5000	-0.1426	0.0000	0.0551
5	3	-0.4968	0.1706	0.4968	-0.1181	0.0000	0.0525

全系统的功率损耗为

$$\Delta \widetilde{S} = \sum_{i=1}^{5} (P_i + Q_i)$$

$$= -(0.8055 + j0.5320) - (0.18 + j0.12) + (0.5 + j0.1977) + (0.4968 + j0.1706)$$

$$= 0.0113 - j0.2837$$

四、P-Q 解耦法

P-Q 解耦迭代方法是在上述混合坐标形式牛顿迭代方程的基础上结合电力系统的特点，经过改进发展而成的一种求解潮流方程的算法。它的基本思路是：采用混合坐标形式的潮流计算方程，根据电力系统的特点，抓住主要矛盾，以有功功率误差作为修正电压相量角度的依据，以无功功率误差作为修正电压幅值的依据，把有功功率和无功功率的迭代分开来进行。P-Q 解耦法所做的改进主要有两点。

(1) 解耦，将有功功率的迭代和无功功率的迭代分开进行。由牛顿法迭代方程式

$$\begin{bmatrix} \Delta P \\ \Delta Q \end{bmatrix} + \begin{bmatrix} H & N \\ K & L \end{bmatrix} \begin{bmatrix} \Delta \theta \\ \Delta U \end{bmatrix} = 0$$

在实际电力系统中，有功功率的分布主要取决于节点电压的相位，无功功率的分布主要取决于节点电压的幅值，表现在迭代方程中矩阵 N 的元素相对于矩阵 H 的元素小得多，矩阵 K 的元素相对于矩阵 L 的元素也小得多，从而可略去，得到

$$\begin{bmatrix} \Delta P \\ \Delta Q \end{bmatrix} + \begin{bmatrix} H & 0 \\ 0 & L \end{bmatrix} \begin{bmatrix} \Delta \theta \\ \Delta U \end{bmatrix} = 0 \tag{2-110}$$

这样，将一个 $n+m-1$ 阶的修正方程分解成一个 $n-1$ 阶和一个 m 阶的两个低阶修正方程，求解起来容易得多，速度速也快得多。

(2) 以不变的矩阵 B' 和 B'' 分别代替式 (2-103) 和式 (2-106) 中的 H 和 L。由式 (2-103) 和式 (2-106) 可见，矩阵 H、L 中的元素在迭代过程中是变化的，每次均须重新计算，然后求解修正方程，计算量大。实际电力系统中，通常节点电压间的相位差 θ_{ij} 不大，从而 $\cos\theta_{ij} \gg \sin\theta_{ij}$，又计及节点导纳矩阵中 $G_{ij} \gg B_{ij}$，从而 $B_{ij}\cos\theta_{ij} \gg G_{ij}\sin\theta_{ij}$，于是可见 $G_{ij}\sin\theta_{ij}$ 略去，并取 $\cos\theta_{ij} \approx 1$。又因式 (2-103) 中 H_{ii} 表达式的第一项 $U_{ii}^2 B_{ii}$ 远大于第二项 Q_i'，式 (2-106) 中 L_{ii} 表达式的第一项 $U_{ii}B_{ii}$ 远大于第二项 Q_i'/U_i，故也可将第二项略去。于是 H 和 L 中各元素的表达式成为

$$\left. \begin{aligned} H_{ii} &= \frac{\partial \Delta P_i}{\partial \theta_i} = U_i^2 B_{ii} + Q' \approx U_i^2 B_{ii} \\ H_{ij} &= \frac{\partial \Delta P_i}{\partial \theta_j} = -U_i U_j (G_{ij}\sin\theta_{ij} - B_{ij}\cos\theta_{ij}) \approx U_i U_j B_{ij} \end{aligned} \right\} \tag{2-111}$$

$$\left. \begin{aligned} L_{ii} &= \frac{\partial \Delta Q_i}{\partial U_i} = U_i B_{ii} - Q_i'/U_i \approx U_i B_{ii} \\ L_{ij} &= \frac{\partial \Delta Q_i}{\partial U_j} = -U_i (G_{ij}\sin\theta_{ij} - B_{ij}\cos\theta_{ij}) \approx U_i B_{ij} \end{aligned} \right\} \tag{2-112}$$

从而有

$$\boldsymbol{H} = \begin{bmatrix} U_1^2 B_{11} & U_1 U_2 B_{12} & \cdots & U_1 U_{n-1} B_{1n-1} \\ U_2 U_1 B_{21} & U_2^2 B_{22} & \cdots & U_2 U_{n-1} B_{2n-1} \\ \vdots & \vdots & \vdots & \vdots \\ U_{n-1} U_1 B_{n-11} & U_{n-1} U_2 B_{n-12} & \cdots & U_{n-1}^2 B_{n-1n-1} \end{bmatrix}$$

$$= \begin{bmatrix} U_1 & & & 0 \\ & U_2 & & \\ & & \ddots & \\ 0 & & & U_{n-1} \end{bmatrix} \begin{bmatrix} B_{11} & \cdots & B_{1n-1} \\ \vdots & & \vdots \\ B_{n-11} & \cdots & B_{n-1n-1} \end{bmatrix} \begin{bmatrix} U_1 & & & 0 \\ & U_2 & & \\ & & \ddots & \\ 0 & & & U_{n-1} \end{bmatrix}$$

$$= \boldsymbol{U}' \boldsymbol{B}' \boldsymbol{U}' \tag{2-113}$$

$$\boldsymbol{L} = \begin{bmatrix} U_1 B_{11} & U_1 B_{12} & \cdots & U_1 B_{1m} \\ U_2 B_{21} & U_2 B_{22} & \cdots & U_2 B_{2m} \\ \vdots & \vdots & \vdots & \vdots \\ U_m B_{m1} & U_m B_{m2} & \cdots & U_m B_{mm} \end{bmatrix}$$

$$= \begin{bmatrix} U_1 & & & 0 \\ & U_2 & & \\ & & \ddots & \\ 0 & & & U_m \end{bmatrix} \begin{bmatrix} B_{11} & \cdots & B_{1m} \\ \vdots & & \vdots \\ B_{m1} & \cdots & B_{mm} \end{bmatrix} = \boldsymbol{U}'' \boldsymbol{B}'' \tag{2-114}$$

将式（2-113）和式（2-114）代入式（2-110），可得

$$\left. \begin{array}{l} \Delta \boldsymbol{P} + \boldsymbol{U}' \boldsymbol{B}' \boldsymbol{U}' \Delta \boldsymbol{\theta} = \boldsymbol{0} \\ \Delta \boldsymbol{Q} + \boldsymbol{U}'' \boldsymbol{B}'' \Delta \boldsymbol{U} = \boldsymbol{0} \end{array} \right\} \tag{2-115}$$

又因 $\boldsymbol{U}'$ 近似为一单位阵，故可取 $\boldsymbol{B}' \boldsymbol{U}' \approx \boldsymbol{B}'$，并各乘以 $\boldsymbol{U}'^{-1}$ 和 $\boldsymbol{U}''^{-1}$，从而式（2-115）变为

$$\left. \begin{array}{l} \Delta \boldsymbol{P} / \boldsymbol{U}' + \boldsymbol{B}' \Delta \boldsymbol{\theta} = \boldsymbol{0} \\ \Delta \boldsymbol{Q} / \boldsymbol{U}'' + \boldsymbol{B}' \Delta \boldsymbol{U} = \boldsymbol{0} \end{array} \right\} \tag{2-116}$$

此即 P-Q 解耦迭代的修正方程，上式中 $\boldsymbol{B}'$、$\boldsymbol{B}''$ 的元素均直接取原节点导纳矩阵相应元素的虚部，但阶数不同：前者为 $(n-1) \times (n-1)$，后者为 $m \times m$。同理，$\boldsymbol{U}'$ 为 $(n-1) \times 1$，$\boldsymbol{U}''$ 为 $m \times 1$。

P-Q 解耦的迭代公式为

$$\left. \begin{array}{l} \boldsymbol{\theta}^{(k+1)} = \boldsymbol{\theta}^{(k)} - \boldsymbol{B}'^{-1} \Delta \boldsymbol{P}^{(k)} / \boldsymbol{U}'^{(k)} \\ \boldsymbol{U}^{(k+1)} = \boldsymbol{U}^{(k)} - \boldsymbol{B}''^{-1} \Delta \boldsymbol{Q}^{(k)} / \boldsymbol{U}''^{(k)} \end{array} \right\} \quad (k = 0, 1, 2 \cdots) \tag{2-117}$$

【例2-12】　利用 P-Q 解耦迭代求解例〔例2-11〕。

解　此时 $\boldsymbol{B}'$ 和 $\boldsymbol{B}''$ 分别为

$$\boldsymbol{B}' = \begin{bmatrix} -20.4022 & 11.3879 & 9.1743 & 0 \\ & -31.0093 & 15 & 4.9889 \\ & & -28.7757 & 0 \\ & & & -5.2493 \end{bmatrix}$$

$$\boldsymbol{B}'' = \begin{bmatrix} -20.4022 & 11.3879 & 9.1743 \\ & -31.0093 & 15 \\ & & -28.7757 \end{bmatrix}$$

设初值同【例 2 - 11】，解得失配功率仍为

$$\Delta P_1^{(0)} = P_1 - P_1^{(0)} = -0.8055 - U_1 \sum_{j=1}^{5} (G_{ij}\cos\theta_{ij} + B_{ij}\sin\theta_{ij}) = -0.8055$$

$$\Delta P_2^{(0)} = P_2 - P_2^{(0)} = -0.18, \quad \Delta P_3^{(0)} = P_3 - P_3^{(0)} = 0$$

$$\Delta P_4^{(0)} = P_4 - P_4^{(0)} = -0.5, \quad \Delta Q_1^{(0)} = Q_1 - Q_1^{(0)} = -0.3720$$

$$\Delta Q_2^{(0)} = Q_2 - Q_2^{(0)} = 0.2475, \quad \Delta Q_3^{(0)} = Q_3 - Q_3^{(0)} = 0.3875$$

代入式（2 - 116），有

$$
\begin{bmatrix} \theta_1^{(1)} \\ \theta_2^{(1)} \\ \theta_3^{(1)} \\ \theta_4^{(1)} \end{bmatrix} =
\begin{bmatrix} 0° \\ 0° \\ 0° \\ 0° \end{bmatrix} - B'^{-1}
\begin{bmatrix} -0.8055 \\ -0.18 \\ 0 \\ -0.5 \end{bmatrix} =
\begin{bmatrix} -9.4811° \\ -7.3933° \\ -6.8767° \\ -1.5691° \end{bmatrix}
$$

$$
\begin{bmatrix} U_1^{(1)} \\ U_2^{(1)} \\ U_3^{(1)} \end{bmatrix} =
\begin{bmatrix} 1 \\ 1 \\ 1 \end{bmatrix} - B''^{-1}
\begin{bmatrix} -0.3720 \\ 0.2475 \\ 0.3875 \end{bmatrix} =
\begin{bmatrix} 1.0105 \\ 1.0267 \\ 1.0307 \end{bmatrix}
$$

继续迭代，所得结果示于表 2 - 12，迭代收敛后的计算同牛顿法，不再重复。

表 2 - 12　　　　　　　　　　迭代过程中节点电压变化情况

k	θ_1	θ_2	θ_3	θ_4	U_1	U_2	U_3
1	-9.4811	-7.3933	-6.8767	-1.5691	1.0105	1.0267	1.0307
2	-7.2731	-5.5498	-5.2948	-0.0328	0.9862	1.0150	1.0213
3	-7.4879	-5.9017	-5.6451	-0.2233	0.9905	1.0172	1.0225
4	-7.4639	-5.8538	-5.5844	-2.2010	0.9917	1.0175	1.0228
5	-7.4802	-5.8571	-5.5875	-0.2043	0.9917	1.0176	1.0229
6	-7.4743	-5.8535	-5.5854	-0.2013	0.9915	1.0175	1.0229
7	-7.4746	-5.8548	-5.5865	-0.2022	0.9916	1.0175	1.0229
8	-7.4748	-5.8548	-5.5864	-0.2022	0.9916	1.0175	1.0229

由此例可见：①由于解耦降阶和用常数阵 B' 和 B'' 取代 H 和 L 两点改进，从而使计算大为简化；②P-Q 解耦迭代的次数多于牛顿法，但每次迭代费时少，约为原算法时间的 1/3，故总的速度快于牛顿法；③特别值得指出的是：虽然采用了一些简化假设，但丝毫不影响最终结果的精度，因为收敛判据和失配功率的计算公式与用牛顿法迭代法时完全相同。

还需说明的是由于其推导过程中采用了一些简化解释，如实际系统中这些假设不成立，会出现潮流求解不收敛的情况，如配电网中电阻电抗比 R/X 比较大，不符合假设 $R \ll X$ 的条件，会导致潮流不收敛。

小　　结

电力系统潮流计算是电力系统的基本分析之一，要对电力系统进行分析必须首先作出电

力系统的等值电路。本项目介绍了电力系统主要元件——电力线路和变压器的参数计算方法和其等值电路的作法，在此基础上讨论了形成电网等值电路的方法；然后介绍了简单电力系统和复杂电力系统潮流计算方法。

电力线路是传输和分配电能的主要设备，按照其架设方式不同可分为架空线路和电缆线路两种类型。架空线路由导线、避雷线、绝缘子、金具、杆塔等部分组成；电缆线路由导线、绝缘层、包护层、终端头等部分组成。表示电力线路电气特性的主要参数有电阻、电抗、电导、电纳四个。由于电力线路参数的分布特性，导致电力线路的等值电路无法精确表示，所以一般用集中参数表示。为了简化，不同电压等级和不同长度的线路采用不同的等值电路，短线路采用一字形等值电路；中等长度线路采用Ⅱ形等值电路；长线路需考虑分布特性，但也可以用修正过的、与中等长度线路类似的Ⅱ形等值电路。

变压器是用来变换电压，分配电能的设备，由于它的出现使电力系统成为多电压等级的复杂系统。反映变压器电气特性也有电阻、电抗、电导、电纳四个参数，这四个参数可以根据变压器铭牌给定的空载试验数据和短路试验数据求得，这里要注意变压器电纳与电力线路电纳的不同点：线路电纳为容性，数值正值；变压器电纳为感性，数值为负值。

由于变压器的存在使得电力系统成为一个多电压等级的复杂电网，在作电力系统的等值电路时，须将各参数归算到基本级下。电力系统等值电路按照参数表示方法的不同，可以分为有名值表示和标幺值表示两种等值电路。由于用标幺值表示可以简化计算过程，所以得到广泛应用，在多电压等级的电力系统中，标幺值表示的关键在于基准值的选取。

由于电力系统的复杂性，潮流计算一般采用计算机算法，但是这里为了说明潮流计算的物理过程，所以介绍简单电网潮流计算的手算法。手算潮流时，已知条件不同采用不同的方法，本项目介绍了不同条件下的区域网潮流和地方网潮流的计算方法。

复杂电力系统采用计算机算法来计算潮流。常用的电路方程为节点电压方程，重点介绍了节点导纳矩阵的形成与修改。常用的算法有：高斯—塞德尔迭代法、牛顿—拉夫逊迭代法和 P-Q 分解迭代法。这三种算法中，高斯—塞德尔法对初值没有要求，但是迭代速度慢；牛顿—拉夫逊法迭代速度快，但是对初值要求高，否则可能导致迭代不收敛；P-Q 分解法利用电力系统运行规律和电力系统参数特点对牛顿—拉夫逊法迭代方程进行了简化，使得 P、Q 迭代分开进行且每次迭代不需要重新计算雅可比矩阵，简化了计算，提高了计算速度，但是如果电网不满足简化条件，如不满足 $R \ll X$，则可能导致迭代不收敛。

习　　题

2-1　简述架空线路的组成和各部分的作用。

2-2　什么是短线路、中等长度线路和长线路？它们的等值电路有什么不同？

2-3　三绕组变压器三个绕组在铁心上排列有何规律？其等值电路中哪一个绕组的等值电抗最小，为什么？

2-4　作电力系统等值电路时为什么需要归算？什么是基本级，一般选哪个电压等级为基本级？

2-5　什么是有名制，什么是标幺制？采用标幺制表示的电力系统等值电路计算时有何优点？

2-6　什么是计算负荷，什么是计算功率？

2-7　什么是潮流计算，潮流计算的目的是什么？

2-8　开式地方网的潮流计算可作哪些简化？

2-9　什么是初步功率分布？什么是有功分点和无功分点？

2-10　什么是均一网，什么是网络拆开法？

2-11　节点导纳矩阵中，什么是自导纳，什么是互导纳？如何计算自导纳和互导纳？如果网络结构发生变化，节点导纳矩阵如何修改？

2-12　计算机计算潮流时，什么是 PQ 节点、PV 节点及平衡节点？

2-13　PQ 解耦法推导时采用了什么假设？它为何既能提高计算速度又能保证同样的精度？如果电力系统的情况与采用的假设不同，会出现什么情况？

2-14　有一回 10kV 架空电力线路，长度为 10km，导线型号为 LGJ-70，导线计算外径为 11.4mm，三相导线以等边三角形排列，导线之间的距离为 $D=1.0$m。试计算该电力线路的参数，并作等值电路图。

2-15　有一回 220kV 架空电力线路，线路长 100km，采用型号为 $2×$LGJQ-185 的双分裂导线，每根导线的计算外径为 19mm。三相导线以不等边三角形排列，线间距离为 $D_{12}=9$m，$D_{23}=8.5$m，$D_{31}=6.1$m。分裂间距 $d=400$mm。试计算该电力线路参数，并作等值电路图。

2-16　三相双绕组升压变压器型号为 SFL1-40000/110kVA，额定变比为 121/10.5kV，$\Delta P_k=200$kW，$U_k(\%)=10.5$，$\Delta P_0=42$kW，$I_0(\%)=0.7$。求该变压器归算到高压侧的参数，并作出其 Γ 形等值电路。

2-17　三相三绕组降压变压器的型号为 SFPSL-120000/220，额定容量为 120000/120000/60000 kVA，额定电压为 220/121/11kV。$\Delta P_{k12}=60$kW，$\Delta P_{k23}=132.5$kW，$\Delta P_{k13}=182.5$kW；$U_{k12}(\%)=14.85$，$U_{k23}(\%)=7.96$，$U_{k13}(\%)=28.25$；$\Delta P_0=135$kW，$I_0\%=0.663$。试求该变压器归算到 220kV 侧的参数，并作出等值电路。

2-18　三相自耦三绕组降压变压器的型号为 OSFPSL-120000/220，额定容量为 120000/120000/60000kVA，额定电压为 220/121/11kV。$\Delta P_{k12}=455$kW，$\Delta P_{k23}=366$kW，$\Delta P_{k13}=346$kW；$U_{k12}(\%)=9.35$，$U_{k23}(\%)=21.6$，$U_{k13}(\%)=33.1$；$\Delta P_0=73.25$kW，$I_0(\%)=0.346$（短路电压百分数已归算至高压侧的额定容量下）。试求该变压器归算到 220kV 侧的参数，并作出等值电路。

2-19　试作用有名值表示的图 2-46 所示的电力系统等值电路，且不计变压器的电阻和导纳。（参数归算至 110kV 侧）

2-20　对图 2-46 所示电力系统，若取 30MVA 为基准功率，请分别用两种方法作出系统的标幺制等值

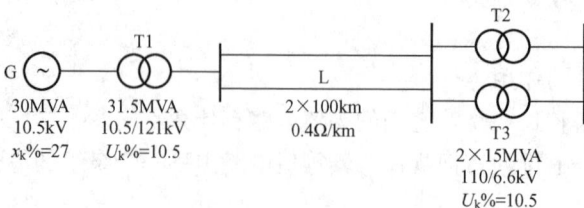

G
30MVA
10.5kV
$x_k\%=27$

T1
31.5MVA
10.5/121kV
$U_k\%=10.5$

L
$2×100$km
$0.4Ω$/km

T2

T3
$2×15$MVA
110/6.6kV
$U_k\%=10.5$

图 2-46　题 2-19 图

电路。

2-21　110kV 双回架空电力线路，长度为 150km，导线型号为 LGJ-120，导线计算外径为 15.2mm，三相导线几何平均距离为 5m。已知电力线路末端负荷为 30＋j15MVA，末端电压为 106kV。试求始端电压、功率，并作出电压相量图。

2-22　110kV 单回架空电力线路，长度为 80km，导线型号为 LGJ-95，导线计算外径为 13.7mm，三相导线几何平均距离为 5m。电力线路始端电压为 116kV，末端负荷 15＋j10MVA。试求该电力线路末端电压及始端输出功率。

2-23　某五节点系统如图 2-47 所示。图中接地支路标注的是导纳标幺值（两侧相同），非接地支路标注的是阻抗标幺值。试完成：①写出该网络的节点导纳矩阵；②若从节点 4 新建一条线路至节点 6，如何修改导纳矩阵；③若支路 34 断开，如何修改？

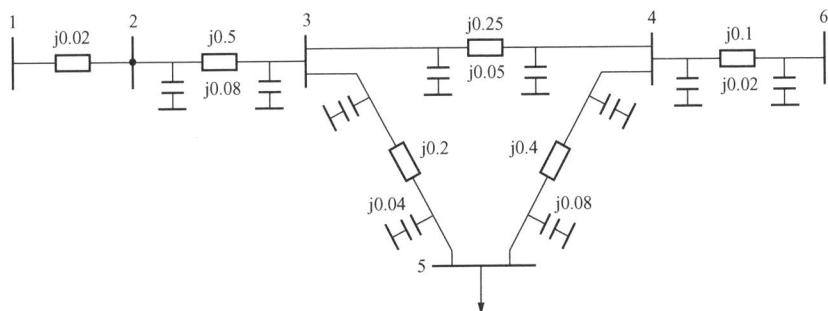

图 2-47　题 2-21 图

2-24　某三节点系统如图 2-48 所示，线路阻抗已标注于图中。已知负荷功率 $\widetilde{S}_{D1}=1+j0.5$，$\widetilde{S}_{D2}=1+j1$；电源功率为：$P_{G1}=0.5$，$P_{G2}=1.5$；各节点电压幅值均为 1p.u.，节点 3 装有无功补偿装置。试用牛顿迭代法迭代一次求解潮流，求出 Q_{G1}、Q_{G2} 及线路功率 $\widetilde{S}_{12}$。

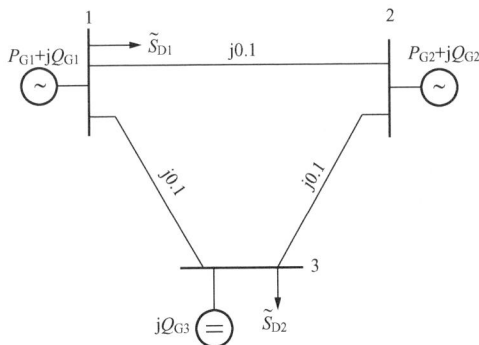

图 2-48　题 2-22 图

项目三 电力系统的故障分析与计算

项目目标 能够说出短路的概念、基本类型、引起短路的原因和后果及限制短路电流的措施；会计算无限大容量系统下三相短路时稳态短路电流和冲击短路电流；能够理解对称分量法的意义并能够进行简单计算；会利用对称分量法进行各种不对称短路的分析计算。

任务 3.1 认 识 故 障

电力系统稳态运行时，发电厂所发出的功率与用户所需要的功率及网络上损耗的功率相平衡，系统的电压和频率都是稳定的。但电力系统在运行过程中常常会发生故障，在发生故障时，系统的运行参数发生剧烈变化，系统的运行状态将急促地从一种运行状态过渡到另一种运行状态，有可能导致电力系统局部甚至全部遭到破坏，或者即使能够达到一种新的稳定运行状态，但其运行参数也将大大偏离正常值使电能质量严重下降，如不采取特别措施，系统就很难恢复正常运行。例如：由于断路器操作引起的过电压可能会危及设备的绝缘；短路故障引起的比正常电流大很多的短路电流，其热效应也可能损坏设备，而且短路故障改变了网络结构，因而改变了各发电机的输出功率，造成各发电机组输入功率和输出功率不平衡，有可能引起发电机组失去同步等等，这将给工农业生产、国防建设、交通及人们的生活带来严重的恶果。因此，必须对电力系统的各种暂态过程进行分析研究，以确保电力系统安全运行。值得注意的是，电力系统是一个统一体，在暂态过程中各种运行参量都在变化，互相影响，互相制约。

电力系统可能发生的故障类型比较多，对电力系统危害较严重的有短路、断路以及各种复杂故障等。由于短路故障是电力系统中经常发生、危害较严重的故障，所以这里将重点讨论短路故障。

一、短路的概念及短路的原因

所谓短路，是指电力系统正常运行情况以外的相与相之间或相与地（包括设备的外壳、变压器铁心、低压线路的中线等）之间的非正常短接。在电力系统正常运行时，除中性点外，相与相或相与地之间是绝缘的。如果由于某些原因使其绝缘破坏而构成了通路，就称为电力系统发生了短路故障。

在中性点非有效接地的系统中，短路故障主要是指不同相的带电部分间的短路，也包括不同相的多点接地。在这种系统中，单相接地故障不会形成短路回路，仅有不大的接地电流流过接地点，系统仍可继续运行，不属于短路，属于一种异常运行。

电力系统中造成短路故障的原因很多，归纳起来主要有以下几点。

（1）绝缘破坏。例如：设备绝缘的自然老化，机械外力所造成的绝缘损伤，电气设计制造、安装及维护不良所造成的绝缘缺陷等发展成短路故障。

（2）气象条件。例如：雷击过电压或操作过电压所引起的绝缘子、绝缘套管表面闪络放电，雷击所造成的断线、大风引起的断线以及导线覆冰引起的倒杆等。

（3）误操作。例如：带负荷拉、合隔离开关，检修完线路及设备后未拆除接地线就合闸送电等。

（4）其他外物。例如：鸟兽、风筝、金属丝或其他导电丝带等跨接在裸露的载流导体上造成的短路故障。

二、短路的类型及其危害

1. 短路的类型

在三相系统中，可能发生的短路有：三相短路、两相短路、两相接地短路和单相接地短路（中性点有效接地系统）。三相短路时，由于各相阻抗相同，三相回路仍然对称，故称为对称短路；其他几种短路均使三相回路阻抗不对称，故称为不对称短路。上述各种短路均是指在同一地点短路，实际上也可能是在不同地点同时发生短路，例如两相在不同地点接地短路。各种短路的图例及代表符号见表 3-1。

电力系统的运行经验表明，在各种短路类型中，单相接地短路占大多数，约占 83% 左右，两相接地短路约占 8%，两相短路约占 4%，三相短路约占 5%。虽然三相短路发生的概率很低，但对系统的危害最为严重，因此，对三相短路的研究就显得非常重要，而且三相短路电流的计算是不对称短路计算的基础。

2. 短路危害

在电力系统发生短路时，由于电源供电回路的阻抗减小以及短路瞬间的暂态过程使短路回路中的短路电流急剧增加，可达额定电流的数十倍乃至上百倍，这个急剧增大的电流称为短路电流。短路的后果随着短路类型、短路地点和持续时间的不同而变化，可能破坏局部地区的正常供电，也可能威胁整个系统的安全运行。短路故障的危险后果归纳起来有以下几点。

表 3-1　各种短路的图例和代表符号

短路类型	示意图	符号
三相短路		$k^{(3)}$
两相短路		$k^{(2)}$
两相接地短路		$k^{(1,1)}$
单相接地短路		$k^{(1)}$

（1）短路故障时短路回路的电流迅速增大。强大的短路电流流过载流导体和设备本身，使导体和设备严重发热，甚至导致设备损坏。同时，短路电流强大的电动力效应会使导体间产生很大的机械应力，严重时可引起导体变形甚至损坏，使短路故障进一步扩大。因此，各种电气设备应有足够的热稳定度和动稳定度，使电气设备在通过最大可能的短路电流时不致损坏。

（2）短路故障会使系统电压大幅度下降。短路电流流过系统各元件时，使元件的电压损耗增大，整个网络的电压降低，从而影响电动机等负荷的正常用电。当电压低到一定程度时，可能使电动机停转，待启动的电动机可能无法启动，从而造成产品报废及设备损坏等严重后果。

（3）短路故障会破坏系统的稳定运行。由于短路会使系统的潮流分布突然发生变化，可能破坏并列运行同步发电机的稳定性，使发电机与系统解列，从而导致大面积停电。短路故障切除后，已失步发电机再重新拉入同步过程中，可能发生较长时间的振荡，以至于引起保护误动作而大量甩负荷，这是短路故障的最严重后果。

（4）不对称接地短路会产生零序电流和零序磁通，会在邻近平行的通信线路或铁路信号线上感应很大的电动势，对通信产生严重的影响，甚至危及设备和人身的安全。

（5）不对称短路将产生负序电流和负序电压，将影响旋转电机的安全运行和使用寿命。

（6）在某些不对称短路下，非故障相的电压将超过额定值，引起过电压，从而加大系统的过电压水平。

3. 限制短路电流的措施

为了减少短路电流对电力系统的危害，一方面可在电力系统的运行和设计中采取措施，来限制短路电流的大小，如采用合理的主接线形式和运行方式来限制短路电流，必要时加装限流电抗器限制短路电流（如在发电机或主变压器回路中装设分裂电抗器，装设母线分段电抗器，装设出线电抗器等）；另一方面就是尽可能地缩短短路电流的作用时间，如采用合理的继电保护设备，迅速将发生短路的部分与系统其他部分隔离，从而减轻短路电流强大的热效应和电动力效应对设备的危害。由于大部分短路不是永久性的而是暂时性的，就是说当短路点和电源隔离后，故障点不再有短路电流流过，则该点可能迅速去游离，有可能重新恢复正常，因此现在输电线路广泛采取重合闸的措施来提高供电可靠性。

三、计算短路电流的目的及基本假设

1. 计算短路电流的目的

短路电流的计算主要是为了解决以下几方面的问题。

（1）电气设备的选择。电力系统中的设备在短路电流的作用下会发热，会受到电动力的冲击，为此必须计算短路电流，以校验设备的动、热稳定性，并保证所选择的设备在最大短路电流热效应和电动力效应作用下不受到损坏。

（2）继电保护的设计和整定。电力系统中应配置什么样的保护，以及这些保护装置应如何整定，都需要对电网中发生的各种短路进行分析和计算，从而获得故障支路的短路电流值、短路电流在网络中的分布情况及系统中某些节点的电压值。

（3）接线方案的比较和选择。在设计电网的接线图和发电厂以及变电所的电气主接线时，为了比较各种不同方案的接线图，确定是否增加限制短路电流的设备等，都必须进行短路电流的计算。

此外，在分析输电线路对通信线路的干扰时，也必须进行短路电流计算。

在现代电力系统的实际情况下，要进行准确的短路计算是相当复杂的，同时，对解决大部分实际工程问题，并不要求极准确的计算结果。为了简化和便于计算，实际多采用近似计算方法。本项目介绍的短路电流的实用计算，就是建立在一系列基本假设条件的基础上的，计算结果有些误差，但不会超过实际工程计算中的允许范围。

2. 短路电流实用计算的基本假设

（1）电力系统在正常运行时是三相对称的。

（2）电力系统中所有发电机电动势的相位在短路过程中都相同，频率与正常运行时相同。

（3）电力系统各元件的磁路不饱和，即各元件的电抗值为一常数，计算中可以应用叠加原理。

（4）在高压电路的短路计算中忽略电阻，只考虑电抗，但在计算低压网络的短路电流

时，应计及元件的电阻，可以不计算复阻抗，而是用阻抗的绝对值进行计算。

（5）略去了变压器的励磁电流和所有元件的电容。

任务 3.2　分析计算无限大容量系统供电电路内三相短路

在电力系统运行中，发生三相短路时，系统运行状态要发生变化，这个过程不仅和网络参数有关，而且还和电源的情况有关。一般来说，电力系统的电源主要是同步发电机，而同步发电机的电动势，在短路后的暂态过程中是随着时间而变化的，而且分析这些电动势的变化规律是一件相当复杂的工作。不过，在某种情况下，电源的电动势在短路后暂态过程中可以近似认为是不变的，如由无限大容量系统供电的电路就属于这种情况。这里就从这种较简单的情况入手，来讨论三相对称短路。

一、无限大容量系统的概念

所谓无限大容量系统（或称无限大容量电源），是指在这种电源供电的电路内发生短路时，电源的端电压值恒定不变，即电压的幅值和频率都恒定不变。记作 $S=\infty$，电源内阻抗 $Z=0$。举例如下：

（1）电源的容量很大，当发生短路后引起的功率变化对于电源来说影响很小，从而电源的电压和频率都能基本上保持恒定。

（2）由很多个有限容量的发电机并联而成的电源，因其内阻抗很小，电源电压基本能保持恒定。

实际上，真正的无限大容量电源是不存在的，而它只不过是一种近似的处理手段。通常用供电电源的内阻抗与短路回路总阻抗的相对大小来判断能否将电源看成是无限大容量电源。一般认为，当供电电源的内阻抗小于短路回路总阻抗的 10% 时，可以将供电电源简化为无限大容量电源，认为其容量无穷大，内阻抗为零。在这种情况下，外电路发生短路时，可以近似认为电源的电压幅值和频率保持恒定。一般在配电系统中发生短路时，通常将输电系统看成是带有一定阻抗的无限大容量电源。

总之，无限大容量电源的端电压及频率在短路后的暂态过程中保持不变，可以不考虑电源内部的暂态过程，使短路电流的分析、计算变得简单。

二、暂态过程分析

图 3-1 所示为一无限大容量电源供电的三相对称电路突然发生三相短路示意图。假设短路发生前系统处于稳定运行状态，U 相电流为 ［用下标｜0｜表示短路前（$t=0_-$）的量］

$$i_U = I_{m|0|}\sin(\omega t + \alpha - \varphi_{|0|}) \tag{3-1}$$

其中

$$I_{m|0|} = \frac{U_m}{\sqrt{(R+R')^2 + \omega^2(L+L')^2}}$$

$$\varphi_{|0|} = \arctan\frac{\omega(L+L')}{(R+R')}$$

假设 $t=0\text{s}$ 时刻，k 点发生三相短路故障。此时电路被分成两个独立回路。短路点的右半部分成为一个无源网络，相当于 RL 串联电路换路时零输入响应情况，其中的电流将从短路瞬间的数值开始逐渐衰减到零；左半部分为由无限大容量电源供电的三相电路，相当于 RL 串联电路换路时全输入响应情况，其阻抗由原来的 $(R+R')+j\omega(L+L')$ 突然减小到 $R+$

$j\omega L$。短路后的暂态过程分析和计算便是针对这一有源电路的。

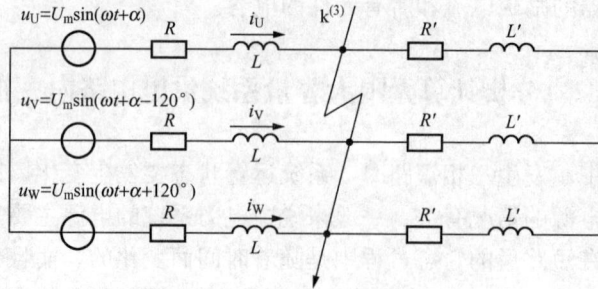

图 3-1 无限大容量电源供电三相电路发生三相短路示意图

由于短路后的电路仍然是三相对称的，因此只需分析其中一相的暂态过程，下面以 U 相为例进行分析。U 相电流的微分方程为

$$L \frac{\mathrm{d}i_{\mathrm{U}}}{\mathrm{d}t} + Ri_{\mathrm{U}} = U_{\mathrm{m}}\sin(\omega t + \alpha) \tag{3-2}$$

它是一阶常系数非齐次的线性微分方程，其全部解由特解和通解两部分组成。

特解为

$$i_{\infty \mathrm{U}} = i_{\mathrm{pU}} = \frac{U_{\mathrm{m}}}{Z}\sin(\omega t + \alpha - \varphi) = I_{\mathrm{m}}\sin(\omega t + \alpha - \varphi) \tag{3-3}$$

式中，$Z = \sqrt{R^2 + (\omega L)^2}$；$\varphi = \arctan \dfrac{\omega L}{R}$。$i_{\mathrm{pU}}$ 实际上是稳态短路电流，或称短路电流的稳态分量，与外加电源电动势有相同的变化规律，是恒幅值的正弦交流量，称为短路电流周期分量。

通解为
$$i_{\mathrm{aU}} = Ce^{-t/T_{\mathrm{a}}} \tag{3-4}$$

式中，$T_{\mathrm{a}} = L/R$，T_{a} 是自由分量衰减的时间常数，它决定着非周期分量衰减的快慢，T_{a} 越大，衰减越慢；C 是积分常数。i_{aU} 实际上是短路电流中的自由分量，称为短路电流非周期分量，是与外加电源无关的非周期电流，其起始值为 C，以后按照时间常数 T_{a} 衰减并最终衰减到零。自由分量电流的存在是因为电感电路中的电流不能突变。

这样，U 相的短路全电流为

$$i_{\mathrm{U}} = i_{\mathrm{pU}} + i_{\mathrm{aU}} = I_{\mathrm{m}}\sin(\omega t + \alpha - \varphi) + Ce^{-t/T_{\mathrm{a}}} \tag{3-5}$$

式中，积分常数 C 由初始条件决定。即在短路瞬间由于通过电感的电流不能突变，短路前瞬间的电流值必须与短路发生后瞬间的电流值相等，所以，由式（3-1）和式（3-5），令 $t=0$，并令它们相等，得

$$I_{\mathrm{m|0|}}\sin(\omega t + \alpha - \varphi_{|0|}) = I_{\mathrm{m}}\sin(\omega t + \alpha - \varphi) + Ce^{-t/T_{\mathrm{a}}}$$

从而解出
$$C = I_{\mathrm{m|0|}}\sin(\alpha - \varphi_{|0|}) - I_{\mathrm{m}}\sin(\alpha - \varphi) \tag{3-6}$$

将式（3-6）代入式（3-5），得

$$i_{\mathrm{U}} = I_{\mathrm{m}}\sin(\omega t + \alpha - \varphi) + [I_{\mathrm{m|0|}}\sin(\alpha - \varphi_{|0|}) - I_{\mathrm{m}}\sin(\alpha - \varphi)]e^{-t/T_{\mathrm{a}}} \tag{3-7}$$

由于三相短路时系统仍是对称的，依据对称关系可以得出 V、W 相短路全电流的表达式。

根据上述内容，可得出无限大容量电源供电系统的三相短路电流的特点如下。

（1）短路至稳态时，三相短路电流中的稳态短路电流为三个幅值相等、相角相差120°的

交流电流，其幅值大小取决于电源电压幅值和短路回路的总阻抗。显然，它们大于短路前的稳态电流。

（2）从短路发生到稳态之间的暂态过程中，每相电流还包含有逐渐衰减的非周期分量。它们出现的物理原因是，电路中有电感，而电感电路中电流不能突变。很明显，在 $t=0$ 时刻，各相的直流电流是不相等的，非周期分量有最大值或零值可能只出现在一相短路电流。

（3）非周期分量起始值越大，短路电流瞬时值越大。在电源电压幅值和短路回路阻抗恒定的情况下，由式（3-6）可知，非周期分量的起始值与电源电压的初始相角 α、短路前回路中的电流有关。

三、短路冲击电流

短路电流最大瞬时值称为短路电流冲击值，用 i_{im} 表示。短路冲击电流主要用于检验电气设备和载流导体在最大短路电流下的电动力是否超过允许值，即所谓的动稳定度。

当电路的参数已知时，短路电流周期分量的幅值是一定值，而短路电流的非周期分量则是按指数规律衰减的。因此，非周期分量的起始值越大，该相短路电流的最大瞬时值越大。

假设短路前空载，短路发生时某相电动势正好过零，则该相将出现最大短路电流，该相短路电流波形如图 3-2 所示。由图可知，短路冲击电流将在短路后半个周期即 $t=0.01s$ 时出现，冲击电流值为

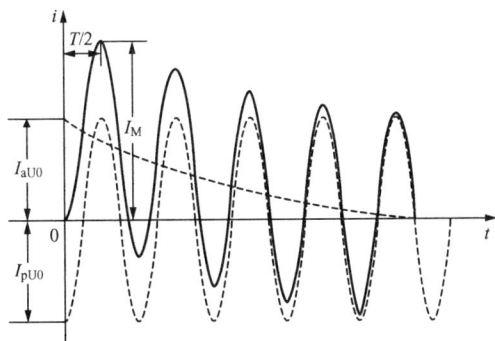

图 3-2 短路电流波形图

$$i_{im} \approx I_m + I_m e^{-0.01/T_a} = (1 + e^{-0.01/T_a})I_m = k_{im}I_m \tag{3-8}$$

式中，k_{im} 称为冲击系数，即冲击电流值对短路电流周期性分量幅值的倍数。k_{im} 的大小与时间常数 T_a 有关。在实用计算中，当短路发生在发电机电压母线时，k_{im} 取 1.9；当短路发生在发电厂高压侧母线时，k_{im} 取 1.85；在其他地方发生短路时，k_{im} 取 1.8。

应该指出的是，由于三相电路各相电压的相位差为120°，所以发生三相短路时，各相的电路电流的周期分量和非周期分量的初始值也不同。因此，冲击电流仅在一相出现，其他两相并不会出现这个冲击电流。

【例 3-1】 如图 3-3 所示的供电系统，电源可视为无穷大容量电源，变压器和输电线路并联导纳不计。在输电线路中发生三相短路故障，试求短路冲击电流。

已知：$U_s = 110kV$；T1：20MVA，110/38.5kV，$U_k\% = 10.5$，$\Delta P = 135kW$；L：10km，$x_1 = 0.38\Omega/km$，$r_1 = 0.13\Omega/km$；T2：$2 \times 3.2MVA$，35/10.5kV，$U_k\% = 7$。

解 对短路点左边的回路求出有关参数（折算到35kV侧）

对变压器 T1，有

$$R_{T1*} = \frac{\Delta P}{1000} \times \frac{U_N^2}{S_N^2} = 0.5003(\Omega)；X_{T1*} = \frac{U_k\%}{100} \times \frac{U_N^2}{S_N} = 7.7818(\Omega)$$

对输电线路 L，有

$$R_1/2 = r_1 \times l/2 = 0.65(\Omega)；X_1/2 = x_1 \times l/2 = 1.9(\Omega)；$$

$$U'_s = 110 \times 38.5/110 = 38.5 (\text{kV})$$

此时左边回路的等值电路如图 3 - 4 所示。

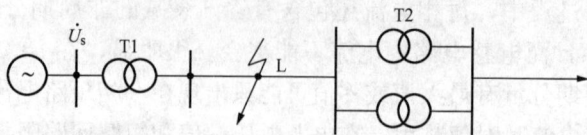

图 3 - 3　［例 3 - 1］图　　　　　　　　图 3 - 4　等值电路图

短路电流周期分量的有效值为

$$I_m = \frac{U'_s}{\sqrt{R^2 + X^2}} = \frac{38.5/\sqrt{3}}{\sqrt{(0.5003 + 0.65)^2 + (7.6818 + 1.9)^2}} = 2.2798 (\text{kA})$$

取冲击系数 $k_{im} = 1.8$，则短路冲击电流为

$$i_{im} \approx \sqrt{2} k_{im} I_m = 5.8035 (\text{kA})$$

四、母线残余电压

在继电保护的整定计算中，有时需要计算处在短路点前面的某一母线的剩余电压。三相短路时，短路点的电压为零，系统中距短路点电抗为 X 的某点剩余电压，在数值上等于短路电流通过该电抗时的电压降。剩余电压又称为母线残余电压。

短路进入稳态后，如果某一母线至短路点的电抗为 X，则该母线的剩余电压为

$$U_{rem} = \sqrt{3} I_\infty X$$

任务 3.3　认识对称分量法

前面讨论了三相突然短路的分析和计算，但在实际的电力系统中，不仅有三相对称短路发生，还有不对称短路发生。为了保证电力系统中电气设备的安全运行，必须进行不对称短路的分析和计算，以便正确地选择电气设备、确定网络接线方案及运行方式、选择继电保护和自动化装置并为整定其动作参数提供依据。电力系统中通常采用对称分量法分析计算不对称短路。

一、对称分量法

三相短路时，由于电路的对称性没有被破坏，所以只需分析一相即可。当系统发生不对称短路时，电路的对称性被破坏，网络中出现了不对称电流和电压，这时就不能只取一相进行计算。因此，在分析不对称短路时，通常是把一组不对称的三相相量分解成三组相序不同的对称分量。在线性网络中，这三序分量是相互独立的，可以分别进行计算，最后再将计算结果按照一定规则组合起来得到最终的短路结果，这就是对称分量法。

在三相系统中，任意一组不对称的三相相量，可以分解为三组对称的序分量，分别称为正序分量、负序分量和零序分量。

（1）正序分量。三个序分量大小相等，相位差 120°，正相序，如图 3 - 5（a）所示。

（2）负序分量。三个序分量大小相等，相位差 120°，逆相序，如图 3 - 5（b）所示。

（3）零序分量。三个序分量大小相等、相位相同，如图 3 - 5（c）所示。

当选择 U 相作为基准相时，引入旋转相量 $a = e^{j120°}$，三组序分量有如下关系。

正序分量：$\dot{F}_{V1}=a^2\dot{F}_{U1}$，$\dot{F}_{W1}=a\dot{F}_{U1}$

负序分量：$\dot{F}_{V2}=a\dot{F}_{U2}$，$\dot{F}_{W2}=a^2\dot{F}_{U2}$

零序分量：$\dot{F}_{U0}=\dot{F}_{V0}=\dot{F}_{W0}$

上述的旋转相量 a 称为算子，其值为

$$a=\mathrm{e}^{\mathrm{j}120°}=-\frac{1}{2}+\mathrm{j}\frac{\sqrt{3}}{2};\ a^2=\mathrm{e}^{\mathrm{j}240°}=-\frac{1}{2}-\mathrm{j}\frac{\sqrt{3}}{2}$$

$$1+a+a^2=0;\ a^3=1$$

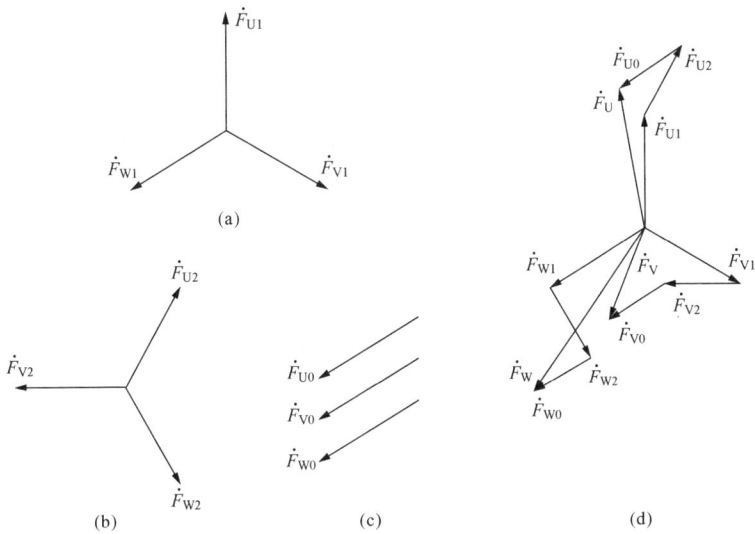

图 3-5　对称分量法

（a）正序相量图；（b）负序相量图；（c）零序相量图；（d）正、负、零序合成的相量图

用作图法可以将三个下标分别含 U、V、W 的三序相量合成为一组不对称相量 $\dot{F}_U$、$\dot{F}_V$、$\dot{F}_W$，合成结果示于图 3-5（d）中。由图可得合成结果的数学表达式为

$$\left.\begin{array}{l}\dot{F}_U=\dot{F}_{U1}+\dot{F}_{U2}+\dot{F}_{U0}\\\dot{F}_V=\dot{F}_{V1}+\dot{F}_{V2}+\dot{F}_{V0}=a^2\dot{F}_{U1}+a\dot{F}_{U2}+\dot{F}_{U0}\\\dot{F}_W=\dot{F}_{W1}+\dot{F}_{W2}+\dot{F}_{W0}=a\dot{F}_{U1}+a^2\dot{F}_{U2}+\dot{F}_{U0}\end{array}\right\}\quad(3-9)$$

式（3-9）说明三组对称分量可以合成一组（三个）不对称相量。解上述方程式，得

$$\left.\begin{array}{l}\dot{F}_{U1}=\dfrac{1}{3}(\dot{F}_U+a\dot{F}_V+a^2\dot{F}_W)\\[2mm]\dot{F}_{U2}=\dfrac{1}{3}(\dot{F}_U+a^2\dot{F}_V+a\dot{F}_W)\\[2mm]\dot{F}_{U0}=\dfrac{1}{3}(\dot{F}_U+\dot{F}_V+\dot{F}_W)\end{array}\right\}\quad(3-10)$$

式（3-10）表示任一组不对称分量可以分解为三相对称分量，且这种分解是唯一的。式中的 $\dot{F}_U$、$\dot{F}_V$、$\dot{F}_W$ 可以是电流、电压或磁链。

由式（3-10）可以看出，若三相系统中三相相量的和为零，则三相对称分量中没有零

序分量。只有在发生不对称接地时才会有零序分量。

在中性线不接地或没有中性线的三相电路中，线电流之和恒等于零，它不含零序分量。在三角形接线中，相电流可以在三角形内部形成环流，线电流为相电流之差，线电流之和也恒等于零，所以线电流中也没有零序分量。由此可见，零序电流必须以中性线或大地（以大地代替中线）作为通路。因而，在有中性线（或中性点接地）的三相电路中，如图 3-6 所示，中性线的电流等于一相零序电流的 3 倍，即 $\dot{I}_n = \dot{I}_U + \dot{I}_V + \dot{I}_W = 3\dot{I}_0$。

需要说明的是，上述对称分量法实质上是一种叠加的方法，只有当系统线性时才能应用。但是它们是客观存在的，各序分量均可以测量出来，而且每一组分量都有其物理意义。如负序电流在旋转电机中产生的磁通相对于转子以两倍同步速度旋转，因而会在转子中感应电流造成转子的附加发热。而零序电流分量则总是与接地的短路故障相联系，可以在变压器中性点处测得。

【例3-2】 图 3-7 所示的简单系统中，W 相断开，流过 U、V 两相的电流为 10A。试以 U 相电流为参考相量，计算电流的对称序分量。

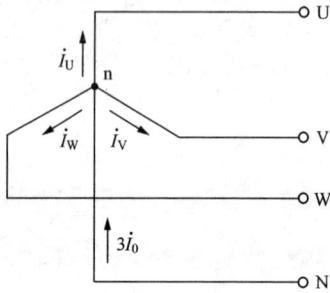

图 3-6 零序电流以中性线为通路的示意图

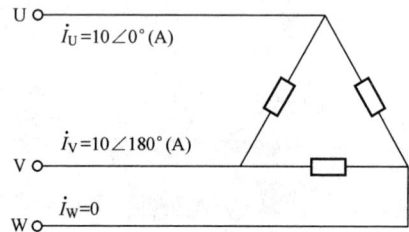

图 3-7 ［例3-2］图

解 线电流为

$$\dot{I}_U = 10\angle 0°(A); \quad \dot{I}_V = 10\angle 180°(A); \quad \dot{I}_W = 0$$

U 相线电流的各序电流分量为

$$\dot{I}_{U1} = \frac{1}{3}(\dot{I}_U + a\dot{I}_V + a^2\dot{I}_W) = \frac{1}{3}(10\angle 0° + 10\angle(180° + 120°) + 0)$$

$$= 5 - j2.89 = 5.78\angle -30°(A)$$

$$\dot{I}_{U2} = \frac{1}{3}(\dot{I}_U + a^2\dot{I}_V + a\dot{I}_W)$$

$$= \frac{1}{3}(10\angle 0° + 10\angle(180° + 240°) + 0) = 5 + j2.89 = 5.78\angle 30°(A)$$

$$\dot{I}_{U0} = \frac{1}{3}(\dot{I}_U + \dot{I}_V + \dot{I}_W) = \frac{1}{3}(10\angle 0° + 10\angle 180° + 0) = 0$$

V、W 相线电流的各序电流分量为

$$\dot{I}_{V1} = a^2\dot{I}_{U1} = 5.78\angle -150°(A); \qquad \dot{I}_{W1} = a\dot{I}_{U1} = 5.78\angle 90°(A);$$

$$\dot{I}_{V2} = a\dot{I}_{U2} = 5.78\angle 150°(A); \qquad \dot{I}_{W2} = a^2\dot{I}_{U2} = 5.78\angle -90°(A);$$

$$\dot{I}_{V0} = 0; \qquad\qquad\qquad\qquad\qquad \dot{I}_{W0} = 0;$$

二、对称分量法在不对称短路计算中的应用

正常运行时，电力系统三相一般是对称的。但是，当系统发生不对称短路时，三相的对称性遭到破坏，系统变成不对称。例如，一空载线路接于发电机，发电机的中性点经阻抗 Z_N 接地，如图 3-8 所示。

若在线路的 $k^{(1)}$ 点发生了 U 相单相接地故障，在故障点存在以下关系：电压 $\dot{U}_U = 0$，$\dot{U}_V \neq 0$，$\dot{U}_W \neq 0$；电流 $\dot{I}_U \neq 0$，$\dot{I}_V = 0$，$\dot{I}_W = 0$。由此可知，系统发生单相接地故障时，故障点处的三相电压出现了不对称，三相电流也不对称。而此时发电机三相电动势是对称的，线路三相参数也是对称的。

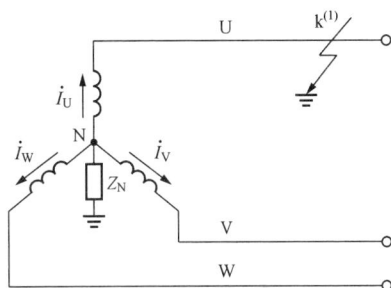

等值电路如图 3-9 (a) 所示。由替代原理，可以用三个电压源 $\dot{U}_U$、$\dot{U}_V$、$\dot{U}_W$ 来替代短路点处的三相对

图 3-8 发生单相接地短路的简单电路

地电压，如图 3-9 (b) 所示。利用对称分量法，把故障点处的不对称电压和不对称电流分解成三组对称分量，如图 3-9 (c) 所示。由于电路的其余部分是三相对称的，所以各序具有独立性，根据叠加原理，图 3-9 (c) 可以分解成图 3-9 (d)、(e)、(f) 所示的三个独立网络，即正序网络、负序网络和零序网络。同理，三个序网络叠加起来即为图 3-9 (c)。

1. 正序网络

图 3-9 (d) 中包含发电机电动势（正序）$\dot{E}_U$、$\dot{E}_V$、$\dot{E}_W$ 和故障点的正序电压分量 $\dot{U}_{U1}$、$\dot{U}_{V1}$、$\dot{U}_{W1}$，网络中只有正序电流，电流所遇到的阻抗为正序阻抗，所以正序网络为有源网络。由于正序网络中三相序电压、序电流以及发电机三相电动势均对称，所以正序网络可以用单相电路表示，如图 3-10 (a) 所示。由图可得正序网络的电压方程式为

$$\dot{E}_U - j\dot{I}_{U1}X_{1\Sigma} = \dot{U}_{U1} \tag{3-11}$$

式中 $X_{1\Sigma}$——正序网络对故障点的输入阻抗，即网络正常运行时或三相对称短路时的电抗。

2. 负序网络

如图 3-9 (e) 所示，因为三相对称发电机只产生正序电动势，所以负序网络中没有发电机的电动势。负序网络中只有故障点的负序电压分量作用，网络中只有负序电流，它遇到的阻抗为负序阻抗。由于三相负序电压、电流对称，故可用单相电路表示，如图 3-10 (b) 所示。负序网络的电压方程式为

$$-j\dot{I}_{U2}X_{2\Sigma} = \dot{U}_{U2} \tag{3-12}$$

式中 $X_{2\Sigma}$——负序网络对故障点的输入阻抗。

3. 零序网络

如图 3-9 (f) 所示，没有发电机电动势，只有故障点的零序电压分量作用，网络中只有零序电流，它遇到的阻抗为零序阻抗。由于三相零序网络也对称，所以也可以用单相电路表示，如图 3-10 (c) 所示。零序网络的电压方程式为

$$-j\dot{I}_{U0}(X_{G0} + X_{L0} + 3Z_N) = \dot{U}_{U0}$$

根据计算短路电流忽略各元件电阻的假设，则上式可写为

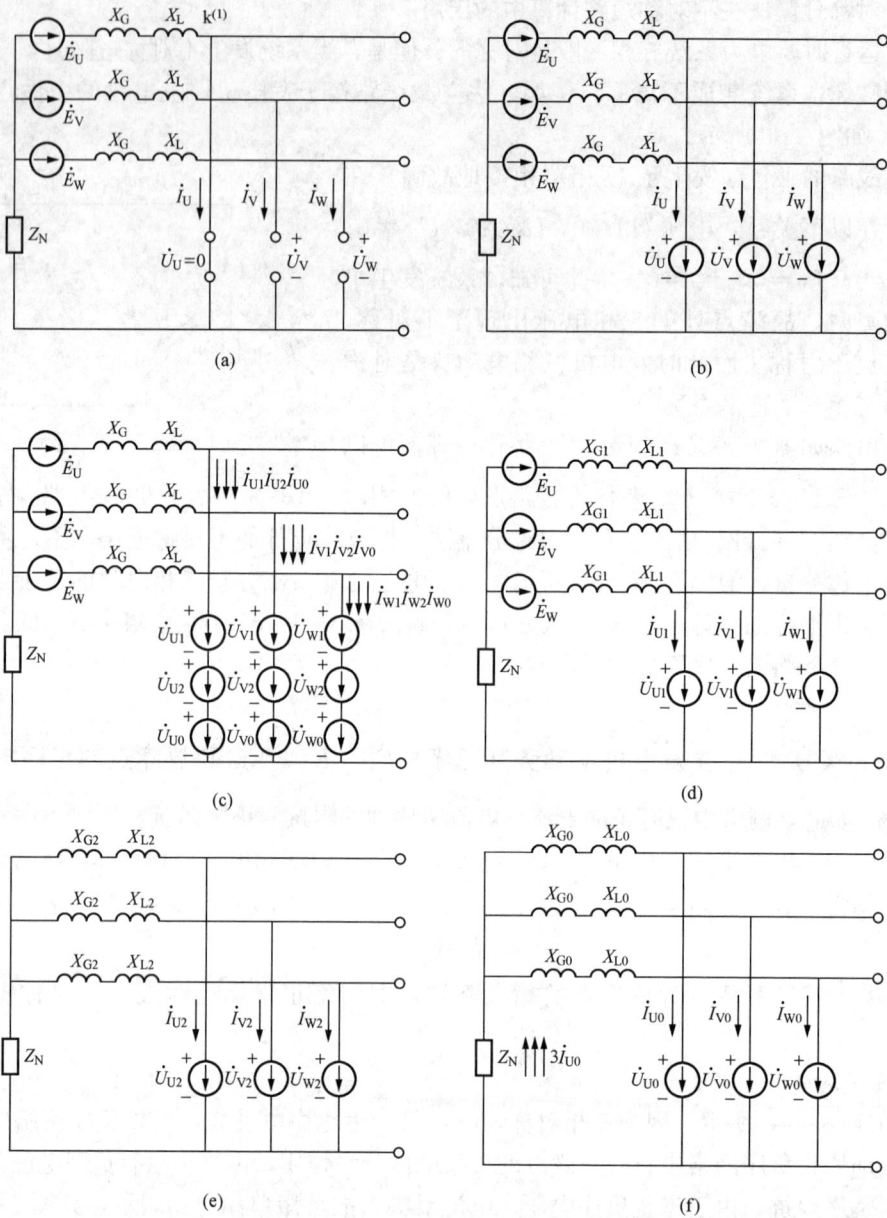

图 3-9 利用对称分量法分析不对称短路

(a) 等值电路图；(b) 用电压源替代三相接地电压；(c) 对称分量法分解后三序叠加图；

(d) 正序网络图；(e) 负序网络图；(f) 零序网络图

$$-\mathrm{j}\dot{I}_{\mathrm{U0}}X_{0\Sigma} = \dot{U}_{\mathrm{U0}} \qquad\qquad (3-13)$$

式中　$X_{0\Sigma}$——零序网络对故障点的输入阻抗。

注意：中性点经阻抗 Z_{N} 接地时，由于三相正序和负序电流分量对称，流过中性点阻抗 Z_{N} 上的电流和始终为零，故中性点阻抗对正序和负序网络没有影响，也不出现在正序和负序网络中。但在零序网络中，由于三相零序电流大小相等、方向相同，流过中性点阻抗 Z_{N} 的零序电流为一相零序电流的 3 倍，在用单相电路表示零序网络时，中性点阻抗 Z_{N} 应乘以

3 倍。

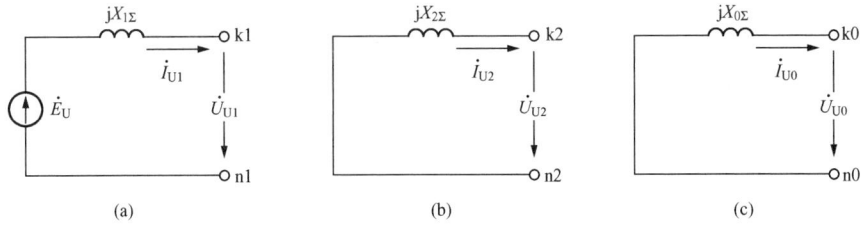

图 3-10　U 相正序、负序、零序网络图

(a) 正序网络；(b) 负序网络；(c) 零序网络

任务 3.4　分析计算不对称短路

在中性点接地的电力系统中，不对称短路有单相接地短路、两相短路和两相接地短路。无论是哪一种短路形式，都需要列出各序网络的电压方程式，即

$$\left.\begin{array}{r} \dot{E}_{U\Sigma} - \mathrm{j}\dot{I}_{U1}\,Z_{1\Sigma} = \dot{U}_{U1} \\ -\mathrm{j}\dot{I}_{U2}Z_{2\Sigma} = \dot{U}_{U2} \\ -\mathrm{j}\dot{I}_{U0}Z_{0\Sigma} = \dot{U}_{U0} \end{array}\right\} \qquad (3-14)$$

式中　　　　$\dot{E}_{U\Sigma}$——正序网络对于故障点的等值电动势，其值等于故障发生之前故障点 U 相的相电压；

$Z_{1\Sigma}$、$Z_{2\Sigma}$、$Z_{0\Sigma}$——正序、负序网络和零序网络对故障点的输入阻抗；

$\dot{I}_{U1}$、$\dot{I}_{U2}$、$\dot{I}_{U0}$——故障点 U 相电流的正序、负序和零序分量；

$\dot{U}_{U1}$、$\dot{U}_{U2}$、$\dot{U}_{U0}$——故障点 U 相对地电压的正序、负序和零序分量。

这三个方程中有六个未知数，即故障处的电流和电压的各序分量。还需要根据不对称短路的具体的边界条件写出另外三个方程式，才能进行求解。现在对上述三种不对称短路进行分析计算。

一、单相接地短路

图 3-11 所示系统在 U 相发生单相接地短路，由于 U 相的状态不同于 V、W 两相，故称 U 相为特殊相。在短路点 k 处可以列出短路的边界条件如下所示

$$\dot{U}_U = 0, \dot{I}_V = \dot{I}_W = 0 \qquad (3-15)$$

应用对称分量法将边界条件展开可得

$$\dot{U}_U = \dot{U}_{U1} + \dot{U}_{U2} + \dot{U}_{U0} \qquad (3-16)$$

$$\left.\begin{array}{l} \dot{I}_{U1} = \dfrac{1}{3}(\dot{I}_U + a\dot{I}_V + a^2\dot{I}_W) = \dfrac{1}{3}\dot{I}_U \\[2mm] \dot{I}_{U2} = \dfrac{1}{3}(\dot{I}_U + a^2\dot{I}_V + a\dot{I}_W) = \dfrac{1}{3}\dot{I}_U \\[2mm] \dot{I}_{U0} = \dfrac{1}{3}(\dot{I}_U + \dot{I}_V + \dot{I}_W) = \dfrac{1}{3}\dot{I}_U \end{array}\right\} \quad (3-17)$$

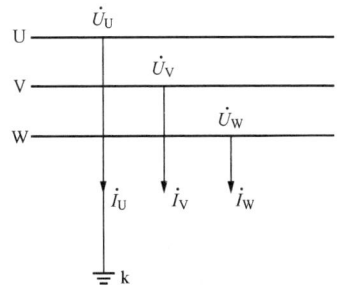

图 3-11　U 相单相接地短路示意图

整理得

$$\dot{I}_{U1} = \dot{I}_{U2} = \dot{I}_{U0} = \frac{1}{3}\dot{I}_{U} \tag{3-18}$$

在计算不对称短路时，通常根据边界条件分解的结果将三序网络按照一定的规律连接起来，构成所谓的复合序网。根据式（3-18）可知三序电流相等，三序网络应为串联；又根据式（3-16）可知，三序网络串联后构成了一个闭合回路，其单相短路复合序网络图如图3-12所示。

$$\left.\begin{aligned}\dot{U}_{U1} + \dot{U}_{U2} + \dot{U}_{U0} = 0 \\ \dot{I}_{U1} = \dot{I}_{U2} = \dot{I}_{U0} = \dot{I}_{U}/3\end{aligned}\right\} \tag{3-19}$$

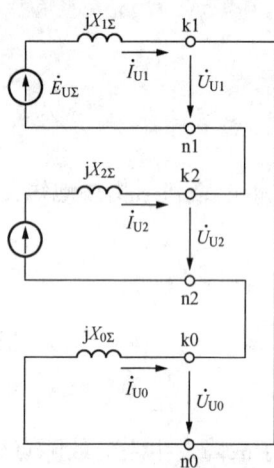

图3-12　U相单相接地
短路时的复合序网图

联立方程组（3-19）和方程组（3-14）求解，即可以得到单相接地短路后的三序电流分量 $\dot{I}_{U1}$、$\dot{I}_{U2}$、$\dot{I}_{U0}$ 和三序电压分量 $\dot{U}_{U1}$、$\dot{U}_{U2}$、$\dot{U}_{U0}$，再根据对称分量的合成方法求出短路后故障相的短路电流和非故障相的电压，此方法称为解析法。也可以利用式（3-19）构成图3-12所示的复合序网进行求解，此称为复合序网法。由于复合序网简单直观，以下分析均采用复合序网法。

根据图3-12所示的复合序网，可得各序电流分量为

$$\dot{I}_{U1} = \dot{I}_{U2} = \dot{I}_{U0} = \frac{\dot{E}_{U\Sigma}}{j(X_{1\Sigma} + X_{2\Sigma} + X_{0\Sigma})} \tag{3-20}$$

U 相（短路相）的短路电流为

$$\dot{I}_{U} = \dot{I}_{U1} + \dot{I}_{U2} + \dot{I}_{U0} = \frac{3\dot{E}_{U\Sigma}}{j(X_{1\Sigma} + X_{2\Sigma} + X_{0\Sigma})} \tag{3-21}$$

单相短路电流的绝对值为

$$I_{k} = 3I_{U1} = \frac{3E_{U\Sigma}}{X_{1\Sigma} + X_{2\Sigma} + X_{0\Sigma}} \tag{3-22}$$

故障处 V、W 相的电流为零。

在一般网络中，$X_{2\Sigma}$ 近似等于 $X_{1\Sigma}$，若 $X_{0\Sigma}$ 大于 $X_{1\Sigma}$，则单相短路电流小于同一点的三相短路电流；若 $X_{0\Sigma}$ 小于 $X_{1\Sigma}$，则单相短路电流大于三相短路电流。

当三相电流分量计算出来后，根据复合序网可得故障处三序电压分量为

$$\left.\begin{aligned}\dot{U}_{U1} &= \dot{E}_{U\Sigma} - j\dot{I}_{U1}X_{1\Sigma} = j\dot{I}_{U1}(X_{2\Sigma} + X_{0\Sigma}) \\ \dot{U}_{U2} &= -j\dot{I}_{U2}X_{2\Sigma} \\ \dot{U}_{U0} &= -j\dot{I}_{U0}X_{0\Sigma}\end{aligned}\right\} \tag{3-23}$$

由各序电压合成得故障处的三相电压为

$$\left.\begin{aligned}\dot{U}_{U} &= \dot{U}_{U1} + \dot{U}_{U2} + \dot{U}_{U0} = 0 \\ \dot{U}_{V} &= a^{2}\dot{U}_{U1} + a\dot{U}_{U2} + \dot{U}_{U0} \\ \dot{U}_{W} &= a\dot{U}_{U1} + a^{2}\dot{U}_{U2} + \dot{U}_{U0}\end{aligned}\right\} \tag{3-24}$$

根据 U 相接地短路时的边界条件，由式（3-19）可画出短路点电压、电流的相量图，如图3-13（a）、（b）所示，它是按纯电感性电路画的。

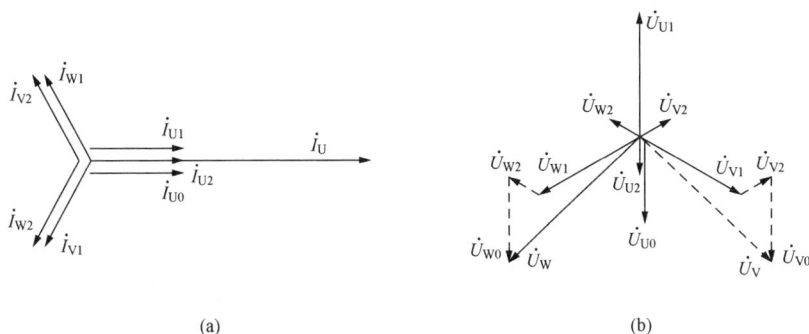

图 3-13　U 相接地短路时短路点的相量图

(a) 电流相量图；(b) 电压相量图

对单相接地短路的分析计算可得出以下几点结论。

(1) 短路点故障相的正序、负序电流和零序电流大小相等，方向相同；非故障相中的电流等于零。

(2) 短路点故障相的电压等于零，两个非故障相电压幅值相等。

(3) 单相接地短路时，故障相（特殊相）正序电流的大小，与正序网在短路点后串联一个附加电抗（$X_\Delta = X_{2\Sigma} + X_{0\Sigma}$）而发生三相短路时的电流相等，即

$$\dot{I}_{U1} = \frac{\dot{E}_{U\Sigma}}{j(X_{1\Sigma} + X_\Delta)} \tag{3-25}$$

二、两相短路

两相短路示意图如图 3-14 所示，设 V、W 两相短路，U 相为特殊相，故障点的边界条件为

$$\dot{I}_U = 0; \ \dot{I}_V = -\dot{I}_W; \ \dot{U}_V = \dot{U}_W \tag{3-26}$$

利用对称分量法展开可得

$$\left.\begin{array}{l} \dot{I}_{U1} + \dot{I}_{U2} + \dot{I}_{U0} = 0 \\ a^2\dot{I}_{U1} + a\dot{I}_{U2} + \dot{I}_{U0} = -(a\dot{I}_{U1} + a^2\dot{I}_{U2} + \dot{I}_{U0}) \\ a^2\dot{U}_{U1} + a\dot{U}_{U2} + \dot{U}_{U0} = a\dot{U}_{U1} + a^2\dot{U}_{U2} + \dot{U}_{U0} \end{array}\right\} \tag{3-27}$$

整理可得新的边界条件

$$\left.\begin{array}{l} \dot{I}_{U0} = 0 \\ \dot{I}_{U1} + \dot{I}_{U2} = 0 \\ \dot{U}_{U1} = \dot{U}_{U2} \end{array}\right\} \tag{3-28}$$

根据新的边界条件可以推断出两相短路的复合序网为正序网络和负序网络的并联结构，如图 3-15 所示；零序网络不存在，这是因为故障点不接地，零序电流无通路。

由复合序网可直接解得

$$\left.\begin{array}{l} \dot{I}_{U1} = -\dot{I}_{U2} = \frac{\dot{E}_{U\Sigma}}{j(X_{1\Sigma} + X_{2\Sigma})} \\ \dot{I}_{U0} = 0 \end{array}\right\} \tag{3-29}$$

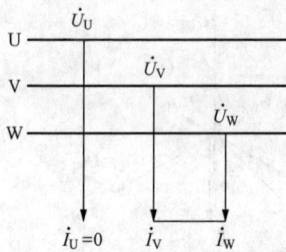

图 3-14　V、W 两相短路故障示意图　　　　　图 3-15　V、W 两相短路时的复合序网图

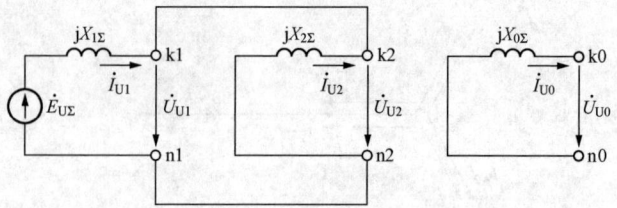

则故障处的各相短路电流为

$$\dot{I}_{\mathrm{V}} = -\dot{I}_{\mathrm{W}} = a^2 \dot{I}_{\mathrm{U1}} + a\dot{I}_{\mathrm{Ua2}} + \dot{I}_{\mathrm{U0}}$$

$$= (a^2 - a)\dot{I}_{\mathrm{U1}} = -\mathrm{j}\sqrt{3}\dot{I}_{\mathrm{U1}}$$

$$= -\mathrm{j}\sqrt{3}\frac{\dot{E}_{\mathrm{U\Sigma}}}{\mathrm{j}(X_{1\Sigma} + X_{2\Sigma})} \tag{3-30}$$

取绝对值为

$$I_{\mathrm{k}} = I_{\mathrm{V}} = \sqrt{3}\frac{E_{\mathrm{U\Sigma}}}{X_{1\Sigma} + X_{2\Sigma}} \tag{3-31}$$

当 $X_{1\Sigma} = X_{2\Sigma}$ 时，则有

$$\dot{I}_{\mathrm{k}} = -\mathrm{j}\frac{\sqrt{3}}{2}\frac{\dot{E}_{\mathrm{U\Sigma}}}{\mathrm{j}X_{1\Sigma}} = -\mathrm{j}\frac{\sqrt{3}}{2}\dot{I}_{\mathrm{k}}^{(3)} \tag{3-32}$$

式中　$\dot{I}_{\mathrm{k}}^{(3)}$——同一短路点发生三相短路时的短路电流。

当短路点远离电源时，一般认为 $X_{1\Sigma} = X_{2\Sigma}$，由式（3-32）可知，两相短路电流是同一点三相短路电流的 $\sqrt{3}/2$ 倍。所以一般来说，电力系统中两相短路电流总是小于三相短路电流。

电压的各序分量为

$$\dot{U}_{\mathrm{U1}} = \dot{U}_{\mathrm{U2}} = \mathrm{j}\dot{I}_{\mathrm{U1}}X_{2\Sigma} = -\mathrm{j}\dot{I}_{\mathrm{U2}}X_{2\Sigma} \tag{3-33}$$

故障处的各相电压（设 $X_{1\Sigma} = X_{2\Sigma}$）为

$$\left.\begin{array}{l} \dot{U}_{\mathrm{U}} = \dot{U}_{\mathrm{U1}} + \dot{U}_{\mathrm{U2}} = 2\dot{U}_{\mathrm{U1}} = \mathrm{j}2\dot{I}_{\mathrm{U1}}X_{2\Sigma} = \mathrm{j}2\dfrac{\dot{E}_{\mathrm{U\Sigma}}}{\mathrm{j}2X_{2\Sigma}}X_{2\Sigma} = \dot{E}_{\mathrm{U\Sigma}} \\[2mm] \dot{U}_{\mathrm{V}} = a^2\dot{U}_{\mathrm{U1}} + a\dot{U}_{\mathrm{U2}} = -\dot{U}_{\mathrm{U1}} = -\dfrac{\dot{U}_{\mathrm{U}}}{2} \\[2mm] \dot{U}_{\mathrm{W}} = a\dot{U}_{\mathrm{U1}} + a^2\dot{U}_{\mathrm{U2}} = -\dot{U}_{\mathrm{U1}} = -\dfrac{\dot{U}_{\mathrm{U}}}{2} \end{array}\right\} \tag{3-34}$$

式（3-34）表明，当发生两相短路时，非故障相电压不变，故障相电压幅值降低一半。图 3-16 给出了 V、W 相短路时，短路点的电压、电流相量图。

若 V、W 相经阻抗 Z_{k} 短路，如图 3-17 所示，对应的边界条件为

$$\left.\begin{array}{l} \dot{I}_{\mathrm{U}} = 0, \dot{I}_{\mathrm{V}} = -\dot{I}_{\mathrm{W}} \\[2mm] \dot{U}_{\mathrm{V}} - \dot{U}_{\mathrm{W}} = \dot{I}_{\mathrm{V}}Z_{\mathrm{k}} \end{array}\right\} \tag{3-35}$$

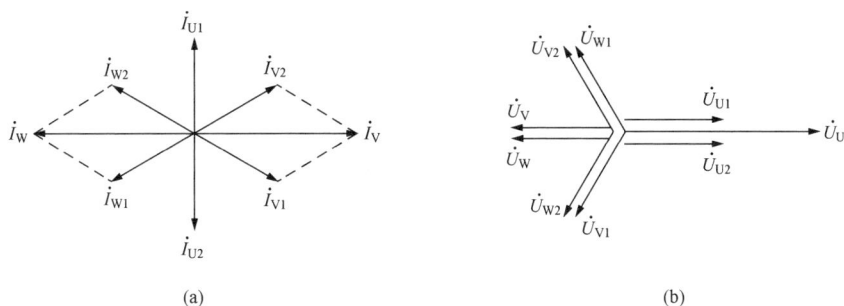

图 3-16　V、W 两相短路时短路点的相量图

(a) 电流相量图；(b) 电压相量图

电流的边界条件与纯金属性两相短路时完全相同，即 $\dot{I}_{U1}=-\dot{I}_{U2}$。电压的边界条件推导如下

$$(a^2\dot{U}_{U1}+a\dot{U}_{U2})-(a\dot{U}_{U1}+a^2\dot{U}_{U2})=(a^2\dot{I}_{U1}+a\dot{I}_{U2})Z_k$$

$$(a^2-a)\dot{U}_{U1}+(a-a^2)\dot{U}_{U2}=(a^2-a)\dot{I}_{U1}Z_k$$

即：
$$\dot{U}_{U1}-\dot{U}_{U2}=\dot{I}_{U1}Z_k \tag{3-36}$$

由式（3-35）和式（3-36）可得复合序网如图 3-18 所示。由复合序网求得各序电流分量

$$\left.\begin{array}{l}\dot{I}_{U1}=-\dot{I}_{U2}=\dfrac{\dot{E}_{U\Sigma}}{\mathrm{j}(X_{1\Sigma}+X_{2\Sigma})+Z_k}\\[2mm]\dot{I}_{U0}=0\end{array}\right\} \tag{3-37}$$

短路电流为
$$\dot{I}_V=-\dot{I}_W=-\mathrm{j}\sqrt{3}\dot{I}_{U1} \tag{3-38}$$

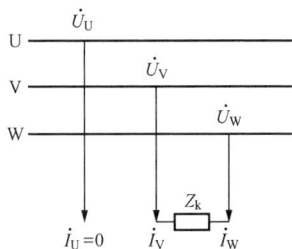

图 3-17　V、W 两相经阻抗 Z_k
短路示意图

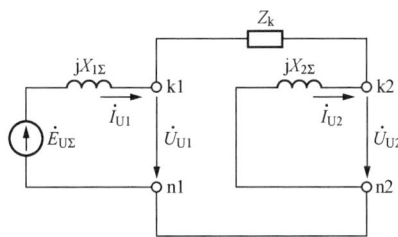

图 3-18　V、W 两相经阻抗 Z_k
短路时的复合序网图

由以上分析可得出以下结论。

（1）两相短路时，短路电流及电压中不存在零序分量。

（2）两相短路电流中的正序分量与负序分量大小相等、方向相反；两故障相中的短路电流总是大小相等、方向相反，在数值上等于正序电流的 $\sqrt{3}$ 倍。

（3）故障点两故障相的电压总是大小相等、相位相同，其数值仅有非故障相电压的一半，相位与非故障相电压相反。

（4）当 $X_{1\Sigma}=X_{2\Sigma}$ 时，同一点的两相短路电流是三相短路电流的 $\sqrt{3}/2$ 倍。

（5）两相短路时，非故障相（特殊相）正序电流的大小，与正序网在短路点后串联一个附加电抗 $X_\Delta (X_\Delta = X_{2\Sigma})$ 时发生三相短路的电流相等，即

$$\dot{I}_{U1} = \frac{\dot{E}_{U\Sigma}}{j(X_{1\Sigma} + X_\Delta)} \tag{3-39}$$

三、两相接地短路

两相接地短路故障示意图如图 3-19 所示，假设 V、W 两相接地短路，故障点的边界条件为

$$\dot{I}_U = 0; \dot{U}_V = \dot{U}_W = 0 \tag{3-40}$$

利用对称分量法展开可得

$$\left.\begin{array}{c} \dot{I}_{U1} + \dot{I}_{U2} + \dot{I}_{U0} = 0 \\ a^2\dot{U}_{U1} + a\dot{U}_{U2} + \dot{U}_{U0} = 0 \\ a\dot{U}_{U1} + a^2\dot{U}_{U2} + \dot{U}_{U0} = 0 \end{array}\right\} \tag{3-41}$$

整理可得新的边界条件

$$\left.\begin{array}{c} \dot{I}_{U1} + \dot{I}_{U2} + \dot{I}_{U0} = 0 \\ \dot{U}_{U1} = \dot{U}_{U2} = \dot{U}_{U0} \end{array}\right\} \tag{3-42}$$

从新的边界条件可知，两相接地短路的复合序网为正序网络、负序网络和零序网络的并联结构，如图 3-20 所示。

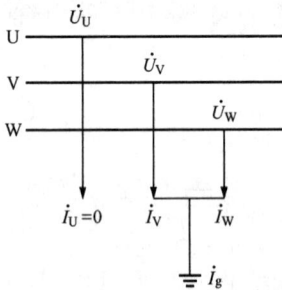

图 3-19 V、W 两相接地 短路示意图

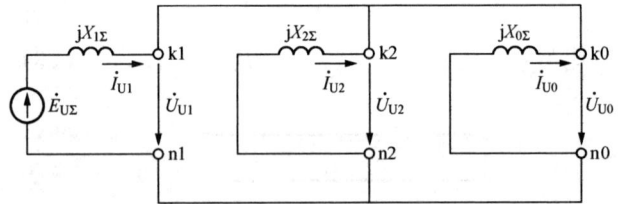

图 3-20 V、W 两相接地短路时的复合序网图

由复合序网中可以计算

$$\dot{I}_{U1} = \frac{\dot{E}_{U\Sigma}}{j(X_{1\Sigma} + X_{2\Sigma} /\!/ X_{0\Sigma})} \tag{3-43}$$

电流的负序分量和零序分量为

$$\dot{I}_{U2} = -\frac{X_{0\Sigma}}{X_{0\Sigma} + X_{2\Sigma}}\dot{I}_{U1} \tag{3-44}$$

$$\dot{I}_{U0} = -\frac{X_{2\Sigma}}{X_{0\Sigma} + X_{2\Sigma}}\dot{I}_{U1} \tag{3-45}$$

则故障处的各相短路电流为

$$\dot{I}_V = a^2\dot{I}_{U1} + a\dot{I}_{U2} + \dot{I}_{U0} = \left(a - \frac{aX_{0\Sigma} + X_{2\Sigma}}{X_{2\Sigma} + X_{0\Sigma}}\right)\dot{I}_{U1} \tag{3-46}$$

$$\dot{I}_{\mathrm{W}} = a\dot{I}_{\mathrm{U}1} + a^2\dot{I}_{\mathrm{U}2} + \dot{I}_{\mathrm{U}0} = \left(a - \frac{a^2 X_{0\Sigma} + X_{2\Sigma}}{X_{2\Sigma} + X_{0\Sigma}}\right)\dot{I}_{\mathrm{U}1} \tag{3-47}$$

短路电流取其绝对值为

$$I_{\mathrm{k}} = I_{\mathrm{V}} = I_{\mathrm{W}} = \sqrt{3} \times \sqrt{1 - \frac{X_{2\Sigma} X_{0\Sigma}}{(X_{2\Sigma} + X_{0\Sigma})^2}} \times I_{\mathrm{U}1} \tag{3-48}$$

两相接地短路时，流入地中的电流为

$$\dot{I}_{\mathrm{g}} = \dot{I}_{\mathrm{V}} + \dot{I}_{\mathrm{W}} = 3\dot{I}_{\mathrm{U}0} = -3\frac{X_{2\Sigma}}{X_{2\Sigma} + X_{0\Sigma}}\dot{I}_{\mathrm{U}1} \tag{3-49}$$

短路点电压的各序分量为

$$\dot{U}_{\mathrm{U}1} = \dot{U}_{\mathrm{U}2} = \dot{U}_{\mathrm{U}0} = \mathrm{j}\frac{X_{2\Sigma} X_{0\Sigma}}{X_{2\Sigma} + X_{0\Sigma}}\dot{I}_{\mathrm{U}1} \tag{3-50}$$

短路点非故障处的相电压为

$$\dot{U}_{\mathrm{U}} = 3\dot{U}_{\mathrm{U}1} = \mathrm{j}\frac{3X_{2\Sigma} X_{0\Sigma}}{X_{2\Sigma} + X_{0\Sigma}}\dot{I}_{\mathrm{U}1} = \dot{E}_{\mathrm{U}\Sigma}\frac{3X_{2\Sigma} X_{0\Sigma}}{X_{1\Sigma} X_{2\Sigma} + X_{1\Sigma} X_{0\Sigma} + X_{2\Sigma} X_{0\Sigma}} \tag{3-51}$$

两相接地短路时故障处的电流和电压相量图如图 3-21 所示。

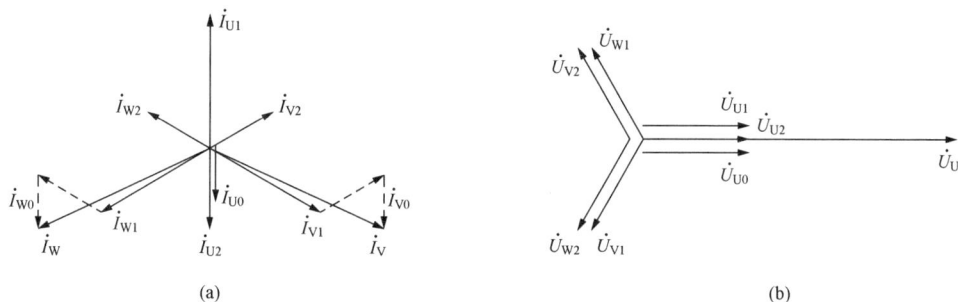

图 3-21 V、W 两相接地短路时短路点的相量图

(a) 电流相量图；(b) 电压相量图

下面讨论 V、W 两相短路后经阻抗 Z_{k} 接地的情况，如图 3-22 所示。故障点的边界条件为

$$\dot{I}_{\mathrm{U}} = 0; \quad \dot{U}_{\mathrm{V}} = \dot{U}_{\mathrm{W}} = (\dot{I}_{\mathrm{V}} + \dot{I}_{\mathrm{W}})Z_{\mathrm{k}} \tag{3-52}$$

由 $\dot{I}_{\mathrm{U}} = 0$，$\dot{U}_{\mathrm{V}} = \dot{U}_{\mathrm{W}}$ 可得

$$\left.\begin{array}{c} \dot{I}_{\mathrm{U}1} + \dot{I}_{\mathrm{U}2} + \dot{I}_{\mathrm{U}0} = 0 \\ \dot{U}_{\mathrm{U}1} = \dot{U}_{\mathrm{U}2} \end{array}\right\} \tag{3-53}$$

由 $\dot{U}_{\mathrm{V}} = (\dot{I}_{\mathrm{V}} + \dot{I}_{\mathrm{W}})Z_{\mathrm{k}}$ 可得

$$\dot{U}_{\mathrm{V}} = a^2\dot{U}_{\mathrm{U}1} + a\dot{U}_{\mathrm{U}2} + \dot{U}_{\mathrm{U}0} = (a^2 + a)\dot{U}_{\mathrm{U}1} + \dot{U}_{\mathrm{U}0}$$

$$= -\dot{U}_{\mathrm{U}1} + \dot{U}_{\mathrm{U}0} = (\dot{I}_{\mathrm{V}} + \dot{I}_{\mathrm{W}})Z_{\mathrm{k}} = 3\dot{I}_{\mathrm{U}0}Z_{\mathrm{k}}$$

故

$$\dot{U}_{\mathrm{U}1} = \dot{U}_{\mathrm{U}0} - 3\dot{I}_{\mathrm{U}0}Z_{\mathrm{k}} \tag{3-54}$$

由式（3-53）和式（3-54）可得两相经阻抗接地短路的复合序网，如图 3-23 所示。由复合序网可得各序电流分量。显然，两相短路经阻抗 Z_{k} 接地时，各序电流仍可用式（3-43）、

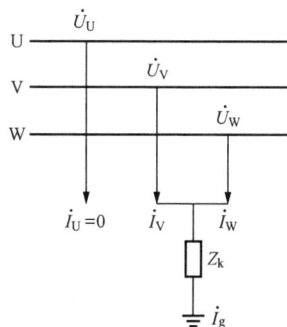

图 3-22 V、W 两相经 Z_{k}
接地示意图

式（3-44）和式（3-45）计算，只是式中的 $X_{0\Sigma}$ 用代替 $X_{0\Sigma}+3Z_k$ 即可。

故障相电压计算式为

$$\dot{U}_U = \dot{U}_{U1} + \dot{U}_{U2} + \dot{U}_{U0}$$

$$= 2\dot{I}_{U1}\frac{jX_{2\Sigma}(jX_{0\Sigma}+3Z_k)}{j(X_{2\Sigma}+X_{0\Sigma})+3Z_k} + \dot{I}_{U1}\frac{jX_{2\Sigma}\times jX_{0\Sigma}}{j(X_{2\Sigma}+X_{0\Sigma})+3Z_k}$$

$$= 3\dot{I}_{U1}\frac{jX_{2\Sigma}(jX_{0\Sigma}+2Z_k)}{j(X_{2\Sigma}+X_{0\Sigma})+3Z_k} \tag{3-55}$$

$$\dot{U}_V = \dot{U}_W = 3\dot{I}_{U0}Z_k = -3\dot{I}_{U1}\frac{jX_{2\Sigma}Z_k}{j(X_{2\Sigma}+X_{0\Sigma})+3Z_k} \tag{3-56}$$

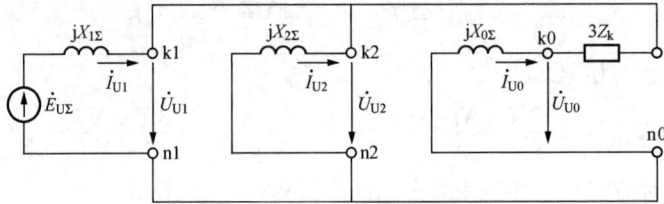

图 3-23　V、W 两相短路经 Z_k 接地时的复合序网图

通过以上分析，对两相接地短路有以下几点结论。

（1）两相接地短路时，两故障相电流的幅值相等，其值为 I_k

$$I_k = \sqrt{3}\times\sqrt{1-\frac{X_{2\Sigma}X_{0\Sigma}}{(X_{2\Sigma}+X_{0\Sigma})^2}}\times I_{U1} \tag{3-57}$$

（2）两相接地短路时，流入地中的电流为 $\dot{I}_g$

$$\dot{I}_g = \dot{I}_V + \dot{I}_W = 3\dot{I}_{U0} = -3\dot{I}_{U1}\frac{X_{2\Sigma}}{X_{2\Sigma}+X_{0\Sigma}} \tag{3-58}$$

（3）两相接地短路时，特殊相的正序电流与在故障点后串联一个附加电抗 X_Δ（$X_\Delta = X_{0\Sigma}//X_{2\Sigma}$）发生三相短路时的电流相等，即

$$\dot{I}_{U1} = \frac{\dot{E}_{U\Sigma}}{j(X_{1\Sigma}+X_\Delta)} \tag{3-59}$$

四、正序等效定则

根据上面讨论的三种不对称短路特殊相的正序电流分量的算式（3-25）、式（3-39）和式（3-59），可用一个统一的关系表达式表示

$$\dot{I}_{U1}^{(n)} = \frac{\dot{E}_{U\Sigma}}{jX_{1\Sigma}+jX_\Delta^{(n)}} \tag{3-60}$$

式中，$X_\Delta^{(n)}$ 表示附加电抗，其值随着短路类型不同而不同，上标中的 n 代表短路类型。

式（3-60）说明：在不对称短路时，特殊相（也称基准相）的正序电流，与在短路点后串联一个附加电抗 $X_\Delta^{(n)}$ 而发生的三相短路的短路电流相等，且附加电抗 $X_\Delta^{(n)}$ 取决于短路类型和负序网、零序网电抗。即可以把不对称短路转换为对称短路，通过计算对称短路来得到基准相的正序电流，这就是正序等效定则。

此外，从式（3-22）、式（3-31）和式（3-48）可以总结出：短路点的短路电流值与基准相的正序分量值成正比，即

$$I_{\mathrm{k}}^{(n)} = m^{(n)} \dot{I}_{\mathrm{U1}}^{(n)} \tag{3-61}$$

式中 $m^{(n)}$——比例系数，其值与短路方式有关。

各种不对称短路时的 $X_\Delta^{(n)}$ 和 $m^{(n)}$ 见表 3-2 所示。

表 3-2 各种短路时的 $X_\Delta^{(n)}$ 和 $m^{(n)}$ 值

短路类型	代表符号	$X_\Delta^{(n)}$	$m^{(n)}$
三相短路	$k^{(3)}$	0	1
单相接地短路	$k^{(1)}$	$X_{2\Sigma} + X_{0\Sigma}$	3
两相短路	$k^{(2)}$	$X_{2\Sigma}$	$\sqrt{3}$
两相接地短路	$k^{(1.1)}$	$X_{0\Sigma} // X_{2\Sigma}$	$\sqrt{3}\sqrt{1 - \dfrac{X_{2\Sigma} X_{0\Sigma}}{(X_{2\Sigma} + X_{0\Sigma})^2}}$

小 结

本项目介绍了短路的基本概念、原因、种类、危害以及限制短路电流措施的基础上，重点讲述了短路电流的计算。

短路是电力系统常见的一种现象。短路是指电力系统中带电部分与大地之间以及不同相之间的非正常连接，在三相系统中一般分为三相短路、两相短路、单相短路（或称单相接地短路）、两相接地短路。短路发生时，巨大的短路电流将产生热效应和电动力效应，可能损坏电气设备，严重威胁电力系统的安全运行，因此，必须采取有效措施将短路电流限制在允许值下。

在工程实用计算中为了简化计算，往往把电源内阻抗小于短路回路总阻抗10%的电源看做是无限大容量系统。通常认为无限大容量系统的容量无限大，内阻抗为零，电源电压始终保持恒定。无限大容量系统供电电路内发生三相短路时，短路电流包含了由电源电压和回路阻抗所决定的周期分量，还包含了为满足感性电路电流不能突变而产生的非周期分量。短路后的最大短路电流瞬时值称为短路冲击电流。

对称分量法是指一组不对称的相量（电压或电流）可分解成三组对称的序分量（正序、负序和零序分量），三组对称分量是相互独立的，可用三个相互独立的序网络来表示。不对称短路计算可用解析法列出各序电压方程，加上故障点的边界条件来求解，也可用复合序网进行求解，还可以利用正序等效定则法进行求解。

习 题

3-1 什么是电力系统的短路？一般有哪些类型？哪些是对称短路，哪些是不对称短路？

3-2 短路发生的原因有哪些？短路有哪些危害？

3-3 什么叫无限大容量系统？其基本的特点是什么？

3-4 无限大容量供电系统三相短路电流有何特点？在什么情况下短路电流最大？

3-5 什么是短路冲击电流？如何计算？

3-6 如图 3-24 所示供电系统，各元件参数如下：线路 L，50km，$x_1 = 0.4\Omega/km$；变压器 T，$S_N = 10MVA$，$U_k\% = 10.5$，$k_T = 110/11$。设供电点处系统为无限大容量系统，供电点电压为 106.5kV 保持恒定不变。当空载运行时变压器低压母线发生三相短路，试计算：短路电流周期分量起始值、冲击电流。

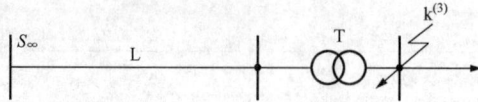

图 3-24 题 3-6 图

3-7 如图 3-25 所示的网络中，各元件参数如下：线路 L，10km，$x_1 = 0.4\Omega/km$；变压器 T1，$S_N = 20MVA$，$U_{k1}\% = 10.5$，$k_{T1} = 115/38.5$；变压器 T2 和 T3 并联，$S_N = 3.2MVA$，$U_{k2}\% = 7$，$k_{T2} = 35/10.5$。当降压变电所 10.5kV 母线上发生三相短路时，可将系统视为无限大容量系统，试求此时短路点的冲击电流。

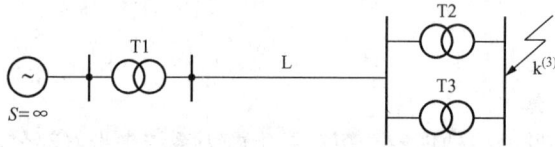

图 3-25 题 3-7 图

3-8 什么是对称分量法？正序分量、负序分量、零序分量各自的特点是什么？

3-9 如何应用对称分量法分析计算电力系统不对称短路故障？

3-10 应用对称分量法分析单相短路、两相短路、两相短路接地的一般方法是什么？

3-11 如何制定电力系统不对称短路故障的复合序网？

3-12 什么是正序等效定则？

3-13 如图 3-26 所示电力系统，在 k 点发生单相接地短路故障，试作出正序、负序、零序等值电路，并写出 $X_{\Sigma 1}$、$X_{\Sigma 2}$、$X_{\Sigma 0}$ 的表达式（取 $X_{m0} \approx \infty$）。

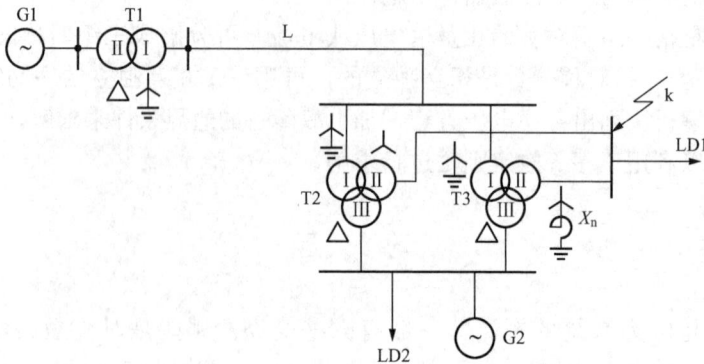

图 3-26 题 3-13 系统接线图

3-14 图 3-27 所示电力系统，当 k 点发生两相接地短路故障时，试作出正序、负序、零序等值电路。

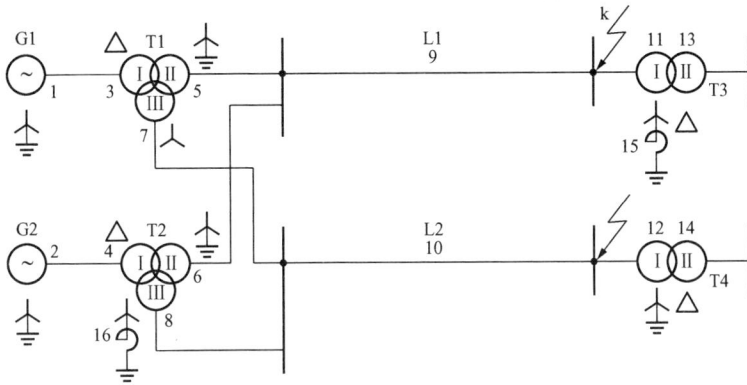

图 3-27 题 3-14 系统接线图

3-15 如图 3-28 所示简化系统，当在 k 点发生不对称短路故障时，试写出故障边界条件，并画出其复合序网。

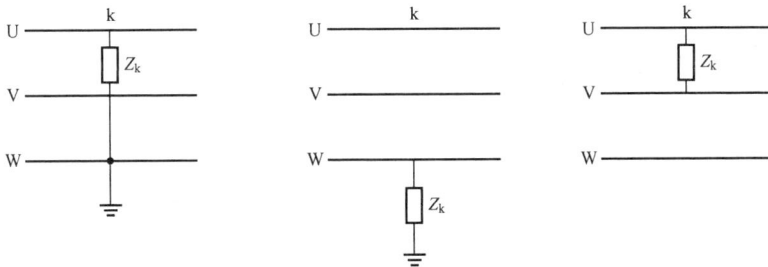

图 3-28 题 3-15 图故障点边界条件

项目四　电力系统的频率调整

项目目标　能够说出电力系统的频率质量标准及频率偏差的危害；会写出有功功率平衡方程式；能够画出电力系统负荷的频率静态特性曲线和发电机的频率静态特性曲线并说出其含义；会分析电力系统频率的一次调整、二次调整的过程；能够说出不同类型的发电厂在频率调整中的作用；能够说出等微增率运行准则；会进行有功功率的经济分配的计算。

任务 4.1　认知电力系统的频率质量标准

电力系统供给用户的电能，应该具有良好的质量，随着科学技术和国民经济的发展，高新设备和精密仪器等对电能质量的要求越来越高。良好的电能质量可以使电气设备正常工作并取得最佳技术经济效益。衡量电能质量的指标主要有频率、电压、波形、电压波动和闪变、三相电压不平衡度五项。

理想的电能是：频率和电压为额定值，波形为正弦波，无电压波动现象，不存在闪变和电压不平衡的情况。然而，在电能从生产到消耗的过程中任何一个环节都会对电能质量产生影响，而且电能的质量指标还与电网结构，有功功率和无功功率的平衡，各种调频、调压、滤波和无功补偿设备的使用以及调度和运行技术管理等因素有关，这些因素对交流电的频率、波形及电压等都可能产生不良影响，所以电能质量指标和额定值的偏差是不可避免的。为此，我国对于电能的质量标准规定了容许变动范围。

制定电能质量标准就是确定适当的电能质量指标允许偏差值。国家技术监督局已颁布GB/T 12325—2008《电能质量　供电电压偏差》、GB/T 15945—2008《电能质量　电力系统频率偏差》、GB/T 15543—2008《电能质量　三相电压不平衡度》、GB/T 12326—2008《电能质量　电压波动和闪变》、GB/T 14549—1993《电能质量　公用电网谐波》五个有关标准。

电能质量不完全取决于电力生产部门，有的质量指标如谐波、电压波动和闪变、三相电压不平衡度等往往是由于用户干扰所决定的。本任务只介绍与电力生产部门有关的电能质量指标——频率，其他指标在后面的任务中介绍。

一、频率质量指标

电力系统的频率，是指电力系统中同步发电机产生的交流正弦波基波的频率。在稳态条件下各发电机同步运行，整个电力系统的频率是相同的。

我国电力系统交流电压、电流的额定频率为 50Hz。电网容量大于 300 万 kW，频率允许偏差值为 ±0.2Hz；系统容量小于 300 万 kW，偏差值可以放宽到 ±0.5Hz。

频率除了对其偏移的绝对值有一定要求外，还要对其出现偏差时系统运行时间有限制，即频率的积累误差。积累误差须用具有统计功能的数字式自动记录仪表，其绝对误差不大于0.01Hz，统计的时间单位为 s。

频率的质量是以频率合格率为统计及考核指标。频率合格率是指实际运行频率在允许偏差范围内累计运行时间与对应总运行统计时间之比的百分比，即

$$F(频率合格率) = \left[1 - \frac{频率超上限与超下限时间总和(s)}{频率监测总时间(s)}\right] \times 100\%$$

二、频率偏差过大运行的危害

电力系统中的发电和用电设备，都是按照额定频率设计和制造的，只有在额定频率附近运行时，才能发挥最佳的技术性能和取得最好的经济效益。频率偏差过大，对发电和用电设备的运行都将产生不利的影响。

电力系统在运行时，发电机输出功率严重不足，频率就会下降。频率降低超过容许值时，称为低频运行。电力系统低频运行有如下影响。

1. 影响用户

（1）频率变化将引起异步电动机转速的变化，由这些电动机驱动的纺织、造纸等机械生产的产品产量和质量将受到影响，而且使纺织品、纸张等发生毛疵和厚薄不匀等质量问题甚至出现次品及废品。

（2）频率降低将使异步电动机的转速和功率降低，导致传动机械的输出功率降低。

（3）系统频率的波动将影响测量、控制等电子设备的准确性和工作性能，频率过低时甚至无法工作，使电子计算机计算工作发生错误、电视机工作点不稳定等。

2. 影响发电厂

（1）频率降低时，由异步电动机驱动的火电厂厂用机械（如风机、水泵及磨煤机等）的输出功率降低，导致发电机输出功率降低，使系统的频率进一步下降。特别是频率下降到 $47\sim48\text{Hz}$ 以下时，厂用机械的输出功率将显著降低，可能在几分钟内使火电厂的正常运行受到破坏，系统功率缺额更为严重，使频率更快下降，从而发生频率崩溃现象。

（2）低频运行使汽轮机叶片产生低频共振，影响使用寿命，甚至产生裂纹而断裂。

（3）核电厂反应堆的冷却介质泵对频率有严格要求，当频率降低到一定数值时就会跳闸，使反应堆停止运行。

3. 影响系统电压

频率降低时，要引起发电机电动势的减小，电压降低，负荷电流增加，使得发电机的无功功率减小，促使电压进一步下降，同时，异步电动机和变压器的励磁电流增加，所消耗的无功功率增大，将继续引起系统电压下降，这可能形成恶性循环，造成电压崩溃。

4. 影响系统经济运行

系统低频运行时，使得汽轮发电机组、水轮发电机组、锅炉等重要设备的效率降低；还会引起系统中各发电厂不能按最经济条件分配功率，这些都影响电力系统的经济运行。

任务 4.2　电力系统有功功率平衡及备用

电力系统运行的特点之一是电能不能大量地、廉价地储存。在任何时刻，发电机发出的功率等于此时刻系统综合负荷与各元件功率损耗之和。电力系统有功功率平衡可表示为

$$\sum P_{\text{G}} = \sum P + \sum P_{\text{C}} + \sum \Delta P \tag{4-1}$$

式中　$\sum P_{\text{G}}$——系统各发电厂发出的有功功率总和（工作容量）；

　　　$\sum P$——系统综合有功负荷；

　　　$\sum \Delta P$——电网各元件有功损耗总和；

$\sum P_C$——各发电厂厂用有功功率总和。

在一般情况下，电网有功损耗约占发电厂输出功率的 7%～8%；热电厂厂用电约占 12%；凝汽式火电厂厂用电约为 5%～10%，水电厂厂用电约为 1%，核电厂厂用电约为 5%～8%。

在电力系统规划设计和运行时，为保证系统经常在额定频率下连续地运行，不间断地向用户供电，系统电源容量应大于包括网络损耗和厂用电在内的系统发电负荷。系统电源容量大于系统发电负荷的部分称系统的备用容量。

电力系统的备用容量可以分为负荷备用、事故备用、检修备用和国民经济备用四种类型。

负荷备用又称为调频备用，是为了适应短时间内的负荷波动，以稳定系统频率，并担负一天内计划外的负荷增加而设置的备用。系统的负荷备用必须为接于母线但不满载运行的机组。负荷备用一般取为系统最大发电负荷的 2%～5%。大系统采用较小的百分数，小系统采用较大的百分数。负荷备用一般应由应变能力较强的有调节库容的水电厂担任。

事故备用是为了电力系统中发电设备发生故障时，保证系统重要负荷供电所设置的备用容量。在规划设计中，事故备用容量的大小应根据系统容量、发电机台数、单位机组容量、机组的事故概率、系统的可靠性指标等确定，一般取系统最大发电负荷的 10% 左右，并且不小于系统中一台最大机组的容量。事故备用可以是停机备用，事故发生时，动用停机备用需要一定的时间，汽轮发电机组从启动到满载，需要数小时；水轮发电机组只需要几分钟。因此，一般以水轮发电机组作为事故备用机组。

检修备用容量是指系统中的发电设备能定期检修而设置的备用，一般应结合系统负荷特性、发电机台数、设备新旧程度、检修时间的长短等因素确定，以满足可以周期性地检修所有机组、设备的要求。系统机组的计划检修应利用负荷季节性低落空出来的容量。只有空出容量不足但又要保证全部机组周期性检修的需要时，才设置检修备用容量。火电机组检修周期为一年半，水电机组为两年。

电力工业是先行工业，除满足当前负荷的需要设置上述几种备用外，还应计及负荷的计划增长而设置一定的备用，这种备用称国民经济备用。

负荷备用、事故备用、检修备用和国民经济备用归纳起来以热备用或冷备用的形式存在于系统中。所谓热备用指运转中的发电设备可能发的最大功率与系统发电负荷之差，也称运转备用或旋转备用。热备用中至少包含全部负荷备用和一部分事故备用。冷备用指未运转的、但随时可以启用的发电设备可能发的最大功率，它属于事故备用的一部分。检修中的发电设备不属冷备用，因为它们不能由调度随时动用。

从保证可靠供电和良好的电能质量来看，热备用越多越好。发电设备从"冷状态"至投入系统，再到发出额定功率一般所需时间短则几分钟（水电厂），长则十余小时（火电厂）。而就保证重要负荷供电而言，几分钟也是过长的。从保证系统运行的经济性考虑，热备用又不宜多，所以应综合统筹考虑。系统中具备了备用容量，才能够进行系统中有功功率的最优分配和频率调整。

任务 4.3　认知电力系统的频率静态特性

在进行频率调整时，综合负荷吸收的有功功率和发电机组发出的有功功率随频率变化的规律叫做电力系统的频率静态特性。在电力系统负荷变化的过程中调整频率以符合电能质量要求，是系统运行维护的一项主要工作。

电力系统的频率，只有在所有发电机的总有功输出功率与总有功负荷（包括电网损耗）相等时，才能保持不变。而当总有功输出功率与总有功负荷不平衡时，电力系统的频率就会发生变化。电力系统的负荷是时刻变化的，任何一处负荷的变化，都会引起全系统功率的不平衡，导致频率的变化。另外，在电力系统发生短路或断线等故障时，发电机的输出功率会发生大幅度的变化，从而使系统的频率发生大的偏移。所以，要及时调节各发电机的输出功率，才能保持系统频率的偏差在允许的范围之内。

一、电力系统综合负荷的频率静态特性

1. 电力系统负荷和频率的关系

电力系统中有功功率随频率而变化的负荷可以分为以下三种类型。

（1）与频率变化无关的负荷。这类负荷从电网中吸收的有功功率与频率无关或不受频率变化的影响，如照明、电热器、电弧炉、整流负荷等，其三相有功功率 P 为

$$P = 3I^2R \times 10^{-3}(\text{kW}) \tag{4-2}$$

式中 I——负荷电流，A；

R——负荷电阻，Ω。

（2）与频率一次方成正比的负荷。这类负荷的阻力矩 M 等于常数，如金属切削机床、卷扬机、球磨机、压缩机等。其从系统吸收的有功功率为

$$P = M\frac{2\pi f}{p} \tag{4-3}$$

式中 P——电气设备吸收的有功功率，kW；

f——交流电的频率，Hz；

p——电动机的磁极对数；

M——电动机的力矩，kN·m。

（3）与频率高次方成正比的负荷。这类用电设备从电网中吸收的有功功率可用式（4-3）表示，但是力矩 M 不是常数，其值随频率 f 而变，所以，P 与 f 的高次方成正比例。鼓风机、离心水泵等电动机负荷属于这类负荷。

上述第二、三类用电设备大部分是由异步电动机拖动的，考虑到异步电动机的转速和输出功率均与频率有关，因此它所取用的有功功率的变化将引起频率的相应变化。

电力系统的负荷是随时都在变化的，如图 4-1 曲线 P 所示。对系统的各类负荷的分析表明，系统负荷可以看作以下三种不同变化规律的变动负荷所组成：曲线 P_1 变化幅值小，速度快（变化周期一般在 10s 以内），这种负荷有很大的偶然性；曲线 P_2 变化幅值较大，速度较慢（变化周期一般在 10s 到 30min 以内），这种是由于冲击性设备引起的负荷变动；曲线 P_3 变化幅值大，属变化缓慢的持续变动负荷，是由于生产、生活、气象等变化引起的负荷变动，这种负荷变动是可以预计的。针对负荷变化的不同，电力系统的频率调整大体可以分为一次、二次、三次调整。

2. 电力系统综合负荷的频率静态特性

电力系统综合负荷的频率静态特性曲线是指：系统稳态运行时，系统综合负荷（连接容量不变）随频率、电压而变化的特性曲线。为了保证电力系统频率和电压的稳定，就需要相

应调整系统有功功率和无功功率的平衡，这是因为电力系统频率的变化主要与系统有功平衡有关，电压的变化主要与系统无功功率的平衡有关。为了简化分析，本项目讨论在连接容量不变情况下，电压等于额定值时，综合负荷吸收有功功率随频率而变化的特性（综合负荷频率静态特性曲线）；在项目五中讨论频率等于额定值时，综合负荷吸收无功功率随电压而变化的特性。

根据统计资料，电力系统中有功功率随频率而变的三种负荷中，以第二类占多数。在电力系统运行中，频率的容许变化范围很小。因此，系统综合负荷的频率静态特性曲线近似为一条直线，如图4-2所示。图4-2中P、f用标幺值表示。由图4-2看到，当系统综合负荷连接容量不变时，可采用标幺值$P=1.0$的曲线。如果连接容量改变，可采用标幺值$P=0.9$，$P=1.1$等相对应的曲线。连接容量是指电力系统在频率、电压等于额定值时，连接在系统中的用电设备的实际容量。

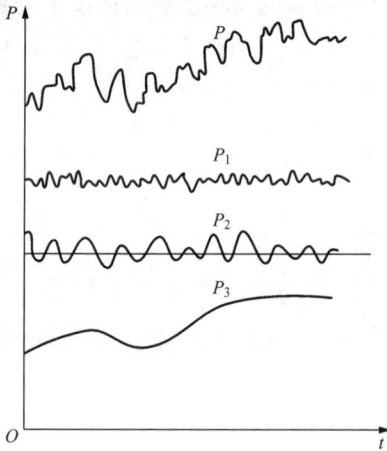

图4-1 电力系统有功负荷的变化   图4-2 综合负荷频率静态特性曲线

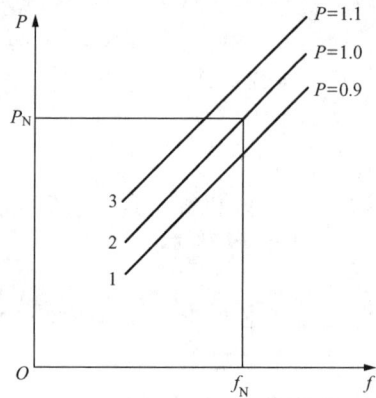

图4-2中曲线的斜率可表示为

$$K = \tan\beta = \frac{\Delta P}{\Delta f} \tag{4-4}$$

式中 K——负荷频率自动调节效应系数，其数值取决于全系统各类负荷的比重。

由图4-2可以看出，当频率下降时，系统有功负荷自动减少；当频率上升时，系统有功负荷自动增加。

负荷频率自动调节效应系数K可以用标幺值K_*表示。K_*可以通过试验或计算求得。一般电力系统的K_*值为1～3，这表明频率变化1％，有功负荷相应地变化1％～3％。K的数值是调度部门必须掌握的一个数据，它是考虑按频率减负荷方案和低频率事故时用一次切除负荷来恢复频率的计算依据。

二、发电机组的频率静态特性

电力系统中的负荷功率以及电网元件的功率损耗是时刻变化的，这就要求发电机的出力要作相应的变化。但发电机的原动机具有机械惯性，作用在发电机组的功率不平衡是经常发生的。为了保证电能质量，使频率变化不超出容许范围，需要进行机组转子转速或交流电的频率调整。现阶段电力系统内所有发电机的原动机均装有自动调速器。当系统有功功率平衡破坏引起频率变化时，原动机的调速系统会自动改变原动机的进汽（水）量，相应增加或减少发电机的输出功率，建立新的功率平衡关系。此后，调速系统的调节过程结束，系统运行在新的稳态下。发电机的输出功率随频率自动变化的特性称为发电机组的功率—频率静态特性。下面以汽轮发电机组为例简单介绍发电机调速系统的原理。

1. 调速装置框图

汽轮机的调速装置主要由测速元件、放大传动元件、反馈元件和调节对象等部分组成，其框图如图 4-3 所示。

测量元件的任务是测量发电机组转子相对于额定转速的改变量，它可分为离心测速、液压测速和电压测速等类型。放大传动元件的任务，一方面是将测量得到的转速改变量放大后传递给调节对象；另一方面作用于反馈元件，使此种行为中止。调节对象，对于汽轮机来说是调节汽门。在放大传动元件的作用下，开大或关小调节汽门的开度，使进汽量

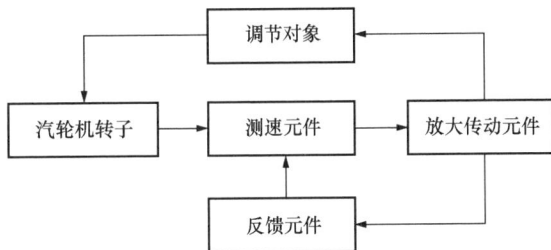

图 4-3 汽轮机调速装置框图

增加或减小，以调节汽轮发电机组转子的转速，适应负荷变化的需要。

2. 离心式调速装置工作原理

原动机的调速系统有很多种，可以分为机械液压调速系统和电气液压调速系统两大类。下面以离心式的液压调速系统为例介绍调速装置的结构、工作原理。图 4-4 为离心式调速系统示意图。

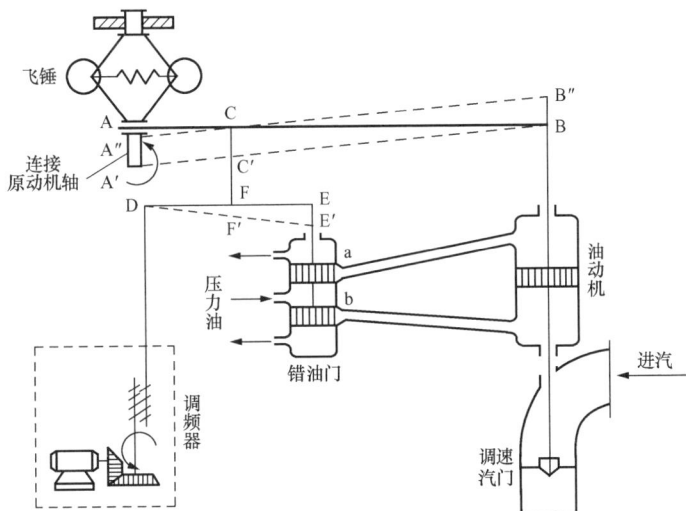

图 4-4 离心式调速装置示意图

转速测量元件由离心飞锤及其附件组成，飞锤连接弹簧，连杆系统与原动机轴连接。当飞锤等系统在原动机轴的带动下以额定转速旋转时，飞锤的离心力与弹簧的拉力平衡，杠杆 ACB 在水平位置，错油门管口 a、b 被活塞堵住，压力油不能经过错油门进入油动机，油动

机活塞不动，调速汽门的开度适中，进汽量一定。汽轮机在额定转速下旋转，发电机具有额定频率。

如果有功负荷增大，发电机与原动机转速下降，飞锤因离心力减小，同时在弹簧及重力的作用下下落。由于油动机活塞两边油压相等，B点不动，杠杆以B点为中心转动到A'C'B的位置。在调频器不能动作的情况下，杠杆DFE以D点为中心转动到DF'E'的位置。E点移动到E'后，错油门活塞下移，开启油门b，带有压力的油经过错油门进入油动机活塞下部。在油压的作用下，油动机活塞上移，开大调速汽门的开度，进入原动机的汽量（对于水轮机是进水量）增加，使得原动机的转速增加，发电机的输出有功功率增加。

油动机活塞上升开大调速汽门开度的同时，使B点移到B"，由于汽轮机转速有了增加飞锤离心力增大，使A'移到A"，杠杆ACB移到A"CB"的位置。杠杆DF'E'又回到原来DFE的位置，关闭了错油门b，中止压力油继续进入油动机的下部，油动机活塞的上下两侧油压又互相平衡，它就在一个新的位置稳定下来，调速过程结束。这时杠杆AB的B端由于汽门已开大而略有上升到达B"点的位置，而C点仍保持原来位置，A点则略有下降，到达A"位置，与这个位置相对应的转速，将略低于原来的数值。

这种因负荷的变化，引起发电机转速和频率的变化，从而达到自动调节频率的过程，称为频率的一次调整。负荷增大时，通过一次调整，使频率虽有所增大，但是没有增大到原来的额定值。发电机的这种特性称为调速装置的有差特性。

为使负荷增加后发电机组转速仍能维持原始转速，要求有频率的二次调整。二次调整是借调频器完成的。主调频厂发电机值班人员开动调频器的电动机，通过蜗轮、蜗杆传动将D

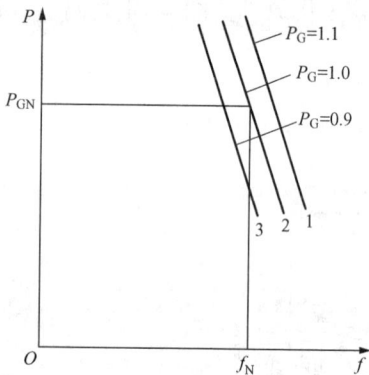

图 4-5 发电机组的功率—频率静态特性

点抬高，再一次开启错油门b使调速汽门的开度再增大，进一步增加进汽量或进水量，机组转速上升，离心飞摆使杠杆A点由A"点向上升。油动机活塞向上移动时，杠杆AB又绕A逆时针转动，带动C、F、E点向上移动，再次堵塞错油门小孔，结束调节过程。适当选择D点位移，A点就有可能回到原来位置，从而使频率达到额定值。这种用调频器完成频率的调节过程，称为频率的二次调整。

频率的二次调整使机组的静态频率特性曲线左右平移，如图4-5所示。原动机的运行点不断从一条曲线过渡到另一条曲线。

3. 频率静态特性

反映调整过程结束后发电机输出功率和频率关系的曲线称为发电机组的功率—频率静态特性，如图 4-5 所示。

图 4-5 中曲线的斜率为

$$k_f = -\frac{\Delta P_f}{\Delta f} \tag{4-5}$$

式中 k_f——机组功频静态特性系数。

k_f 用标幺值表示为

$$k_{f*} = -\frac{\Delta P_f/P_{GN}}{\Delta f/f_N} = -\frac{\Delta P_{f*}}{\Delta f_*} = k_f \frac{f_N}{P_{GN}} \tag{4-6}$$

式（4-5）、式（4-6）中的负号表示发电机组输出有功功率的变化和频率的变化方向相反，即频率降低时，发电机组有功功率增加。在发电机的功率—频率静态特性曲线上分别取两点（空载运行点和额定运行点），由式（4-5）可以得出

$$k_f = -\frac{\Delta P_f}{\Delta f} = -\frac{0 - P_{GN}}{f_0 - f_N} = \frac{\dfrac{P_{GN}}{f_N} \times 100}{\dfrac{f_0 - f_N}{f_N} \times 100}$$

根据式（4-6），取 k_f 的基准值为 P_{GN}/f_N，并令 $\sigma\% = \dfrac{f_0 - f_N}{f_N} \times 100$，则 k_f 的标幺值表示为

$$k_{f*} = \frac{1}{\sigma\%} \times 100 \qquad (4-7)$$

上几式中　　$\sigma\%$——机组调差系数；

f_0——机组空载时的频率，Hz；

f_N——机组额定功率时的频率，Hz；

P_{GN}——机组额定功率，MW。

机组调差系数 $\sigma\%$ 的意义表明：机组输出功率改变时，相应的转速偏移。$\sigma\%$ 或 k_{f*} 的值通常可以整定为下列数值：

汽轮发电机组　　$\sigma\% = 3\sim5$；$k_{f*} = 33.3\sim20$。

水轮发电机组　　$\sigma\% = 2\sim4$；$k_{f*} = 50\sim25$。

【例 4-1】　有一电厂装有 100MW 的同型号的汽轮发电机组，并联运行且两台机组功率相同，调差系数为 4，机组满载时频率 49.5Hz。求发电厂功率分别是 50、100、150MW 时，频率各为多少？

解　因为机组调差系统 $\sigma\% = 4$，所以 $k_{f*} = \dfrac{1}{\sigma\%} \times 100 = 25$

$$k_{f*} = -\frac{\Delta P_f / P_{GN}}{\Delta f / f_N} = -\frac{\Delta P_f f_N}{\Delta f P_{GN}}, \Delta P_f = -\frac{k_{f*} \Delta f P_{GN}}{f_N}$$

以下根据上式分别计算 50、100、150MW 时的频率。

（1）发电厂输出功率为 50MW 时，得

$$200 - 50 = -\frac{25 \times 200 \times (49.5 - f_{50})}{50}$$

$$f_{50} = 51 \text{Hz}$$

（2）发电厂输出功率为 100MW 时，得

$$200 - 100 = -\frac{25 \times 200 \times (49.5 - f_{100})}{50}$$

$$f_{100} = 50.5 \text{Hz}$$

（3）发电厂输出功率为 150MW 时，得

$$200 - 150 = -\frac{25 \times 200 \times (49.5 - f_{150})}{50}$$

$$f_{150} = 50 \text{Hz}$$

任务 4.4　调整电力系统的频率

电力系统的负荷是随时变化的，负荷的变化引起系统有功功率平衡的破坏，从而导致系统频率不断变化。调频的实质，就是维持有功功率的平衡。为维持系统频率稳定，且在允许的范围之内，需要不断调整各发电厂的输出功率。

一、各类发电厂在频率调整中的作用

目前，电力系统中发电厂主要形式有水力发电厂、凝汽式火力发电厂、热电厂、核电厂及风能发电厂等。各类发电厂在维持功率平衡、频率稳定的过程中作用不同，实际中要在电力系统的统一调度下运行。

（1）凝汽式火力发电厂。凝汽式火力发电厂原则上可以担负任何负荷，但从技术经济方面应考虑以下两个方面问题。一是汽轮发电机组在空载及轻载（额定负荷的 10%～30%）下运行，因摩擦鼓风损失所产生的热量，无法被蒸汽带走，可能使汽轮机末级叶片温度过高而造成事故；二是汽轮发电机组若在尖峰负荷下工作，由于负荷经常变动，将使燃料单位耗量增加。

热电厂原则上应按供热负荷曲线运行，主要担任基本负荷，其最小负荷取决于热负荷。

（2）水力发电厂。水力发电厂启停快，输出功率调整速度快、调节范围较宽。

水力发电厂按水库特点分无调节（径流式）、有调节、抽水蓄能电站。无调节（径流式）水力发电厂在丰水期间避免弃水而满载运行承担系统基本负荷；有调节能力的水电厂适合于承担系统的调峰、调频任务及作为事故备用；抽水蓄能电厂低谷期间以电动机方式运行，将下游水库的水抽到上游水库蓄能，高峰期以发电机方式运行向系统供电，起到调峰、填谷、调频及备用作用。

（3）核电厂。核电厂一次性投资大，运行费用小，应尽量提高其发电设备的利用率。原子反应堆的负荷基本上没什么限制，技术最小负荷取决于汽轮发电机组。核电厂一般应在额定功率或接近额定功率下连续运行，承担系统基本负荷。但如果承担变化较大的负荷时，要多消耗能量，且易损坏设备。

（4）风能发电厂。它受风速大小的影响，可控性差，宜担负基本负荷。

（5）其他类型电厂。除上述类型的电厂外，还有太阳能、海洋能、地热能、生物质能和氢能等新能源发电形式。

各类发电厂的特点不同，承担负荷的顺序也不同，主要由技术经济特点决定。

枯水期：无调节能力的水电厂→风电厂、太阳能电厂、海洋能电厂→有调节能力的水电厂的强迫功率→热电厂的强迫功率→地热能电厂、生物能电厂→核能电厂→超超临界机组电厂→超临界机组电厂→燃烧劣质、当地燃料的火电厂→热电厂的可调功率→高温高压火电厂→中温中压火电厂→低温低压火电厂（视需要而定）→有调节能力的水电厂的可调功率→抽水蓄能电厂。

丰水期：水电厂→风电厂、太阳能电厂、海洋能电厂→热电厂的强迫功率→地热能电厂、生物能电厂→核能电厂→超超临界机组电厂→超临界机组电厂→燃烧劣质、当地燃料的火电厂→热电厂的可调功率→高温高压火电厂→中温中压火电厂→低温低压火电厂（视需要而定）→抽水蓄能电厂。

主要类型发电厂在综合负荷曲线中的位置如图 4-6 所示。

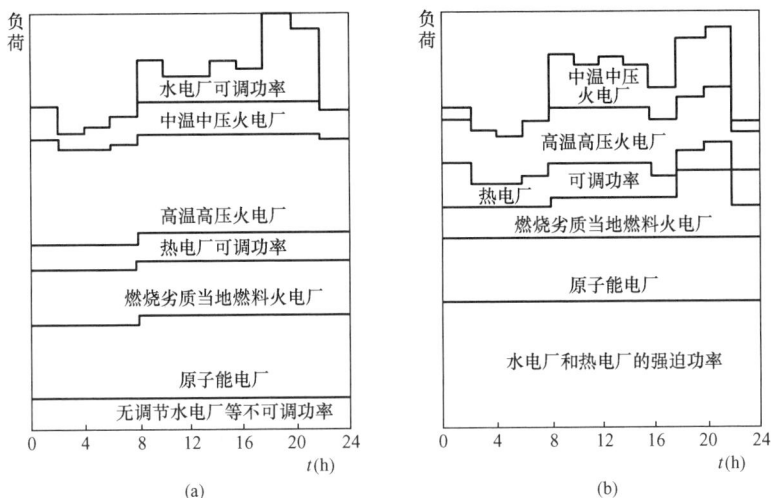

图 4-6　部分发电厂在综合负荷曲线中的位置示意图
(a) 枯水季节；(b) 丰水季节

根据各个发电厂在系统频率调整过程中的作用不同，将发电厂分为主调频电厂、辅助调频电厂及基载厂。主调频电厂负责整个系统的频率调整工作，作为主调频电厂应满足下列条件。

(1) 具有足够的调频容量和调频范围。

(2) 能比较迅速地调整输出功率。

(3) 调整输出功率时符合安全及经济运行原则。

主调频电厂担任系统的负荷备用，负责保持系统频率在额定频率的允许偏移范围内，一个系统只设一个。辅助调频电厂在系统频率超过某规定的范围时，才参加系统频率调整工作，一个系统只设少数几个。基载厂按照系统调度下达的负荷曲线运行，系统中大部分电厂为基载厂。

在水火电厂并存的电力系统中，由于水电厂调整输出功率时，速度快，操作简单，调整范围大，且调整输出功率不影响电厂的安全生产，一般应选择大容量的有调节库容的水电厂作为主调频电厂，其他大容量的有调节库容的水电可以作为辅助调频电厂，大型火电厂中效率较低的机组也可作为辅助调频电厂。

在没有水电厂的电力系统中，可以装设特制的带系统尖峰负荷的汽轮发电机组，这种机组结构简单，启停快，通流部分间隙大，能适应较大的温度的变化。

二、电力系统的频率调整过程

电力系统综合负荷的变化情况如图 4-1 中曲线图所示。曲线 P 分解的 P_1、P_2、P_3 三组曲线。曲线 P_1 变化幅值小、速度快，需依靠系统各发电机组的调速装置自动调节原动机的输入功率，来适应这一变化，此种调频过程称为系统频率的一次调整。曲线 P_2 变化幅值较大、速度较慢，可以通过手动或自动调整调频器改变调速装置的特性曲线，来适应这一变化，此种调频过程称为系统频率的二次调整。频率的二次调整主要是在主调频电厂中进行的，当频率变化较大时，辅助调频电厂才参与调频工作。曲线 P_3 变化幅值大、速度慢，其变化规律根据运行经验可以预测。按照电力系统各发电机的特性，经济地分配给各发电厂，系统调度依照预测事先作出次日每小时的负荷曲线，根据各电厂上报次日每时段上网的电力和电价，结合优质优价、最优网损及系统综合负荷曲线，作出各电厂次日每小时的负荷曲线，这些按预先制定的负荷预测曲线分担负荷运行的发电厂称为基载厂。此种调频过程称为系统频率的三次调整。

1. 频率的一次调整

发电机组的有功功率—频率静态特性曲线和系统综合负荷的频率静态特性曲线，如图4-7所示。

设系统起始运行时综合负荷连接容量的标幺值为1.0（包括损耗），根据系统有功平衡，系统运行于标幺值均为1.0的两曲线的交点a点，频率等于f_a。如综合负荷连接容量增加到1.1，设在点a运行负荷突然增加ΔP_L，即负荷的频率特性突然向上移动ΔP_L，由于负荷的突然增加，发电机输出功率因原动机惯性来不及增加，频率将下降至f_b。频率下降引起调速装置动作，开大调速汽门的开度，负荷的功率也将因它本身的调节效应而减少。发电机发出的功率将沿频率特性向上增加，而负荷吸收的功率将沿频率特性向下减少。经过一个衰减的振荡过程，抵达一个新的平衡点c，此时的系统频率$f_c < f_a$，这就是频率的一次调整。

依靠调速器进行的一次调整只能限制周期较短，幅度比较小的负荷变动引起的频率偏移。由图4-7可见，频率的一次调整可以使频率升高，但不能使频率恢复到原来的值，若要保持原来频率不变，则需进行二次调频。

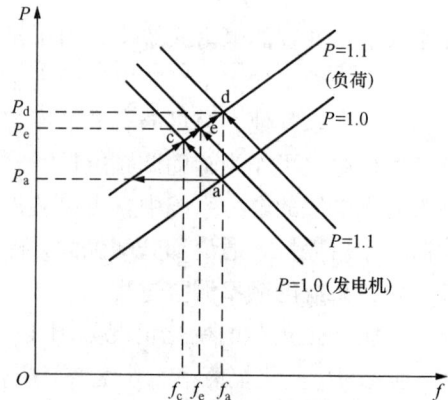

2. 频率的二次调整

主调频电厂的值班人员通过调节调频器，调整发电机组的频率—特性曲线平行地上下移动，从而使负荷变动引起的频率偏移可保持在允许的范围之内。如图4-8中，在负荷增大ΔP_L后，进行一次调整时，运行点将转移到c点，频率下降到f_c，在一次调整的基础上进行二次调频就是在负荷变动引起的频率下降超出允许范围时，操作调频器，增加发电机组发出的功率，使频率特性向上移动。此时运行点从c点转移到e点，对应的频率上升到f_e，可见进行二次调整可以使频率质量有了改善。

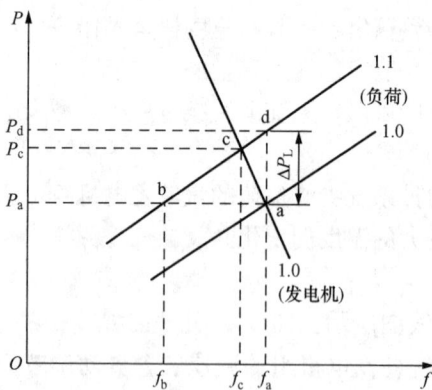

图4-7　频率的一次调整　　　　　　　图4-8　频率的二次调整

如果发电机组增发的功率能满足负荷的增加ΔP_L，此时机组的频率特性曲线上移，发电机组输出功率增加到P_d，频率恢复到f_a，这样经过频率的二次调整实现了频率的无差调节。综合负荷的连接容量减少时的分析与此类似。

在进行二次调整时，系统中负荷的增减基本要由调频机组或调频厂承担。如可适当增加其他机组或电厂的功率以减少调频机组或调频厂的负荷，但数值有限。这样就使调频厂的功率变化幅度远大于其他电厂。如调频厂不位于负荷中心，这种情况可能使调频厂与系统其他部分联系的联络线上流通的功率超出允许值。这样，在调整系统频率时需同时控制联络线上流通的功率。

3. 事故调频

如果电力系统发生了电源事故，引起系统有功功率的严重不平衡，导致系统频率大幅度下降。这时，应迅速投入旋转备用及低频率减负荷装置，恢复系统有功平衡，防止频率的进一步下降。如果事故非常严重，在采取了上述措施以后，频率仍然大幅度地下降，系统调度人员应迅速启动备用发电机组、切除部分负荷。若还不能满足平衡要求，需将系统解列成多个小系统、分离厂用电等措施，来恢复主系统的功率平衡，抑制频率下降，避免发生频率崩溃。

任务 4.5 经济分配发电厂有功功率

电力系统在保证有功功率平衡的基础上，各类发电厂的发电机所应分担的功率，应按技术经济性合理地分配。系统负荷在较小范围内频繁变化时，系统中各发电机通过频率的一次调整，都应承担负荷的变化；当负荷变化范围大时，在主调频电厂进行频率的二次调整，来承担负荷的这一变化；当系统负荷变化范围很大时，系统调度应当采取措施，使各带基本负荷的发电厂（基载厂）按重新分配的经济合理的功率运行，即频率的三次调整。

一、能源耗量特性

能源耗量特性就是指燃料消耗量或燃料消耗量费用。

火力发电厂在运行时，是要消耗燃料的。由于发电机组特性不相同，在一定的发电功率下，各机组在单位时间内的燃料耗量是不同的。因此，系统发电机组经济运行问题，归结为如何正确地安排系统各机组的发电功率，使得总的燃料耗量最小。由于无功功率对燃料的影响很小，所以，只考虑有功功率对燃料的影响问题。

反映发电设备单位时间内能源耗量输入和输出的有功功率关系曲线，称为该设备的能源耗量特性。整个火电厂的能源耗量特性如图 4 - 9 所示，图中横坐标 P_G 为电功率（MW），纵坐标 F 为单位时间内消耗的燃料，例如，每小时多少吨热量为 7000 千卡/千克的标准煤。如为水电厂，也可为单位时间内消耗的水量，例如，每秒钟多少立方米。为了便于分析，假定能源耗量特性连续可导（实际的特性并不都是这样）。

能源耗量特性曲线某点的纵坐标和横坐标之比，即输入与输出之比称为比耗量 $\mu = F/P_G$，其倒数 $\eta = P_G/F$ 表示发电厂的效率。能源耗量特性曲线上某点切线的斜率称为该点的能源耗量微增率 $\lambda = dF/dP_G$，它表示在该点运行时输入能源微增量与输出功率微增量之比。微增率曲线和效率曲线如图 4 - 10 所示。

二、等微增率运行准则

根据理论分析和运行经验，电力系统各发电机组按相等的能源耗量微增率运行，系统总的能源耗量为最小，运行最经济，这就是著名的等微增率运行准则。

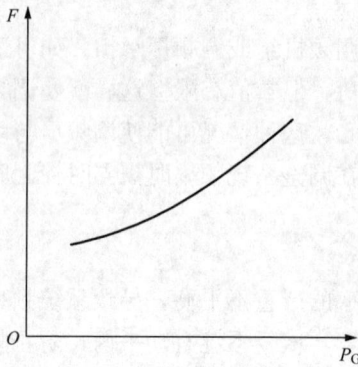

图 4-9 能源耗量特性

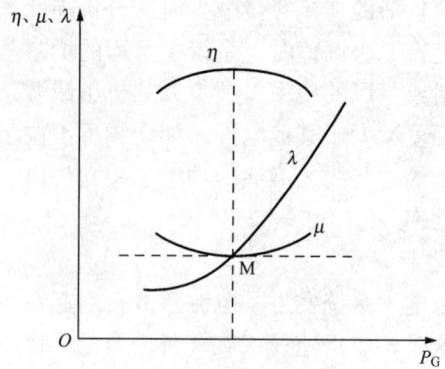

图 4-10 微增率曲线和效率曲线

1. 两个发电厂间的负荷经济分配

已知两台并列运行的发电机组的能源耗量特性 $F_1(P_{G1})$ 和 $F_2(P_{G2})$，负荷功率为 P_{LD}，如图 4-11 所示，假定各台机组燃料消耗量和输出功率不受限制，要求确定负荷功率在两台机组间的分配，使总的能源消耗量为最小。建立目标函数

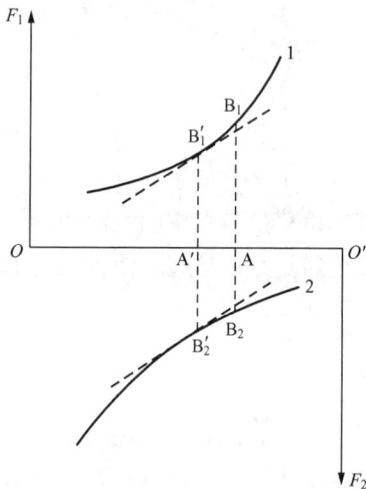

图 4-11 负荷在两台机组间分配

$$F = F_1(P_{G1}) + F_2(P_{G2}) \qquad (4-8)$$

应满足约束条件

$$P_{G1} + P_{G2} - P_{LD} = 0 \qquad (4-9)$$

图 4-11 中线段 OO' 长度等于负荷功率 P_{LD}，在横坐标任取一点 A，都有 $OA + AO' = OO'$。如过 A 点作垂线与两个耗量特性曲线的交点分别为 B_1 和 B_2，则 $B_1B_2 = B_1A + AB_2 = F_1 (P_{G1}) + F_2 (P_{G2}) = F$ 就代表了总的燃料消耗量。可以找到，当两能源耗量特性曲线切线平行时，即斜率（微增率 λ）相等，通过 A' 所作的垂线交于两能源耗量特性曲线 B_1' 和 B_2'，线段为最短，则该点所对应的负荷分配方案为最优。

由此得出结论，电力系统两台发电机组按相等的能源耗量微增率运行，系统总的能源消耗为最小，运行最经济。即 $dF_1/dP_{G1} = dF_2/dP_{G2} = \lambda_1 = \lambda_2 = \lambda$ 时，系统总的能源耗量为最小。不难理解，此结论可适应多台机组（或多个发电厂）间的负荷分配。

2. 多个发电厂间的负荷经济分配

讨论多个发电厂有功功率负荷最优分配的目的在于：在供应同样大小负荷有功功率的前提下，单位时间内的能源消耗量最少。可以用图解法分配各发电厂间的有功功率，也可用拉格朗日乘数法求解。

下面介绍用拉格朗日乘数法求解的过程。

假设有 n 个火电厂，其能源消耗特性分别是 $F_1(P_{G1})$，$F_2(P_{G2})$，…，$F_n(P_{Gn})$，系统总的负荷为 P_{LD}，暂不考虑网络中的功率损耗，假设各台机组燃料消耗量和输出功率不受限制，要求确定负荷功率在 n 台机组间分配，使总的能源消耗量最小。

建立目标函数

$$F = F_1(P_{G1}) + F_2(P_{G2}) + \cdots + F_n(P_{Gn}) = \sum_{i=1}^{n} F_i(P_{Gi}) \qquad (4-10)$$

应满足的约束条件为

$$\sum_{i=1}^{n} P_{Gi} - P_{LD} = 0 \qquad (4-11)$$

要使式（4-10）为最小，可用拉格朗日乘数法求解极值。拉格朗日函数式为

$$L = F - \lambda \left(\sum_{i=1}^{n} P_{Gi} - P_{LD} \right) \qquad (4-12)$$

式中　λ——拉格朗日乘子（或称乘数）。

要使式（4-12）为最小，求式（4-12）极值

$$\frac{\partial L}{\partial P_{Gi}} = 0$$

即

$$\frac{\partial F}{\partial P_{Gi}} - \lambda = 0 (i = 1, 2, \cdots, n)$$

或

$$\frac{\partial F}{\partial P_{Gi}} = \lambda \qquad (4-13)$$

由于每个发电厂的能源消耗量只是该厂输出功率的函数，所以（4-13）可写成

$$\frac{\mathrm{d}F_i}{\mathrm{d}P_{Gi}} = \lambda (i = 1, 2, \cdots, n) \qquad (4-14)$$

从（4-14）说明：多个发电厂间负荷经济分配的原则是按等微增率原则。

在有功功率经济分配时要考虑不等约束条件。与潮流计算一样，任一发电厂的有功功率和无功功率都不能超出它的上、下限的条件，即

$$P_{Gimin} \leqslant P_{Gi} \leqslant P_{Gimax} \qquad (4-15)$$

$$Q_{Gimin} \leqslant Q_{Gi} \leqslant Q_{Gimax} \qquad (4-16)$$

系统中各节点电压必须保持在如下范围内

$$U_{imin} \leqslant U_i \leqslant U_{imax} \qquad (4-17)$$

一般情况下，P_{Gimax} 一般就取发电设备的额定有功功率，P_{Gimin} 则因发电设备类型不同而不同。如火力发电设备的 P_{Gimin} 不得低于额定有功功率的 25%。Q_{Gimax} 取决于发电机定子或转子绕组的温升；Q_{Gimin} 主要取决于发电机并列运行的稳定性等。U_{imax} 和 U_{imin} 则由对电能质量的要求所决定。

在计算发电机有功功率负荷经济分配时，这些不等约束条件可以暂不考虑，待算出结果后再按有功功率的不等约束条件进行校验。对于有功功率超限的发电厂，可按其上限或下限分配负荷，然后对其余发电厂分配剩下的负荷功率。对于无功功率和电压，可在有功功率分配已基本确定后的潮流计算中再进行处理。

在按等微增率条件进行发电厂间有功功率负荷经济分配时，还需要考虑电网有功功率的损耗，因此 $\dfrac{\mathrm{d}F_i}{\mathrm{d}P_{Gi}}$ 必须乘一个修正系数 α_i，$\alpha_i = 1 \big/ \left(1 - \dfrac{\partial P_L}{\partial P_{Gi}} \right)$，$\dfrac{\partial P_L}{\partial P_{Gi}}$ 称网损微增率，它表示网络有功功率损耗对第 i 个发电厂有功功率的微增率。

由于各个发电厂在电网中所处的位置不同，各厂的网损微增率是不一样的。当 $\dfrac{\partial P_L}{\partial P_{Gi}} > 0$ 时，说明发电厂 i 输出功率增加会引起网损的增加，这时 $\alpha_i > 1$，发电厂本身的燃料消耗微

增率宜取较小值。相反，当 $\dfrac{\partial P_L}{\partial P_{Gi}}<0$ 时，说明发电厂 i 输出功率增加将使网损减少，这时，$\alpha_i<1$，发电厂本身的燃料消耗微增率宜取较大值。

在具有水、火电厂的电力系统内，合理利用水库存水将使系统运行费用得到很大的节约，节约用水量将最终反映到节约系统运行的总的燃料消耗。水轮发电机组的水耗微增率，可用一转换系数折换成等值的燃料消耗微增率，然后按等微增率经济运行准则参加到系统内机组间功率分配中。

因此，电力系统中各发电厂间有功功率的经济分配是比较复杂的工作。例如，由于电力系统负荷的骤升、骤降，常需停止或启动某些锅炉与汽轮机，这样也可引起的附加功率损耗等。在电力供应紧张时，首先应该考虑用户对电能急速增长的需要，然后才能考虑经济合理的运行问题。

小　　结

频率是电能质量的主要指标之一，必须给予保证。系统的频率与系统的有功负荷、发电机组的有功功率等有密切关系，其关系可用系统的功率频率静态特性和发电机组的功率频率静态特性曲线表示。负荷的变化会引起系统有功功率平衡的破坏从而导致系统频率不断发生变化。为维持系统频率稳定，且在允许范围内，需要不断调整各发电厂的输出功率。

频率的一次调整是针对变化幅值小、速度快的负荷，系统中所有发电机组都参与的，依靠它们的调速器来完成，只能做到有差调节。

频率的二次调整，即通常所说的频率调整，是针对变化幅值较大、速度较慢的负荷，由系统中被指定的调频发电机组来承担的，它依靠调频器（或同步器）来完成，可以做到无差调节。当负荷增加时，系统必须增加功率输出以弥补功率缺额，这些功率增加额全由主、辅调频厂内的机组承担，其余发电厂输出功率不变。频率的二次调整可以做到无差调节。负荷减小时，系统必须减少功率输出以平衡功率过剩。

对于变化幅值大、速度慢的负荷，其变化规律根据运行经验可以预测，一般按电力系统各发电机的特性，经济地分配给各发电厂，系统调度依照负荷曲线、结合优质优价、最优网损及系统综合负荷曲线，作出各电厂次日每小时的负荷曲线，这些按预先制定的负荷预测曲线分担负荷运行的发电厂称为基载厂。此种调频过程称为系统频率的三次调整。

系统负荷在各类发电厂间的负荷分配，应充分考虑动力资源的使用。其次，还应计及水、火电厂机组特性的不同，按等微增率经济运行准则分配机组间功率，可以使系统的燃料耗量最经济。

习　　题

4-1　电力系统的频率质量标准是什么？电力系统低频运行时有什么危害？

4-2　电力系统综合负荷的频率静态特性曲线的意义是什么？画出系统综合负荷的频率静态特性曲线。

4-3　电力系统有功功率平衡方程包括什么内容？为什么要设置有功备用？

4-4　什么是发电机组原动机调速装置的有差特性？

4-5　什么是频率的一次调整？什么是频率的二次调整？

4-6　如何选择主调频发电厂？

4-7　发电机组的频率静态特性曲线的意义是什么？画出发电机组的频率静态特性曲线。

4-8　发电机组功频静态特性系数、机组调差系数的意义是什么？

4-9　按照电力系统频率调整的要求，并考虑到系统运行的经济性，电力系统是如何选择调频发电厂的？

4-10　电力系统发电机组等微增率运行准则的意义是什么？

4-11　某一容量是 100MW 的发电机，调差系数整定为 4%，当系统频率为 50Hz 时，发电机输出功率为 60MW；若频率下降为 49.5Hz 时，发电机的输出功率是多少？

项目五 电力系统的电压调整

项目目标 说出电力系统的电压质量标准；会分析综合负荷的电压静态特性曲线；能列举出电力系统的无功电源和无功负荷的种类及其特点；会写出无功功率平衡方程式；能说出电压中枢点的调压方式及适用范围；会分析电力系统调整电压的措施。

衡量电能的质量有两个重要标志：一是电压，二是频率。前面已经学习了电力系统的频率调整。本项目主要介绍电力系统的电压质量控制——电压调整。

任务 5.1 认知电力系统的电压质量标准

一切用电设备都是按照在电网额定电压条件下运行而设计、制造的，当其端电压偏离额定值时，用电设备的性能就会受到影响。例如白炽灯、日光灯，其发光效率、光通量和使用寿命均与电压有关。当电网电压升高时，白炽灯和日光灯的光通量会增加，但使用寿命将缩短。反之会使光通量减小，而使用寿命会延长。再如生产中使用的电炉等电热设备，电压降低使其功率减少，效率较低。

用户中大量使用的电动机，当其端电压改变时，电动机转矩、效率和电流都会发生变化。异步电机的最大转矩和端电压平方成正比。电压越低，转矩越小，如果电压过低，电动机可能会因为转矩过小而停止运转，造成由它带动的设备运行不正常。此外电压降低，电动机电流将显著增大，绕组温度升高，严重时会导致电动机烧毁。

由此可知，电力系统正常运行时，应保持各节点电压在额定值。但由于电网节点很多，结构复杂，负荷又不断变化，所以要维持电网各节点电压为额定值是很困难的，只能做到电网电压波动在允许范围内。

一、电网电压允许偏差

根据《电力系统电压和无功电力技术导则》（SD 325—1989）和《1000kV 交流系统电压和无功电力技术导则》（GB/T 24847—2021）规定，对用户和电网电压的允许偏差范围如下。

1. 用户受电端的电压允许偏差值

（1）35kV 及以上用户供电电压正负偏差绝对值之和不大于系统额定电压的 10%。

（2）10kV 及以下三相供电允许偏差为系统额定电压的 ±7%。

（3）220V 用户的电压允许偏差值，为系统额定电压的 +7%～−10%。

2. 发电厂和变电所的母线电压允许偏差值

（1）1000kV 母线正常运行方式时，最高电压不得超过 1100kV；最低电压应不影响电力系统同步稳定、电压稳定、厂用电的正常使用和下一级系统的电压调节。

向空载线路充电，在暂态过程衰减后线路末端电压不应超过系统标称电压的 1.15 倍，持续时间根据设备技术规范和系统运行条件研究决定。

（2）750kV 系统正常运行方式时，最高电压不超过 825kV；最低电压不影响电力系统同步稳定、电压稳定、厂用电的正常使用和下一级系统的电压调节。

（3）500（330）kV 母线正常运行方式时，最高运行电压不得超过系统额定电压的 +10%，最低运行电压不应影响电力系统同步稳定、电压稳定、厂用电的正常使用及下一级电压调节。

（4）发电厂 220kV 母线和 500（330）kV 变电所的中压侧母线正常运行方式时，电压允许偏差为系统额定电压的 0～+10%；事故运行方式时为系统额定电压的 -5%～+10%。

（5）发电厂和 220kV 变电所的 110～35kV 母线正常运行方式时，为相应系统额定电压的 -3%～+7%；事故后为系统额定电压的 ±10%。

（6）带地区供电负荷的变电所和发电厂（直属）的 10（6）kV 母线正常运行方式下的允许偏差为系统额定电压的 0～+7%。

特殊运行方式下的允许偏差值由调度部门确定。

3. 发电厂和变电所母线电压波动率允许值

电压波动率是指在一段时间内母线电压波动的允许限度。《国家电网公司电压质量和无功电力技术管理规定》中电压波动率按日计算，即每日母线电压波动幅度与系统标称电压之比的百分数称为日电压波动率，计算公式为

$$V_b\% = \frac{日最高电压 - 日最低电压}{系统标称电压值} \times 100\% \tag{5-1}$$

发电厂和变电所母线电压在满足允许偏差值的条件下，其日电压波动率还应满足：

（1）500（330）kV 高压母线电压：3%；

（2）发电厂 220kV 母线和 500（330）kV 变电所的中压侧母线：3.5%；

（3）特殊运行方式下日电压波动率由调度部门确定。

二、电压质量的统计

1. 电网电压质量监测点的设置

监测电力系统电压值和考核电压质量的节点称为电压监测点。电力系统电压监测点设置原则为：①与主网（220kV 及以上电网）直接连接的发电厂高压母线电压；②各级调度"界面"处的 330kV 及以上变电所的一次和二次母线电压；220kV 变电所二次或一次母线电压；③供电公司在所辖电网内按规定设置的电压监测点。其中发电厂 220kV 母线和 500（330）kV 变电所高、中压母线还应计算电压波动率和电压波动合格率，并列入指标考核范围。

2. 供电电压质量监测点的设置

供电电压质量监测分为 A、B、C、D 四类监测点。各类监测点每年应随供电网络变化进行动态调整。

（1）A 类。带地区供电负荷的变电所和发电厂（直属）的 10（6）kV 母线电压。

1）变电所内两台及以上变压器分列运行，则每段 10kV 母线均应设置为电压监测点。

2）一台变压器 10kV 侧为分裂母线运行，则只设一个电压监测点。

（2）B 类。35（66）kV 专线供电和 110kV 及以上供电的用户端电压。B 类电压监测点设置及安装应符合下列要求。

1）35（66）kV 专线供电的用户，可装设在产权分界处，110kV 及以上非专线供电用户，电压监测点应设置在用户侧变电所处。

2）对于两路电源供电的 35kV 及以上用户变电所，用户变电所母线未分裂运行，只需

设置一个电压监测点；对于用户变电所母线分裂运行，且两路电源属于两个变电所，则应设置两个电压监测点；用户变电所母线分裂运行，两路电源属于一个变电所，且上级变电所母线未分裂运行，只需设置一个电压监测点；用户变电所母线分裂运行，两路电源属于一个变电所，且上级变电所母线分裂运行的，应设置两个电压监测点。

3）用户高压侧未设置电压互感器，电压监测点设置在给用户供电的上级变电所母线侧。

（3）C类。35（66）kV 非专线供电的和 10（6）kV 供电的用户端电压。每 10MW 负荷至少应设一个电压质量监测点。C类电压监测点设置和安装应满足如下要求。

1）C类电压监测点应安装在用户侧。

2）C类用户负荷的计算方法为C类用户售电量除以统计小时数。

3）应选择高压侧装有电压互感器的用户变电所，不考虑装设在用户变电所低压侧。

（4）D类。380/220V 低压网络和用户端的电压。每百台配电变压器至少设 2 个电压质量监测点。不足百台的按百台计算，超过百台的每 50 台设置一个电压质量监测点。监测点应设在有代表性的低压配电网首末两端和部分重要用户。

3. 电压质量统计指标

电压质量的重要指标为电压合格率，它定义为实际运行电压在允许电压偏差范围内累计运行时间与对应的总运行统计时间的百分比。电压合格率计算公式如下。

（1）监测点电压合格率。统计电压合格率的时间单位为“分”。电压监测点电压合格率 $V_i\%$ 为

$$V_i\% = \left[1 - \frac{（电压超下限的时间）+（电压超上限的时间）}{电压监测总时间}\right] \times 100\% \qquad (5-2)$$

（2）电网电压合格率。

1）地市供电公司电网电压合格率

$$V_{地市（电网）}\% = \left[1 - \frac{\sum_{i=1}^{n}（电压超上限时间）+\sum_{i=1}^{n}（电压超下限时间）}{电压监测总时间}\right] \times 100\% \quad (5-3)$$

式中　n——电网电压监测点数。

2）区域电网、省（自治区、直辖市）公司电网电压合格率 $V_{网省（电网）}\%$ 为其所属地市电网电压合格率 $V_{地市（电网）}\%$ 与各地市电压监测点 n 的加权平均值，即

$$V_{网省（电网）}\% = \left(\frac{\sum_{i=1}^{k} V_{地市（电网）i}\% \times n_{地市（电网）i}}{\sum_{i=1}^{k} n_{地市（电网）i}}\right) \times 100\% \qquad (5-4)$$

式中　k——各网省公司地市公司数；

　　　i——地市公司各类电压监测点数。

（3）各类供电电压合格率 $V_{(A,B,C,D)}\%$。

1）地市公司各类电压合格率 $V_{地市(A,B,C,D)}\%$

$$V_{地市(A,B,C,D)}\% = \left(1 - \frac{\sum_{i=1}^{n} 电压超下限时间 + \sum_{i=1}^{n} 电压超上限时间}{电压监测总时间}\right) \times 100\% \quad (5-5)$$

式中　n——该类电压监测点数。

2）区域电网、省（自治区、直辖市）公司电网各类电压合格率 $V_{网省(A,B,C,D)}\%$ 为其所属地市电网各类电压合格率 $V_{地市(A,B,C,D)}\%$ 与各地市电压监测点 n 的加权平均值，即

$$V_{网省(A,B,C,D)}\% = \left(\dfrac{\displaystyle\sum_{i=1}^{k} V_{地市(A,B,C,D)i}\% \times n_{地市(A,B,C,D)i}}{\displaystyle\sum_{i=1}^{k} n_{地市(A,B,C,D)i}}\right) \times 100\% \tag{5-6}$$

式中　$V_{地市(A,B,C,D)i}\%$——所属网省第 i 地市各类监测点电压合格率；

i——地市电网各类电压监测点数；

k——各网省公司地市公司数。

（4）综合供电电压合格率。综合供电电压合格率 $V_{供}$（%）为

$$V_{供}(\%) = 0.5V_A + 0.5\left(\dfrac{V_B + V_C + V_D}{3}\right) \tag{5-7}$$

式中　V_A、V_B、V_C、V_D——A、B、C、D 类的电压合格率，如单位没有 B 类监测点，则公式中 3 变为 2。

三、电压偏移的影响

电网和用电设备都有其额定电压，电压过高或过低对用户和电力系统都有影响。

1. 对用户的影响

各种用电设备在额定电压下运行时能在经济技术综合指标上取得最佳的效果。若电压偏移过大，则会对用电设备的经济和安全运行造成不利。

（1）照明设备。电压变动对照明设备的亮度和寿命都有很大影响。当电压降低时，白炽灯、日光灯的亮度将减少，白炽灯的寿命将增加一倍以上，但是可造成日光灯不能启辉，且启辉器的不断闪烁将大大降低日光灯的寿命。如果电压过高，白炽灯和日光灯的亮度虽然都增加，但寿命都将显著减短。

（2）异步电动机。对于占负荷比重最大的异步电动机，当端电压变化时，电动机的转矩、电流和效率要变化。由于电动机的转矩与端电压的平方成正比，若端电压下降，则转矩就要明显降低，转矩太小可能造成停转或不能启动；同时，电动机的转速将降低，电流增大，引起绕组温度升高，加速绝缘老化，严重时可能烧毁电动机。如果加在异步电动机上的电压过高，则对绕组绝缘不利。

（3）电子设备。电子设备对电压要求更高。电压过高，会严重降低设备的寿命，且影响安全。电压过低时，电子设备的工作不稳定，失真严重，甚至无法正常工作。

2. 电压偏移对电力系统的影响

电压偏移过大不但对用电设备的运行和安全不利，而且，对电力系统本身的安全和经济运行也有不利。电压降低时，发电厂中由异步电动机拖动的厂用机械（如风机、泵等）输出功率将减少，影响到锅炉、汽轮机和发电机的输出功率，并使效率降低。当电压过低时，将使发电机、变压器、线路过负荷，严重时引起跳闸，导致供电中断或系统并列运行解列，同时降低系统并列运行的稳定性，影响系统的经济运行。

任务 5.2　认知电力系统综合负荷的电压静态特性

电力系统综合负荷的电压静态特性是指系统在稳定运行频率等于额定值且负荷连接容量

不变时，综合负荷的有功功率、无功功率与电压的关系曲线。电力系统不同负荷的电压静态特性不同，大体分为以下几种。

（1）白炽灯负荷。白炽灯由于其灯丝电阻随温度而变化，且不消耗无功功率，所消耗的有功功率可用式（5-8）表示

$$P = KU^{1.6} \qquad\qquad (5-8)$$

式中　P——白炽灯有功功率，W；

$\quad\quad$ K——与温度有关的灯丝系数；

$\quad\quad$ U——端电压，V。

（2）电热负荷。电炉和电弧炉等负荷只消耗有功功率，所消耗的有功功率可用式（5-9）表示

$$P = \frac{U^2}{R} \qquad\qquad (5-9)$$

式中　P——电热设备的有功功率，W；

$\quad\quad$ R——电热设备电阻，Ω；

$\quad\quad$ U——端电压，V。

（3）电抗器负荷。电抗器负荷主要消耗无功功率，所消耗的无功功率可用式（5-10）表示

$$Q = \frac{U^2}{X} \qquad\qquad (5-10)$$

式中　Q——无功功率，var；

$\quad\quad$ X——电抗器感抗，Ω；

$\quad\quad$ U——端电压，V。

（4）异步电动机负荷。异步电动机既需要有功功率来拖动机械负载，也需要无功功率来建立磁场。异步电动机的功率转差率特性图5-1（a）所示。若异步电动机的机械负荷不变，当外加电压从额定电压降低到$80\%U_N$时，电动机转差率从s_1增大到s_2，转差率增大，将使电动机定子绕组电流增大，因此电动机吸收的有功功率可近似看作不变。异步电动机的有功功率静态电压特性如图5-1（b）所示，近似一条水平直线。

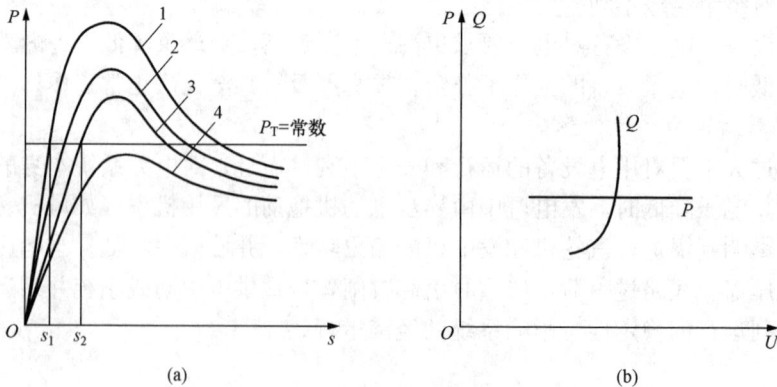

图 5-1　异步电机特性曲线

（a）功率转差率特性；（b）功率电压静态特性

1：$U=100\%U_N$；2：$U=90\%U_N$；3：$U=80\%U_N$；4：$U=70\%U_N$

异步电动机吸收的无功功率受端电压影响很大。当端电压接近额定电压时，异步电动机的铁心磁路接近饱和。当端电压高于额定电压时，由于铁心磁路饱和，励磁无功将按电压的高次方比例增加。当端电压低于额定电压时，磁路尚未饱和，异步电动机吸收的无功功率将按电压平方比例减少。如果电压低于额定电压很多，电动机转差率会显著增加，引起定子电流大幅度增大，电动机漏磁无功损耗将增加。综上所述，异步电动机的无功功率电压静态特性曲线如图 5-1（b）所示。

在电力系统中，异步电动机占综合负荷的绝大多数。因此系统综合负荷的电压静态特性曲线近似于异步电动机的电压静态特性曲线，如图 5-2 所示。

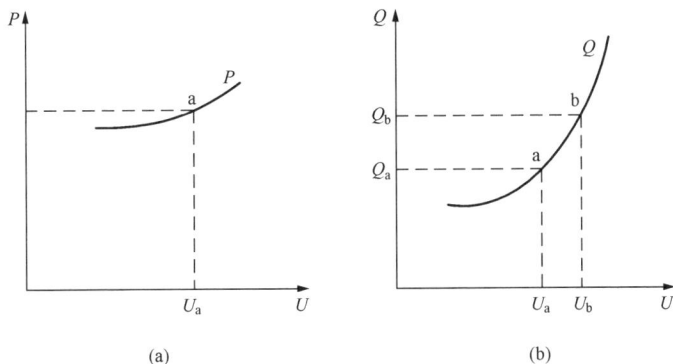

图 5-2　系统综合负荷的电压静态特性曲线

（a）有功负荷；（b）无功负荷

由图 5-2 可看出电压变化对有功负荷影响不大，而对无功负荷影响很大。当电压升高时，负荷从系统吸收的无功功率将增大；反之，负荷从系统吸收的无功功率将减小。如果系统无功电源不足，那么为了维持系统无功功率平衡，就必须降低电压运行，以减少负荷从系统吸收的无功功率。若系统无功电源过剩，则引起系统电压升高，负荷从系统吸收的无功功率增大，使系统无功功率达到平衡。由此可以看出，要控制电压在允许的偏移范围内，就必须使系统无功电源和无功负荷达到合理的平衡点。

任务 5.3　电力系统的电压和无功功率的管理

电力系统的电压偏移和无功平衡有密切的关系，无功平衡的高低决定了电压水平。因此首先对无功平衡作一介绍。

一、电力系统的无功功率平衡

1. 电力系统的无功负荷和无功损耗

（1）无功功率负荷。异步电动机在电力系统中占的比例比较大，所以电力系统无功的电压静态特性主要是由异步电动机决定的。由前几节已经知道综合负荷的电压静态特性，这里不再赘述。

（2）变压器的无功功率损耗。变压器的无功损耗包括励磁损耗和漏抗中的损耗，在系统无功需求占有一定的比重，一台变压器满载时其无功损耗约为其额定容量的百分之十几。因此，如果从电源到用户需要经过好几级变压，则变压器中无功损耗的数值也是相当可观的。

（3）电力线路的无功功率损耗。电力线路的无功功率损耗分为并联电纳和串联电抗中的无功功率损耗两部分。并联电纳中的损耗又称充电功率，与线路电压的平方成正比，呈容性；串联电抗中的无功功率损耗与流过线路负荷电流的平方成正比，呈感性。因此，线路作为电力系统的一个元件，消耗感性无功功率还是容性无功功率要按具体情况作具体分析。

35kV 及以下的架空线路充电功率较小，一般这种线路消耗感性无功功率。110kV 及以上的架空线路，当传输功率较大时，电抗中消耗的无功功率将大于电纳的充电功率，此时线路消耗感性无功功率，成为无功负载；当传输功率较小时，电抗中消耗的无功功率小于电纳支路的充电功率，此时线路消耗的无功功率为容性，则电力线路成为无功电源。

2. 电力系统的无功电源

电力系统的无功电源除了发电机外，还有同步调相机、电力电容器和静止无功补偿器（SVC），这三种装置又称为无功补偿装置。

（1）同步发电机。同步发电机既是系统中唯一的有功电源，又是系统最基本的无功电源。调节发电机的励磁电流就可以增发无功，反之就可以减小无功输出。发电机发出的无功功率可表示为

$$Q_{GN} = S_N \sin\varphi_N = P_{GN} \tan\varphi_N \qquad (5\text{-}11)$$

式中　S_N——发电机的额定视在功率，kVA；

　　　φ_N——发电机的额定功率因数角；

　　　P_{GN}——发电机输出的额定有功功率，kW。

当发电机的额定功率因数 $\cos\varphi_N$ 为 0.8 时，发电机的额定有功功率为 P_{GN}，额定视在功率 S_{GN} 为 $1.25P_{GN}$，发电机的无功 Q_{GN} 可达 $0.75P_{GN}$。所以，同步发电机是一个最基本的无功功率电源，当系统无功电源比较紧张时，必须充分利用发电机供给无功功率。例如，在冬季枯水期时，由于水库蓄水不多，水力发电厂发出的有功功率受限，此时，可以降低功率因数运行多发无功功率，甚至将发电机作调相机运行。

当改变发电机功率因数 $\cos\varphi_N$，发电机输出的有功功率和无功功率随之变化，但发电机在不同功率因数下运行，发电机的运行点受到定子额定电流、转子额定电流、原动机输出功率及并列运行稳定极限等条件的限制。

（2）同步调相机。同步调相机实际是空载运行的同步发电机。在正常励磁的情况下，既不吸收无功功率也不发出无功功率。在过励情况下，向系统发出感性无功功率；欠励情况下，从系统吸收感性无功功率。因此同步调相机既可作为无功电源，在系统电压过低时向系统提供无功功率以提高母线电压，也可以在系统电压过高时，作为无功负荷从系统吸收无功功率以降低母线电压。

同步调相机能连续调节，调节范围也比较宽，功率范围在 Q_N（过励磁）～（50%～65%）Q_N（欠励磁）之间。缺点是由于其为旋转设备，所以有功损耗大，运行维护较复杂。容量越小，单位容量（每千乏）的投资越大，有功损耗的百分比值也越大，所以宜装在枢纽变电所中。

（3）电力电容器。电力电容器是目前应用最广的无功补偿设备，作为无功电源，一般并联于变电所运行，它只能发出感性无功功率，提高母线电压水平。三相并联电容器所提供的无功功率可表示为

$$Q_C = \frac{U^2}{X_C} \qquad (5\text{-}12)$$

式中　Q_C——电容器发出的无功功率，Mvar；

　　　U——母线电压，kV；

　　　X_C——电力电容器的容抗，Ω。

由式（5-12）可以看出，电力电容器输出功率受母线电压影响较大，当母线电压较低需要电力电容器增加输出功率时，电力电容器输出功率反而减小。电容器的投切分组进行，其输出功率呈阶梯状变化，调节不平滑。但是它运行维护简单，有功损耗小（约为其容量的$0.3\%\sim0.5\%$），成本低，装设灵活方便，为适应运行情况的变化，电容器可连接成若干组，按功率因数和电压高低手动或自动投切，故在电网和电力用户中得到广泛应用。

（4）静止无功补偿器。静止无功补偿器由电力电容器和可调电抗器组成，并联在降压变压器的低压母线上。静止无功补偿器根据母线电压的高低自动控制可调电抗器吸收感性无功功率的大小，从而控制补偿器发出或吸收感性无功功率的大小，达到稳定母线电压的目的。

按照调节无功功率的方式，这种装置具有多种类型，如可控饱和电抗器型、自饱和电抗器型、晶闸管控制电抗器型、晶闸管控制电容电抗器型。四种类型装置原理如图5-3所示。其中，电容器 C 和电抗器 L 组成滤波电路，一方面用来限制电容回路合闸时的合闸涌流和切除时的过电压，另一方面用来滤去高次谐波以免产生电压和电流波形畸变，提高电压质量。

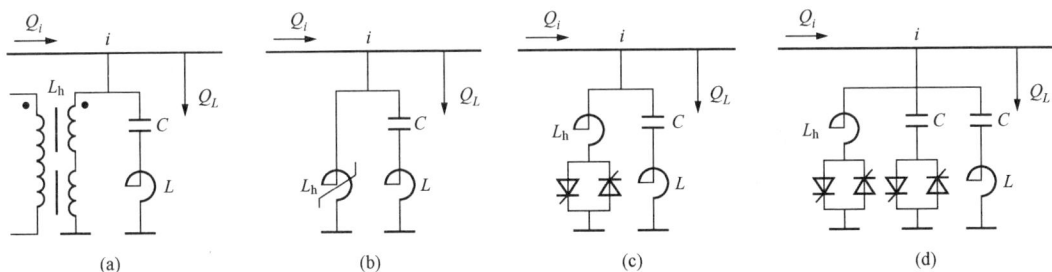

图5-3　静止无功补偿器

(a) 可控饱和电抗器型；(b) 自饱和电抗器型；(c) 晶闸管控制电抗器型；(d) 晶闸管电容电抗器型

静止无功补偿器能快速平滑地调节无功，对冲击负荷有较强的适应性，运行维护简单，损耗较小，还能分相补偿，因而逐渐得到广泛的应用，有替代同步调相机的趋势。静止无功补偿器可装于枢纽变电所作电压控制，也可装于大的冲击负荷侧，如轧钢厂、电弧炉等，作无功动态补偿。

3. 电力系统的无功功率平衡

电力系统运行过程必须时刻保持无功平衡，其无功功率平衡方程为

$$\sum Q_{\mathrm{G}} + \sum Q_C = \sum Q + \sum Q_{\mathrm{ce}} + \sum \Delta Q \tag{5-13}$$

式中　$\sum Q_{\mathrm{G}}$——同步发电机发出的无功功率总和；

　　　$\sum Q_C$——无功补偿设备发出的无功功率总和；

　　　$\sum Q$——系统无功负荷的总和；

　　　$\sum Q_{\mathrm{ce}}$——厂用无功负荷的总和；

　　　$\sum \Delta Q$——电网无功损耗的总和（包括并联电抗器）。

同步发电机发出的无功功率总和$\sum Q_{\mathrm{G}}$是指发电机在额定功率因数下运行时所发出的无

功功率。无功补偿设备发出的无功功率总和$\sum Q_C$是指无功补偿设备（包括同步调相机、并联电容器和静止无功补器等）在额定功率因数下运行时所发出的无功功率。无功负荷的总和$\sum Q$包括异步电动机、电抗器等负荷消耗的无功功率，可按负荷的功率因数计算，未经补偿的负荷功率因数一般不高，为 0.6～0.9。为了减少线路因输送大量无功功率所引起的有功功率损耗，规程对电力用户的功率因数做了规定（例如不得低于 0.9 等）。系统运行部门作无功功率平衡时，可按规程规定确定负荷消耗的无功功率。

电网无功损耗的总和$\sum \Delta Q$包括三部分，即

$$\sum \Delta Q = \sum \Delta Q_T + \sum \Delta Q_L + \sum \Delta Q_B$$

式中　$\sum \Delta Q_T$——电网中变压器的无功功率损耗；

$\sum \Delta Q_L$——电网中输电线路阻抗支路电抗的无功功率损耗；

$\sum \Delta Q_B$——电网中输电线路导纳支路容纳的无功功率损耗，属容性，取负值。

由电力系统综合负荷的电压静态特性曲线和系统无功功率平衡方程可知，要维持电压水平在允许范围内，首先必须要有足够的无功电源容量，能达到全系统的无功功率在额定电压水平上的平衡，且要留有一定的备用容量以应付无功负荷的增加，一般为最大无功负荷的 7%～8%。如不足就应增设一定容量的无功电源。

4. 电力系统的无功管理

由于电力系统覆盖的范围广，如果大量无功功率由输电线路远距离输送，必然造成大的电压损耗和功率损耗，这样即使系统的无功功率维持在额定电压水平上的平衡，也可能出现局部地区电压偏移过大。因此无功补偿设备的设置应根据无功分层（各级电压）、分区（地区、县或站、网络）和就地平衡以及便于调整电压的原则进行设置。为此，《电力系统电压和无功电力技术导则》（SD 325—1989）对电网和电力用户都提出了相应的要求。

(1) 电力用户的功率因数。

1) 高压供电的工业用户和高压供电装有带负荷调整电压装置的电力用户，功率因数为 0.9 以上。

2) 其他 100kVA（kW）及以上电力用户和大、中型电力排灌站，功率因数为 0.85 以上。

3) 趸售和农业用电，功率因数为 0.80 以上。

(2) 电网的无功补偿。

1) 330～500kV 电网，应按无功功率分层就地平衡的基本要求配置高、低压并联电抗器，以补偿超高压线路的充电功率。一般情况下，高、低压并联电抗器的总容量不宜低于线路充电功率的 90%。也就是说，330kV 以上电网的充电功率应基本上予以补偿，从最小负荷至最大负荷情况下无功功率应基本平衡。

2) 在 35～220kV 电压等级的变电所，应根据需要配置无功补偿设备，其容量可按主变压器容量的 10%～30%确定。在主变压器最大负荷时，其二次侧的功率因数和由电网供给的无功功率与有功功率的比值应符合管理规程规定的要求。例如，对于 220kV 变电所，在最大负荷时，一次侧的功率因数值应不低于 0.95；最小负荷时，相应一次侧的功率因数不宜高于 0.98。

3) 对于 110kV 及以下的变电所，当电缆线路较多且在切除并联电容器后，仍出现向系统侧倒送无功时，可在变电所中、低压母线上装设并联电抗器。在最小负荷时，一次侧功率

因数不应高于 0.98。

4）在 6～10kV 配电变压器低压侧配置低压电容器。电容器的安装容量不宜过大，一般为线路配电变压器总容量的 5%～10%，并且在线路最小负荷时，不能向变电所倒送无功，如果容量过大，还应装设自动投切装置。

（3）无功、电压管理曲线。电力调度部门要根据电网负荷变化情况和电压调整的需要，编制和下达发电厂、变电所的无功功率曲线和电压曲线。无功功率（电压）曲线是发电厂、变电所控制和监测运行电压的依据，也是考核电压质量，进行电压合格率统计的标准。

二、电力系统电压控制

由于电力系统分布区域广大，节点众多，电力系统调度部门不可能监视和控制所有用户的电压，因此实际做法是选择一些有代表性的电厂和变电所作为电压质量的监视和控制点，这些点称为电压中枢点，如果这些点的电压质量符合要求，则其他点的电压质量也可以基本得到保证。因而电力系统电压控制策略可归结为：选择合适中枢点；确定中枢点电压的允许偏移范围；采用一定方法将中枢点的电压偏移控制在允许范围内。

1. 电压中枢点的选择

电压中枢点是指电力系统中用来监视、控制和调整电压的母线，电力系统通常选择下列母线作为电压中枢点：①区域性发电厂和变电所的高压母线；②重要变电所 6～10kV 的母线；③有大量地方负荷的发电机母线。

2. 中枢点电压允许偏移范围的确定

每个负荷点都允许电压有一定的偏移，加上由负荷点至电压中枢点的电压损耗，便是每个负荷点对中枢点电压的要求。通常，一个中枢点要向多个负荷供电，此时中枢点电压允许偏移范围的确定是以网络中电压损失最大的一点（即电压最低的一点）和电压损失最小的一点（电压最高的一点）作为依据。也就是说，中枢点的最低电压等于在地区负荷最大时，电压最低一点的用户电压的下限加上该点到中枢点的电压损失；中枢点最高电压等于在地区负荷最小时，电压最高一点的用户电压的上限加上该点到中枢点的电压损失。只要中枢点电压满足这两个用户的要求，则其他各用户的电压要求也能满足要求。

但是如果各个负荷的变化幅度相差很大，各条线路的长度相差也大，这样各个用户到中枢点电压损耗就会相差很大。此时无论如何调节中枢点电压都无法同时满足所有负荷的电压要求。也即此时只依靠控制中枢点电压已无能为力了，而必须辅以其他措施。例如，在某些负荷点装设补偿设备，减小电压损耗，从而使得该负荷的电压要求得到满足。这种电压控制方法称为集中控制与分散控制相结合的方法。

3. 中枢点的调压方式

当实际中由于缺乏必要的数据无法确定中枢点的电压控制范围时，可根据负荷的性质和系统的情况对中枢点的电压调整方式提出一个原则性要求，以便采取相应的调压措施。电力系统中枢点的调压方式有三种。

（1）逆调压。对于负荷变动大，线路较长，负荷距中枢点较远，而电压质量又较高的电网，一般规定在中枢点实行逆调压。即在最大负荷时，把中枢点电压提高到线路额定电压的105%，在最小负荷时，把中枢点电压减小到线路额定电压。例如，电压中枢点的额定电压为 10kV，采用逆调压方式，在最大负荷时，应使中枢点电压为 10.5kV；在最小负荷时，应使中枢点电压为 10kV。这样管理中枢点电压，可以使电网在最大负荷时，负荷点的电压不会因为电压损耗增大而过低；在最小负荷时，又不会因为线路电压损耗较小而过高。由于调压方向和电压变化相反，所以称为逆调压。这种调压方式调压质量较高，一般需要在电压中枢点装设较贵重的调压设备，如调相机、静止补偿器、有载调压变压器等。

（2）顺调压。对于线路较短，电压损耗较小，或用户允许的电压偏移较大的电网，一般在中枢点采用顺调压。即在最大负荷时，保持中枢点电压不低于线路额定电压的 102.5％，在最小负荷时，保持中枢点电压不高于 107.5％的额定电压。例如，某降压变电所低压母线采用顺调压方式，变压器变比为 110±2×2.5％/11kV，则在最大负荷时，应使低压母线的电压不低于 10.25kV；在最小负荷时，应使低压母线的电压不高于 10.75kV。由于中枢点调压方式与电网电压变化方向相同，因此称为顺调压。顺调压要求较低，一般不需要装设特殊的调压设备，就能满足调压要求。

（3）恒调压。对于有些电力系统，线路长度介于上述两种电力系统之间，负荷变动较小，主要负荷对电压质量要求也一般时，一般规定在中枢点实行恒调压。即在最大负荷和最小负荷时，均保持中枢点电压为 105％的额定电压基本不变。恒调压较逆调压的要求稍低，一般采用合理选择变压器分接头和并联电容器补偿，就可满足调压要求。

任务 5.4　调整电力系统电压的技术措施

以上介绍了电力系统的电压调整方式。要实现系统电压调整在允许范围内，必须采用一定的调压措施。本任务介绍发电机调压、变压器调压、并联补偿调压、串联补偿调压等调压措施。

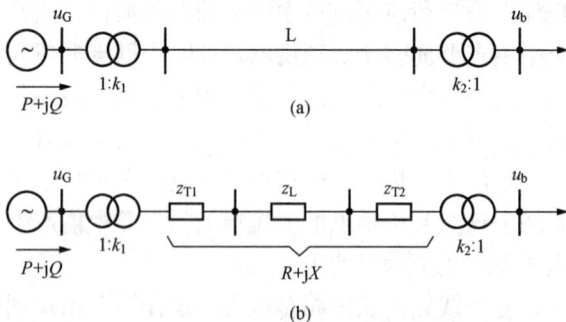

图 5-4　电压调整措施原理解释图
(a) 电网接线图；(b) 电网等值电路图

首先以图 5-4 所示的电网图来说明以上调压措施所依据的基本原理。图 5-4（a）为电网接线图，图 5-4（b）为其等值电路图，这里为简化分析，忽略了线路和变压器的导纳支路及功率损耗。如果略去电压降落的横分量，则变压器低压侧的电压为

$$u_b = (u_G k_1 - \Delta U)/k_2 = \frac{u_G k_1 - \dfrac{PR + QX}{u_G k_1}}{k_2} \tag{5-14}$$

式中　k_1、k_2——升压和降压变压器变比；

　　　　R、X——变压器和线路总电阻和电抗；

　　　　P、Q——发电机发出的有功功率与无功功率；

　　　　u_G——发电机端电压。

由式（5-14）可知，为调整用户端电压可采取以下措施。

（1）改变发电机励磁电流，以改变发电机端电压 u_G。

（2）调整变压器的分接头来改变变压器变比 k_1、k_2。

（3）系统中设置无功补偿设备来改变电网传输的无功功率 Q。

（4）改变电网参数 R、X 调压，主要是减少电网电抗 X。

由式（5-14）还可以看出，通过改变输出的有功功率，也可以调节末端电压，但实际上一般不采用改变有功功率来调压。这是因为，一方面对于高压输电网，线路电抗远远大于电阻，$\Delta U = \dfrac{PR + QX}{U} \approx \dfrac{QX}{U}$，改变有功功率对 ΔU 影响不大；另一方面，有功功率电源只有发电机，而发电机的有功功率输出是不能随意改变的，所以不能采用此方法来调节电压。

下面分别讨论几种主要的调压方式。

一、改变发电机励磁调压

现代同步发电机在端电压偏离额定值不超过 $\pm 5\%$ 的范围内，能够以额定功率运行。现代发电机组装有自动励磁调节装置，可以根据运行情况调节励磁电流来调节端电压。负荷增大时，电网电压损耗增加，用户端电压下降，这时增加发电机励磁电流以提高系统电压；负荷减小时，用户端电压升高，减小发电机励磁电流以降低电网电压，此种调压方式为逆调压。对于不同电网，发电机调压所起作用不同。

由孤立发电厂不经升压直接供电的小型电网，因供电线路不长，线路上电压损耗不大，故改变发电机端电压就可以满足负荷点的电压质量要求，不必另外增加调压设备。这种情况下，采用发电机调压是最经济合理的调压方式。

对线路较长，供电范围较大，有多级变压的供电系统，从发电厂到最远的负荷点之间电压损耗的数值和变化幅度都比较大，而且不同运行方式下电压损耗的差别也很大。这时利用发电机调压就不能满足所有负荷的要求，这就需要和其他调压设备配合共同完成调压。

在大型电力系统中，改变发电机励磁调压只是一种辅助的调压措施。如果发电机容量较小，改变发电机励磁对于发电厂高压母线电压不会有多大的影响。如果发电机的容量比较大，改变发电机的励磁电流，可以调节电厂高压母线电压。改变发电厂高压母线的电压，会引起系统无功的重新分配，很可能与系统无功的经济分配发生矛盾，影响系统的经济运行。因此，这样的系统中大型发电厂的无功功率是按照系统调度下达的无功功率曲线运行的。

对于大型用户的自备电厂，在最大负荷时，可增加励磁电流提高电压；在最小负荷时，可减少励磁电流，甚至可以欠励磁运行，以吸收过剩的无功功率来降低电压。发电机在欠励磁运行时，应保留足够的静态稳定储备。

总之，发电机是电力系统中重要的无功电源，改变发电机励磁是电压调整的重要手段。在高峰负荷时段，高压母线电压偏低期间，应尽量带满无功功率到额定值；低谷负荷时段，应尽量少带无功功率，使发电机功率因数达到 0.98 以上运行。已做过进相运行试验的机组，在需要时应进相运行，使高压母线电压接近运行偏差下限值。要注意的是进相运行机组应保留 10% 的静态稳定储备。

二、改变变压器分接头调压

变压器一次侧接入系统后，只要改变变压器的变比就可以改变二次侧的电压。合理选择变压器变比是电力系统调压措施中应用最为广泛的措施之一。

我国制造的普通电力变压器高压绕组上，除了主接头（对应于 U_N）外，还有几个附加分接头可供选择。电力变压器容量在 6300kVA 及以下时，一般有两个附加分接头，加上主接头一共三个接头，即 $U_N \pm 5\%$，分别于 $1.05U_N$、U_N、$0.95U_N$ 处引出，调压范围为 10%。对于容量为 8000kVA 及以上的变压器，有 5 个分接头（$U_N \pm 2 \times 2.5\%$），如图 5-5（a）所

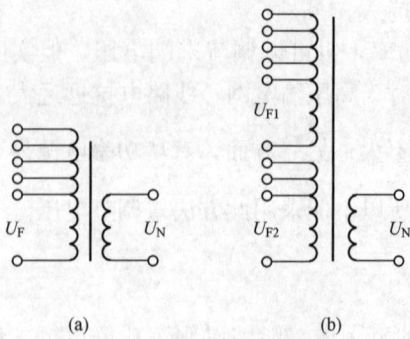

图 5 - 5　普通变压器的分接头

(a) 双绕组变压器；(b) 三绕组变压器

示，分别于 $1.05U_N$、$1.025U_N$、U_N、$0.975U_N$、$0.95U_N$ 处引出，调压范围为 10%。三绕组变压器一般高、中压绕组都有分接头供调压选择用，如图 5 - 5 (b) 所示。

下面介绍普通变压器分接头的选择计算方法。

1. 双绕组变压器

普通双绕组变压器的分接头在选定后就不能改变了，对这一类变压器必须事先选好一个分接头，使得在最大负荷与最小负荷时，电压偏移不超过允许范围。在很多情况下，电压正负偏移相等是最符合用电设备电压质量要求的。下面按这个原则来讨论这类变压器分接头选择方法。

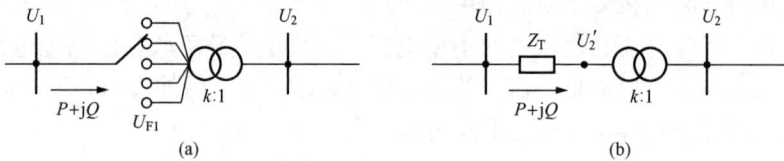

图 5 - 6　降压变压器分接头选择的示意图

(a) 简化接线图；(b) 原理接线图

(1) 降压变压器的分接头选择。如图 5 - 6 (a) 所示的降压变压器，其等值电路如图 5 - 6 (b) 所示。假设其通过的功率为 $P+jQ$，高压侧实际电压为 U_1，归算到高压侧的变压器阻抗为 R_T+jX_T，归算到高压侧的变压器电压损耗为 ΔU，低压侧要求得到的电压为 U_2，则

$$\Delta U = (PR_T + QX_T)/U_1$$

$$U_2 = U_2'/k = (U_1 - \Delta U)/k \tag{5-15}$$

式中　k——k 为变压器的实际变比，$k = U_{1F}/U_{2N}$；

　　　U_{1F}——高压侧的分接头电压；

　　　U_2'——低压侧归算到高压侧的电压；

　　　U_{2N}——低压绕组的额定电压；

　　　U_2——低压绕组的实际电压。

将 k 代入式 (5 - 15)，即可得到变压器高压侧分接头电压，为

$$U_{F1} = \frac{U_1 - \Delta U}{U_2} U_{2N} \tag{5-16}$$

由于普通变压器分接头只能在停电情况下改变，在运行过程中无论负荷如何变化，只能使用一个分接头，所以需要分别计算出最大负荷和最小负荷下所要求的分接头电压。

$$\begin{cases} U_{1Fmax} = \dfrac{U_{1max} - \Delta U_{max}}{U_{2max}} U_{2N} \\[3mm] U_{1Fmin} = \dfrac{U_{1min} - \Delta U_{min}}{U_{2min}} U_{2N} \end{cases} \tag{5-17}$$

式中　U_{1Fmax}、U_{1Fmin}——最大负荷和最小负荷时变压器高压侧分接头的电压；

　　　U_{1max}、U_{1min}——最大负荷和最小负荷时变压器高压侧的实际电压；

U_{2max}、U_{2min}——最大负荷和最小负荷时变压器低压侧要求的电压。

由于负荷对电压的要求一般为正负偏移相等，所以取它们的算术平均值

$$U_{1F} = \frac{U_{1Fmax} + U_{1Fmin}}{2} \tag{5-18}$$

由于计算值 U_{1F} 与变压器厂家给的实际分接头不一定相符，所以只能根据 U_{1F} 值选择最接近的分接头。选定分接头后，还需根据变压器低压侧调压要求的电压来进行校验，如果不满足要求，应考虑采取其他调压措施。校验时应注意，采用的变压器变比为选定的变压器分接头电压与二次侧额定电压之比。

【例 5-1】 一台降压变压器归算到高压侧的参数、负荷及分接头范围已标注于图 5-7 中，已知，最大负荷时高压侧电压为 110kV，最小负荷时为 115kV，最大负荷和最小负荷时电压损耗分别为 $\Delta U_{max} = 7kV$，$\Delta U_{min} = 3kV$，要求低压母线上电压变化范围为 6～6.6kV。试选择变压器分接头。

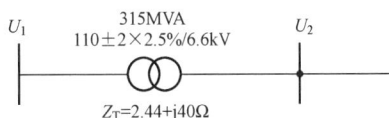

图 5-7 ［例 5-1］图

解 由已知 $U_{1max} = 110kV$，$U_{1min} = 115kV$，$\Delta U_{max} = 7kV$，$\Delta U_{min} = 3kV$，并取最大负荷时 $U_{2max} = 6kV$，最小负荷时 $U_{2min} = 6.6kV$。得到最大负荷和最小负荷时的分接头电压为

$$U_{1Fmax} = \frac{U_{1max} - \Delta U_{max}}{U_{2max}}U_{2N} = \frac{110 - 7}{6} \times 6.6 = 113.3(kV)$$

$$U_{1Fmin} = \frac{U_{1min} - \Delta U_{min}}{U_{2min}}U_{2N} = \frac{115 - 3}{6.6} \times 6.6 = 112(kV)$$

从而得到变压器分接头电压为

$$U_{1F} = \frac{U_{1Fmax} + U_{1Fmin}}{2} = \frac{113.3 + 112}{2} = 112.65(kV)$$

选择最接近的变压器分接头为 $110 + 2.5\% \times 110 = 112.75$（kV）。

检验最大负荷和最小负荷时低压侧的实际电压

$$U_{2max} = \frac{(110 - 7) \times 6.6}{112.75} = 6.03(kV)$$

$$U_{2min} = \frac{(115 - 3) \times 6.6}{112.75} = 6.55(kV)$$

符合低压母线要求 6～6.6kV。

（2）升压变压器的分接头选择。对升压变压器，如图 5-8 所示。U_2 为低压母线电压，U_1 为高压母线电压，Z_T 为归算至高压侧的变压器阻抗，需选择的仍为高压绕组分接头，即 U_{1F}。采用类似的方法，有

$$U'_2 = U_1 + \Delta U \tag{5-19}$$

式中 U'_2——变压器低压母线电压归算至高压侧的值；

U_1——变压器高压侧实际电压；

ΔU——变压器归算到高压侧的电压损耗，$\Delta U = (P_2R + Q_2X)/U_2$。

变压器的变比为 $k = U_{1F}/U_{2N} = U'_2/U_2$，因此

$$U_{1F} = \frac{U'_2}{U_2}U_{2N} = \frac{U_1 + \Delta U}{U_2}U_{2N} \tag{5-20}$$

式中 U_{2N}——变压器低压绕组额定电压；

U_2——变压器低压母线的实际电压。

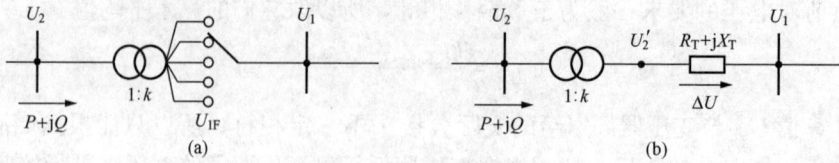

图 5-8　升压变压器分接头选择的示意图
(a) 简化接线图；(b) 原理接线图

同理，求出 U_{F1max}、U_{F1min} 后取其平均值 U_{F1}，选择最接近的标准分接头并进行校验。

【例 5 - 2】　一台与发电机直接相连的升压变压器，$S_N = 31.5MVA$，变比为 $6.3/121 \pm 2 \times 2.5\%kV$，已知最大负荷时高压母线电压 $U_{1max} = 120kV$，变压器电压损耗 $\Delta U_{max} = 8kV$；最小负荷时高压母线电压 $U_{1min} = 114kV$，变压器电压损耗 $\Delta U_{min} = 5kV$。发电机调压范围为 $6 \sim 6.6kV$。试选择变压器分接头。

解　取最大负荷及最小负荷时发电机机端电压 $U_{2max} = 6.6kV$，$U_{2min} = 6kV$，由式 (5 - 20) 求得最大及最小负荷时的分接头电压为

$$U_{1Fmax} = (U_{1max} + \Delta U_{max})U_{2N}/U_{2max} = (120 + 8) \times 6.3/6.6 = 122.2(kV)$$

$$U_{1Fmin} = (U_{1min} + \Delta U_{min})U_{2N}/U_{2min} = (114 + 5) \times 6.3/6 = 124.9(kV)$$

求得变压器分接头电压为

$$U_{1F} = \frac{U_{1Fmax} + U_{1Fmin}}{2} = \frac{122.2 + 124.9}{2} = 123.55(kV)$$

选变压器标准分接头为 $121 \pm 121 \times 2.5\% = 124.025$ (kV)。

校验如下。

$$U_{2max} = (120 + 8) \times 6.3/124.025 = 6.50(kV)$$

$$U_{2min} = (114 + 5) \times 6.3/124.025 = 6.04(kV)$$

所选分接头符合要求。

2. 三绕组变压器

上述双绕组变压器的分接头的方法也可用于三绕组变压器的分接头选择。不同的是三绕组变压器有两个分接头需要选择，一般根据功率流向确定选择的方法。对于电源在高压侧的三绕组降压变压器，应首先按照低压侧母线电压要求选定高压绕组分接头，此时高、低压绕组相当于一个双绕组变压器；然后再由已选定的高压绕组分接头和中压侧母线电压要求选择中压绕组的分接头，此时高、中压绕组相当于一个双绕组变压器。对于低压侧有电源的升压变压器，其他两侧分接头可以根据这两侧所要求的电压和低压侧电压情况分别进行选择，即将它看成两台双绕组升压变压器来进行选择。

3. 有载变压器

如果系统中无功电源不缺乏，采用普通变压器不能满足调压要求的场合，诸如长线路，负荷变动很大，需要在运行情况下改变变压器分接头，则可采用有载调压变压器，其原理接线图如图 5-9 所示。

有载调压变压器的高压绕组除主绕组外，还有一个引出若干分接头的调压绕组，调压绕组带有分接头切换装置，可在有负荷时切换分接头。切换装置有两个可动触头 Ka 和 Kb，

每个触点串联一个接触器触点 KMa 和 KMb，调节时先将一个可动触头的接触器触点 KMa 断开，将该动触头 Ka 移动到相邻分接头上，然后再如法将另一个触头也移到该分接头上，这样逐级移动，直到两个可动触头都移到所选的分接头为止。切换过程中，由于始终有一个触点在原来的分接头上，因此在调节过程中不会出现变压器带负荷开路的问题。在切换过程中，当两个可动触头在不同分接头位置时，分接头之间由于存在着一定的相位差，会有一定短路电流。切换装置中的电抗器 L 即是用来限制两个分接头间的短路电流。为防止可动触头切换

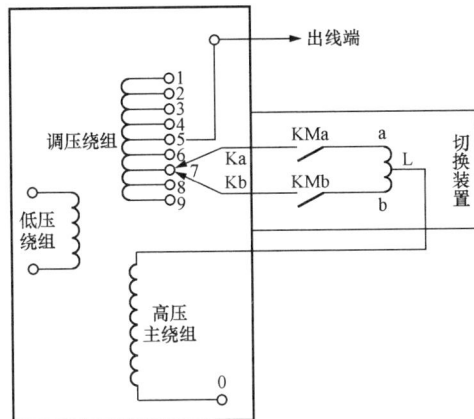

图 5-9　有载调压变压器的原理接线图

中产生电弧使变压器油绝缘劣化影响到主绕组，所以制造时在切换装置的可动触头 Ka、Kb 回路中串入接触器触点 KMa、KMb，并把 KMa、KMb 放在独立的油箱中。

有载调压变压器调压绕组的分接头多于普通变压器（例如±8×1.25%）。有载调压变压器能在带负荷条件下切换分接头，而且级差小，调节范围大，因而能更好地满足用户要求。特别在要求逆调压时，普通变压器无法实现，只有采用有载调压变压器。缺点是造价高，维修复杂。

对于 110kV 及以上电压等级的变压器，一般调节绕组放在变压器的中性点侧，因为变压器的中性点接地，中性点侧附近对地电压很低，调节装置的绝缘容易解决。

对于各种变压器分接头的选择要求是：所选的分接头应使二次母线的实际电压不超出电压允许偏移范围。除此之外，变压器分接头的选择还应考虑如下几个问题。

（1）区域性大型发电厂的升压变压器分接头应尽量放在最高位置。

（2）通常指按照最大负荷和最小负荷两种情况选择变压器的分接头，但也应该考虑发生事故后中枢点的电压是否会降到临界电压。若是，则应采取其他事故措施或自动切负荷的措施。

（3）应尽量将一次系统的电压提高到上限运行。这样可以降低一次系统的无功功率损失和增大一次系统的充电功率，对系统的无功功率平衡和电压调整是有利的。在无功功率充足的系统中，用户的电压也应尽可能在上限运行，这对系统的经济运行有利。当整个系统的无功功率不足时，则维持用户低压母线的电压为原有水平，以保证系统能安全、可靠运行。

三、改变电网无功功率分布调压

改变变压器变比调整电压的方法，适用于系统无功电源充足的情况。当电力系统无功电源不足时，应先增加无功电源，采用无功分层分区就地平衡的原则设置并投入无功补偿设备。

无功补偿设备的设置不受能源和地点的限制，可集中安装也可分散安装。改变电网无功功率分布，就地平衡无功负荷，可以减少无功功率在电网传输过程中产生的功率损耗和电压损耗，提高电网的电压质量和设备利用率。

1. 按提高用户母线功率因数选择并联无功补偿容量

按提高用户母线功率因数选择并联无功补偿容量，一般适用于中小容量系统，多采用并

联电容器进行无功补偿。补偿容量的计算公式为

$$Q_C = \left[\left(\frac{1}{\cos^2\varphi_1}-1\right)^{1/2}-\left(\frac{1}{\cos^2\varphi_2}-1\right)^{1/2}\right]P_{av}$$

式中　　　Q_C——并联电容器补偿电容器，kvar；

P_{av}——年最大负荷月的平均有功功率；

$\cos\varphi_1$、$\cos\varphi_2$——补偿前后的功率因数。

2. 按母线运行电压的要求选择并联无功补偿容量

下面按母线运行电压的要求确定并联无功补偿容量。分析时分两步：首先不考虑具体补偿设备，仅从调压要求出发求出所需补偿的无功容量，然后再针对具体设备定出所需补偿容量。

图 5-10 所示简单供电网络的负荷点电压不符合要求，拟在负荷端点采用并联补偿设备改善电压状况。

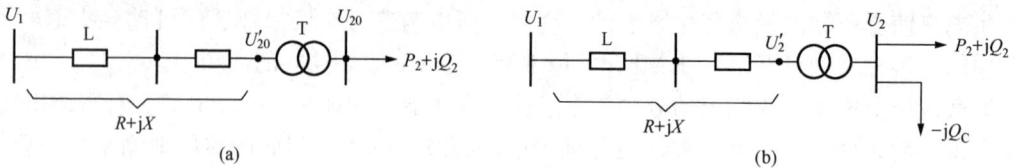

图 5-10　并联补偿调压容量的确定图

（a）补偿前电网的等值电路；（b）补偿后电网的等值电路

不计线路和变压器并联导纳，不计电压降落横分量，补偿前有关系式

$$U_1 = U'_{20}+\frac{P_2R+Q_2X}{U'_{20}} \tag{5-21}$$

式中　U'_{20}——补偿前归算至高压侧的变压器低压侧母线电压；

P_2、Q_2——负荷消耗的有功功率和无功功率；

R、X——电源点到负荷点总阻抗。

补偿后有关系式

$$U_1 = U'_2+\frac{P_2R+(Q_2-Q_C)X}{U'_2} \tag{5-22}$$

式中　U'_2——归算至高压侧的补偿后负荷端电压；

Q_C——负荷端无功补偿容量。

设补偿前后供电点电压 U_1 不变，则有

$$U_1 = U'_{20}+\frac{P_2R+Q_2X}{U'_{20}} = U'_2+\frac{P_2R+(Q_2-Q_C)X}{U'_2}$$

整理后得到

$$Q_C = \frac{U'_2}{X}\left[(U'_2-U'_{20})+\left(\frac{P_2R+Q_2X}{U'_2}-\frac{P_2R+Q_2X}{U'_{20}}\right)\right]\approx\frac{U'_2}{X}(U'_2-U'_{20}) \tag{5-23}$$

因式（5-23）中第二项为补偿前后电压损耗的变化量，其值很小可略去。设变压器变比为 $k:1$，则

$$Q_C = \frac{U'_2}{X}(U'_2-U'_{20}) = \frac{kU_2}{X}(kU_2-U'_{20}) \tag{5-24}$$

式中　U_2——并联补偿后和选定变压器分接头后，变压器低压母线按调压方式要求的电压。

由式（5-24）可以看出，补偿容量不但正比于补偿前后负荷端电压的差值，要补偿的电压差越大，则所需的补偿容量越大；而且也和变压器的变比 k 有关，即计算补偿容量的同时需考虑变压器变比的选择。选择变比的原则是既满足调压要求，又使补偿容量最小。下面分别讨论电容器和调相机补偿容量的确定。

（1）电力电容器。对电容器，按最小负荷时全部退出，最大负荷时全部投入的原则选择变压器变比，即先按最小负荷时确定变压器变比，即

$$U_{F1} = \frac{U_{1min} - \Delta U_{min}}{U_{2min}} U_{2N} \qquad (5-25)$$

式中　U_{1min}——最小负荷时变压器高压侧母线电压；

U_{2min}——最小负荷时变压器低压母线按调压方式要求的电压；

ΔU_{min}——最小负荷时的电压损耗；

U_{2N}——变压器低压侧额定电压。

由式（5-25）求得分接头电压后再标准化，选取最接近的分接头，并校验符合调压要求，根据选定的分接头计算变压器的实际变比 $k = U_{F1}/U_{2N}$。然后在最大负荷时由式（5-24）求出所需的无功补偿容量，即

$$Q_C = \frac{kU_{2max}}{X}(kU_{2max} - U'_{20max}) \qquad (5-26)$$

式中　U_{2max}——最大负荷时变压器低压侧按调压方式要求的电压；

U'_{20max}——补偿前最大负荷时归算至高压侧变压器低压母线电压。

（2）调相机。对同步调相机，按最小负荷时欠励磁运行、最大负荷时过励磁运行的原则选择变压器的变比。注意欠励磁时同步调相机吸收无功功率，而且欠励磁满额运行时的容量一般为过励磁运行时的 α 倍，一般为 $0.5\sim0.65$。故有

$$\begin{cases} -\alpha Q_C = \dfrac{kU_{2min}}{X}(kU_{2min} - U'_{20min}) \\[2mm] Q_C = \dfrac{kU_{2max}}{X}(kU_{2max} - U'_{20max}) \end{cases} \qquad (5-27)$$

式（5-27）中，将第二式代入第一式，可得到

$$k = \frac{U_{2min}U'_{20min} + \alpha U_{2max}U'_{20max}}{U_{2min}^2 + \alpha U_{2max}^2} \qquad (5-28)$$

计算出变压器分接头电压值 $U_F = kU_{2N}$，再次计算出变压器变比 k，选择标准分接头，将其代入式（5-27），即可求得所需的补偿容量 Q_C。

四、改变电网参数调压

用户电压过低的原因有两个：一是系统无功电源不足，系统被迫降低运行电压，以维持系统无功功率的平衡，可以通过投入无功补偿和发电机增发无功来提高系统电压；另外，电网的电压损耗过大。由调压原理分析可知，通过改变电网参数可以达到调压的目的。也即改变电网 R、X，可采用的方法有以下三种。

（1）增大电网中导线截面，以减小电阻 R，从而减小电压损耗。但是这种方法仅在有功功率所占比例较大，原有导线截面较小的 10kV 及以下配电线路才比较有效。在输电线路中，由于 $X \gg R$，电压损耗中 QX 起主导作用，所以这种方法降低电压损耗收效甚小。此外

从节约有色金属的观点出发,这种方法不可取,因此一般不采用改变电阻的方法调整电压。

(2) 改变电网的接线方式。改变电网的接线方式可以减小电网的阻抗,从而减小电网的电压损耗,达到调压目的。改变电网的接线方式主要有:

1) 将单回路供电改造为双回路供电线路;

2) 将开环运行的电网改造为闭环运行的电网;

3) 投入或切除变电所中多台并联运行的变压器的一台或数台。

上述几种方法,只能在不降低供电可靠性和不显著增加功率损耗时,作为辅助调压措施。对于有两台或多台变压器并联运行的变电所内,在最小负荷时,切除一台或数台变电所是可行的,可以采用备用电源自动投入装置弥补供电可靠性不足的缺点,还可以降低变压器总的功率损耗。

(3) 串联电容补偿。对于长距离输电线路,由于线路电抗比较大,造成电压损耗和无功功率损耗大,同时限制了线路的输送容量。在线路上串联电容器,利用容抗补偿线路的感抗,从而可提高线路末端电压,这种方法称为串联补偿调压,如图 5-11 所示。

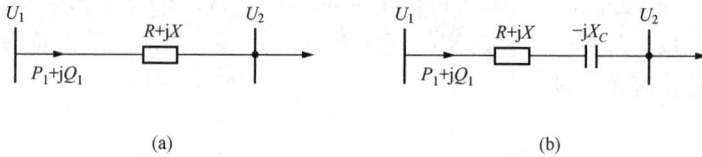

图 5-11　串联补偿调压

(a) 补偿前的电网;(b) 补偿后的电网

图中已知首端功率,补偿前的电压损耗为

$$\Delta U = \frac{(P_1 R + Q_1 X)}{U_1} \qquad (5-29)$$

补偿后的电压损耗为

$$\Delta U_C = \frac{P_1 R + Q_1 (X - X_C)}{U_1} \qquad (5-30)$$

式中　X_C——串联补偿电容器的容抗值。

从而提高的末端电压为

$$\Delta U - \Delta U_C = \frac{Q_1 X_C}{U_1} \qquad (5-31)$$

所以,如要求提高的电压为 $\Delta U - \Delta U_C$,则所需要的容抗为

$$X_C = \frac{(\Delta U - \Delta U_C) U_1}{Q_1} \qquad (5-32)$$

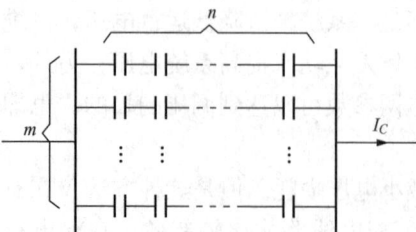

图 5-12　串联电容器组

串联补偿电容器由多个电容器经串联和并联组成,如图 5-12 所示。如果按产品手册选择的电容器额定电压为 U_{NC}、额定容量为 Q_{NC},则可根据最大负荷时的电流 $I_{max} = S_{max} / (\sqrt{3} U_{max})$(其中 U_{max} 为对应于 S_{max} 的电压)所需的串联补偿容抗 X_C 和电容器额定电压 U_{NC}、额定电流 I_{NC} 确定电容器组的串数 m 和每串电容器的组数 n,即

$$\begin{cases} m \geqslant I_{\max}/I_{\mathrm{NC}} \\ n \geqslant I_{\max} X_C/U_{\mathrm{NC}} \end{cases} \tag{5-33}$$

注意，m、n 应取比计算值偏大的整数，确定后需校验实际的补偿效果是否达到要求。m、n 确定后，则串联补偿电容器容量为

$$Q_C = 3mnQ_{\mathrm{NC}} \geqslant 3I_{\max}^2 X_C \tag{5-34}$$

串联电容器组一般集中安装于一绝缘平台，以便于运行管理和维护。由于经串联补偿后电压有一突然升高，所以其装设地点应考虑：既要使负荷点电压在允许范围内，又要使沿输电线路电压分布尽可能均匀，所有负荷点电压得以提高，同时还应使故障时流过电容器的短路电流不致过大。所以对不同结构的线路，串联电容器设置的地点是不同的。单电源线路，当负荷集中在辐射型网络末端时，仅需末端电压得到提高，串补电容就装于线路末端；当沿线有多个负荷时，为了提高沿线各负荷点的电压，就将其装于全线电压降的 $1/2$ 处较为合适。

串联电容补偿的性能可用补偿度表示。所谓补偿度是指串联电容器的容抗 X_C 与线路感抗 X_L 的比值，用 K_C 表示，则

$$K_C = \frac{X_C}{X_L} \times 100\% \tag{5-35}$$

当 $X_L > X_C$ 时，称为欠补偿。补偿了部分线路电抗，线路末端电压得到提高，但不会超过线路首端的电压。当 $X_L = X_C$ 时，称为全补偿。线路容抗补偿了全部线路电抗，线路相当于纯电阻线路，在不考虑电阻压降时，线路末端电压等于线路首端电压。当 $X_L < X_C$ 时，称为过补偿。过补偿时，线路末端电压可能高于线路首端电压

值得注意的是，由式（5-31）可知，串联补偿电容器的调压效果，即线路末端提高的电压与所串电容器的容抗 X_C 成正比，同时也与线路中流过的无功功率 Q_1 成正比。无功负荷大时调压效果大，无功负荷小时调压效果小，即具有正的调节效应，有利于维护电压运行的稳定。另外，如负荷的功率因数较高，则线路中流过的无功功率较小，从而串联电容调压效果减小。因此串联补偿调压主要用于 110kV 以下功率因数较低的辐射型配电线路。另外，串联电容补偿应考虑装设过电压保护和防止短路电流对电容器冲击的保护电器，如避雷器、放电间隙、释能设备等。

五、串联电容补偿与并联电容补偿的比较

（1）为减少同样大小的电压损耗，需设置串联电容器的容量仅为并联电容器容量的 $10\% \sim 15\%$。

（2）串联电容补偿的调压效果与无功负荷的大小有关。无功负荷增加时，电压越低，调压效果增大，这恰与调压要求相一致。而对于并联电容补偿，无功负荷越大时，电压越低，并联电容补偿调压效果越差，恰与调压要求相反。另外，一般对并联电容补偿的要求是在最大负荷时全部投入，最小负荷时部分或全部切除，这样的调压效果较好，但是需要时间进行操作切换。相比之下，串联电容补偿的调压效果比较好。

（3）串联电容器和并联电容器都可以达到调压的目的，但串联电容器具有负的电压降落，起到补偿线路电压降落的作用；并联电容器借线路上流通的无功功率减少来减小线路的电压降落。因此，串联电容器的调压作用比较明显。

（4）串联电容补偿一般适用于负荷变动较大且频繁，功率因数又比较低的配电线路上，

而对于负荷功率因数在 0.95 以上或导线截面较小的线路，由于此时电压损耗中与电阻有关的分量较大，使得串联电容补偿的效果不显著。

(5) 并联电容补偿可以减少电力线路流过的无功功率，从而可直接减少线路上的有功功率损耗。串联补偿则只能通过补偿后使电压提高，从而间接地减少线路的有功功率损耗。如果设置的电容器容量相等，则并联电容补偿对减少线路有功功率损耗的效果比串联电容补偿的效果显著。

电力系统的调压措施可以归纳为两大类：一类为合理组织电力系统现有设备的运行方式达到调压的目的，如改变发电机励磁调压、改变变压器分接头调压等，应优先采用此类调压措施；另一类为需要增加设备，改进电力系统现有状况的调压措施，如改变电网的无功分布调压、改变电网的参数调压等。各种调压措施应合理应用。

小　　结

电压是电能质量的重要指标，本项目主要阐述了电力系统运行时系统的无功功率平衡与电压调整的问题。

电力系统运行过程中功率的波动会引起电压发生偏移，其中无功功率的波动和电压偏移关系最为密切，描述正常运行情况下功率与电压变化规律的曲线为功率电压静态特性曲线。电力系统负荷中异步电动机占比最大，所以综合负荷的电压静态特性曲线近似为异步电动机的电压静态特性曲线。

电力系统电压偏移决定于系统的无功平衡。电力系统的无功电源有发电机、电容器、静止无功补偿器和调相机；电力系统的无功负荷有系统无功负荷、电网无功损耗及厂用无功负荷。当系统无功电源缺乏时，会引起系统电压降低；相反，系统电压会升高。又因为电力系统供电范围很广，电网上电压损耗很大，所以即使总体无功平衡，在局部也可能造成电压偏移过大，所以需要做到分层分区的平衡，同时还需要一定的无功备用，以保证运行的可靠性和无功负荷的增长。

电力系统电压控制的策略为选取有代表性节点作为电压中枢点，通过控制电压中枢点电压偏移在允许范围内，从而控制电网所有节点电压在允许范围内。电压中枢点调压方式有逆调压、顺调压、恒调压三种。

电力系统电压调整措施有改变发电机励磁调压、改变变压器变比调压、并联无功补偿调压、改变电网参数调压。以上四种调压方式中，发电机调压和并联补偿调压是改变发出无功功率大小进行电压调整的手段，也是保证电力系统电压水平的根本手段。变压器不是无功电源，不发出无功功率，但其分接头位置的变化可改变无功功率分布，从而改变系统中局部的电压水平。串联电容补偿调压通过参数补偿，从而直接减小线路的电压损耗。所以四种方法各有利弊，应综合利用，即进行综合调压。

习　　题

5-1　电压偏移的定义是什么？我国规定的电压偏移是什么？

5-2　电网电压质量监测点有哪些类型？

5-3　电压质量统计指标有哪些？

5-4　什么是电力系统综合负荷的电压静态特性曲线？

5-5　电力系统无功电源有哪几类？各类无功电源有哪些特点？

5-6　电网的无功损耗主要有哪些？

5-7　静止无功补偿器的工作原理是什么？有什么特点？

5-8　为达到分层分区平衡，我国对电力用户和电网各有什么要求？

5-9　什么是电压中枢点？如何选择电压中枢点？如何确定中枢点电压的允许偏移范围？

5-10　什么是逆调压、顺调压和恒调压？各适宜于什么情况？

5-11　电压调整措施有哪些？各有什么优缺点？

5-12　串联补偿电容器调压有什么特点？适用于什么情况？

5-13　某降压变电所中有一台容量为 10MVA 的变压器，电压为 $110\pm2\times2.5\%$/11kV。已知最大负荷时，高压侧实际电压为 113kV，变压器阻抗中电压损耗为额定电压的 4.63%；最小负荷时，高压侧实际电压为 115kV，阻抗中电压损耗为 2.81%。变电所低压母线采用顺调压方式，试选择变压器分接头电压。

5-14　如图 5-13 所示升压变压器，额定容量为 31.5MVA，变比为 $10.5/121\pm2\times2.5\%$，归算至高压侧的阻抗为 $Z_T=3+j48\Omega$，通过变压器的功率为 $\tilde{S}_{max}=24+j16MVA$，$\tilde{S}_{min}=13+j10MVA$。高压侧调压要求 $U_{max}=120kV$，$U_{min}=112kV$，试选择变压器分接头。

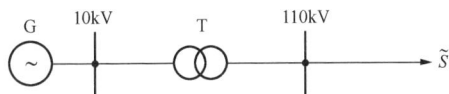

图 5-13　题 5-14 图

5-15　变电所有一台有载调压变压器，型号为 SFSZL-8000/110，额定电压为 $110\pm3\times2.5\%/38.5\pm2\times2.5\%$/11kV，变压器等值电路如图 5-17 所示。图中各绕组归算至高压侧的阻抗分别为 $Z_1=7.77+j162.5\Omega$，$Z_2=7.77-j3.78\Omega$，$Z_3=11.65+j102\Omega$；各绕组通过的功率在最大、最小负荷时分别为：$\tilde{S}_{1max}=5.5+j4.12MVA$，$\tilde{S}_{1min}=2.4+j1.8MVA$，$\tilde{S}_{2max}=3.5+j2.62MVA$，$\tilde{S}_{2min}=1.4+j1.05MVA$，$\tilde{S}_{3max}=2+j1.5MVA$，$\tilde{S}_{3min}=1+j0.75MVA$。已知最大、最小负荷时高压侧的电压分别为 112.15kV 和 115.73kV，若中低压侧分别要求逆调压，试选择变压器高、中压侧的分接头。

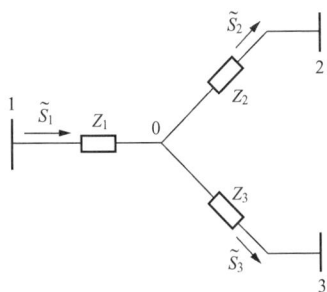

图 5-14　题 5-15 图

项目六　电力系统的经济运行

项目目标　能够说出电力系统电能损耗的基本概念；会利用面积法、均方根电流法、最大负荷损耗时间法、等值功率法等进行电能损耗的计算；能够说出降低网损的技术措施。

任务6.1　认知电能损耗

电力系统在运行过程中，运行参数经常发生变化。因此，按照某一电流（或功率）值计算的有功损耗只是针对该运行时刻而言的瞬时值，并不具有普遍的意义。计算电网的有功损耗必须以一定时间段内电网损耗的电量来衡量。通常，用一年（365×24＝8760h）内电网总的有功损耗的电量来表示，即"年电能损耗"。

在给定的时间（日、月、季或年）内，系统中所有发电厂的总发电量同厂用电量之差，称为供电量；所有送电、变电和配电各环节所损耗的电量，称为电网的损耗电量。在同一时间内，电网损耗电量占供电量的百分数，称为电网的损耗率，简称网损率或线损率，即

$$电网损耗率 = \frac{电网损耗电量}{供电量} \times 100\% \tag{6-1}$$

网损率是国家电网公司下达给各电力系统的一个重要经济指标，也是衡量电力企业管理水平的一项主要标志。近几年来我国网损率逐年下降，2010 年网损率为 6.53%，比 2009 年下降 0.14%。

电网运行时，电流或功率通过电网的元件，就要产生功率损耗。在电阻与电导中产生有功功率损耗，在电感中产生无功功率损耗。

电能损耗 ΔA（kW·h）计算式为

$$\Delta A = \Delta P t \tag{6-2}$$

式中　ΔP——有功功率损耗，kW；

　　　　t——计算电能损耗的时间，h。

电网的功率损耗包括以下两部分。

（1）固定损耗 ΔA_1：与电网输送的功率无关，只与电压有关的损耗。这部分损耗产生在输电线路和变压器的并联导纳中，如电晕损耗、变压器铁损与励磁损耗等，约占电网总功率损耗的 20% 左右。

（2）变动损耗 ΔA_2：与电网输送的功率有关的损耗。这部分损耗产生在输电线路和变压器的阻抗中，输送的功率越大，损耗也越大，约占电网总损耗功率的 80% 左右。

以变压器为例，如忽略电压变化对铁心的影响，则在给定的运行时间内，变压器的电能损耗为

$$\Delta A_{\mathrm{T}} = \Delta P_0 T + 3 \int_0^T I^2 R_{\mathrm{T}} \mathrm{d}t \times 10^{-3} \tag{6-3}$$

式中各量的单位是：功率为 kW，时间为 h，电流为 A，电阻为 Ω。式（6-3）中的第

一项与电流（或功率）无关，称为固定损耗，它只与电压和运行时间有关，计算比较简单。式（6-3）中的第二项与电流（或功率）有关，称为变动损耗，它与负荷的大小及运行时间有关，计算比较困难。线路中电阻上的能量损耗与式（6-3）中的第二项相似。

当系统负荷一定时，有功功率损耗越大，所需要的发电设备容量也越大，增加了发电设备的投资，同时消耗更多的能源——水、煤、油等，使系统的运行费用增加。无功功率的损耗，影响到电力系统无功功率的供应，要求发电设备多发无功或增加无功补偿设备，导致投资增加，过多的无功损耗导致有功功率的输送受到限制，并引起有功损耗增加。因此，努力降低电网的功率损耗与电能损耗是电网规划设计与运行管理中的重要任务。电能损耗的计算方法主要有面积法、均方根电流法、最大负荷损耗时间法、等值功率法等。

任务 6.2　计算电网的电能损耗

当负荷电流通过线路电阻时，在时间 T 内产生的电能损耗为 ΔA（简称线损或网损），可计算为

$$\Delta A = \int_0^T \Delta P \mathrm{d}t = \int_0^T 3I^2R \times 10^{-3}\mathrm{d}t = R \times 10^{-3}\int_0^T \left(\frac{S}{U}\right)^2 \mathrm{d}t \tag{6-4}$$

式中　R——线路一相的电阻，Ω；

ΔP——线路电阻中的有功功率损耗，kW；

I——流过线路电阻的电流，A；

S——线路电阻中通过的视在功率，kVA；

U——线路的实际工作电压，近似计算时可用额定电压 U_N 代替，kV；

T——计算电能损耗的时间，h。

若时间 $T=24\mathrm{h}$，则 ΔA 为一天的电能损耗；若 $T=8760\mathrm{h}$，则 ΔA 为一年的电能损耗。由于负荷随时间的变化规律不可能用一个简单的函数式表示，因而用式（6-4）计算 ΔA 则比较困难。可以采取一些近似的方法计算线路中的电能损耗。本节介绍面积法、均方根电流法、最大负荷损耗时间法及等值功率法。若已知年持续负荷曲线，可采用面积法；若有代表日实测负荷记录，可采用均方根电流法；若已知负荷性质及最大负荷利用时间，可采用最大负荷损耗时间法；运行的电网也可用等值功率法。

一、面积法电能损耗计算

若已知负荷的年持续负荷曲线，则可根据年持续负荷曲线绘出其平方曲线（见图6-1），求出负荷平方曲线下从 $0\sim T$ 内的面积，然后乘以适当的比例，即可得出线路电阻中的电能损耗。若在

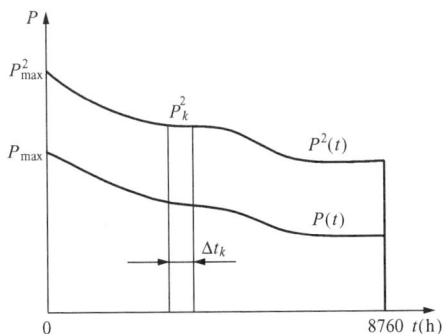

图 6-1　已知负荷曲线计算电能损耗图

时间 T 内近似认为线路电压和功率因数不变，则式（6-4）可表示为

$$\Delta A = \int_0^T \left(\frac{S}{U}\right)^2 R\mathrm{d}t \times 10^{-3} = \frac{R \times 10^{-3}}{U^2\cos^2\varphi}\int_0^T P^2\mathrm{d}t \tag{6-5}$$

式（6-5）中，$\int_0^T P^2\mathrm{d}t$ 表示负荷平方曲线下 $0\sim T$ 时间内所围成的面积，时间 T 一般取

一年，即 8760h。$\dfrac{R \times 10^{-3}}{U^2 \cos^2 \varphi}$ 表示比例系数，若 S 以 kVA、P 以 kW、R 以 Ω 作为单位，则 ΔA 为一年中线路电阻的电能损耗，单位为 $kW \cdot h$。根据微积分的基本原理，该面积可用 n 个宽度为 Δt_k，高度为 P_k^2 的小矩形面积之和代替，故式（6-5）可改写为

$$\Delta A = \frac{R \times 10^{-3}}{U^2 \cos^2 \varphi} \sum_{k=1}^{n} P_k^2 \Delta t_k \qquad (6-6)$$

式（6-6）即为已知负荷曲线时的电能损耗计算公式。式中，电阻 R 以 Ω、电压 U 以 kV、功率 P 以 kW 为单位，则电能损耗 ΔA 的单位为 kW·h。

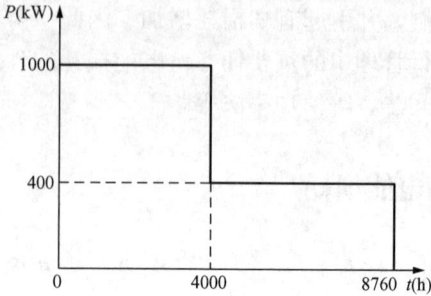

图 6-2　［例 6-1］图

【例 6-1】　有一额定电压为 10kV 的三相架空线路，由此线路供用户的年持续负荷如图 6-2 所示，线路电阻为 10Ω，平均功率因数为 0.8。试计算该配电线路的年电能损耗。

解　线路在一年中的电能损耗为

$$\Delta A = \frac{R \times 10^{-3}}{U^2 \cos^2 \varphi} \sum_{k=1}^{n} P_k^2 \Delta t_k$$

$$= \frac{10 \times 10^{-3}}{10^2 \times 0.8^2} \times \left[1000^2 \times 4000 + 400^2 \times (8760 - 4000) \right]$$

$$= 7.44 \times 10^5 (\text{kW} \cdot \text{h})$$

用户一年取用电能为

$$A = \int_0^{8760} P \mathrm{d}t = \sum_{k=1}^{n} P_k \Delta t_k = 1000 \times 4000 + 400 \times (8760 - 4000)$$

$$= 5.904 \times 10^6 (\text{kW} \cdot \text{h})$$

电能损耗百分数为

$$\Delta A(\%) = \frac{\Delta A}{A} \times 100\% = \frac{7.44 \times 10^5}{5.904 \times 10^6} \times 100\% = 12.6\%$$

二、均方根电流法电能损耗计算

由于绘制年持续负荷曲线工作量大，尤其对于有分支的电网，用年持续负荷曲线下的面积计算电能损耗更为复杂。以下讨论由面积法导出的均方根电流法计算电网电能损耗的方法，首先来确定代表日均方根电流。

（1）负荷以电流表示。对于有实测负荷记录的电网，已知代表日每小时的负荷电流，则一日的电能损耗为

$$\Delta A = 3R \times 10^{-3} \sum_{k=1}^{24} I_k^2 \Delta t_k \qquad (6-7)$$

若取 $\Delta t_1 = \Delta t_2 = \cdots = \Delta t_{24} = 1\text{h}$，则代表日 24h 的电能损耗为

$$\Delta A = 3R \times 10^{-3} \left(\frac{I_1^2 + I_2^2 + \cdots + I_{24}^2}{24} \right) \times 24 = 3 I_{\text{rms}}^2 R \times 24 \times 10^{-3} \qquad (6-8)$$

其中

$$I_{\text{rms}} = \sqrt{\frac{I_1^2 + I_2^2 + \cdots + I_{24}^2}{24}} = \sqrt{\frac{\sum\limits_{k=1}^{24} I_k^2}{24}} \qquad (6-9)$$

式中　R——线路一相的电阻，Ω；

　　　I_{rms}——代表日均方根电流，A。

（2）负荷以功率表示。若电网负荷以功率表示，则代表日均方根电流为

$$I_{rms} = \sqrt{\frac{\sum_{k=1}^{24}(P_k^2 + Q_k^2)}{3 \times 24 U_{av}^2}} \tag{6-10}$$

式中　U_{av}——测量功率处线电压平均值，kV；

　　　P_k、Q_k——代表日第 k 小时的三相有功、无功功率，kW、kvar。

（3）负荷以有功与无功电能表示。若电网负荷以有功与无功电能表示，则代表日均方根电流为

$$I_{rms} = \sqrt{\frac{\sum_{k=1}^{24}(A_k^2 + A_{rk}^2)}{3 \times 24 U_{av}^2}} \tag{6-11}$$

式中　A_k——第 k 小时负荷消耗的有功电能，kW·h；

　　　A_{rk}——第 k 小时负荷取用的无功电能，kvarh。

用电能表的实测数据计算均方根电流比较合理。因为电能表较电流表或功率表精确度高，并且每小时的电能表读数反映了该小时的平均电流，因此求出的均方根电流是代表日 24 个平均电流的均方根值。

在求出代表日均方根电流后，代表日电能损耗计算式为

$$\Delta A = 3 I_{rms}^2 R \times 24 \times 10^{-3}(kW \cdot h) \tag{6-12}$$

如果需要计算每月、每季或一年的电能损耗，应在代表日计算的基础上，乘以适当的倍数。计算时，代表日选的越多，电能损耗计算精度就越高。下式为一个月电网电能损耗的计算式

$$\Delta A_月 = (\Delta A_1 + \Delta A_2)\left(\frac{A_1}{A_2 d}\right)^2 d(kW \cdot h) \tag{6-13}$$

式中　ΔA_1——代表日固定损耗，kW·h；

　　　ΔA_2——代表日可变损耗，kW·h；

　　　A_1——全月供电量，kW·h；

　　　A_2——代表日供电量，kW·h；

　　　d——全月实际天数，d。

三、最大负荷损耗时间法电能损耗计算

当变电所或用户的负荷曲线或负荷实测记录未知时，用面积法或均方根电流法计算电能损耗就有困难，这时可采用最大负荷损耗时间法计算电能损耗。根据式（6-5）可得

$$\Delta A = \frac{R \times 10^{-3}}{U^2 \cos^2\varphi} \int_0^{8760} P^2 dt = \frac{R \times 10^{-3}}{U^2} \int_0^{8760} S^2 dt \tag{6-14}$$

式（6-14）的意义可用图 6-3 表示，电能损耗 ΔA 为一定比例下视在功率 S 平方曲线下的面积。如果 $T=8760h$，则 ΔA 为一年的电能损耗。由图 6-3 可见，S^2 曲线下的面积可以用以 S_{max}^2 为高度，以 τ 为宽度的矩形面积代替，即

$$\Delta A = \frac{R \times 10^{-3}}{U^2} \int_0^{8760} S^2 dt = \frac{R \times 10^{-3}}{U^2} S_{max}^2 \tau \tag{6-15}$$

其中
$$\tau = \frac{\Delta A}{\left(\dfrac{S_{max}}{U}\right)^2 R \times 10^{-3}} = \frac{\int_0^{8760} S^2 \,\mathrm{d}t}{S_{max}^2} \tag{6-16}$$

τ 称为最大负荷损耗时间，它的意义是如果线路中输送的功率一直保持为最大负荷 S_{max}，在 τ 时间内的电能损耗恰好等于按线路实际负荷曲线运行在一年 8760h 内所消耗的电能。

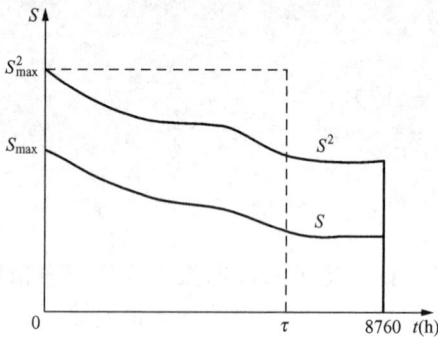

图 6-3 最大负荷损耗时间 τ 的意义

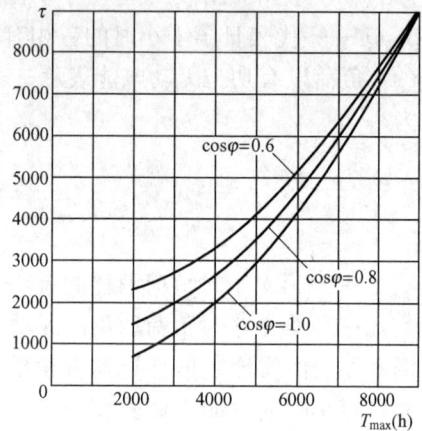

图 6-4 T_{max} 与 τ 的数值关系

T_{max}、$\cos\varphi$ 及 τ 的数值关系，可以用图 6-4 所示的曲线表示，或查表 6-1。在未知负荷曲线时，根据用户的性质，先计算出最大负荷利用小时数 T_{max}，再根据 T_{max} 及 $\cos\varphi$，查出 τ 的数值，利用式（6-15）即可计算出线路全年的电能损耗。

表 6-1　　最大负荷利用小时数 T_{max}、功率因数 $\cos\varphi$ 与最大负荷损耗时间 τ 的关系

τ（h/年）＼$\cos\varphi$　　T_{max}（h/年）	0.8	0.85	0.9	0.95	1.0
2000	1500	1200	1000	800	700
2500	1700	1500	1250	1100	950
3000	2000	1800	1600	1400	1250
3500	2350	2150	2000	1800	1600
4000	2750	2600	2400	2200	2000
4500	3200	3000	2900	2700	2500
5000	3600	3500	3400	3200	3000
5500	4100	4000	3950	3750	3600
6000	4650	4600	4300	4350	4200
6500	5250	5200	5100	5000	4850
7000	5950	5900	5800	5700	5600
7500	6650	6000	6550	6500	6400
8000	7400	7350	7350	7300	7250

【例6-2】 有一条额定电压为10kV、长度为15km的三相架空电力线路，采用LJ-50导线（已知$r_0=0.64\Omega/\text{km}$），已知该线路一年中输送的电能为6000000kW·h，最大负荷$P_{\max}=1000\text{kW}$，平均功率因数$\cos\varphi=0.9$。试求一年中线路的电能损耗。

解 由$r_0=0.64\Omega/\text{km}$，得线路电阻$R=r_0l=0.64\times15=9.6$（Ω）

最大负荷利用小时数为$T_{\max}=\dfrac{A}{P_{\max}}=\dfrac{6000000}{1000}=6000$（h）

$\cos\varphi=0.9$，查表6-1得到最大负荷损耗时间$\tau=4300\text{h}$。

所以，线路全年的电能损耗

$$\Delta A=\frac{R\times10^{-3}}{U^2\cos^2\varphi}P_{\max}^2\tau=\frac{9.6\times10^{-3}}{10^2\times0.9^2}\times1000^2\times4300=510000(\text{kW}\cdot\text{h})$$

1. 线路上的电能损耗计算

(1) 线路上有几个集中负荷的电能损耗的计算。如果一条线路上有若干集中负荷时，如图6-5所示，则线路的总电能损耗就等于各段线路电能损耗之和，即

$$\Delta A=\left(\frac{S_1}{U_a}\right)^2R_1\tau_1+\left(\frac{S_2}{U_b}\right)^2R_2\tau_2+\left(\frac{S_3}{U_c}\right)^2R_3\tau_3$$

式中 S_1、S_2、S_3——各段的最大负荷功率；

τ_1、τ_2、τ_3——各段的最大负荷损耗时间。

欲求线路各段的τ，需先计算出各线段的$\cos\varphi$和$T_{\max}$，如果已知各点负荷的最大负荷利用小时数分别为$T_{\max\cdot a}$、$T_{\max\cdot b}$和$T_{\max\cdot c}$，各点最大负荷同时出现，且分别为S_a、S_b、S_c，则有

$$\cos\varphi_1=\frac{S_a\cos\varphi_a+S_b\cos\varphi_b+S_c\cos\varphi_c}{S_1}=\frac{P_a+P_b+P_c}{\sqrt{(P_a+P_b+P_c)^2+(Q_a+Q_b+Q_c)^2}}$$

$$\cos\varphi_2=\frac{S_b\cos\varphi_b+S_c\cos\varphi_c}{S_2}=\frac{P_b+P_c}{\sqrt{(P_b+P_c)^2+(Q_b+Q_c)^2}}$$

$$\cos\varphi_3=\cos\varphi_c$$

$$T_{\max1}=\frac{P_aT_{\max\cdot a}+P_bT_{\max\cdot b}+P_cT_{\max\cdot c}}{P_a+P_b+P_c}=\frac{A_a+A_b+A_c}{P_a+P_b+P_c}$$

$$T_{\max2}=\frac{P_bT_{\max\cdot b}+P_cT_{\max\cdot c}}{P_b+P_c}=\frac{A_b+A_c}{P_b+P_c}$$

$$T_{\max3}=T_{\max\cdot c}$$

式中 P_a、P_b、P_c——a、b、c点的有功负荷，kW；

Q_a、Q_b、Q_c——a、b、c点的无功负荷，kvar；

$T_{\max1}$、$T_{\max2}$、$T_{\max3}$——a、b、c点的最大负荷利用小时数，h。

已知$\cos\varphi$和$T_{\max}$时，就可从表6-1中找到合适的τ值，即可算出线路上的电能损耗。

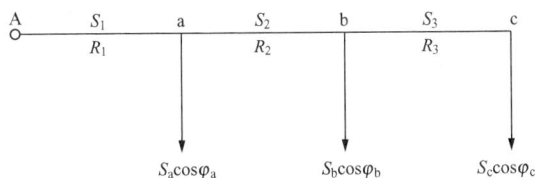

图6-5 多个负荷点的供电线路 图6-6 均匀分布负荷线路

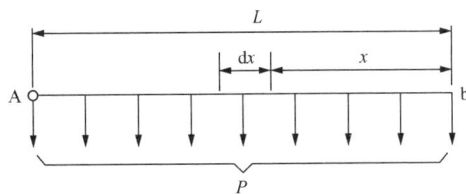

（2）负荷沿线路均匀分布时电能损耗的计算。如果线路上带有沿线路均匀分布的负荷，如街道路灯以及沿线有相同负荷密度的农村配电网，在计算电能损耗时可以按等效集中负荷计算电能损耗。

均匀分布负荷线路如图 6-6 所示，假设线路长为 L，单位长度电阻为 r_0，线路所带总负荷为 P，则线路单位长度的负荷为 $\dfrac{P}{L}$，距线路末端 x 段的功率为 $\dfrac{P}{L}x$，在线路 dx 段的有功功率损耗为

$$d(\Delta P) = \frac{1}{U_N^2 \cos^2\varphi}\left(\frac{P}{L}x\right)^2 r_0\,dx \times 10^{-3}$$

长度为 L 的线路中总功率损耗为

$$\Delta P = \int_0^L d(\Delta P) = \frac{r_0 \times 10^{-3}}{U_N^2\cos^2\varphi}\int_0^L\left(\frac{P}{L}x\right)^2 dx = \frac{1}{3}\times\frac{R\times 10^{-3}}{U_N^2\cos^2\varphi}P^2$$

用最大负荷损耗时间法来计算线路中的电能损耗为

$$\Delta A = \Delta P_{max}\tau = \frac{1}{3}\times\frac{R\times 10^{-3}}{U_N^2\cos^2\varphi}P_{max}^2\tau \tag{6-17}$$

式中　P_{max}——用户最大负荷，kW；

　　　$\dfrac{1}{3}$——均匀分布负荷能耗分散损失系数。

根据负荷分布类型，能耗分散损失系数见表 6-2。

表 6-2   能 耗 分 散 损 失 系 数

负荷分布情况	损失系数	负荷分布情况	损失系数
末端集中负荷	1	中间较重分布负荷	0.38
均匀分布负荷	0.33	首端较重分布负荷	0.20
末端较重分布负荷	0.53		

2. 变压器的电能损耗计算

变压器的电能损耗包括固定损耗和变动损耗，即阻抗支路消耗的电能和导纳（励磁）支路消耗的电能。利用最大负荷损耗时间 τ 计算变压器的电能损耗时，也包括这两部分电能损耗。

双绕组变压器电能损耗的计算式为

$$\Delta A_T = \Delta P_{max}\tau + \Delta P_0 T = 3I_{max}^2 R_T\tau \times 10^{-3} + \Delta P_0 \times 8760 \tag{6-18}$$

式中　ΔP_{max}——变压器在最大负荷时有功功率损耗，kW；

　　　ΔP_0——变压器的铁损，约等于空载损耗，kW；

　　　τ——最大负荷损耗时间，h；

　　　T——变压器接入电网的运行时间，若计算一年的电能损耗，则 $T=8760$h。

以 $R_T = \dfrac{\Delta P_k U_N^2}{S_N^2}\times 10^{-3}$，$I_{max} = \dfrac{S_{max}}{\sqrt{3}U_N}$ 代入式（6-18）得

$$\Delta A_T = \Delta P_k\left(\frac{S_{max}}{S_N}\right)^2\tau + \Delta P_0\times 8760 \tag{6-19}$$

式中　S_{max}——通过变压器的最大功率，kVA；

　　　S_N——变压器的额定容量，kVA。

三绕组变压器电能损耗的计算式为

$$\Delta A_{\mathrm{T}} = \Delta P_0 \times 8760 + \Delta P_{\mathrm{k1}}\left(\frac{S_1}{S_{\mathrm{N}}}\right)^2 \tau_1 + \Delta P_{\mathrm{k2}}\left(\frac{S_2}{S_{\mathrm{N}}}\right)^2 \tau_2 + \Delta P_{\mathrm{k3}}\left(\frac{S_3}{S_{\mathrm{N}}}\right)^2 \tau_3 \qquad (6\text{-}20)$$

式中　S_1、S_2、S_3——变压器一、二、三次侧承担的最大负荷，kVA；

τ_1、τ_2、τ_3——变压器一、二、三次侧的最大负荷损耗时间，h；

ΔP_{k1}、ΔP_{k2}、ΔP_{k3}——变压器一、二、三次侧的等值短路损耗，kW。

如果电网中接有 n 台同容量的变压器并联运行时，则在一年中的电能损耗计算式为

$$\Delta A_{\mathrm{T}n} = \frac{\Delta P_{\mathrm{k}}}{n}\left(\frac{S_{\max}}{S_{\mathrm{N}}}\right)^2 \tau + n\Delta P_0 \times 8760 \qquad (6\text{-}21)$$

【例 6-3】　两台型号为 SFL1-40000/110 变压器并联运行，每台参数为：$\Delta P_{\mathrm{k}} = 200\mathrm{kW}$，$U_{\mathrm{k}}\% = 10.5$，$\Delta P_0 = 42\mathrm{kW}$，$I_0\% = 0.7$。负荷 $\widetilde{S}_{\max} = (50+\mathrm{j}37.5)\ \mathrm{MVA}$，$T_{\max} = 4000\mathrm{h}$。试求全年电能损耗。

解　负荷为 $\widetilde{S}_{\max} = (50+\mathrm{j}37.5)\ \mathrm{MVA}$，则 $\cos\varphi = \dfrac{50}{\sqrt{50^2+37.5^2}} = 0.8$，又 $T_{\max} = 4000\mathrm{h}$，查表得 $\tau = 2750\mathrm{h}$。变压器全年电能损耗为

$$\Delta A_{\mathrm{T}} = \frac{\Delta P_{\mathrm{k}}}{n}\left(\frac{S_{\max}}{S_{\mathrm{N}}}\right)^2 \tau + n\Delta P_0 \times 8760$$

$$= \frac{200}{2}\left(\frac{50/0.8}{40}\right)^2 \times 2750 + 2 \times 42 \times 8760 = 1.17 \times 10^6 \ (\mathrm{kW \cdot h})$$

四、等值功率法电能损耗计算

若线路在给定的时间 T 内，通过电阻为 R 的线路供电的电流、有功功率、无功功率分别为 I_{eq}、P_{eq}、Q_{eq}，对应的 T 时段内的电能损耗恰好为该线路 T 时段内实际的电能损耗，即

$$\Delta A = 3\int_0^T I^2 R \times 10^{-3} \mathrm{d}t = 3I_{\mathrm{eq}}^2 RT \times 10^{-3} = \frac{P_{\mathrm{eq}}^2 + Q_{\mathrm{eq}}^2}{U^2}RT \times 10^{-3} \qquad (6\text{-}22)$$

则称 I_{eq}、P_{eq}、Q_{eq} 为等值电流（A）、等值有功功率（kW）、等值无功功率（kvar），利用它们求出线路电能损耗的方法称等值功率法。其中

$$I_{\mathrm{eq}} = \sqrt{\frac{1}{T}\int_0^T i^2(t)\mathrm{d}t} \qquad (6\text{-}23)$$

P_{eq}、Q_{eq} 也有相同的表达式。工程计算中，I_{eq}、P_{eq}、Q_{eq} 可用各自的平均值表示，即

$$\left.\begin{aligned} I_{\mathrm{eq}} &= GI_{\mathrm{av}} \\ P_{\mathrm{eq}} &= KP_{\mathrm{av}} \\ Q_{\mathrm{eq}} &= LQ_{\mathrm{av}} \end{aligned}\right\} \qquad (6\text{-}24)$$

此时，电能损耗计算公式变为

$$\Delta A = \frac{RT}{U^2}(K^2 P_{\mathrm{av}}^2 + L^2 Q_{\mathrm{av}}^2) \times 10^{-3} \qquad (6\text{-}25)$$

$$K^2 = \frac{1}{2} + \frac{(1+\beta)^2}{8\beta} \qquad (6\text{-}26)$$

式中，P_{av}、Q_{av} 可用 T 时段内有功电量和无功电量 A_P、A_Q（这两个值可从电度表直接读取）求得，即 $P_{\mathrm{av}} = \dfrac{A_P}{T}$，$Q_{\mathrm{av}} = \dfrac{A_Q}{T}$；$K$、$L$ 分别称为有功负荷曲线和无功负荷曲线的形状系数；β

为最小负荷率。L 与 K 的计算类似，当负荷功率因数不变时，L 与 K 相等。

等值功率法对原始数据要求不多，方法简单易懂，在已运行的系统中进行电能损耗计算是非常有效的。

【例 6 - 4】 某元件的电阻为 10Ω，在 $720h$ 内通过的电量为 $A_P = 80200\mathrm{kW \cdot h}$ 和 $A_Q = 40100\mathrm{kvarh}$，最小负荷率为 $\beta = 0.4$，平均运行电压为 $10.3\mathrm{kV}$，假定功率因数不变，试求该元件的电能损耗。

解 通过该元件的平均功率

$$P_{\mathrm{av}} = \frac{A_P}{T} = \frac{80200}{720} = 111.4(\mathrm{kW})$$

$$Q_{\mathrm{av}} = \frac{A_Q}{T} = \frac{40100}{720} = 55.7(\mathrm{kvar})$$

当 $\beta = 0.4$ 时，形状系数的平均值

$$K = L = \sqrt{\frac{1}{2} + \frac{(1+0.4)^2}{8 \times 0.4}} = 1.055$$

则该元件的电能损耗

$$\Delta A = \frac{RT}{U^2}(K^2 P_{\mathrm{av}}^2 + L^2 Q_{\mathrm{av}}^2) \times 10^{-3}$$

$$= \frac{10 \times 720}{10.3^2} \times 1.055^2 \times (111.4^2 + 55.7^2) \times 10^{-3} = 1171.77(\mathrm{kW \cdot h})$$

任务 6.3　降低电能损耗的技术措施

电网的电能损耗不仅耗费一定的动力资源，而且占用一部分发电设备容量。例如，一个年供电量为 200 亿 $\mathrm{kW \cdot h}$ 的中型电力系统，以网损率为 10% 计算，全年的电量损失将达 20 亿 $\mathrm{kW \cdot h}$。如果网损率下降到 9%，则一年可节约 2 亿 $\mathrm{kW \cdot h}$ 电量，相当于节约 8 万 t 标准煤（以煤耗 $0.4\mathrm{kg/kW \cdot h}$ 计算）。这 2 亿 $\mathrm{kW \cdot h}$ 电量相当于 4 万 $\mathrm{kW \cdot h}$ 发电设备的年发电量（发电设备以 $T_{\mathrm{max}} = 5000h$ 计）。因此，降低网损有巨大的经济效益。

降低网损可以采取各种技术措施，例如，改善网络中的功率分布，合理组织运行方式，对原有电网进行技术改造，简化网络结构等。

由 $\Delta A = \dfrac{R \times 10^{-3}}{U^2 \cos^2\varphi} \displaystyle\int_0^{8760} P^2 \mathrm{d}t$ 得知，提高 $\cos\varphi$、U，降低 R，均可降低损耗。

一、合理选择导线的截面积

由电能损耗的表达式得知，降低电阻 R，可降低损耗。增大导线的截面，可减小电阻 R。但导线的截面越大，投资费用将越大。考虑到安全及经济方面的要求，合理选择导线截面可以降低电能损耗。

二、提高用户的功率因数，避免无功功率的远距离输送

实现无功功率的就地平衡，不仅可改善电压质量，而且可以减少网络的有功损耗，提高电网运行的经济性。例如，线路的有功损耗为

$$\Delta P_{\mathrm{L}} = \frac{P^2}{U^2 \cos^2\varphi} R$$

如果将功率因数由 $\cos\varphi_1$ 提高到 $\cos\varphi_2$，线路的功率损耗可降低

$$\Delta P_{\mathrm{L}}(\%) = \left[1 - \left(\frac{\cos\varphi_1}{\cos\varphi_2}\right)^2\right] \times 100 \qquad (6-27)$$

当功率因数 $\cos\varphi$ 由 0.8 提高到 0.9 时，线路中的功率损耗可减少 21%。由此可见，其效果非常明显。下面讨论提高功率因数的几种方法。

1. 增设并联无功补偿装置以提高供电线路的功率因数

在用户或变电所中，增设无功补偿设备，如并联电容器、调相机或者静止补偿器等，可以就地平衡无功功率，从而减少了线路上所传输的无功功率，相应提高了功率因数，降低了电能损耗。

将功率因数由 $\cos\varphi_1$ 提高到 $\cos\varphi_2$，需并联电力电容器容量 Q_{b} 为

$$Q_{\mathrm{b}} = P_{\mathrm{av}}(\tan\varphi_1 - \tan\varphi_2)$$

例如，对图 6-7 所示的简单电力系统，在未装设无功补偿装置前，线路中电能损耗为

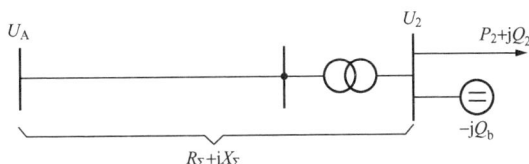

图 6-7　并联无功补偿接线

$$\Delta A = \frac{P_2^2 + Q_2^2}{U^2}R_\Sigma \tau \qquad (6-28)$$

装有容量为 Q_{b} 的补偿设备以后，线路中电能损耗为

$$\Delta A' = \frac{P_2^2 + (Q_2 - Q_{\mathrm{b}})^2}{U^2}R_\Sigma \tau \qquad (6-29)$$

显然，当 Q_{b} 越是接近 Q_2，电网电能损耗将越小。但是当 Q_{b} 的容量越大时，它本身的投资与损耗也越大，因此合理的补偿装置容量，应通过全面的技术经济的分析比较后才能确定。从调压、降低能耗和提高系统稳定运行等方面综合考虑，需要较大无功功率时，可在枢纽变电所装设同步调相机。需要较小无功功率时，宜在变电所和用户装设并联电力电容器。对有冲击无功负荷的地区，宜装设静止补偿器。

对于用户来说，负荷距离电源点越远，补偿前的功率因数越低，安装补偿装置的降损效果就越大。对于电力系统来说，配置无功补偿容量需要综合考虑实现无功功率的分区平衡，提高电压质量和降低电能损耗这三个方面的要求，通过优化计算确定补偿设备的安装地点和容量分配。为了减少对无功功率的需求，用户应尽可能避免用电设备在低功率因数下运行。

2. 合理选择使用异步电动机以提高用户的功率因数

许多工业企业都大量地使用三相异步电动机。异步电动机所需的无功功率可以用式（6-30）表示为

$$Q = Q_{\mathrm{N}} + (Q_{\mathrm{N}} - Q_0)\left(\frac{P}{P_{\mathrm{N}}}\right)^2 = Q_0 + (Q_{\mathrm{N}} - Q_0)\beta^2 \qquad (6-30)$$

式中　Q_0——异步电动机空载运行时所需要的无功功率，kvar；

$\quad\ P_{\mathrm{N}}$——电动机额定负荷时的有功功率，kW；

$\quad\ Q_{\mathrm{N}}$——电动机额定负荷时的无功功率，kvar；

$\quad\ P$——电动机实际输出的负荷功率，kW；

$\quad\ \beta$——负荷率（受载系数）。

式（6-30）中的第一项是电动机的励磁功率，即建立主磁场所需的无功功率，近似以

空载无功功率 Q_0 表示，它只与外加电压有关，与电动机负载情况无关，其数值约占 Q_N 的 60%～70%。第二项是绕组漏磁电抗中消耗的无功功率，与电动机受载系数的平方成正比，满载时约占 Q_N 的 30%～40%。因此电动机负荷率越低，功率因数越低。

减小异步电动机的无功功率，提高功率因数主要采取如下措施。

（1）合理选择异步电动机的容量，避免"大马拉小车"的现象，以提高异步电动机的负载系数。

（2）限制异步电动机空载或轻载运行时间。

（3）提高异步电动机的检修质量，防止定子绕线匝数的减少及定子、转子间气隙的增加。

（4）可采用同步电动机代替异步电动机，或者使绕线式异步电动机同步运行。

三、组织变电所经济运行

首先应当合理选择变压器的台数与容量，以保持变压器在合理的负荷率下，得以维持高效率运行（从变压器原理可知，变压器运行的最高效率与其空载损耗与负载损耗的比值有关，并非负荷率越大效率也越高）。

其次，合理选定并列运行变压器的台数，这样不但可以提高变电所的功率因数，而且还可以减少变压器的有功损耗。一台变压器运行时有功功率损耗为

$$\Delta P = \Delta P_0 + \Delta P_k \left(\frac{S}{S_N}\right)^2 \tag{6-31}$$

式中　ΔP_0——一台变压器空载损耗，kW；

　　　ΔP_k——一台变压器短路损耗，kW；

　　　S_N——一台变压器额定容量，kVA。

两台变压器并列运行时有功功率损耗为

$$\Delta P' = 2\Delta P_0 + \frac{1}{2}\Delta P_k \left(\frac{S}{S_N}\right)^2 \tag{6-32}$$

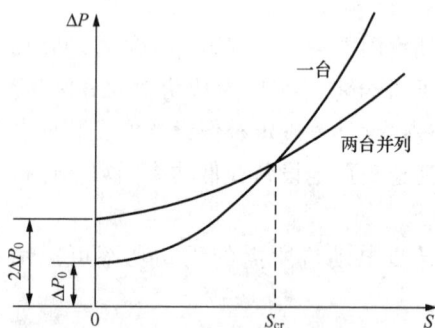

图 6-8　变压器功率损耗图

由式（6-32）可见，铁心损耗与台数成正比，绕组损耗与台数成反比。当变压器轻载运行时，绕组损耗所占比重相对减小，铁心损耗的比重相对增大。在某一负荷下，减少变压器台数，就能降低总的功率损耗。如图 6-8 所示，当一台变压器与两台变压器并联运行时的功率损耗相等时，称此时变电所的负荷功率为临界容量 S_{cr}，即 $S = S_{cr}$，所以

$$S_{cr} = S_N \sqrt{\frac{2\Delta P_0}{\Delta P_k}} \tag{6-33}$$

因此，$S < S_{cr}$ 时，一台变压器运行损耗最小；$S > S_{cr}$ 时，两台变压器并联运行损耗最小。如果变电所装有 n 台同容量变压器，根据负荷的变化情况，其经济运行台数的确定，与上述分析类似，此时投入 k 台变压器的临界容量为

$$S_{cr} = S_N \sqrt{k(k-1)\left(\frac{\Delta P_0}{\Delta P_k}\right)} \tag{6-34}$$

如果变压器容量不相同，则应乘以负荷分配系数。

最后需要指出，实际运行时，对一昼夜内多次大幅度变化的负荷，为避免频繁操作，不

宜按上述临界功率来投切变压器。对季节性变化的负荷，按临界功率投切变压器则是切实可行的，但对供电可靠性的要求要做必要的分析和计算。当变电所只有两台变压器而需要切除一台时，应考虑装设变压器自动投入装置以保证供电可靠性。

四、在闭式网中实行功率的经济分布

如果闭式网的导线截面不是均一的，其功率分布与电网各段阻抗有关，如图 6-9 所示的闭式网中，其功率分布为

$$\begin{cases} \tilde{S}_1 = \dfrac{\tilde{S}_c Z_2^* + \tilde{S}_b(Z_2^* + Z_3^*)}{Z_1^* + Z_2^* + Z_3^*} \\[2mm] \tilde{S}_2 = \dfrac{\tilde{S}_b Z_1^* + \tilde{S}_c(Z_1^* + Z_3^*)}{Z_1^* + Z_2^* + Z_3^*} \end{cases} \tag{6-35}$$

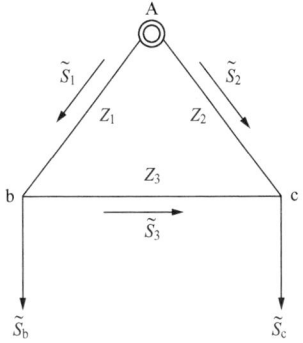

图 6-9　闭式网的功率分布

这种没有外施任何调节和控制手段，由线路阻抗所决定的功率分布称为功率的自然分布。但是，功率的自然分布未必是网损最小的潮流。下面讨论闭式网运行时出现最小功率损耗的条件，如图 6-9 所示的电网运行时电网内有功功率损耗计算式为

$$\Delta P = \frac{S_1^2}{U^2} r_1 + \frac{S_2^2}{U^2} r_2 + \frac{S_3^2}{U^2} r_3 = \frac{P_1^2 + Q_1^2}{U^2} r_1 + \frac{P_2^2 + Q_2^2}{U^2} r_2 + \frac{P_3^2 + Q_3^2}{U^2} r_3 \tag{6-36}$$

将下面关系式

$$P_2 = p_b + p_c - P_1; \quad P_3 = P_1 - p_b;$$
$$Q_2 = q_b + q_c - Q_1; \quad Q_3 = Q_1 - q_b;$$
$$\tilde{S}_b = p_b + jq_b; \quad \tilde{S}_c = p_c + jq_c$$

代入式（6-36）得

$$\Delta P = \frac{P_1^2 + Q_1^2}{U^2} r_1 + \frac{(p_b + p_c - P_1)^2 + (q_b + q_c - Q_1)^2}{U^2} r_2 + \frac{(P_1 - p_b)^2 + (Q_1 - q_b)^2}{U^2} r_3$$

使电网内有功功率损耗最小的条件是

$$\frac{\partial \Delta P}{\partial P_1} = 0; \quad \frac{\partial \Delta P}{\partial Q_1} = 0$$

则有

$$\left. \begin{aligned} \frac{\partial \Delta P}{\partial P_1} &= \frac{2P_1}{U^2} r_1 - \frac{2(p_b + p_c - P_1)}{U^2} r_2 + \frac{2(P_1 - p_b)}{U^2} r_3 = 0 \\[2mm] \frac{\partial \Delta P}{\partial Q_1} &= \frac{2Q_1}{U^2} r_1 - \frac{2(q_b + q_c - Q_1)}{U^2} r_2 + \frac{2(Q_1 - q_b)}{U^2} r_3 = 0 \end{aligned} \right\}$$

解上列方程得电网 ΔP 最小的功率分布为

$$P_1 = \frac{p_b(r_2 + r_3) + p_c r_2}{r_1 + r_2 + r_3} \tag{6-37}$$

$$Q_1 = \frac{q_b(r_2 + r_3) + q_c r_2}{r_1 + r_2 + r_3} \tag{6-38}$$

式（6-37）和式（6-38）表明，当闭式网内功率按其变为纯电阻闭式网的功率分布时，电网内有功功率损耗最小，这样的功率分布，称为经济功率分布。

对于均一电网，网络内的自然功率分布就等于经济功率分布。对于非均一电网，可以采取以下措施，将自然功率分布改变为经济功率分布，使得电网内功率损耗最小。

（1）对环网中比值 X/R 特别大的线路进行串联电容器补偿。

（2）选择适当地点开环运行。为了限制短路电流或满足继电保护动作选择性的要求，需要将闭式网开环运行时，开环节点的选择也尽可能兼顾到使开环后的功率分布更接近于经济分布。

（3）在环网中增设混合型加压调压变压器，由它产生环路电动势及相应的循环功率，以改善功率分布。

当然，不管采用哪一种措施，都必须对其经济效果以及运行中可能产生的问题做全面细致的考虑。

五、合理确定电网的运行电压水平

变压器铁心中的功率损耗在额定电压附近大致与电压平方成正比，当网络电压水平提高时，如果变压器的分接头也做相应的调整，则铁损将接近于不变。而线路的导线和变压器绕组中的功率损耗则与电压平方成反比。必须指出，在电压水平提高后，负荷所取用的功率会略有增加，这也将稍微增加网络中与通过功率有关的损耗。

对于电压在 330kV 及以上超高压线路，运行电压水平的高低，应该进行研究和实测，以确定不同负荷、不同气象条件时合理的运行电压水平。这是由于电晕和绝缘泄漏损耗较大，可能大于 I^2R 的变动损耗。

对于 35~220kV 的电网，线路导线和变压器绕组的负荷功率损耗在网络总损耗中占 80％左右，大于铁心中的固定功率损耗，因此适当提高运行电压可以降低网损。

对于 6~10kV 的农村配电网，统计表明，变压器铁损所占比重大约在 60％~80％，甚至更高。这是因为小容量变压器的空载电流较大，特别是农村电力用户的负荷率又比较低，变压器有很多时间处于轻载状态。对于这类电网，为了降低功率损耗及能量损耗，宜适当降低运行电压。

电网中大量采用有载调压变压器，与并联电容器组的自动投切相配合，在不同负荷情况下调整电力系统的运行电压，可以降低网损。当然，改变电力网的运行电压水平，必须以电压偏移在允许范围内为前提，更不能影响电力系统安全运行。

六、合理调整负荷，提高负荷率

在运行时，合理调整负荷曲线提高负荷率，使曲线平稳，不但可以提高设备利用率，而且可以降低电力网的电能损耗。图 6 - 10 是某线路两条日负荷电流曲线，图 6 - 10(a) 曲线变化平稳，图 6 - 10(b) 曲线变化剧烈。设线路电阻为 R，对于负荷变化平稳的曲线，线路一日电能损耗为

$$\Delta A_{(a)} = 3 \times I^2R \times 24 \times 10^{-3}$$

对于负荷变化剧烈的曲线 [图 6 - 10(b)]，线路一日电能损耗为

$$\Delta A_{(b)} = 3[(I + \Delta I)^2 + (I - \Delta I)^2]R \times 12 \times 10^{-3}$$
$$= 3(I^2 + \Delta I^2)R \times 24 \times 10^{-3}$$
$$\Delta A_{(b)} - \Delta A_{(a)} = 3\Delta I^2R \times 24 \times 10^{-3}$$

由上可以看出，负荷变化剧烈的图 6 - 10(b) 曲线的电能损耗较大，其能耗增大百分数为

$$\Delta A(\%) = \frac{\Delta A_{(b)} - \Delta A_{(a)}}{\Delta A_{(a)}} \times 100\% = \frac{\Delta I^2}{I^2} \times 100\%$$

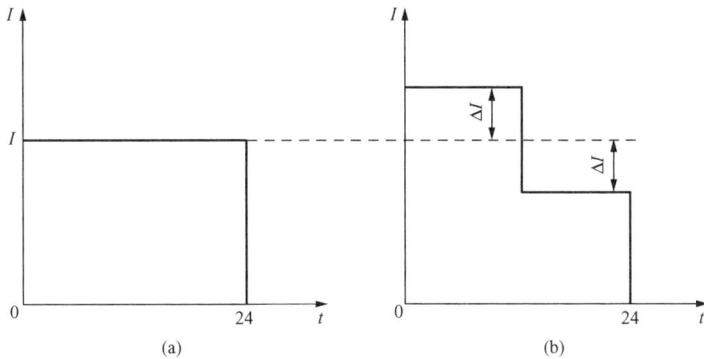

图 6-10　日负荷电流曲线

(a) 负荷平稳；(b) 负荷变化剧烈

七、对原有电网进行技术改造

现有电网是在原来旧电网中发展而来的。随着生产的发展和居民日常生活的改善，用电量剧增，原来的旧电网部分不堪重负，线损增加，电能质量下降，并且有事故隐患，威胁电网的安全。

对原有电网进行升压改造，将 $3\sim6kV$ 的电网升压改造为 $10kV$ 电网；将 $10\sim35kV$ 的电网升压改造为 $110kV$ 电网。线路升压的降损效果极为显著。如果导线的电阻不变，负荷功率不变，线路上功率损耗与电压平方成反比，电压提高为原来的 3 倍，损耗便降为原来的 1/9。因为改造电网所支付的投资，由于节约了能量损耗，可在几年内全部收回，可见经济效益是巨大的。

在原有电网改造时，应考虑减少变电层次。对于电压等级较多的电网，简化电压等级，减少变电层次，也能明显降低电能损耗。如采用 110、10、0.4kV 电压等级，或采用 110、35、0.4kV 电压等级供电，避免采用 110、35、10、0.4kV 电压等级供电。此外还应改造电网的迂回卡脖现象，也可以明显降低电能损耗。

在改建旧电网时，将 $110kV$ 或 $220kV$ 的高压电直接引入负荷中心，简化网络结构，减少变电次数，不仅能大量降低网损，而且能扩大供电能力、提高供电可靠性和改善电能质量。

对于某些负荷特别重，最大负荷利用小时数又较高的线路，可按电流经济密度检验其截面，如果导线截面过小，应考虑予以更换，以降低能量的损耗。

小　　结

网损率是衡量电力企业管理水平的重要指标之一。电网损耗电量占供电量的百分比，称为电网的网损率或线损率。电网功率损耗包括变动损耗和固定损耗两部分。

运行中的电网的电能损耗可用均方根电流法或等值功率法计算；已知年持续负荷曲线可用面积法计算电网电能损耗，但精确度不高；在规划设计电网时，可用最大负荷损耗时间法计算电能损耗，但精确度也不高。

电力系统经济运行的目标是：在保证安全优质供电的条件下，尽量降低供电能耗（或成本）。

　　合理选择导线的截面积，提高用户的功率因数，组织变压器经济运行，在闭式网络中实行功率的经济分布，实现整个系统的有功、无功经济分配，对原有电网进行技术改造等都能降低网络的功率损耗。要了解这些技术措施的降损原理和应用条件。任一种降损措施的采用，都不应降低电能质量和供电的安全性，应以提供充足、可靠和优质的电力供应为目的。

习　　题

　　6-1　什么是供电量、电网的损耗电量、网损率？

　　6-2　变压器和线路的电能损耗计算有何异同？当负荷为零时，变压器和线路的电能损耗为零吗？

　　6-3　什么是均方根电流？写出用均方根电流计算电网电能损耗的步骤。

　　6-4　最大负荷损耗时间 τ 的意义是什么？

　　6-5　简述最大负荷损耗时间法计算电网电能损耗的步骤。

　　6-6　简述等值功率法计算电网电能损耗的步骤。

　　6-7　某变电所两台相同的变压器并联运行。考虑系统运行的经济性，决定单台运行还是两台运行的条件是什么？

　　6-8　降低电网电能损耗的主要技术措施有哪些？

　　6-9　110kV 输电线路长 120km，$r_0 = 0.17\Omega/km$，$x_0 = 0.406\Omega/km$，$b_0 = 2.86 \times 10^{-6}$ S/km；线路末端最大负荷 $\tilde{S}_{max} = (50 + j36)$ MVA，$T_{max} = 4000h$。试求线路全年电能损耗。

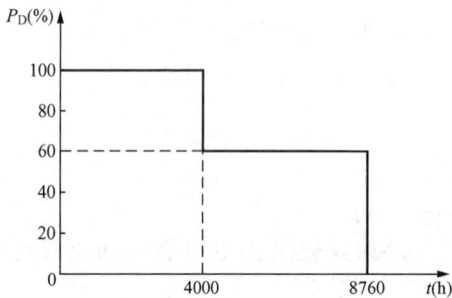

图 6-11　题 6-10 图

　　6-10　某变电所两台容量为 20MVA、变比为 110/11kV 的降压变压器并列运行，其最大负荷为 30MW，$\cos\varphi = 0.85$，变压器的参数为 $\Delta P_k = 104kW$，$\Delta P_0 = 27.5kW$，年负荷曲线如图 6-11 所示，求下列情况下变压器的电能损耗。

　　(1) 两台变压器全年并列运行；

　　(2) 当负荷降至 60% 时，立即切除一台变压器运行。

　　6-11　若题 6-10 中负荷的功率因数提高到 0.92，电价为 0.52 元/ (kW·h)，求电能损耗节约的费用。

　　6-12　两台型号为 SFL1-2000/35 变压器并联运行，每台参数为 $\Delta P_k = 24kW$，$\Delta P_0 = 3.6kW$。试求可以切除一台变压器的临界负荷值。

　　6-13　35kV 降压变电所装有两台 6.3MVA 的变压器，变压器参数 $\Delta P_0 = 8.2kW$，$\Delta P_k = 41kW$。试确定变压器在多大负荷时两台并列运行，多大负荷时单台运行，可使变压器电能损耗最小。

项目七　架空线路导线截面的选择

项目目标　能够说出选择架空线路导线截面的基本原则；会根据载流量进行架空线路导线截面积的选择计算；会根据电压损失条件进行架空线路导线截面积的选择计算；会根据机械强度和经济条件进行架空线路导线截面积的校验。

任务 7.1　选择架空线路导线截面的基本原则

导线是电力线路的主要元件，它在线路总投资中所占比重较大。选择导线截面必须考虑技术和经济方面的要求。如果导线截面选择过小，会增加电能损耗及电压损耗；如果导线截面选择过大，则会增加线路的投资费用及有色金属消耗量。因此，合理选择导线的截面，对提高电网技术的合理性和运行的经济性都具有重要意义。一般来说，选择架空线路导线截面要遵循以下几项基本原则。

1. 保证供电的安全性

保证电力线路安全运行主要有以下两个方面的要求。

（1）导线有足够的机械强度。架空线路的导线要承受各种机械负荷，如导线的风压、自重、覆冰等，这就要求导线截面不能太小，否则就难以保证应有的机械强度。为此，对各类架空线路都规定了按机械强度要求的最小允许截面。

对于跨越铁路、公路、通航河流、通信线路及居民区的架空线路等，DL/T 5092—1999规程规定其导线截面不得小于 35mm²；对于通过其他地区的各类架空线路的导线截面，按机械强度的要求，不得小于表 7 - 1 中所规定的数值。

表 7 - 1　　　　　　　导线最小允许截面（mm²）或直径（mm）

导线种类		线路等级		
导线结构	导线材料	Ⅰ	Ⅱ	Ⅲ
单股线	铜	不使用	10	
	钢、铁	不使用	$\phi 3.5$	$\phi 3.2$
	铝及铝合金	不使用	不使用	
多股线	铜	16	10	6
	钢、铁	16	10	10
	铝及铝合金	25	16	16

注　35kV 以上线路为Ⅰ类线路；1～35kV 线路为Ⅱ类线路；1kV 以下线路为Ⅲ类线路。

（2）导线长期通过负荷电流时的最高温度不超过规定的允许值，导线长期通过的电流应满足热稳定的要求。导线在运行中的最高温度与其通过的电流大小有关，导线通过电流时会产生电能损耗，使导线温度升高，并与导线周围介质形成温差，于是导线向周围介质散发热量。当导线向外界散发的热量等于同时间内自身产生的热量时，导线的发热与散热达到动态平衡，这时导线的温度不再升高而维持某一定值。通过导线的电流越大，这一定值温度也就越高。

必须规定导线在运行时的最高允许温度。对于铝线、铝合金导线及钢芯铝线，在正常运行情况下，导线最高温度不能超过 70℃，事故情况下不能超过 90℃。因为对于架空电力线路，若导线温度过高，会使导线接头连接处氧化加剧，从而增加了接触电阻，致使连接处的温度进一步上升，最后可能使导线在连接处被烧断而造成事故；另外，导线温度过高，还会使架空线弧垂加大，从而使导线的对地距离或与被跨越物的安全距离不够而导致严重的后果。对于电缆线路和室内绝缘线路，若导线温度过高，则会使绝缘材料老化加快，严重的情况还会引起火灾。

根据导线允许的最高温度，用导线达到定值温度时发热与散热相等的热平衡方程式，可计算出导线长期运行通过的电流。热平衡方程式为

$$I^2 R = K_S F(\theta_m - \theta_0)$$

于是

$$I = \sqrt{\frac{K_S F(\theta_m - \theta_0)}{R}} \qquad (7-1)$$

式中　I——导线长期允许通过的最大电流，A；

　　　R——导线在最高温度 θ_m 时的电阻，Ω；

　　　K_S——散热系数，可通过试验求得，W/（cm^2·℃）；

　　　θ_m——导线最高允许温度，℃；

　　　θ_0——导线周围介质温度，℃。

为了方便使用，本书以 $\theta_m = 70℃$、$\theta_0 = 25℃$ 为计算条件，对各种导线计算出的长期允许通过的最大电流列于附录 C 中附表 C-1 中。

需要指出，如果导线最高允许温度不是 70℃、周围环境温度不是 25℃ 时，表中列出的允许通过电流值应乘以相应的修正系数予以修正。修正系数可以从附录 C 中附表 C-2 中查到。

因此，总的来说，在选择导线截面时应保证导线所通过的最大工作电流等于或小于其允许温度下的最大允许电流。这不仅要求在正常运行时，就是在某些事故运行方式下也应符合此规定。例如，对于某些双回路输电线路或环形供电网络来说，常有因事故断开线路后，余下的某些线路不能满足热稳定要求而需要增大导线截面的情况。

2. 保证供电的电压质量

对没有特殊调压措施的地方电网，为保证供电的电压质量，一般都规定了网络允许的电压损耗。导线截面的选择，必须满足允许电压损耗的要求。根据 GB/T 12325—2008《电能质量　供电电压偏差》规定：在电力系统正常运行状况下，用户受电端的供电电压允许偏差是：35kV 及以上电压供电的，电压正、负偏差的绝对值之和不超过额定值的 10%；对于 10kV 及以下三相供电的，为额定值的 ±7%；而低压（220V）单相供电的，为额定电压值为 -10%~+7%；在电力系统非正常状况下，用户受电端的电压最大允许偏差不应超过额定值的 ±10%。

当线路上输送的功率一定时，导线截面越小，则线路的电阻、电抗越大（相对来说电阻值的增大更多），从而线路的电压损耗也越大。当电压损耗超过规定值时将给调压带来困难，

所以必须选择足够大的导线截面以保证电压损耗在容许范围之内。这一点对地方性电网特别重要，因为这种电网的负荷分散，要在每一个负荷点装设调压设备在经济上是不合理的，所以往往用电压损耗作为控制条件去选择导线截面。相反，对区域电网来说，依靠无功补偿等调压措施米满足电压质量则比较合理，因为区域网的输送功率大，导线截面也较大，线路的电抗远大于电阻，由于电网中电压损耗主要由 QX/U 一项所决定，而增大导线截面对电抗 X 的影响并不大，这样做显然是不合理的。通常，根据经验，只有当电压为 6～10kV，且导线截面为 70～95mm² 以下的线路，才需要进行电压校验。

3. 保证电网的经济性

作为电力线路最主要元件的导线，其截面选择恰当与否将直接关系到电网的经济性。电能沿线路传输所造成的损失，是电网系统线损的最重要的部分。当电网结构、电压等级、功率因数、负荷已定的情况下，不同的导线（材料及截面积）将极大地影响线损量。

架空电力线路的投资，实际上是电网系统作为整体来说的一项重要成本，网络的规划设计应当是输电成本（投资与运行费用）为最小，所以线路年运行费用要低，符合总的经济利益。线路年运行费用是指为维持正常运行而每年支出的费用，它包括电能损失费、折旧费、修理费、维护费。其中电能损失费、折旧费及修理费是与导线截面有关的。导线截面越大，导线中的电能损耗就越小，但线路的初建投资会增加，且线路的折旧费和修理费也随之增加；反之，导线截面小，线路初建投资会减小，线路的折旧费、修理费也随之减少，但线路中的电能损耗则必将增加。因此，必须综合考虑各方面因素，进行必要的经济技术比较，进行合理选择。

4. 电力线路在正常情况下不发生全面电晕

当电力线路运行电压超过电晕临界电压时，线路将产生电晕。电晕要消耗有功功率，且电晕放电还会干扰无线电通信。因此，在设计线路时应避免架空线路在晴天出现全面电晕。110kV 及以上电压等级的输电线路，导线截面应按电晕条件进行验算。电晕现象的发生与大气环境及导线截面有关。规程规定，海拔不超过 1000m 地区的 35kV 线路不必验算电晕；110kV 线路，当导线的最小直径为 9.6mm 时不必验算电晕。

5. 新建线路选择原则

对于短距离的新建线路，考虑到有色金属消耗量总值并不大，而同时又有必要照顾发展的需要，尤其是在工业区、城市规划区，再增加线路走廊较困难，或增加回路数将造成两端变电设备投资比重增大等情况，可以选用经济条件较为大一级的导线截面。

6. 临时线路选择原则

对于 3～5 年期间，用于临时供电的导线，可提高电流密度选择导线截面，允许有较大的电能损失。通常情况下，电网的导线截面，一般是按经济电流密度来选择，用电压损耗、机械强度及发热条件加以校验。对于某些配电网的导线截面，主要按容许电压损耗来选择；而对于 110kV 及以上电力线路的导线截面，还应满足电晕损耗条件要求。

任务 7.2 选择架空线路导线

选择导线截面积，是按网络中各节点的负荷功率进行的，一般应考虑到经济电流密度、允许载流量、电晕、机械强度、电压损耗五个条件，但不是所有的线路都必须同时考虑。例如选择电缆时就可以不考虑电晕；在选择 35kV 及以上电压等级的导线截面时，主要是按经济电流密度选择，按允许载流量、电晕进行校验；当线路电压为 110kV 及以上时，电晕可能是主要限制条件；而线路电压为 10kV 及以下时，电压损耗是主要选择条件，应按允许载流量和机械强度进行校验。下面介绍两种选择架空线路导线截面的基本方法。

一、按经济电流密度选择导线截面及校验

1. 经济电流密度

根据经济条件选择导线截面，有相互矛盾的两个方面：①从降低功率损耗及电能损耗的角度出发，希望导线截面越大越好；②从减少线路初次投资和节约有色金属的角度出发，则希望导线截面越小越好。因此，在选择导线截面时，必须综合考虑各方面的因素，找出一个既满足技术要求，又在使用期限内综合费用最小，符合国家总的经济利益的导线截面，该截面称为经济截面。对应于经济截面的电流密度称为经济电流密度，用 J 表示。

经济电流密度受诸多因素的影响，如发电成本、售电价、导线价格等。因此，它随各个国家各时期的经济条件的不同而不同，我国现行的经济电流密度见表 7 - 2。

表 7 - 2　　　　　　　　　　导线和电缆的经济电流密度 J（A/mm²）

线路类别	导线材料	年最大负荷利用小时（h）		
		3000 以下	3000～5000	5000 以上
架空线路	铝	1.65	1.15	0.90
	铜	3.00	2.25	1.75
电缆线路	铝	1.92	1.73	1.54
	铜	2.50	2.25	2.00

2. 用经济电流密度选择导线截面的步骤

（1）线路最大负荷电流（A）的计算

$$I_{\max} = \frac{P}{\sqrt{3}U_N \cos\varphi} \tag{7 - 2}$$

式中　P——线路计算负荷，kW；

　　U_N——线路额定电压，kV；

　　$\cos\varphi$——线路负荷的功率因数。

（2）确定电力线路的最大负荷利用小时数（h）

$$T_{\max} = \frac{A}{P_{\max}} \tag{7 - 3}$$

式中　A——电力线路一年传输的电量，kW·h；

　　$P_{\max}$——电力线路传输的最大有功功率，kW。

（3）按最大负荷方式计算电网的潮流分布，求出各段线路正常时通过的最大负荷电流 $I_{\max}$ 及各段线路的最大负荷利用时间 $T_{\max}$，根据导线选用材料查出经济电流密度 J，则可按式（7 - 4）求得导线的经济截面 S（mm²）

$$S = \frac{I_{\max}}{J} \tag{7 - 4}$$

式中　$I_{\max}$——计算年限内通过导线的最大负荷电流，A；

J——经济电流密度，A/mm^2。

电力负荷应按线路投运后 5～10 年的电力负荷来计算最大负荷电流。因为电力负荷是逐年增长的，如果把计算年限选择得太短，则可能导致电网在建成后不久，传输容量就超过计算值，造成以后长时间的不经济运行；相反，如果把计算年限选择得过长，则会增加电网建设的初次投资，同样也使电网运行不经济。因此，计算年限一般按 5～10 年考虑。

（4）根据计算出的经济截面值选择最接近它的标准截面。当计算出的经济截面介于两标准截面之间时，标准截面一般应取较大值。

3. 按允许载流量、电晕和机械强度校验导线截面积

（1）按允许载流量校验导线的截面积。电流在线路中产生的电能损耗，将转变为热能使导体发热。所有导线都要按发热条件校验截面积，即校验各种导线长期允许通过的电流，导线中可能通过的最大电流必须小于导线长期允许通过的最大电流。

按 J 选择的截面积，一般比按正常运行情况下的允许载流量计算的截面积大，不必再校验这类导线，只有故障情况下才可能使导线过热。

对电缆的规定较复杂，应用时可从电力工程设计手册上查。对于 35kV 及以下电压等级的线路选择的导线在运行时的实际电压损耗不大于配电线路所规定的允许电压损耗。

（2）按电晕校验导线截面积。选出的架空线路的导线应校验在晴朗天气不发生电晕。对于 110kV 及以上电压等级的线路要进行电晕校验，电晕校验应满足的要求是：所选择的标准截面应不小于相应电压等级线路不必验算电晕的最小截面，项目二中表 2-3 列出了不必验算电晕的导线的最小直径。

（3）按机械强度校验导线的截面积。架空线路的导线必须有一定的机械强度，不得采用单股导线。所选导线的标准截面应大于机械强度要求的最小允许截面。对跨越交通道路、通信线路、居民区的架空线路，导线的最小截面积为 $35mm^2$；其他地区，10kV 及以下电压等级的导线最小截面积为 $16mm^2$，10kV 以上电压等级的导线最小截面积一般为 $35mm^2$。

【例 7-1】　某发电厂，通过长 200km 的 220kV 双回架空输电线路，将 250MW 的功率输送到地方变电所。已知负荷功率因数为 0.85，最大负荷利用小时数 $T_{max}=6500h$。如果线路采用钢芯铝绞线，请选择导线的截面积。

解　双回线路中输送的最大电流为

$$I_{max} = \frac{P}{\sqrt{3}U\cos\varphi} = \frac{250000}{\sqrt{3} \times 220 \times 0.85} = 772(A)$$

查表 7-2 得 $J=0.9A/mm^2$，则双回线路导线总的截面积为

$$S = \frac{I_{max}}{J} = \frac{772}{0.9} = 857.8(mm^2)$$

单回线路每相导线的截面积为 857.8/2＝428.9mm²，选择钢芯铝绞线 LGJ-400。

由于是按经济电流密度选择的导线，可不必校验其允许载流量。本例中可由附录查得 LGJ-400 型导线的允许载流量为 835A，一回线路就可满足允许载流量的要求。最小机械强度、电晕条件也满足要求。

二、按允许电压损耗选择导线截面及校验

在城市配电网和农村电网中，电力线路的导线截面一般按允许电压损耗来选择。这是因为：一方面在地方电网中一般没有特殊的调压设备，只有依靠适当地选择导线截面来保证电

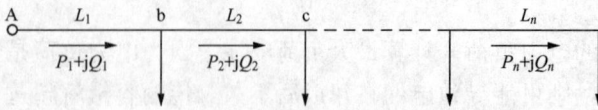

图 7 - 1 开式地方电力网

力线路的电压损耗不超过允许值，从而保证各用户端的电压偏移在容许范围之内；另一方面地方电网导线的电阻较大，也有可能通过选择适当的导线截面来降低电压损耗。

图 7 - 1 为一开式地方电网线路，接有 n 个负荷，且各段导线的截面相同。

电网总的电压损耗为

$$\Delta U = \frac{\sum_{i=1}^{n}(P_i R_i + Q_i X_i)}{U_N} = \frac{\sum_{i=1}^{n} P_i R_i}{U_N} + \frac{\sum_{i=1}^{n} Q_i X_i}{U_N} = \Delta U_R + \Delta U_X \qquad (7-5)$$

$$\Delta U_R = \frac{\sum_{i=1}^{n} P_i R_i}{U_N} = \frac{\rho \sum_{i=1}^{n} P_i L_i}{S U_N} \qquad (7-6)$$

$$\Delta U_X = \frac{\sum_{i=1}^{n} Q_i X_i}{U_N} \qquad (7-7)$$

式中　P_i、Q_i——各段线路中通过的有功、无功功率，kW、kvar；

　　　　U_N——线路的额定电压，kV；

　　　　R_i、X_i——各段线路的电阻、电抗，Ω；

　ΔU_R、ΔU_X——线路电阻、电抗中的电压损耗，V；

　　　　L_i——各段线路的长度，km；

　　　　ρ——导线的电阻率，（$\Omega \cdot mm^2$）/km；

　　　　S——导线的截面，mm^2。

导线截面的变化对导线单位长度电抗值的影响很小，对于由架空线路构成的地方电网，线路单位长度的电抗值一般在 $0.36 \sim 0.42\Omega$/km 之间。可以对某一电压等级的线路在此范围取一电抗值，然后用式（7 - 7）计算出线路电抗上的电压损耗 ΔU_X，再用式（7 - 8）求出电阻上的电压损耗

$$\Delta U_R = \Delta U_Y - \Delta U_X \qquad (7-8)$$

式中　ΔU_Y——线路允许电压损耗，V。

由式（7 - 6）变换求出导线的截面 S

$$S = \frac{\rho \sum_{i=1}^{n} P_i L_i}{\Delta U_R U_N} \qquad (7-9)$$

按式（7 - 9）计算出导线截面后，选择与之相近的标准截面，然后进行机械强度、发热条件、电压损耗校验。如果满足校验条件，则所选择的截面合适；如不满足，就将导线的截面选择大一级重新校验，直至满足以上各条件为止。

需要指出的是，在进行电压损耗校验时，要用选择的标准截面导线的实际电阻、电抗计算线路电压损耗，而不是用原来假设的电阻、电抗计算。

【例 7 - 2】　图 7 - 2 所示为 10kV 架空配电线路，导线采用铝绞线架设，几何均距为 1m，线路最大容许电压损耗为额定电压的 5%，线路长度、线路功率分布及负荷功率因数均

标注在图中，若干线 abd 截面要求相同，试选
择导线截面积。

解　线路的容许电压损耗

$$\Delta U_{Y} = U_{N} \times 5\% = 10 \times 5\% = 0.5(kV)$$

（1）选择干线 abd 截面。取平均电抗 $x_1 =$
$0.38\Omega/km$，则干线 abd 电抗中的电压损耗为

图 7 - 2　例〔7 - 2〕图

$$\Delta U_{X} = \frac{\sum\limits_{i=1}^{n} Q_i X_i}{U_N}$$

$$= \frac{0.38 \times (0.774 \times 4 + 0.174 \times 6)}{10} = 0.157(kV)$$

由此可得电阻中的容许电压损耗为

$$\Delta U_{R} = \Delta U_{Y} - \Delta U_{X} = 0.5 - 0.157 = 0.343(kV)$$

利用式（7 - 9）计算出干线 abd 的截面积

$$S = \frac{\rho \sum\limits_{i=1}^{n} P_i L_i}{\Delta U_R U_N} = \frac{31.5 \times (1.16 \times 4 + 0.36 \times 6)}{0.343 \times 10} = 62.5(mm^2)$$

选用 LJ - 70 导线，其 $r_1 = 0.46\Omega/km$，$x_1 = 0.345\Omega/km$。

校验：

由于所选导线标称截面积大于计算截面积，而且实际电抗小于所取平均电抗，故 abd 线路实际电压损耗小于容许电压损耗。

发热校验

$$I_{max} = I_{ab} = \frac{\sqrt{1.16^2 + 0.774^2}}{\sqrt{3} \times 10} \times 10^3 = 80.51(A)$$

查附录 C 中附表 C - 1 可得导线允许载流量为 265A＞80.51A，故满足发热条件。

由表 7 - 1 可知，所选导线截面也满足机械强度要求。由于该线路属于中压配电网，故不需要校验电晕。

（2）选择支线 bc 截面。线路 ab 段的电压损耗为

$$\Delta U_{ab} = \frac{(Pr_1 + Qx_1)l}{U_N} = \frac{(1.16 \times 0.46 + 0.774 \times 0.345) \times 4}{10} = 0.32(kV)$$

支线 bc 的容许电压损耗为

$$\Delta U_{bc} = \Delta U_{Y} - \Delta U_{ab} = 0.5 - 0.32 = 0.18(kV)$$

支线 bc 电抗上的电压损耗为

$$\Delta U_{Xbc} = \frac{Qx_1 l}{U_N} = \frac{0.38 \times 0.24 \times 5}{10} = 0.0456(kV)$$

支线 bc 电阻上的电压损耗为

$$\Delta U_{Rbc} = \Delta U_{bc} - \Delta U_{Xbc} = 0.18 - 0.0456 = 0.134(kV)$$

支线 bc 的截面积为

$$S_{bc} = \frac{\rho P l}{\Delta U_{Rbc} U_N} = \frac{31.5 \times 0.32 \times 5}{0.134 \times 10} = 37.61(mm^2)$$

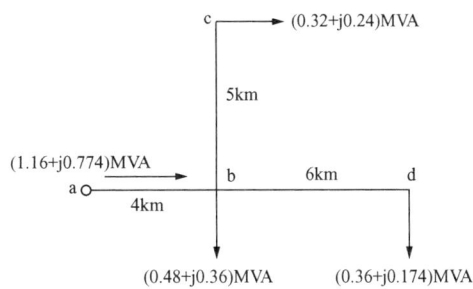

选用 LJ - 50 导线，其 $r_1 = 0.64\Omega/\text{km}$，$x_1 = 0.355\Omega/\text{km}$。

校验：

由于所选导线标称截面积大于计算截面积，而且实际电抗小于所取平均电抗，故 bc 线路实际电压损耗小于允许电压损耗。

发热校验：

$$I_{\max} = I_{\text{bc}} = \frac{\sqrt{0.32^2 + 0.24^2}}{\sqrt{3} \times 10} \times 10^3 = 23.09(\text{A})$$

查附录 C - 1 可得导线允许载流量为 215A＞23.09A，故满足发热条件。

由表 7 - 1 可知，所选导线截面也满足机械强度要求。

应当指出，选择导线截面时应当考虑电网的发展，在计算中必须采用稳定的经常重复的最大负荷，特别是当系统发展还不是很明确的情况下，应注意不要将导线截面定得太小。

三、导线截面选择的实用方法

以上介绍了两种选择导线截面的方法，但在具体选择导线截面时则应针对不同电网的特点，按照具体问题具体分析的原则来灵活运用上述方法，只有这样选出的导线才在技术经济上是合理的，现分述如下。

(1) 区域电网。这种电网的特点是电压较高、线路较长、输送容量与最大负荷利用小时数都较大，首先应按经济电流密度选择导线截面，其次再根据电压等级按电晕条件来校验，再按线路最严重的运行方式来校验热稳定条件。此外，尽管区域电网的线路较长，电压损耗可能不满足要求，但这个问题应通过调压措施来解决，电压损耗不能作为这类电网选择导线截面的控制条件。

(2) 地方电网。如前所述，这种电网中的导线截面应按电压损耗来选择，即应以电压损耗作为首要条件，再校验其他条件。

(3) 低压配电网。由于线路较短，电压损耗条件不是控制条件，在这种电网中导线截面主要是按允许发热所决定的载流能力来选取的。

由于电网的分类没有严格的界限，它们的特点也不是绝对的，上面的分类选择条件，只能说明一般情况，有时为了选出最优方案，还需要对各种因素进行深入分析、比较。

小　　结

本项目主要介绍了架空线路导线截面积选择的基本原则和基本方法。

选择导线截面时应满足的基本原则是：保证供电的安全性，保证供电的电压质量，保证电网的经济性和电力线路在正常情况下不发生全面电晕。

对 35kV 及以上架空线路首先按经济电流密度选择导线截面，再按其他技术条件校验。对 10kV 及以下中低压电网，则先按允许电压损耗选择导线截面，再用允许载流量和机械强度校验。

习　　题

7 - 1　选择导线截面的基本原则有哪些？如何选择导线截面？

7-2　某 110kV 双回架空输电线路，线路长 100km，输送功率为 80MW，功率因数为 0.85，已知最大负荷利用小时数为 T_{max}＝6000h，如果线路采用钢芯铝绞线。试选择导线的截面积。

7-3　变电所 A 经 10kV 线路向 B 和 C 两个工厂供电，如图 7-3 所示。导线采用铝绞线，正三角形排列，线间距离为 1m，全线允许电压损耗为 5%U_N，要求用相同截面积的导线。试选择导线的截面积（取 x_1＝0.38Ω/km）。

7-4　110kV 环形网络如图 7-4 所示，$\tilde{S}_b$ 和 $\tilde{S}_c$ 的最大负荷利用小时数分别为 5500h 和 4500h，导线采用钢芯铝绞线，几何均距为 5m。试选择导线截面积。

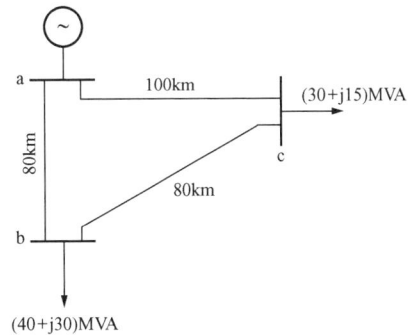

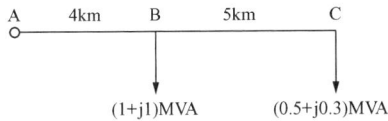

图 7-3　题 7-3 图　　　　　　　　　　图 7-4　题 7-4 图

项目八　电力系统的稳定运行

项目目标　能够说出静态稳定性、暂态稳定性的概念；会写出简单电力系统的功角特性方程并能说出 E_q、U、$X_{d\Sigma}$、δ 的含义；会静态稳定性的分析；能够说出静态稳定性的实用判据及静态稳定储备系数；知道电力系统电压、频率、负荷的静态稳定性的判据；会用等面积定则进行电力系统暂态稳定性的定性分析；知道极限切除角与极限切除时间的计算方法；能够列举出提高电力系统静态稳定性、暂态稳定性的措施；会简述电力系统振荡的概念及其处理的方法。

任务 8.1　认知电力系统的稳定性

一、稳定运行意义

电力系统正常运行的一个重要标志，是系统中的同步电机（主要是发电机）都处于同步运行状态。所谓同步运行状态是指所有并联运行的同步电机都有相同的电角速度。此时，各发电机的电动势相量相互间的相角差、发电机电动势与各母线电压相量的相角差以及各母线电压的相角差保持恒定。在这种情况下，表征运行状态的参数（如 I、U、S 等）具有接近于不变的数值，通常称此情况为稳定运行状态。

稳定性问题是与电力系统的发展和扩大密切相关的，对于孤立的发电厂来说，发电机并列运行在公共母线上，并列运行的稳定性是不成问题的。当电力系统由许多大型发电厂、高压远距离输电网和大量工农业等负荷组成时，电力系统运行的稳定性问题，就成为影响整个电力系统安全、可靠运行的更为突出的重要因素，稳定问题就越来越严重。

大电力系统运行时，往往会有这样一些情况，例如，水电厂或坑口火电厂通过长距离交流输电线路将大量的电能输送到中心系统，在输送功率大到一定的数值后，电力系统稍微有点小的扰动都有可能出现电流、电压、功率等运行参数剧烈变化和振荡的现象，这表明系统中的发电机之间失去了同步，电力系统不能保持稳定运行状态。又如当电力系统受到大的扰动如个别元件发生故障时，虽然自动保护装置已将故障元件切除，但是，电力系统受到这种扰动后，也有可能出现上述运行参数剧烈变化和振荡现象；甚至运行人员的正常操作，如切除或投入较大容量的输电线路、发电机、变压器等，亦有可能导致电力系统稳定运行状态的破坏。

通常把电力系统在运行中受到微小的或大的扰动之后能否继续保持系统中同步电机（最主要的是同步发电机）间同步运行的问题，称为电力系统同步稳定性问题。电力系统同步运行的稳定性是根据扰动后系统中并联运行的同步发电机转子之间的相对位移角（或发电机电动势之间的相角差）的变化规律来判断的。因此，这种性质的稳定性又称为功角稳定性。

当电力系统通过较长距离的输电线路向负荷中心地区大量传送功率时，随着传送功率的增加，受端系统的电压将会逐渐下降。在有些情况下，可能出现不可逆转的电压持续下降，或者电压长期滞留在安全运行所不能容许的低水平上而不能恢复，这就是电力系统发生了电压失稳。它将造成局部地区的供电中断，在严重的情况下还可能导致电力系统的功角稳定丧失。为了避免发生系统稳定事故，输电线路的输送容量就要受到限制；反过来讲随着输电距离的增加和输电容量的增大，电力系统稳定性将更难保证，电力系统的稳定性问题日益严重。

电力系统稳定性的破坏，将造成大量用户供电中断，甚至导致整个系统的瓦解，后果极为严重。因此，保持电力系统运行的稳定性，对于电力系统安全可靠运行，具有非常重要的意义。

二、稳定问题的分类及概念

《电力系统安全稳定导则》（DL 755—2001）将电力系统功角稳定性分为静态稳定性、暂态稳定性、动态稳定性。

静态稳定性是指正常运行的电力系统受到微小的、瞬时出现但又立即消失的扰动（如负荷的微小波动，微风吹过输电线路等）后，能恢复到它原有运行状况的能力。

暂态稳定性是指正常运行的电力系统受大的、瞬时出现但又立即消失的扰动（如短路故障等）后，能过渡到新的或恢复到它原有运行状况的能力。

正常运行的电力系统受到微小的扰动，扰动虽不消失，但可用原有的运行状况近似地表示新运行状况，这也属于静态稳定。正常运行的电力系统受大的扰动后，扰动虽不消失（如正常操作的扰动等），但系统可从原有的运行状况安全过渡到新的运行状况，它也属于暂态稳定。

动态稳定性是指电力系统受到小的或大的干扰后，在自动调节和控制装置的作用下，保持长过程的运行稳定性的能力。动态稳定的过程可能持续数十秒至几分钟。锅炉、带负荷调节变压器分接头、负荷自动恢复等更长响应时间的动力系统的调整，又称为长过程动态稳定性。电压失稳问题有时与长过程动态有关。与快速励磁系统有关的负阻尼或弱阻尼低频增幅振荡可能出现在正常工况下，系统受到小扰动后的动态过程中（称之为小扰动动态稳定），或系统受到大扰动后的动态过程中，一般可持续发展 10～20s 后，进一步导致保护动作，使其他元件跳闸，问题进一步恶化。

三、电力系统稳定性标准

电力系统稳定与扰动的大小及持续时间、电网结构与运行方式、电力系统各元件参数、电力系统保护及控制系统的性能等有很大关系。在电力系统规划和运行中，主要关心的问题是电力系统遭受暂态扰动后的行为以及电力系统所能承受的扰动大小。一般地说，如果抗干扰能力差，则说明电网比较薄弱、供电可靠性差；反之，如果抗干扰能力强，则说明电网比较坚强，相应电网建设的投入也会比较高，显然，电网抗干扰能力太低不利于电网安全稳定运行，然而对电网过高的抗干扰能力安全标准要求也会导致电网过度投资，不经济，因此制定电网抗干扰能力标准是一项很强的技术经济政策问题。一般要求规划设计和运行中的电力系统必须达到一定的抗干扰能力标准，《电力系统安全稳定导则》（DL 755—2001）规定了我国电力系统必须达到的安全稳定标准。

电力系统承受大扰动能力的安全稳定标准分为三级。

第一级标准：保持稳定运行和电网的正常供电。即在正常运行方式下的电力系统受到单一元件故障扰动后，继电保护、断路器及重合闸正确动作，不采取稳定控制措施，必须保持电力系统稳定运行和电网的正常供电，其他元件不超过规定的事故过负荷能力，不发生连锁跳闸。属于这一类的故障主要有：①同级电压的双回或多回线和环网，任一回线路三相故障断开不重合；②任何线路单相瞬时接地故障重合成功；③任一发电机跳闸或失磁；④受端系统任一变压器故障退出运行；⑤任一大负荷突然变化；⑥直流输电线路单极故障等。

第二级标准：保持稳定运行，但运行损失部分负荷。即正常运行方式下的电力系统受到较严重的故障扰动后，继电保护、断路器及重合闸正确动作，应能保持稳定运行，必要时允许采取切机和切负荷等稳定控制措施。属于这一类的故障主要有：①单回线单相永久性故障重合不成功及无故障三相断开不重合；②任一段母线故障；③同杆并架双回线的异名两相同时发生单相接地故障重合不成功，双回线三相同时跳开；④直流输电线路双极故障等。

第三级标准：当系统不能保持稳定运行时，必须防止系统崩溃并尽量减少负荷损失。即电力系统因严重故障情况导致稳定破坏时，必须采取措施，防止系统崩溃，避免造成长时间大面积停电和对最重要用户（包括厂用电）的灾害性停电，使负荷损失尽可能减少到最小，电力系统应尽快恢复正常运行。属于这一类的故障主要有：①故障时断路器拒动；②故障时继电保护、自动装置误动或拒动；③自动调节装置失灵；④多重故障；⑤失去大容量发电厂等。

任务 8.2 分析简单电力系统并列运行的静态稳定性

我国《电力系统安全稳定导则》（DL 755—2001）将"电力系统受到小干扰后，不发生非周期性失步，自动恢复到初始状态的能力"称为静态稳定性，而将与快速励磁系统有关的负阻尼或弱阻尼低频增幅振荡称为小干扰动态稳定性，前者属于同步转矩不足使转子角持续增加的稳定问题，后者属于阻尼不足而引起的低频振荡稳定性问题。因此，静态稳定和低频振荡本质上都属于小干扰稳定问题。

一、同步发电机的有功功率的平衡

同步发电机在运行时，原动机（汽轮机、水轮机等）的机械旋转功率，除了极少部分损耗外，大部分转变为定子输出的电功率，如果原动机输入功率 P_1 扣除损耗之后，正好等于发电机输出的电功率 P_2，发电机组的转速就维持匀速旋转。否则，发电机组的转速就会变化。当输入功率 P_1 大于输出的电功率 P_2 时，机组加速；反之，机组减速。所以同步发电机是否能同步运转，就要研究机组的功率是否能够保持平衡问题。

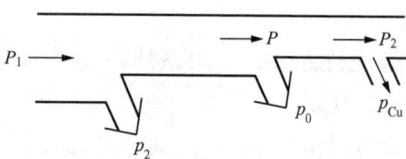

图 8 - 1 同步发电机的功率流程图

如图 8 - 1 所示，正常稳态运行时发电机电磁功率 P 平衡关系为

$$P = P_1 - (p_0 + p_2) \tag{8-1}$$

式中　P——发电机的电磁功率；

　　　P_1——原动机输入功率；

　　　p_0——发电机铁心损耗；

　　　p_2——发电机组机械损耗。

正常稳定运行时发电机输出功率 P_2

$$P_2 = P - p_{Cu} \tag{8-2}$$

式中 P_2——发电机输出功率；

$\quad\quad p_{Cu}$——发电机定子绕组损耗。

电力系统运行时发电机输出的有功功率必须与用户需要的有功功率（包括电网的有功功率损耗）保持平衡，系统的频率才能维持不变。发电机输出功率或用户负荷发生变化时，系统有功功率平衡遭到破坏，发电机组的参数就要发生变化，系统频率发生变化。当负荷增加时，发电机组减速，系统频率下降；反之，发电机组加速，系统频率上升。

二、简单电力系统中隐极式发电机的功角特性

图 8 - 2（a）所示的简单电力系统，发电机 G 通过升压变压器 T1、输电线路 L、降压变压器 T2 接到受端电力系统。假定受端系统容量为无限大系统，则发电机输送任何功率时，受端母线电压的幅值和频率均不变（即所谓无限大容量母线，受端系统的电源容量为送端发电机容量的 7～8 倍以上，受端系统一般可认为是无限大系统）。当送端发电机为隐极时，可以作出系统的等值电路如图 8 - 2（b）所示。隐极式发电机的转子是对称的，因而它的直轴同步电抗和交轴同步电抗是相等的，即 $X_d = X_q$。

图 8 - 2 中受端系统可以看作为内阻抗为零、电势为 U 的发电机。各元件的电阻及导纳均略去不计时，系统的总电抗为

$$X_{d\Sigma} = X_d + X_{T1} + \frac{1}{2}X_L + X_{T2}$$

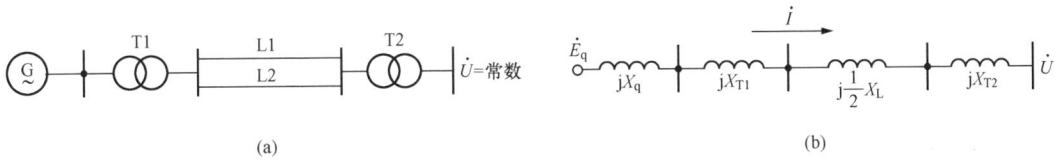

(a)   (b)

图 8 - 2 简单电力系统接线及其等值电路

（a）系统接线；（b）等值电路

由图 8 - 3 的相量图可知

$$I_a X_{d\Sigma} = I X_{d\Sigma}\cos\varphi = E_q\sin\delta$$

其中 $I_a = I\cos\varphi$

两端同时乘以电压 U，计及发电机输出功率 $P_{Eq} = P = UI\cos\varphi$ 便得功角特性方程

$$P_{Eq} = \frac{E_q U}{X_{d\Sigma}}\sin\delta \tag{8-3}$$

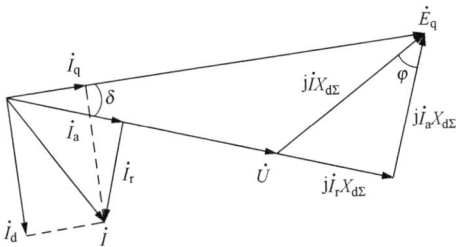

图 8 - 3 简单电力系统相量图

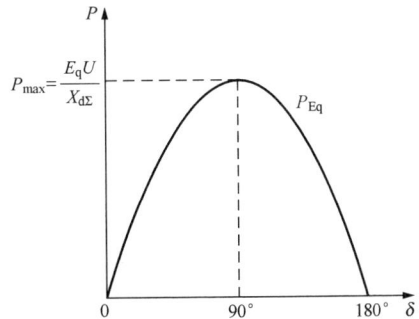

图 8 - 4 功角特性曲线

当发电机的空载电动势 E_q 和受端电压 U 均为恒定时，传输功率 P 是角度 δ 的正弦函数（图 8-4）。角度 δ 为电动势 $\dot{E}_q$ 与电压 $\dot{U}$ 之间的相位角。因为传输功率的大小与相位角 δ 密切相关，因此又称 δ 为"功角"或"功率角"。传输功率与功率角的关系 $P = f(\delta)$，称为"功角特性"。

需要说明：

（1）发电机空载电动势 $\dot{E}_q$ 因与交轴同向，故以 q 作下标。

（2）式（8-3）一般应用在电力系统静态稳定分析。

（3）分析电力系统暂态稳定时，发电机常数应取暂态电动势 E'、暂态电抗 X'_d。此时功角特性方程为

$$P_{E'} = \frac{E'U}{X'_{d\Sigma}}\sin\delta' \tag{8-4}$$

功角 δ 除了表示电动势 $\dot{E}$ 和电压 $\dot{U}$ 之间的相位差，即表征系统的电磁关系之外，还表明了各发电机转子之间的相对空间位置（故又称为"位置角"）。δ 角随时间的变化描述了各发电机转子间的相对运动，是判断各发电机之间是否同步运行的依据。

三、简单电力系统的静态稳定性

1. 电力系统静态稳定的定性分析

简单电力系统及等值网络如图 8-2 所示，图中送端发电机为隐极同步发电机，受端为无限大容量电力系统母线，并略去了所有元件的电阻和导纳。设发电机的励磁不可调，即它的空载电动势 E_q 为定值，则可得出这个系统的功角特性

$$P_{Eq} = \frac{E_qU}{X_{d\Sigma}}\sin\delta \tag{8-5}$$

式中

$$X_{d\Sigma} = X_d + X_{T1} + \frac{1}{2}X_L + X_{T2}$$

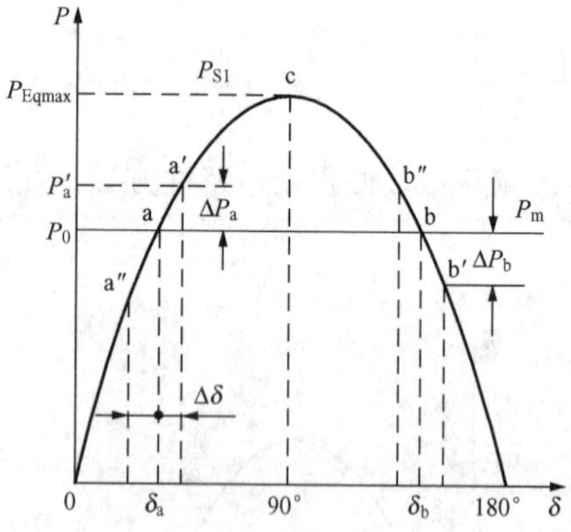

图 8-5　静态稳定分析的
功—角特性曲线

由此可得这个系统的功角特性曲线，如图 8-5所示。

设原动机的机械功率 P_m 不可调，并略去摩擦、风阻等损耗，按输入机械功率与输出电磁功率相平衡 $P_m = P_{Eq(0)} = P_0$ 的条件，在功角特性曲线上将有两个运行点 a、b，与其相对应的功率角为 δ_a、δ_b。下面分析在这两点运行时受到微小扰动后的情况。

（1）静态稳定的分析。分析在 a 点的运行情况。在 a 点，当系统中出现一个微小的、瞬时出现但又立即消失的扰动，使功率角 δ 增加一个微量的 $\Delta\delta$ 时，输出的电磁功率将从与 a 点相对应的值 P_0，增加到与 a' 点相对应的 $P_{a'}$。但因输入的机械功率 P_m 不可

调，仍为 $P_m = P_{Eq(0)} = P_0$，在 a' 点输出的电磁功率 $P_{a'}$ 大于输入的机械功率 P_m。当这个扰动消失后，在制动功率作用下机组将减速，功率角 δ 将减少，运行点将渐渐回到 a 点，如图 8-5 及图 8-6（a）所示。当一个微小扰动使功率角 δ 减小一个微量 $\Delta\delta$ 时，情况相反，输出功率将减小到与 a'' 对应的值 $P_{a''}$，且 $P_{a''} < P_m$。当这个扰动消失后，在净加速功率的作用下机组将加速，

使功率角增大，运行点渐渐地回到 a 点，如图 8-5 及图 8-6 (a) 所示。所以 a 点是静态稳定运行点。同理可得，在图 8-5 中 c 点以前，即 $0° < \delta < 90°$ 时，为静态稳定运行区。

（2）静态不稳定的分析。分析在 b 点的运行情况。在 b 点，当系统中出现一个微小的、瞬时出现但又立即消失的扰动，功率角增加一个微量 $\Delta\delta$，输出的电磁功率将从与 b 点对应的 P_0 减小到与 b′点相对应的 $P_{b'}$，而 $P_{b'} < P_m$，且 P_m 为常数。当这个扰动消失后，在净加速功率作用下机组将加速，功率角将增大，与之对应输出的电磁功率将进一步减小。这样继续下去，运行点不再能回到 b 点，如图 8-5 及图 8-6 (b) 中实线所示。功率角 δ 不断增大，标志着两个电源之间将失去同步，电力系统将不能并联运行而瓦解。如果这个微小扰动使功率角减小一个微量 $\Delta\delta$，输出的电磁功率将增加到与 b″点相对应的值 $P_{b''}$，且 $P_{b''} > P_m$。从而当这个扰动消失后，在制动功率的作用下机组将减速，功率角将继续减小，一直减小到 δ_0，渐渐稳定在 a 点运行，如图 8-6 (b) 中虚线所示，所以 b 点不是静态稳定运行点。由此可见，在 c 点以后，都不是静态稳定运行点。

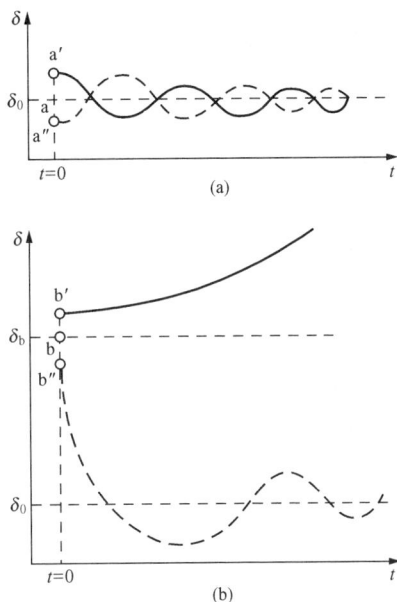

图 8-6　功率角变化过程
(a) 在 a 点运行；(b) 在 b 点运行

2. 电力系统静态稳定的实用判据

由以上分析可得，当功率角 δ 在 $0° \sim 90°$ 时，电力系统可以保持静态稳定运行，在此范围内有 $\dfrac{\mathrm{d}P}{\mathrm{d}\delta} > 0$；而 $\delta > 90°$ 时，电力系统不能保持静态稳定运行，此时有 $\dfrac{\mathrm{d}P}{\mathrm{d}\delta} < 0$。由此，可以得出电力系统静态稳定的实用判据为

$$S_{Eq} = \frac{\mathrm{d}P}{\mathrm{d}\delta} > 0 \tag{8-6}$$

式中　S_{Eq}——整步功率系数。

根据 $\dfrac{\mathrm{d}P}{\mathrm{d}\delta} > 0$，即 $S_{Eq} > 0$，可以判断电力系统中同步发电机并列运行的静态稳定性。它是历史上第一个，也是最常用的一个静态稳定判据。仅根据这个判据不足以最后判定电力系统的静态稳定性，因而它只能是一种实用判据，事实上，静态稳定的判据不止这一个。

根据 $\dfrac{\mathrm{d}P}{\mathrm{d}\delta} > 0$ 判据，图 8-5 中功一角特性曲线上，当 $\delta < 90°$ 时的运行点，是静态稳定的；当 $\delta > 90°$ 时对应的运行点是静态不稳定的，而与 $\delta = 90°$ 对应的 c 点则是静态稳定的临界点。在 c 点，$\dfrac{\mathrm{d}P}{\mathrm{d}\delta} = 0$，该点是不能保持系统静态稳定运行。

3. 静态稳定的储备

在 c 点，$\delta = 90°$，所对应的功率是系统传输的最大功率，称为静态稳定极限，以 P_{sl} 表示。在这个特殊情况下，它恰等于发电机可能输出的最大功率，即发电机的功率极限 P_{max}。电力系统不应经常在接近静态稳定极限的情况下运行，而应保持一定的储备。静态稳定储备

的定义为

$$K_{\mathrm{P}} = \frac{P_{\mathrm{sl}} - P_0}{P_0} \times 100\% \tag{8-7}$$

我国现行 DL 755—2001《电力系统安全稳定导则》规定了我国电力系统必须达到的静态安全稳定标准。在正常运行方式下，对不同的电力系统，要求按功角判据计算的 K_{P} 为 15%～20%；在事故后运行方式和特殊运行方式下 K_{P} 不应小于 10%。

此外，电厂送出线路或次要输电线路下列情况下允许只按静态稳定储备送电，但应有防止事故扩大的相应措施。

（1）如发生稳定破坏但不影响主系统的稳定运行时，允许只按正常静态稳定储备送电。

（2）在事故后运行方式下，允许只按事故后静态稳定储备送电。

电力系统静态稳定性，是电力系统正常运行时起码的必备条件，是要必须保证的。

【例 8-1】　图 8-7 为某电力系统的接线图，相关参数标于图上，发电机的电抗值计及磁路饱和情况，传输到受端系统的有功功率为 $P_0 = 230\mathrm{MW}$，功率因数 $\cos\varphi_0 = 0.99$。试计算发电机的静态稳定储备。

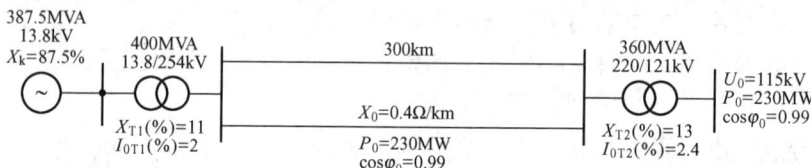

图 8-7　某电力系统接线图

解　（1）应用标幺值进行计算。选取基值：$S_{\mathrm{b}} = 230\mathrm{MVA}$，220kV 电压级的 $U_{\mathrm{b}} = 209\mathrm{kV}$。各元件参数的标幺值为

$$X_{\mathrm{d}} = \frac{X_{\mathrm{d}}\%}{100} \frac{S_{\mathrm{b}}}{S_{\mathrm{N}}} \frac{U_{\mathrm{N}}^2}{U_{\mathrm{b}}^2} K^2 = \frac{87.5}{100} \times \frac{230}{387.5} \times \frac{13.8^2}{209^2} \times \frac{254^2}{13.8^2} = 0.766$$

$$X_{\mathrm{T1}} = \frac{11}{100} \times \frac{230}{400} \times \frac{254^2}{209^2} = 0.0935$$

$$X_{\mathrm{T2}} = \frac{13}{100} \times \frac{230}{360} \times \frac{220^2}{209^2} = 0.092$$

$$X = \frac{0.4}{2} \times 300 \times \frac{230}{209^2} = 0.315$$

所以整个系统的总电抗为

$$X_{\mathrm{d\Sigma}} = X_{\mathrm{d}} + X_{\mathrm{T1}} + X_{\mathrm{T2}} + X = 1.2665$$

（2）计算送电端发电机的空载电动势 $\dot{E}_{\mathrm{q}}$（设受端系统的母线电压 $\dot{U} = U\angle 0°$）。受电端系统的母线电压的标幺值为

$$U = U_0 K \frac{1}{U_{\mathrm{b}}} = 115 \times \frac{220}{121} \times \frac{1}{209} = 1.00$$

传输到受电端系统母线处的功率标幺值为

$$P_0 = \frac{230}{230} = 1.0$$

$$Q_0 = P_0 \tan\varphi_0 = 0.142$$

不计各元件的电阻，所以送电端发电机的空载电动势 $\dot{E}_q$ 为

$$\dot{E}_q = U + \frac{Q_0 X_{d\Sigma}}{U} + j\frac{P_0 X_{d\Sigma}}{U}$$

计算它的绝对值时，则

$$E_q = \sqrt{\left(U + \frac{Q_0 X_{d\Sigma}}{U}\right)^2 + \left(\frac{P_0 X_{d\Sigma}}{U}\right)^2}$$

$$= \sqrt{(1 + 0.142 \times 1.276)^2 + 1.276^2} = 1.74$$

（3）计算电力系统的静态稳定储备。送电端发电机的功率极限为

$$P_{sl} = \frac{E_q U}{X_{d\Sigma}} = \frac{1.74 \times 1.0}{1.276} \approx 1.363$$

静态稳定储备为

$$K_P = \frac{1.363 - 1.0}{1.0} \times 100\% = 36.3\%$$

四、利用小干扰法分析简单电力系统的静态稳定性

1. 小扰动法的基本原理

小扰动法的基本原理是李雅普诺夫对于一般运动稳定性的理论：任何一个系统，可以用下列参数 $(x_1, x_2, \cdots)$ 的函数 $\varphi(x_1, x_2, \cdots)$ 表示时，当因某种微小的扰动使其参数发生了变化，其函数变为 $\varphi(x_1 + \Delta x_1, x_2 + \Delta x_2, \cdots)$；若其所有参数的微小增量能趋近于零（当微小扰动消失后），即 $\lim\limits_{t \to \infty} \Delta x \to 0$，则该系统认为是稳定的。研究电力系统的静态稳定问题，一般采用小扰动法。

2. 用小扰动法分析简单电力系统的静态稳定性

（1）建立发电机组转子的运动方程。简单电力系统的接线和等值电路如图 8 - 2（a）、（b）所示，功角特性曲线如图 8 - 5 所示。

该简单电力系统的功角特性方程式为

$$P_{Eq} = \frac{E_q U}{X_{d\Sigma}} \sin\delta$$

电力系统的稳定运行点 a (P_{Eq}, δ_0)，为研究小扰动前瞬间的起始运行点，则起始运行方式的功角特性方程式为

$$P_{Eq(0)} = \frac{E_q U}{X_{d\Sigma}} \sin\delta_0 \qquad (8 - 8)$$

如果系统受一微小的扰动，使其功率角 δ_0 有一个微小的增量 $\Delta\delta$，则功率角变为 $\delta = \delta_0 + \Delta\delta$，那么系统输送的有功功率变为

$$P_{Eq(\delta)} = \frac{E_q U}{X_{d\Sigma}} \sin(\delta_0 + \Delta\delta) \qquad (8 - 9)$$

由于受到微小扰动时，发电机的调速系统来不及动作，使发电机组输入的机械功率 P_m 不变。那么，该系统中发电机组的转子运动方程式变为

$$T_J \frac{d^2\delta}{dt^2} = P_m - P_{Eq} \qquad (8 - 10)$$

其中 P_{Eq} 与 δ 为非线性关系。

（2）非线性方程线性化。式（8 - 10）是一个非线性微分方程式。而当扰动为无限小时，

则 $\Delta\delta\rightarrow0$，可将微分方程式在 δ_0 附近线性化。线性化的方法就是将受扰动后的参变量 $\delta=\delta_0+\Delta\delta$ 代入微分方程式中，再在 δ_0 附近按泰勒级数展开，并略去微量的高次方项，取其一次近似式。同时，同步发电机组转子运动微分方程式为

$$T_{\mathrm{J}}\frac{\mathrm{d}^2(\delta_0+\Delta\delta)}{\mathrm{d}t^2}=P_{\mathrm{m}}-P_{Eq(\delta=\delta_0+\Delta\delta)} \tag{8-11}$$

将式（8-11）在稳态值 δ_0 附近按泰勒级数展开后为

$$T_{\mathrm{J}}\frac{\mathrm{d}^2\Delta\delta}{\mathrm{d}t^2}=P_{\mathrm{m}}-P_{Eq(\delta=\delta_0)}-\left(\frac{\mathrm{d}P_{Eq}}{\mathrm{d}\delta}\right)_{(\delta=\delta_0)}\Delta\delta-\frac{1}{2}\left(\frac{\mathrm{d}^2P_{Eq}}{\mathrm{d}\delta^2}\right)_{(\delta=\delta_0)}\Delta\delta^2-\frac{1}{3!}\left(\frac{\mathrm{d}^3P_{Eq}}{\mathrm{d}\delta^3}\right)_{(\delta=\delta_0)}\Delta\delta^3-\cdots$$

略去微量 $\Delta\delta$ 的高次项，并计及 $P_{\mathrm{m}}=P_{Eq(\delta=\delta_0)}=P_{Eq(0)}$，可得

$$T_{\mathrm{J}}\frac{\mathrm{d}^2\Delta\delta}{\mathrm{d}t^2}+\left(\frac{\mathrm{d}P_{Eq}}{\mathrm{d}\delta}\right)_{(\delta=\delta_0)}\Delta\delta=0 \tag{8-12}$$

这就是同步发电机组受小扰动运动的二阶线性微分方程式，也称微振荡方程式，又可写成

$$(T_{\mathrm{J}}p^2+S_{Eq})\Delta\delta=0 \tag{8-13}$$

其中

$$S_{Eq}=\left(\frac{\mathrm{d}P_{Eq}}{\mathrm{d}\delta}\right)_{(\delta=\delta_0)}$$

$$p=\frac{\mathrm{d}}{\mathrm{d}t}$$

式中　S_{Eq}——空载电动势 E_{q} 为定值，$\delta=\delta_0$ 时的整步功率系数；

　　　　p——微分算子。

（3）解微分特征方程式。由式（8-13）可得微振荡方程式的特征方程式为

$$T_{\mathrm{J}}p^2+S_{Eq}=0 \tag{8-14}$$

$$p_{1.2}=\pm\sqrt{-S_{Eq}/T_{\mathrm{J}}} \tag{8-15}$$

而与之对应的同步发电机组线性微分方程式的解为

$$\Delta\delta=C_1\mathrm{e}^{p_1t}+C_2\mathrm{e}^{p_2t} \tag{8-16}$$

式中　C_1、C_2——积分常数。

（4）判断系统的静态稳定性。利用式（8-16）来判断简单电力系统的静态稳定性。

1）非周期性失去静态稳定性。惯性时间常数 $T_{\mathrm{J}}>0$，当整步功率系数 $S_{Eq}<0$ 时，可有 $S_{Eq}/T_{\mathrm{J}}<0$，特征方程式有正负实根 $p_{1.2}=\pm a$，其中 $a^2=|S_{Eq}/T_{\mathrm{J}}|$，微分方程式的解为

$$\Delta\delta=C_1\mathrm{e}^{at}+C_2\mathrm{e}^{-at}=\Delta\delta_1+\Delta\delta_2 \tag{8-17}$$

式（8-17）表明，当特征方程式具有正负实根时，此时 $\Delta\delta$ 随 t 增大而增大，系统会非周期性失去静态稳定性。式（8-17）的关系曲线如图 8-8（a）所示。

2）周期性等幅振荡。在 $T_{\mathrm{J}}>0$，$S_{Eq}>0$ 时，有 $S_{Eq}/T_{\mathrm{J}}>0$，则特征方程式有共轭虚根 $p_{1.2}=\pm\mathrm{j}\beta$，其中 $\beta^2=|S_{Eq}/T_{\mathrm{J}}|$，那么微分方程式的解为

$$\begin{aligned}\Delta\delta&=C_1\mathrm{e}^{\mathrm{j}\beta t}+C_2\mathrm{e}^{-\mathrm{j}\beta t}\\&=C_1(\cos\beta t+\mathrm{j}\sin\beta t)+C_2(\cos\beta t-\mathrm{j}\sin\beta t)\\&=(C_1+C_2)\cos\beta t+\mathrm{j}(C_1-C_2)\sin\beta t\end{aligned}$$

但是，由于 $\Delta\delta$ 不可能有虚数部分，这就要求 C_1、C_2 为共轭复数。令 $C_1=A+\mathrm{j}B$，$C_2=A-\mathrm{j}B$，则

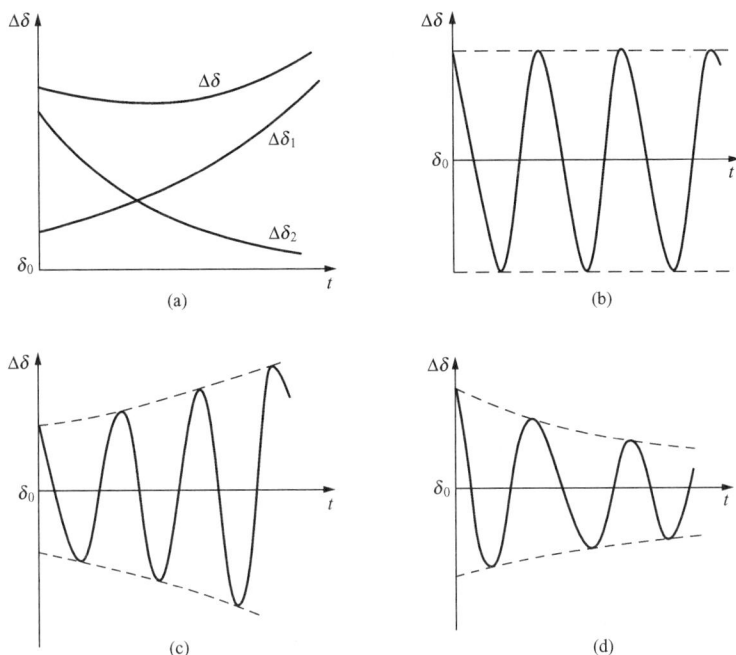

图 8 - 8　电力系统静态稳定性的判定

（a）非周期性关系；（b）等幅振荡；（c）增幅振荡；（d）减幅振荡

$$
\begin{aligned}
\Delta\delta &= 2A\cos\beta t - 2B\sin\beta t = 2\sqrt{A^2+B^2}\left(\frac{A}{\sqrt{A^2+B^2}}\cos\beta t - \frac{B}{\sqrt{A^2+B^2}}\sin\beta t\right) \\
&= 2\sqrt{A^2+B^2}(\sin\varphi\cos\beta t - \cos\varphi\sin\beta t) \\
&= 2\sqrt{A^2+B^2}\sin(\varphi-\beta t) = C\sin(\beta t-\varphi)
\end{aligned}
\tag{8-18}
$$

式中，$C = -2\sqrt{A^2+B^2}$，$\varphi = \tan^{-1}\dfrac{A}{B}$。

　　由此可看出为无阻尼的等幅震荡，这是一种静态稳定的临界状态，如图 8 - 8（b）所示。

　　3）负阻尼的增幅振荡。当发电机具有阻尼时，应在同步发电机受扰动的微分方程式（8 - 13）中加入阻尼功率 $P_D = D_\Sigma p\Delta\delta$ 项，则式（8 - 13）变为

$$
(T_J p^2 + S_{Eq})\Delta\delta + P_D = 0
$$

即

$$
(T_J p^2 + D_\Sigma p + S_{Eq})\Delta\delta = 0
\tag{8-19}
$$

它的特征方程式为

$$
(T_J p^2 + D_\Sigma p + S_{Eq}) = 0
\tag{8-20}
$$

其根为

$$
p_{1.2} = -\frac{D_\Sigma}{2T_J} \pm \sqrt{\frac{D_\Sigma^2 - 4T_J S_{Eq}}{4T_J^2}}
$$

　　当系统具有负阻尼时，即 $D_\Sigma < 0$，且满足 $D_\Sigma^2 - 4T_J S_{Eq} < 0$，其中 $S_{Eq} > 0$。此时特性方程式的根是实部为正值的共轭复根，即 $p_{1.2} = \gamma \pm j\theta$。其中 $\gamma = -\dfrac{D_\Sigma}{2T_J} > 0$，$\theta^2 = \dfrac{D_\Sigma^2 - 4T_J S_{Eq}}{4T_J^2}$。

那么微分方程式的解为

$$\Delta\delta = C_1 e^{(r+j\theta)t} + C_2 e^{(r-j\theta)t} = (C_1 e^{j\theta t} + C_2 e^{-j\theta t})e^{rt} = C\sin(\theta t - \varphi)e^{rt} \qquad (8\text{-}21)$$

由式（8-21）可见 $\Delta\delta$ 随 t 的增长而增幅振荡，即周期性地推动静态稳定性，如图8-8 (c) 所示，可见 $D_\Sigma < 0$ 具有负阻尼的电力系统是不能保持静态稳定运行的。

4）正阻尼的减幅振荡。当系统具有正阻尼时，即 $D_\Sigma > 0$，$D_\Sigma^2 < 4T_J S_{Eq}$，且 $S_{Eq} > 0$。此时特性方程式的根是实部为负根的共轭复根，即 $p_{1,2} = -\gamma \pm j\theta$。其中 $\gamma = \dfrac{D_\Sigma}{2T_J} > 0$，$\theta^2 = \dfrac{D_\Sigma^2 - 4T_J S_{Eq}}{4T_j^2}$。那么微分方程式的解为

$$\Delta\delta = C_1 e^{(-r+j\theta)t} + C_2 e^{(-r-j\theta)t} = (C_1 e^{j\theta t} + C_2 e^{-j\theta t})e^{-rt} = C\sin(\theta t - \varphi)e^{-rt} \qquad (8\text{-}22)$$

此时，$\Delta\delta$ 将随 t 的增大而减幅振荡，周期性地保持电力系统的静态稳定性，如图8-8 (d) 所示。这是系统具有正阻尼情况。可见只有正阻尼系数 $D_\Sigma > 0$，且 $S_{Eq} > 0$ 时，才能保持系统的静态稳定性。故上述两个条件为电力系统静态稳定性的判据。

综上所述，阻尼对稳定的影响如下。

（1）发电机组阻尼为正值时，即 $D_\Sigma > 0$。

1）当 $S_{Eq} > 0$，且 $D_\Sigma^2 > 4T_J S_{Eq}$ 时，特征值是两个负实数，功角将单调地衰减到零，系统是稳定的；当 $S_{Eq} > 0$，但 $D_\Sigma^2 < 4T_J S_{Eq}$ 时，特征值为一对共轭复数，其实部为与 D_Σ 成正比的负数，功角将是一个衰减的振荡，系统是稳定的。

2）当 $S_{Eq} < 0$ 时，特征值为正负两个实数，系统是不稳定的，并且是非周期地失去稳定，这种情况就属于典型的静态稳定问题。由上可知，当 $D_\Sigma > 0$ 时，稳定判据与不计阻尼作用时的相同，仍然是 $S_{Eq} > 0$。阻尼系数 D_Σ 的大小，只影响受扰动后状态量［如 $\Delta\delta(t)$］的衰减速度。

（2）发电机组阻尼为负值时，即 $D_\Sigma < 0$。

在这种情况下，不论 S_{Eq} 为何值，特征值的实部总是正值，具有负阻尼的电力系统是不能稳定运行的。在这种情况下电力系统极易诱发不稳定的低频振荡或不能保持静态稳定。

3. 小扰动法理论的实质

综上所述，有一个 n 阶特征方程为

$$a_0 p^n + a_1 p^{n-1} + a_2 p^{n-2} + \cdots + a_{n-1} p + a_n = 0$$

方程的 n 个根中有一个正实根或一对实数部分为正值的共轭复数［即只要有一个根位于复数平面上虚轴（j轴）的右侧］，系统就不能保持静态稳定性；当特性方程式只有正实根时，系统静态稳定性的丧失是非周期性的；特性方程式有实部为正的共轭复根时，系统稳定性的丧失是周期性的；特征方程只有共轭虚根时，其根在虚轴（j轴）上，系统为等幅震荡，是静态稳定的临界状态；当特征方程式皆为负实根或实部为负的复根时，其根位于复数平面上的虚轴左侧，系统才能保持静态稳定性。复平面的静态稳定区如图8-9所示。

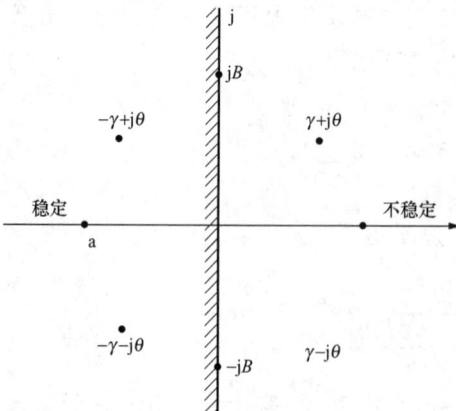

图8-9 复数平面上的静态稳定区

因此，小扰动法是根据受扰动运动的线性化微分方程式组的特征方程式的根，来判断未受扰动的运动是否稳定的方法。如果受扰动的线性化微分方程式组的特征方程式仅有实数部分为负值的根，未受扰动运动是稳定运动，而且如果扰动很小，受扰动运动就趋于未受扰动的运动；如果受扰运动的线性化微分方程式组的特征方程式有实部为正的根，未受扰动的运动就是不稳定运动。

换言之，如果特征方程式的根都位于复数平面上虚轴的左侧，未受扰动的运动是稳定运动；反之，只要有一个根位于虚轴的右侧，未受扰动的运动就是不稳定运动。

所谓"未受扰动的运动"可以理解为系统在稳态运行时的运动；"受扰动的运动"，对于电力系统的静态稳定而言，可以理解为系统承受了瞬时出现又立即消失的微小扰动后的运动。这种瞬时出现的微小扰动，可以是系统参数或各类变量的瞬时、微小变化，如功率角的瞬时、微小变化量 $\Delta\delta$ 等。

用小扰动法研究电力系统稳定性的最大优点是可以纵观全局，可以得到全系统所有机电振荡模式的阻尼特性的信息，据此即可知在一个多机电力系统中是否存在负阻尼、零阻尼或弱阻尼振荡模式，还可以知道这些模式的振荡频率、衰减系数和阻尼比。

任务8.3　分析电力系统电压、频率及负荷的静态稳定性

一、电压静态稳定性

1. 电压静态稳定性分析

电力系统电压的稳定性是指电力系统受到干扰而引起电压变化时，负荷的无功功率与电源的无功功率能否保持平衡或恢复平衡的问题。无功功率的分层分区就地平衡是电压稳定的基础。电压失稳可以发生在工况正常、电压基本正常的情况下，也可能发生在工况正常、母线电压已明显降低的情况下，也可能发生在受扰动后。电压稳定性遭到破坏，将导致系统内电压"崩溃"，大量电动机失速、停转，并列运行的发电机失步，系统瓦解。因此，电压稳定性与发电机并列运行的功角稳定性同等重要，都是整个电力系统安全运行的重要方面，而且它们之间是相互联系的。对无功功率严重不足，电压水平较低的系统，很可能出现电压"崩溃"现象；同时，系统运行在较低电压水平时，将威胁发电机并列运行的稳定性。在这里将它们分开来讨论，只是为了分析方便。

设某电力系统的接线如图 8-10 所示，枢纽变电所一次侧的母线是系统的电压中枢点，它从两个电源受电，向两个负荷供电。电力系统综合负荷的无功功率电压静态特性如图 8-11 的曲线 $Q_L[Q_L = f(U)]$ 所示。发电机的无功功率电压静态特性如图 8-11 曲线 $Q_G[Q_G = f(U)]$ 所示，它由 Q_{G1}、Q_{G2} 两个发电厂等值发电机的无功功率综合而成。这两条曲线有 a、b 两个交点，这两点的电力系统无功功率都是平衡的，但是这两个点在系统运行时的抗干扰能力是不一样的。

设有一个微小的、瞬时出现但又立即消失的扰动，来分析小扰动产生的后果。对于 a 点，对应电压为 U_a。当系统中出现一个微小扰动使电压上升一个微增量 $\Delta U'$ 时，负荷需求的无功功率将改变到与 a_1' 点对应的值，电源供给的无功功率将改变到与 a_2' 对应的值，因此中枢点母线处无功功率将有缺额，$\Delta Q < 0$。这样迫使各发电厂向中枢点输送更多的无功功率，以平衡 ΔQ 之值。随着输送无功功率的增加，输电系统中电压降落增大，中枢点电压又

自动恢复到原始值 U_a。当系统出现的微小扰动使电压下降一个微量 $\Delta U''$ 时，负荷需求的无功功率将改变到与 a_1'' 对应原值，电源供给的无功功率将改变到与 a_2'' 对应的值。这时 $\Delta Q > 0$，中枢点母线处的无功功率将有过剩，各发电厂向中枢点输送的无功功率将减少，那么输电系统中的电压降落也减小，中枢点电压又恢复到原始值 U_a。

在 b 点，对应电压为 U_b，当小扰动使电压上升一个微量 $\Delta U'$ 时，负荷需求的无功功率将改变到与 b_1' 对应的值，电源供给的无功功率改变到与 b_2' 对应的值。中枢点母线处无功功率将有过剩，$\Delta Q > 0$，各发电厂向中枢点输送的无功功率减小，输电系统中电压降落也将减小，中枢点电压进一步上升，且循环不止，运行点最终会稳定在 a 点，而不会回原工作点 b。当小扰动使 U_b 电压下降一个微量 $\Delta U''$ 时，负荷需求的无功功率将改变到与 b_1'' 对应的值，电源供给的无功功率将改变到与 b_2'' 对应的值。因而中枢点母线处无功功率将有缺额，$\Delta Q < 0$，迫使各发电厂向中枢点输送更多的无功功率以平衡无功缺额，并使输电系统中电压降落增加，中枢点电压进一步下降，循环不止，顷刻之间出现了系统的"电压崩溃"现象，发电厂之间失步，系统中电压、电流和功率大幅度振荡，系统瓦解。"电压崩溃"现象如图8-11所示。

因此，在 a 点运行时，电压为 U_a，系统电压是静态稳定的；在 b 点运行时，电压为 U_b，系统电压不能保持静态稳定性。

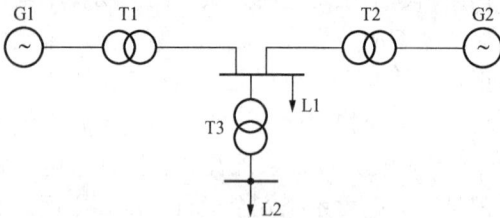

图 8 - 10　某电力系统接线图

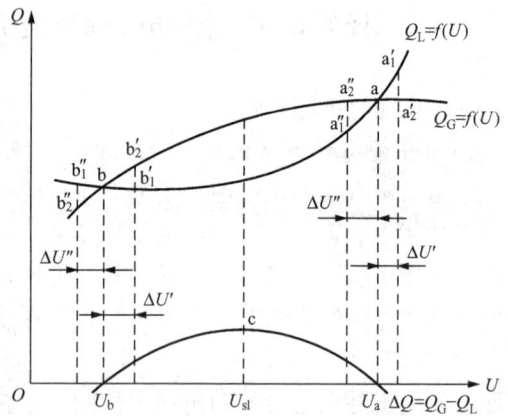

图 8 - 11　电力系统无功功率与电压关系曲线图

2. 电力系统电压静态稳定的实用判据

根据 a 和 b 两个运行点的异同，可以得出判断系统电压稳定性的判据。ΔQ 代表 Q_G 与 Q_L 的差额，即 $\Delta Q = Q_G - Q_L$。在 a 点运行时，系统电压处于较高的水平，当电压升高时，ΔQ 向负方向增大；电压降低时，ΔQ 向正方向增大。电压变量 ΔU 与 ΔQ 有相反的符号，也就是 $\dfrac{\mathrm{d}\Delta Q}{\mathrm{d}U} < 0$。在 b 点运行时，系统电压处于较低的水平，这时电压变量 ΔU 与 ΔQ 有相同的符号，$\dfrac{\mathrm{d}\Delta Q}{\mathrm{d}U} > 0$。因为在 a 点运行时，系统是稳定的；在 b 点运行时，系统是不稳定的；所以 $\dfrac{\mathrm{d}\Delta Q}{\mathrm{d}U} < 0$ 是系统电压稳定性的判据。该判据也叫第二个静态稳定判据，也称为负荷稳定性判据。

3. 静态稳定的储备

电压稳定的临界点如图 8 - 11 上曲线 $\Delta Q[f(U)]$ 上的 c 点，此时 $\dfrac{\mathrm{d}\Delta Q}{\mathrm{d}U} = 0$，与该点对应

的电压，是中枢点处允许的最低运行电压，叫做电压稳定极限，以 U_{sl} 表示。电压稳定储备百分数的表示式为

$$K_U = \frac{U_0 - U_{sl}}{U_0} \times 100\% \tag{8-23}$$

式中　U_0——中枢点母线的运行电压。

我国 DL 755—2001《电力系统安全稳定导则》规定：系统正常运行方式下 K_U 不小于 $10\% \sim 15\%$，事故情况下 K_U 不应小于 8%。

运用判据 $\frac{\mathrm{d}\Delta Q}{\mathrm{d}U} < 0$ 分析系统的电压稳定性时，要选择好电压中枢点，以该点电压的变化可以明显地反映整个系统电压水平。通常都以系统内的功率集散点作为中枢点，例如枢纽变电所高压母线等。

二、频率静态稳定性

设电力系统综合负荷有功功率、无功功率的静态频率特性如图 8-12 所示。

电力系统中所有电源综合的有功功率的静态特性如图 8-13 中曲线 P_G（1—2—3、3'），所有综合负荷的有功功率的静态频率特性如图 8-13 中曲线 P_L。

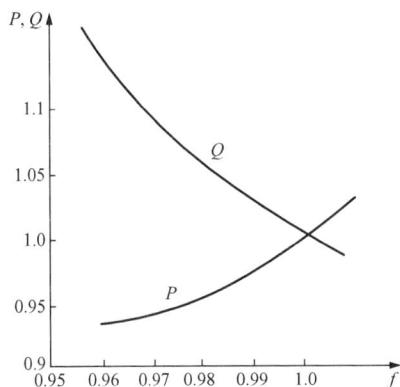

图 8-12　工业城市综合的静态频率特性　　　　图 8-13　频率的稳定性

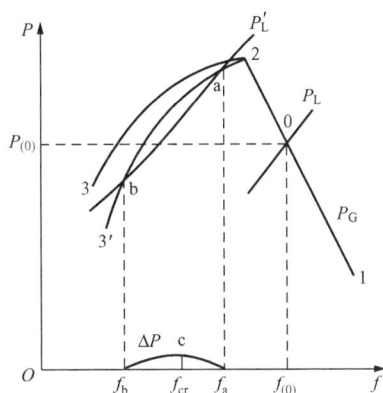

正常运行时，电源和负荷的有功功率应该平衡，曲线 P_L 与 P_G 应相交于 O 点，与该点相对应的频率和有功功率分别为 $f_{(0)}$、$P_{(0)}$。负荷逐渐上移增大至 P'_L；以致将与曲线 P_G 的线段 2—3' 同时交于 a、b 两点。当 $\Delta P = P_G - P_L > 0$ 时，系统中有功功率过剩，频率将上升，当 $\Delta P = P_G - P_L < 0$ 时，系统中有功功率不足，频率则下降。用分析电压稳定的方法分析，发现 a、b 两点中只有在 a 点是可以稳定运行的，b 点则不能稳定运行。从而可以得出电力系统频率的静态稳定的判据是

$$\frac{\mathrm{d}\Delta P}{\mathrm{d}f} = \frac{\mathrm{d}(P_G - P_L)}{\mathrm{d}f} < 0 \tag{8-24}$$

图 8-13 中的 c 点是稳定运行的临界点，与 c 点对应的频率就是频率静态稳定的极限或临界频率 f_{cr}。系统运行中，如果 $f < f_{cr}$，就不能稳定运行，将会出现"频率崩溃"现象。

三、负荷的静态稳定

应用异步电动机转矩—转差率特性来分析电力系统负荷的静态稳定性。电力系统负荷的稳定性主要是指异步电动机运行的稳定性。异步电动机转矩—转差率特性曲线示于图 8-14

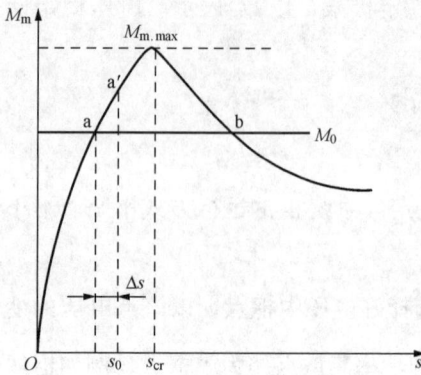

图 8 - 14　异步电动机的转矩特性

中，假设机械转矩不随转速而变化。

如图 8 - 14 所示，电动机可能有两个运行点 a 和 b。在 a 点运行时，如果有小扰动使转差率 s_0 有一个很小的增量 Δs，则电动机的电磁转矩为曲线上的 a′点，这时电磁转矩大于被拖动的机械转矩，转子轴上出现正的驱动转矩，并使转子加速，s 将减小，运行点将仍回到 a 点。同样，当小扰动使转差率有一个很小的负增量时，此时电磁转矩将小于机械转矩，在制动转矩作用下转子将减速，s 便增大，电动机仍回到原来的运行点 a，可见 a 点是静态稳定运行点。在 b 点运行受到小扰动时，或是转移到 a 点稳定运行，或是使转差率 s 不断增大，直到 s＝1，电动机停转，失去了运行的稳定性，所以 b 点不是稳定运行点。

由此可知，电动机静态稳定运行的转矩—转差率的判据是

$$\frac{\mathrm{d}M_\mathrm{m}}{\mathrm{d}s} > 0 \tag{8 - 25}$$

其稳定极限与转矩极限也是一致的，即当机械转矩 $M_\mathrm{m}＝M_{\mathrm{m,max}}$ 时，其对应的转差率为临界转差率 s_cr。在这种情况下，只有一点小扰动，电动机就可能失去静态稳定运行状态。

任务 8.4　提高电力系统静态稳定性的措施

提高电力系统稳定性水平需要至少包括以下两方面措施：一是坚强合理的电网结构；二是比较完善的安全稳定控制措施。加强一次电网结构可以有效提高稳定性，但投资一般很大；采用安全稳定控制措施所需资金较少，但可信赖程度稍差。一般来说，电力系统正常运行及常见的扰动情况下应由电网结构保证安全稳定，而对于一些较严重和出现概率较低的扰动，则应采用控制措施。

一、电力系统稳定性措施的分类

1. 按照电力系统运行状态分类

电力系统安全稳定控制按其起作用的时机分为预防控制、紧急控制和恢复控制等，分别对应于故障前的平衡状态、故障后的暂态过程和供电中断后的恢复过程。不同运行状态所出现的稳定问题不同，需要采取不同的稳定性措施解决。

（1）正常运行状态和第一级大扰动的安全稳定措施。为保证电力系统正常运行状态及承受第一级大扰动时的安全要求，需要提高正常运行时电网安全稳定裕度：首先应有合理的电网结构、相应的电力设施及其固有的保护和控制装置，以及预防控制组成保证电力系统安全稳定的第一道防线。其中对于提高稳定性，在一次系统措施方面可采取加强电网结构、串联电容器补偿等措施；在二次系统采取的措施是快速切除故障等。预防性控制则包括发电机功率预防性控制、发电机励磁调节的附加控制（如 PSS）、并联和串联电容补偿控制、直流输电功率调制和其他灵活交直流输电（FACTS）控制等。以上措施均属于电力系统安全稳定的第一道防线。

（2）紧急状态下的安全稳定控制。为保证电力系统承
受第二级大扰动时的安全要求，应由防止稳定破坏和参数
严重越限的紧急控制实现保证电力系统安全稳定的第二道
防线。这种情况下的紧急控制包括切除发电机、汽轮机快
控汽门、电气制动和集中切负荷等。

　　紧急控制按目标分为两类：一类是防止系统稳定受到
破坏的稳定性控制；另一类是防止系统参数严重偏离允许
值的校正性控制。后者包括限制频率异常、限制电压异常
和防止系统功角异常失去同步等。

　　1）当频率异常时应采取紧急控制。维持系统频率的

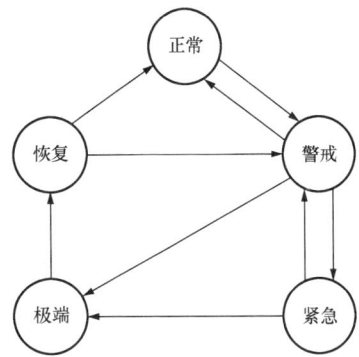

图 8 - 15　电力系统运行状态

措施有低频减负荷、水轮发电机低频自起动、抽水蓄能机
组低频抽水改发电、低频发电机解列、高频切机、高频减输出功率等。频率异常升高时，可
采取高频切机、解列系统等措施；如频率异常降低时，可采取发电机低频解列、低频减负荷
等措施。

　　2）当电压异常时应采取紧急控制。电压稳定是一个局部问题，电压异常升高时，可采
取发电机励磁控制、静止无功补偿器（SVC）和调相机、有条件系统解列等措施；电压异常
降低时采取紧急投入无功补偿装置、低电压切负荷等措施。

　　3）另外，为防止出现功角异常，制止失去同步稳定性，可采取的措施有切机、切负荷、
电气制动等。

　　紧急状态下的这些控制措施属于电力系统安全稳定的第二道防线范畴。

　　（3）防止系统崩溃的控制。为保证电力系统承受第三级大扰动时的安全要求，应由防止
事故扩大避免系统崩溃的紧急控制实现保证电力系统安全稳定的第三道防线。这种情况下的
紧急控制包括系统解列、低频和低压紧急减负荷等。第三级大扰动时防止系统崩溃的稳定措
施属于第三道防线范畴。

　　（4）恢复控制。指当电力系统进入大面积停电事故状态时，为使其恢复到可行的运行状
态所采取的控制措施。恢复控制措施主要包括快速启动担任黑启动任务的发电机、解列部分
再同步并列运行、恢复负荷等。最坏的情况即系统崩溃后，必须在最短的时间内恢复系统运
行，必须采取快速恢复控制措施。

　　2. 按照电力系统构成分类

　　按照电力系统构成分类可分为一次技术措施和二次技术措施。一次技术措施又可分为电
网侧、发电侧和用户侧措施。电网侧措施主要改善和加强电网结构、减小输电阻抗、提高输
电电压、串联电容器补偿、加强无功补偿以及发电机电气制动等措施。

　　二次技术措施主要包括快速保护、自动重合闸、切机、切负荷、系统解列、低频减载、
低压减载等。

　　3. 根据稳定措施的发展分类

　　随着电网的发展，电力系统特性越来越复杂，安全稳定控制措施不断得到发展。

　　稳定控制措施已由过去单一控制措施发展到今天多种措施综合控制；控制方式已由过去
就地和分散控制过渡到当今的集中决策控制；控制范围已由过去的一站、一线发展到当今的
整个地区、全省乃至区域电网的稳定控制。为了确保稳定，需要实施更大范围的切机、切负

荷等控制；控制方法上往往采用现代计算机、通信等技术将传统的各种稳定措施进行综合和协调，以达到更好的控制效果等。因此，出现了新型的安全稳定控制系统——区域型稳定控制系统。根据稳定控制措施的发展，人们又将稳定控制措施分为两类：一类是就地型安全稳定控制装置，另一类是区域型稳定控制系统。

二、提高电力系统静态稳定性的措施

1. 采用自动调节励磁装置

(1) 不连续调节励磁对静态稳定性的影响

手动或机械调节器的励磁调节过程是不连续的，如图 8-16（a）所示，由图可见，当传输功率 P 增大时，功率角 δ 将增大，发电机端电压 U_G 将下降。但由于这类调节器有一定的失灵区（失灵区是指当发电机端电压变化很小时，励磁调节装置不起反应的那个电压范围），只有在端电压 U_G 的下降越出一定范围时，才增大发电机的励磁，从而增大它的空载电动势 E_q，运行点才从一根功角特性曲线过渡到另一根，调节过程如图 8-16（a）中折线 $aa'bb'cc'dd'e$ 所示。

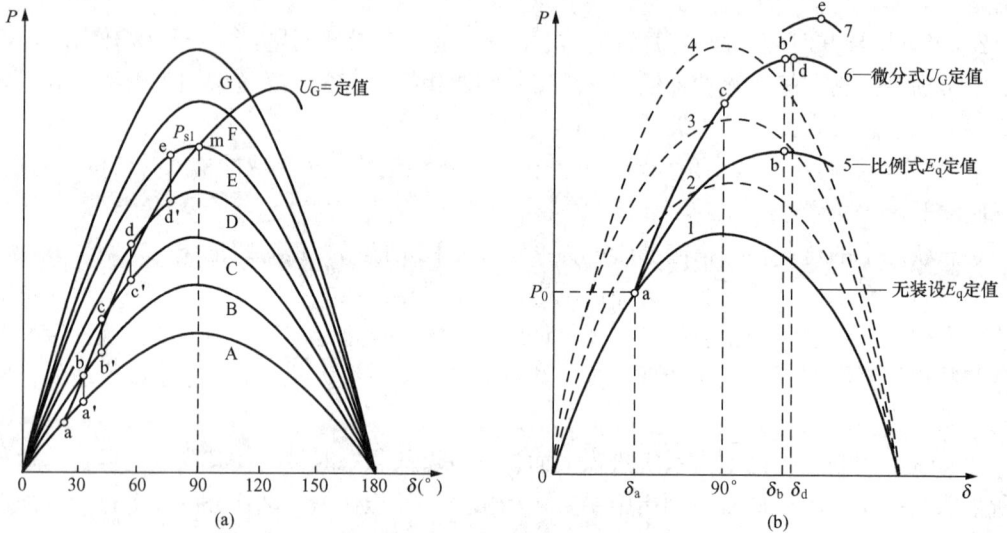

图 8-16　调节励磁对静态稳定的影响

(a) 不连续调节励磁对静态稳定的影响；(b) 连续调节励磁对静态稳定的影响

当传输功率增大到静态功率 P_{sl}，功率角 $\delta=90°$ 对应的 m 点时，这个传输功率不能再继续增大了。因 $\delta>90°$ 时，所有按 E_q 为定值条件绘制的功—角特性曲线都有下降的趋势，在 m 点运行时，功率角的微增将使发电机组的机械功率大于电磁功率，发电机组将加速。虽然与之同时，发电机端电压下降，但在还没有来得及采取措施增大发电机的励磁之前，系统已丧失了稳定。因此，采用这一类不连续调节的、有失灵区的调节励磁方式时，静态稳定的极限就是图 8-16（a）中相对应的功率角 $\delta_{sl}=90°$。

应该指出，这类目前已不多见的调节励磁方式虽不能使稳定运行范围越出 $\delta=90°$，但就提高稳定极限的数值而言，作用仍很显著。

(2) 自动调节励磁对静态稳定性的影响。如图 8-16（b）中曲线 5、6 所示，当电力系统中的同步发电机（或同期调相机）装设有自动调节励磁装置时，电力系统的静态稳定性与

无自动调节励磁装置时是不同的。采用自动调节励磁能够提高电力系统的静态稳定性。

1）励磁按某一个变量偏移调节（比例式）。如按 U_G、I_G、δ 三个变量中任意一个变量的偏移调节励磁电流时，静态稳定极限一般与 $S_{E'q}=0$ 的条件相对应。其值为设暂态电动势 E'_q 为定值时所做功角特性曲线上的最大值 $P_{E'q.\max}$，如图 8 - 16（b）中曲线 5 上的 b 点。在简化计算中发电机均采用 E'_q 为定值的模型。

2）励磁按变量偏移复合调节。按几个变量的偏移复合调节时，静态稳定极限仍与 $S_{E'q}=0$ 的条件相对应。但如按电压偏移调节的单元可维持端电压恒定，则静态稳定极限为端电压 U_G 为定值时所做功角特性曲线上与 $S_{E'q}=0$ 相对应的功率值，如图 8 - 16（b）中曲线 6 上的 b' 点。

3）励磁按变量导数调节（微分式）。按导数调节励磁时，静态稳定极限一般可与 $S_{U_G}=0$ 的条件相对应。当发电机装有强励式调节励磁装置时，可以维持发电机端电压 U_G 为定值，静态稳定极限可以提高到 $U_G=U_{G0}=$ 定值的功率极限 $P_{U_G.\max}$，如图 8 - 16（b）中曲线 6 上的 d 点。在简化计算中，发电机可以用 U_G 为定值的模型。

4）励磁按变量导数调节，但不限发电机端电压。如按功率角或定子电流的导数调节时，由于不控制发电机的端电压，在传输功率增大时，功率极限可能超过 d 点，而抵达曲线 7 上的 e 点。在简化计算中可以认为 e 点电压保持不变。

由此可见，发电机装有自动调节励磁装置时，它的功率极限增大很多，并且出现在 $\delta>90°$ 的区域，这个区域成为"人工稳定区"。

除没有调节励磁时一般只可能非周期性丧失稳定外，有了自动调节励磁后，不论它的调节方式如何，都可能非周期地或周期地丧失稳定性，而且后者的可能性还相当大。

综上所述，自动调节励磁装置可以等效地减少发电机的电抗。当无调节励磁时，对于隐极式同步发电机的空载电动势 E_q 为常数，其等值电抗为 x_d。当按变量的偏移调节励磁时，可使发电机的暂态电动势 E'_q 为常数，其等值电抗为 $x'_d(x'_d\ll x_d)$。如按导数调节励磁时，且可维持发电机端电压 U_G 为常数，则发电机的等值电抗变为零。如最后可调至 e 点电压为常数，此时相当于发电机的等值电抗为负值。如果 e 为变压器高压母线上一点，则此时相当于把发电机和变压器的电抗都调为零。

发电机的自动调节励磁不仅在提高发电机并列运行的稳定性方面有显著作用，在提高系统电压稳定性方面同样有显著的作用。

发电机的无功功率电压静态特性与发电机的电抗有关，如图 8 - 17 所示，同步电抗较大的发电机，在其端电压下降时，输出的无功功率将减少，如图 8 - 17 中 Q_G 曲线；同步电抗较小的发电机，在其端电压下降时，输出的无功功率减少得较缓慢，有时甚至增大，如图8 - 17 中 Q'_G、Q''_G 曲线。发电机装有自动调节励磁装置时，既然可以等值地减小发电机的电抗，那么它的无功功率电压静态特性曲线也将较无自动调节励磁装置时下降得缓慢，甚至将随着它的端电压下降而上升，如图 8 - 17 中 Q''_G 曲线。因此，由于自动调节励磁装置的良好作用，电力系统的电压稳定极限值将减小，

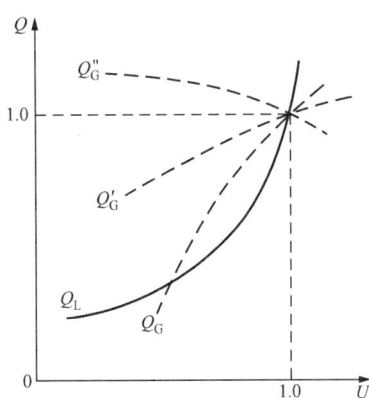

图 8 - 17　调节励磁对电压的影响

稳定运行范围将扩大，这就提高了系统的电压稳定性。

此外，为了保证系统的稳定性，还可以事先规定系统内某些输电线路的送电端与受电端之间功角 δ 的上限值，并通过实时遥测装置经常监视这个角度，这个 δ 角的上限值是根据稳定极限 P_{sl} 再考虑一定的稳定储备而确定的。当运行功角接近这个上限值时，系统运行人员可以采取措施，例如改变系统内的功率分布，以减轻该输电线路的负荷，防止电力系统并列运行失去稳定。

对送电端的发电机而言，也可以事先规定它们的运行功率因数最大值或输出无功功率的最小值，这相当于限制功角的最大值。

【例 8 - 2】 按 ［例 8 - 1］ 给出的电力系统及参数，发电机未装设自动调节励磁装置时，已求得系统的静态稳定储备为 36.3%。若发电机装设比例式或微分式自动调节励磁装置后，试计算系统的静态稳定储备（经归算后的发电机暂态标幺电抗为 0.263）。

解 （1）装设比例式自动调节励磁装置时

$$X'_{d\Sigma} = X'_d + X_{T1} + X + X_{T1} = 0.263 + 0.0935 + 0.324 + 0.092 = 0.7725$$

$$E' = \sqrt{\left(1.0 + \frac{0.142 \times 0.7725}{1.0}\right)^2 + \left(\frac{1.0 \times 0.7725}{1.0}\right)^2} = 1.352$$

$$P_{E'} = \frac{1.352 \times 1.0}{0.7725} \sin\delta' = 1.75\sin\delta'$$

稳定储备为

$$K_P = \frac{1.750 - 1.0}{1.0} \times 100\% = 75\%$$

（2）设微分式自动调节励磁装置时

$$X_\Sigma = X_{T1} + X + X_{T2} = 0.0935 + 0.324 + 0.092 = 0.5095$$

$$U_G = \sqrt{(1.0 + 0.142 \times 0.5095)^2 + 0.5095^2} = 1.187$$

$$P_{U_G} = \frac{U_G U}{X_\Sigma} \sin\delta_c = \frac{1.187 \times 1.0}{0.5095} \times \sin\delta_c = 2.33\sin\delta_c$$

稳定储备为

$$K_P = \frac{2.33 - 1.0}{1.0} \times 100\% = 133\%$$

从以上计算结果可见，自动调节励磁装置对于提高静态稳定性起到了良好的作用。

2. 减小系统各元件电抗

从功角特性 $P_{Eq} = \dfrac{E_q U}{X_{d\Sigma}} \sin\delta$ 可知，提高电力系统静态稳定性的基本措施之一就是缩短"电气距离"。

缩短"电气距离"，即减小系统各元件的阻抗，主要是减小发电机、变压器和输电线路的感抗。现分别简要说明如下。

（1）发电机的电抗在整个系统工程的电抗中所占比重较大，所以，在没有自动调节励磁装置的系统中，发电机的同步电抗对其功率极限有较大影响。

发电机的同步电抗由电枢反应电抗和漏抗两部分组成。前者远远大于后者，所以降低前者可显著地降低同步电抗。在电枢反应磁动势一定的情况下加大电机与转子之间的间隙，就可增大磁阻，减小电枢反应磁通，从而降低电枢反应电抗。但是，在气隙加大后，为保持发电机原有的电动势和容量，势必要增加励磁绕组的安匝数。所以，为了减小发电机的同步电抗，将会增加发电机每千瓦容量的制造成本。

应该指出，汽轮发电机通常是按标准化大批量生产的，在建设火力发电厂时，实际上不可能任意选择发电机的参数。但在水力发电厂方面，则因水力条件不同，常常需根据具体情况订制发电机组，所以可根据需要选择适当的参数。

采用自动调节励磁装置后相当于缩短了发电机和系统之间的电气距离，从而提高了静态稳定性。

（2）变压器的电抗仅为发电机电抗的 $10\%\sim12\%$，所以，减少变压器电抗来提高静态稳定性的作用是很有限的。

（3）输电线路的电抗是影响电力系统输电能力的一个重要因素，特别在大容量远距离输电时更显得突出。

在远距离输电中，线路电抗占系统总电抗的比重很大，采用分裂导线可以减少线路电抗，提高输电容量。同时采用分裂导线，也可减少或避免电晕所引起的有功功率损耗以及无线电干扰等。

对于电压为 330kV 及以上的输电线路，一般均采用分裂导线。这样既可减小线路电抗，又加强了系统之间的联系，从而提高了电力系统的静态稳定性。

（4）采用"串联电容补偿"，是大幅度减少线路电抗的另一个有效办法。串联电容器后，线路的部分电抗被容抗抵消，使系统的总电抗减少。一般在较低电压等级的线路上的串联电容补偿主要用于调压；在较高电压等级的输电线路上的串联电容补偿则主要用来提高系统的稳定性。补偿度（电容器容抗和没有补偿的线路感抗的比值）对系统的影响很大，为提高系统稳定性而采用的串联电容其补偿度一般不超过 0.5。

3. 提高电力线路的额定电压

（1）在现有的电网中，电压运行在较高的水平，可以提高电力系统的静态稳定性。

（2）提高电力线路的额定电压等级，可以大大地提高电力系统的静态稳定性。合理地选用高一级的电压等级作为输电线路的额定电压，以提高输送功率极限，这不论在设计新线路或改造旧线路方面，都是经常被考虑到的。在电力线路始末端电压间相位角 δ 保持不变的前提下，沿电力线路传输的有功功率将近似与电力线路额定电压的平方成正比。换言之，提高电力线路的额定电压相当于减小电力线路的电抗。

对于同一结构的输电线路，额定电压越高，线路电抗的标幺值就越小，功率极限值也就越高。此外，合理地选择发电厂的主接线，使大型发电机组直接与较高电压的电网相连，也有助于系统的稳定性。

4. 改善电力系统的结构

合理的电网结构是电力系统安全稳定运行的基础，改善电力系统结构对于提高电力系统静态稳定性作用比较明显。

（1）增加电力线路的回路数，减小电力线路的电抗，加强系统的联系，使电力系统有坚强的网架，从而提高了电力系统的静态稳定性。

（2）加强电力线路两端系统各自内部的联系。我国 DL 755—2001《电力系统安全稳定导则》规定：①受端系统的建设。受端系统通过接受外部及远方电源输入的有功功率以实现供需平衡。要加强受端系统内部最高一级电压的网络联系；加强受端系统的电压支持和运行的灵活性，在受端系统应接有足够容量的电厂和足够的无功补偿容量；枢纽变电所的规模要同受端系统的规模相适应；受端系统发电厂运行方式改变，不应影响正常受电能力。②电源接入。不同规模的发电厂应分别接入相应的电压网络，应在受端系统内建设一些较大容量的主力电厂，主力电厂宜直接接入最高一级电压电网。外部电源宜经相对独立的送电回路接入受端系统，尽量避免电源或送端系统之间的直接联络和送电回路落点过于集中。每一组送电回路的最大输送功率所占受端系统总负荷的比例不宜过大。③电网分层分区。应按照电网电压等级和供电区域，合理分层分区。合理分层是将不同规模的发电厂和负荷接到相适应的电压网络上；合理分区是以受端系统为核心，将外部电源连接到受端系统，形成一个供需基本平衡的区域，并经联络线与相邻区域相连。随着高一级电压电网的建设，下级电压电网应逐步实现分区运行，相邻分区之间保持互为备用。应避免和消除严重影响电网安全稳定的不同电压等级的电磁环网。

（3）当输电线路通过地区原来就有电力系统时，将这些中间电力系统与输电线路连接起来，可以使长距离的输电线路中间点的电压得到维持，相当于将输电线路分成两段，避免远距离送电。而且，中间系统还可与输电线路交换有功功率，起到互为备用的作用。

三、抑制电力系统低频振荡措施

由于电力系统的扩大，电网互联的发展以及快速励磁系统的应用，许多电力系统出现了低频功率振荡现象，由此制约了电网的输电能力。为了解决电力系统低频振荡、改善其静态稳定和动态稳定性问题，增强阻尼是一种积极有效的手段。而电力系统稳定器（PSS）是提高电力系统阻尼的一种行之有效措施。

电力系统稳定器（PSS）是安装在发电机侧的一种自动控制装置，用于提供一个正的阻尼力矩分量以弥补自动调节励磁装置（AVR）所产生的负阻尼，从而形成一个有补偿的系统。它增加了阻尼，以平息电机或电力系统的低频振荡，包括小干扰引起的两互联系统间联络线上的低频振荡和地区系统内部的低频振荡，以及电力系统因受到大干扰事故以后的低频振荡，增强了静态稳定，从而改善了电力系统的稳定性。

多机电力系统中可能存在多种振荡模式。因此，多机电力系统 PSS 安装地点对抑制低频振荡效果有很大影响。需要根据不同振荡模式阻尼情况和相关因子分析，找出弱阻尼振荡模式有较强相关的机组，在这些机组上装设 PSS 对抑制低频振荡最为有效。

任务8.5　分析简单电力系统的暂态稳定性

当电力系统受大的扰动时电力系统就会存在暂态稳定性问题。电力系统暂态稳定性是研究电力系统受到大的扰动后各发电机是否能继续保持同步运行的问题。

一、引起电力系统大扰动的主要原因

引起电力系统大扰动的原因很多，归纳起来大致有三类。

（1）负荷的突然变化。如切除或投入大容量的用户引起较大的扰动。

（2）切除或投入系统的大型元件。如切除或投入较大容量的发电机、变压器和较重要的线路等引起了大的扰动。

（3）电力系统的短路故障。它对电力系统的扰动最为严重。

在各类电力系统短路故障中，单相接地在高压电力系统中发生的次数最多，一般可占

83%左右，其中瞬时性雷击单相接地又占单相接地的70%左右，两相接地短路的次数为8%左右，发生两相短路的次数为4%左右，三相短路的次数一般占总短路次数的5%左右。短路故障类型对稳定性的影响是不同的。其中以三相短路最为危险，特别是高电压等级发生三相故障，引起电力系统的扰动最大，系统的暂态稳定性常常遭受破坏，此种严重故障发生的次数最少；两相接地短路和两相短路对于电力系统的扰动也较大，其中两相接地短路的危害程度仅次于三相短路。单相接地对系统的扰动在短路故障中是最小的，次数也是最少的。

除短路故障的类型外，短路点的位置对暂态稳定性的威胁也有很大的关系。若短路点对系统内的各发电机对称性好，故障的严重性就会轻些。相反地，若短路点对各发电机对称不好，电力系统失去暂态稳定的可能性就会增大。对发电厂的暂态稳定而言，发电机母线上直接短路最为危险。

另一方面，短路点距系统主要工业负荷的远近也对系统的暂态稳定性有影响。在庞大的负荷中心附近发生短路时，经常会危及系统的稳定运行。

对于输送负荷大、距离长的输电线路，在线路的送电端发生短路故障时，情况最为严重。分析电力系统运行的暂态稳定性，应该根据安全与经济两个方面综合考虑。电力系统如能经受住三相短路的扰动，则该系统的暂态稳定性是不成问题的，但以三相短路作为暂态稳定的条件是很不经济的。因而我国电力系统目前是以不对称短路作为暂态稳定研究的基础，逐步把暂态稳定的水平提高到三相短路上来。

当电力系统受到大扰动时，表征系统运行状态的各种电磁参数，如线路的电流、节点电压、发电机输出的功率等都要发生急剧的变化。由于原动机的调速系统是具有相当大的惯性的，它必须经过一定时间后，才能改变原动机的功率。这样作用在发电机转子轴上输出的电磁功率与输入的机械功率之间的平衡遭到破坏，使发电机组转子轴上作用一个不平衡转矩。在这个转矩作用下，发电机组转子开始改变其速度，使发电机的功率角改变，从而使发电机组各转子间产生了相对运动，即发电机组间产生了摇摆或振荡。发电机组转子相对角度的变化，反过来又将影响到电力系统中电流、电压及发电机输出功率的变化。所以，由大扰动引起的电力系统暂态过程是一个由电磁暂态过程和发电机组转子机械运动暂态过程交织在一起的复杂过程，即机电暂态过程。由于在扰动后的不同时间里系统各部分的反应不同，在分析暂态稳定时往往按下面三种不同的时间阶段分类。

（1）起始阶段：即指故障后约1s内的时间段。在这期间系统中的保护和自动装置有一系列的动作，例如切除故障线路和重新合闸，切除发电机等。但是在这个时间段中，发电机的调节系统还来不及起到明显作用。

（2）中间阶段：在起始阶段后，大约持续5s的时间段。在此期间发电机的调节系统将发挥作用。

（3）后期阶段：在故障后几秒钟时间内。这时热力设备（如锅炉）中的过程将影响到电力系统的暂态过程。另外系统中还将发生永久性地切除线路以及由于频率下降自动装置切除部分负荷的操作。

本任务中主要介绍故障发生几秒内系统的稳定性。

精确地确定电力系统所有电磁变量和机械运动变量在暂态过程中的变化，是非常复杂和困难的，从解决实际工程问题来说，往往是不必要的。暂态稳定性分析计算的目的在于确定电力系统在给定的大扰动下各发电机组能否继续保持同步运行，因此只需要确定表征发电机间是否同步的发电机组转子运动特性即可。抓住这个要点之后，就可以对暂态过程中各种复杂的现象进行具体的分析，找出其中对机组转子运动起主要影响的因素，在分析计算中加以考虑，而对于影响不大的因素加以忽略或作近似考虑。这样做，大大地简化了分析计算工作，并且便于获得有关研究对象的更加明确清晰的概念。事实上，在忽略某些次要因素后，计算所得结果与实际结果很接近，其误差在允许范围内。

二、简单电力系统的暂态稳定性分析等值电路

1. 暂态稳定计算中的基本假设

（1）忽略发电机定子电流的非周期分量。因为定子电流的非周期分量衰减时间一般只有百分之几秒，它很快就衰减到零；定子电流的非周期分量产生的磁场在空间是静止不动的，这个不动的磁场与转子绕组的直流电流所产生的转矩的平均值接近于零，可以略去。

（2）忽略暂态过程中发电机的附加损耗。忽略掉发电机中的附加损耗对机组转子加速运动的制动作用，使计算结果偏于保守和可靠，并且不改变功率角 δ 随时间变化的性质，不影响系统受大扰动后是否能保持暂态稳定的结论。

（3）当发生不对称短路时，不计负序和零序分量电流对机组转子运动的影响。输电线路上发生不对称短路时，对于零序分量电流，由于它们在发电机气隙内产生的合成磁场为零，不会对转子产生制动转矩，可以略去不计。负序分量电流在发电机定子绕组中流过时，对发电机转子产生的转矩是以两倍同步频率做周期性变化的，它的平均值近于零，同样对暂态稳定问题几乎没有影响。

因此在不对称短路时，只需考虑正序电流和正序电压对系统影响，这样简化了不对称短路故障的暂态稳定的分析。

发电机输出的电磁功率，仅由正序分量确定。不对称故障时，网络中正序分量的计算，可以应用复合序网和正序等效定则。故障时确定正序分量的等值电路与正常运行时的等值电路不同之处，仅在于故障处接入由故障类型确定的附加阻抗。

（4）在暂态的过程中，发电机转速的变化偏离同步速度很小，可以不考虑频率变化对电力系统参数的影响。

（5）不考虑原动机自动调速系统的作用。原动机的自动调速系统，一般需要在发电机转速变化才起作用，加上调速器本身的惯性非常大，所以一般在暂态稳定计算中，假定原动机输入的机械功率为恒定不变，即 P_m 为常数（或 M_m 为常数）。

除了上述基本假设之外，根据所研究问题的性质和对计算精度要求的不同，有时还可以做一些简化规定。

2. 有关参数的计算简化

（1）$\dot{E}'_q$、X'_d 作为发电机等值电路的参数。在暂态稳定过程中，由于发电机的空载电动势 $\dot{E}_q$ 是变化的，如果计算中采用 $\dot{E}_q$ 和同步电抗 X_d 作为发电机等值电路的参数，会给计算带来很大的复杂性。

发电机的交轴暂态电动势 $\dot{E}'_q$ 不会在短路的一瞬间突变，但随着转子电流的自由分量的衰减，电枢反应逐渐表现出来，因而 $\dot{E}'_q$ 也从短路故障时开始逐渐衰减。但是，转子励磁绕组电流的自由分量的存在可达几秒之久，快速继电保护装置和断路器能保证在十分之几秒内切除故障。在这一短暂的时间内，转子内电流的自由分量衰减很少，自动调节励磁装置特别是强行励磁的作用，人为地补偿了自由分量的衰减，使暂态电动势的衰减进一步减缓。所以在近似计算中完全可以用 $\dot{E}'_q$ 和 X'_d 作为发电机等值电路的参数。发电机的功角特性方程式为 $P_{E_q} = \dfrac{E'_q U}{X'_{d\Sigma}}\sin\delta$。

（2）不计次暂态分量电流的影响。由于阻尼绕组的时间常数很小，只有百分之几秒，形成的次暂态分量电流迅速衰减，所以可以不计阻尼绕组的作用。

（3）$\dot{E}'$ 代替 $\dot{E}'_q$、δ' 代替 δ。在一般的暂态稳定计算中，在自动调节励磁的作用下，可以近似地认为暂态电抗后的电动势 $\dot{E}'$ 恒定，并以这个电动势的相位角 δ' 取代发电机的实际功率角 δ。发电机的电抗用直轴暂态电抗 X'_d 表示，发电机的功角特征方程式为

$$P_{E'} = \frac{E'U}{X'_{d\Sigma}}\sin\delta' \tag{8-26}$$

式中　　E'——对应暂态电抗 X'_d 的电动势。

（4）电力系统负荷简化的数学模型。一般负荷可以用随端电压而变化的功率来表示，并且用负荷的静态电压特性代替负荷的动态电压特性。在进一步简化计算中负荷简化的数学模型可以用恒定阻抗或导纳表示。

3. 简单电力系统暂态稳定性分析的等值电路

对于输电线路上发生三相短路，其等值电路相当于在短路点直接连接一根导线，送端发电厂无法将功率传输到受电端去，结果使得送端的发电机发生严重的功率不平衡，所以三相短路对系统的暂态稳定的威胁最严重。

对于输电线路上发生不对称短路，利用对称分量法，可以将不对称时的电流和电压分解成正序、负序分量和零序分量。前面提到在分析暂态稳定性时可以不考虑负序电流和零序电流的影响，而只讨论正序电流和正序电压对系统影响，这样简化了不对称短路故障的暂态稳定的分析。

但是，当不对称短路时，负序阻抗和零序阻抗对正序电流是有影响的。如图 8-18（a）所示为送电端 A 点发生单相接地短路时的电力系统；图 8-18（b）代表它的复合序网，其中正序、负序网络和零序网络在短路点串联起来；图 8-18（c）代表简化后的复合序网等值电路，其中 Z_2 和 Z_0 分别表示组合的负序阻抗和零序阻抗。由此可见，在发生单相接地短路时，系统的等值电路与正常运行情况下系统的等值电路不同之处，是在短路点接上其数值等于负序组合阻抗与零序组合阻抗之和的附加阻抗 Z_D（单相接地时 $Z_D =$

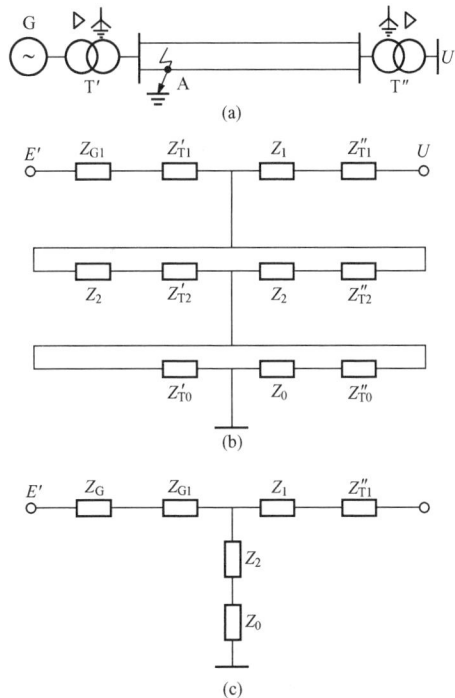

图 8-18　简单电力系统序网
（a）简单电力系统；（b）复合序网；
（c）简化等值电路

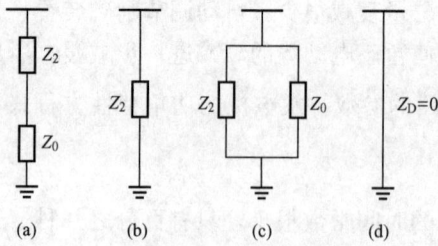

图 8 - 19　故障类型与序网附加阻抗

(a) 单相接地；(b) 两相短路；

(c) 两相接地短路；(d) 三相短路

$Z_2 + Z_0$），根据这一复合序网求得的电流和电压均为正序分量，它们是确定短路故障时发电机输出功率的主要参数。

对于其他各种不同不对称短路故障，也可以应用上述复合序网的方法。不同的故障类型有不同的附加阻抗，如图 8 - 19 所示。

三、简单电力系统暂态稳定性的定性分析

电力系统运行的暂态稳定性是分析系统在正常运行情况下受到大干扰后的稳定问题。下面以图 8 - 20（a）所示的简单电力系统为例，分析当输电线路因短路故障切除一回线路后的系统暂态稳定性问题。

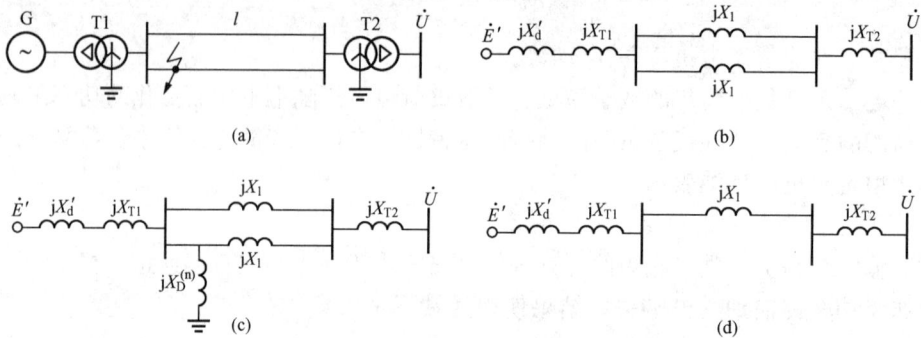

图 8 - 20　简单电力系统及其等值网络

(a) 简单电力系统；(b) 正常运行时等值电路；(c) 短路时等值电路；(d) 短路切除时等值电路

1. 正常运行时功角特性方程

如图 8 - 20（b）所示，系统总的电抗为

$$X'_{d\Sigma} = X'_d + X_{T1} + \frac{1}{2}X_L + X_{T2} \tag{8 - 27}$$

或

$$X'_{d\Sigma} = X'_d + X_T$$

其中

$$X_T = X_{T1} + \frac{1}{2}X_L + X_{T2}$$

式中　X_T——简单电力系统外阻抗。

正常运行时的功角特性方程式为

$$P_I = \frac{E'U}{X'_{d\Sigma}}\sin\delta' \tag{8 - 28}$$

做功角特性曲线如图 8 - 21 P_I 所示。

2. 故障时功角特性方程

当一回输电线路在 A 点发生短路故障时，相当于在短路点接入一个短路附加阻抗 Z_D（或附加电抗 X_D），此时系统的等值网络如图 8 - 20（c）所示。那么送电端 $\dot{E}'$ 到受电端 $\dot{U}$ 之间的转移电抗为

$$X'_\Sigma = X'_d + X_{T1} + \frac{1}{2}X_L + X_{T2} + \frac{(X'_d + X_{T1})\left(\frac{1}{2}X_L + X_{T2}\right)}{X_D}$$

功角方程为

$$P_{\mathrm{II}} = \frac{E'U}{X'_{\Sigma}}\sin\delta'$$

做功角特性曲线如图 8 - 21P_{II} 所示。

3. 故障线路被切除以后功角特性方程

继保动作切除故障线路，此时系统的等值网络如图 8 - 20（d）所示，系统的总电抗为

$$X''_{\Sigma} = X'_{\mathrm{d}} + X_{\mathrm{T1}} + X_{\mathrm{L}} + X_{\mathrm{T2}}$$

相应的功角特性方程为

$$P_{\mathrm{III}} = \frac{E'U}{X''_{\Sigma}}\sin\delta'$$

做功角特性曲线如图 8 - 21P_{III} 所示。

4. 电力系统暂态稳定性分析

在正常运行情况下，若原动机输入的机械功率为 P_{m}，发电机输出的电磁功率便与原动机输入的机械功率相平衡，发电机的工作点应由 P_{I} 和 P_{m} 线的交点确定，即为 a 点，与此对应的功率角为 δ_0，如图 8 - 21 所示。图 8 - 21 中虚线所示为不计阻尼作用的曲线，实线所示为计及阻尼作用的曲线。

发生短路瞬间，由于发电机组转子机械运动的惯性所致，功率角 δ 不可能突变，仍为 δ_0，运行点由 a 点转移到短路时功角特性曲线 P_{II} 上的 b 点。此时输出电磁功率显著减少，而原动机机械功率 P_{m} 不变，故障情况越严重，P_{II} 功率曲线越低（三相短路时为零）。达 b 点后，由于输入的机械功率 P_{m} 大于输出的电磁功率 P_{IIb}，过剩功率使转子开始加速，即相对速度（相对于同步转速）$\Delta\omega > 0$，功率角 δ 开始增大，$\Delta\delta > 0$，运行点将沿功角特性曲线 P_{II} 移动，设经过一段时间，当功率角增大至 δ_{c} 时，此时运行在 c 点，速度达最大 ω_{c}。若在 c 点时继电保护迅速动作切除线路故障，在切除故障线路瞬间，δ_{c} 不能突变，δ 仍为 δ_{c} 运行点从 P_{II} 上的 c 点突升到 P_{III} 上的 e 点，此时速度仍为 ω_{c}。在达到 e 点后，原动机的机械功率 P_{m} 小于电磁功率 P_{IIIe}，转子受到制动转矩，转子速度逐渐减慢。由于 $\omega_{\mathrm{e}} > \omega_{\mathrm{N}}$ 及机组转子的惯性作用，则功率角 δ 还在增大，运行点沿 P_{III} 由 e 点向 f 点移动，当达 f 点时，其转速 $\omega_{\mathrm{f}} = \omega_{\mathrm{N}}$（同步转速），功率角 δ 不再继续增大，功率角为最大功率角 $\delta_{\max}$。在 f 点机械功率小于电磁功率，$P_{\mathrm{m}} < P_{\mathrm{IIIe}}$，运行点从 f 点向 e、k 点移动，功率角 δ 开始减小，在达到 k 以前转子一直减速，转子速度低于同步速度，在 k 点时有 $P_{\mathrm{m}} = P_{\mathrm{IIIk}}$，加速度为 0。由于转子机械惯性作用，功率角 δ 将继续减小，当过 k 点后 $P_{\mathrm{m}} > P_{\mathrm{III}}$，在不平衡功率为正值的作用下，转子开始

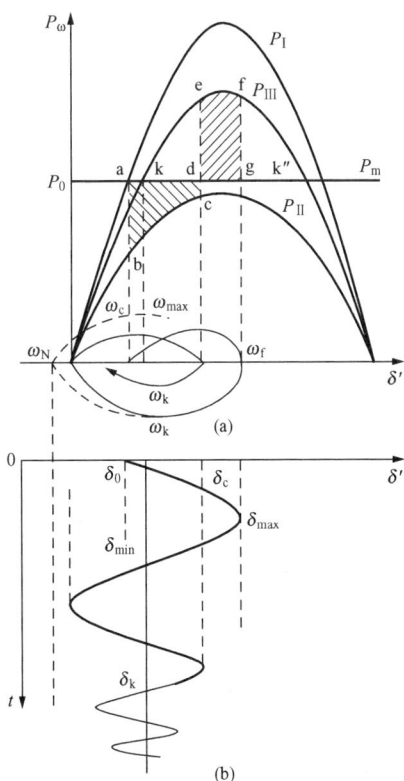

图 8 - 21 电力系统暂态稳定

（a）功角特性曲线；（b）发电机摇摆曲线

加速，功率角 δ 由小到大，运行点沿功角特性曲线 P_{III} 越过 k 点又达 f 点。如果振荡过程中没有任何阻尼作用，这种振荡将一直振荡下去。但事实上振荡过程中总有一定的阻尼作用，振荡逐步衰减，系统最后终于停留在一个新的平衡点 k 继续同步运行，即为系统在大的扰动后可保持暂态稳定性。电力系统暂态稳定的过程如图 8 - 21 所示。

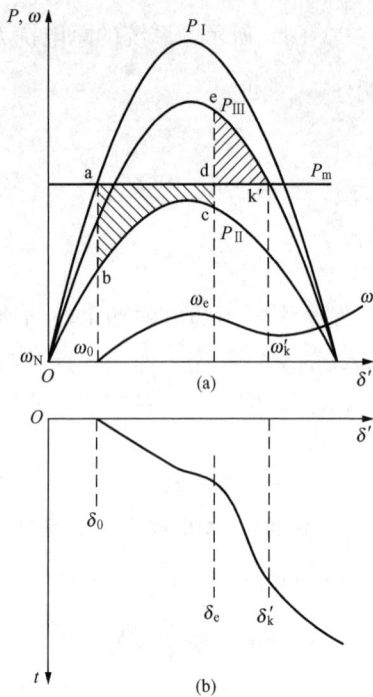

图 8 - 22　电力系统暂态不稳定
(a) 功角特性曲线；(b) 发电机摇摆曲线

当短路故障切除得迟些，如图 8 - 22 所示，δ_c 更大时，在故障切除后，运行点沿曲线 P_{III} 不断向功率角增大的方向移动过程中，虽然转子在不断减速，但运行点到达曲线 P_{III} 上的 k′ 点时，转子的转速仍大于同步转速。于是，运行点就要越过 k′ 点，过了 k′ 点后，情况发生了逆转。由于 $P_m > P_{\text{III}}$，发电机组转子又开始加速，而且加速度越来越大，功率角 δ 无限增大，发电机与系统之间将失去同步，系统暂态不稳定。

四、等面积定则

图 8 - 21 中，故障发生后，在转子的角度从起始角 δ_0 到故障切除瞬间所对应的角 δ_c 的过程中，转子受到过剩转矩的作用而加速，转子动能的增加是由于过剩功率的存在，它在数值上等于过剩功率对功角的积分，即图 8 - 21 中由 a—b—c—d 所围成的面积，通常称为"加速面积"，表示为

$$F_{(+)} = \int_{\delta_0}^{\delta_c} (P_0 - P_{E'\max\text{II}} \sin\delta') d\delta'$$

式中　$P_{E'\max\text{II}}$——故障时功角特性曲线的幅值。

由于转矩对角度的积分即等于此转矩所做的功，故上式的加速面积 $F_{(+)}$ 既代表转子在加速期间储存的动能增量，又等于过剩转矩对转子所做的功。用 $A_{(+)}$ 表示这个功，则有

$$A_{(+)} = \int_{\delta_0}^{\delta_c} (P_0 - P_{E'\max\text{II}} \sin\delta') d\delta'$$

与"加速面积"对应，在图 8 - 21 中由 d—e—f—g 所围成的面积称为"减速面积"，以 $A_{(-)}$ 表示，也可以表示转子在减速期间所消耗的动能，因此

$$F_{(-)} = A_{(-)} = \int_{\delta_c}^{\delta_\max} (P_0 - P_{E'\max\text{III}} \sin\delta') d\delta'$$

式中　$P_{E'\max\text{III}}$——短路故障切除后，功角特性曲线的幅值。

在减速期间，当发电机转子耗尽了它在加速期间所储存的全部动能增量时，转子的相对转速 $\Delta\omega$ 等于零，这时转子停止相对运动，它的功角达到最大值 $\delta_\max$，即此时可由 $F_{(+)} + F_{(-)} = 0$ 决定 $\delta_\max$ 之值。

在图 8 - 21 上，最大减速面积等于 d—e—f—g 所围成的面积。当这块面积小于加速面积时，系统必定要失去稳定。所以，根据最大减速面积 $A_{(-)\max}$ 必须大于加速面积 $A_{(+)}$ 原则，即

$$A_{(-)\max} > A_{(+)} \tag{8-29}$$

可以判断电力系统是否具有暂态稳定性。或用加速面积 $A_{(+)}$ 等于减速面积 $A_{(-)}$ 判断电

力系统是否具有暂态稳定性，即

$$A_{(+)} = A_{(-)} \tag{8-30}$$

式（8-30）称为等面积定则。

五、极限角和极限时间

从图 8-21 可以看出，切除角 δ_c 越小，加速面积就越小，最大减速面积就越大，保持稳定的可能性也就越大。反之，切除短路故障越迟缓，δ_c 越大，加速面积就增大，最大减速面积减小，保持稳定就越困难。因此，总可以找到一个 δ_{clim}，当在 δ_{clim} 时切除短路故障，恰好能使最大减速面积同加速面积相等，也就是发电机组的相对转速刚好在功角抵达临界摇摆角 δ_{cr} 时降到零值，这就是稳定的极限情况，故将 δ_{clim} 叫做极限切除角。如图 8-23 所示，它可以根据等面积定则求得

$$F_{(+)} + F_{(-)} = F = \int_{\delta_0}^{\delta_{clim}} (P_0 - P_{E'\max II} \sin\delta)\,\mathrm{d}\delta + \int_{\delta_{clim}}^{\delta_{cr}} (P_0 - P_{E'\max III} \sin\delta)\,\mathrm{d}\delta = 0$$

解上式后可得

$$\cos\delta_{clim} = \frac{P_0(\delta_{cr} - \delta_0) + P_{E'\max III}\cos\delta_{cr} - P_{E'\max II}\cos\delta_0}{P_{E'\max III} - P_{E'\max II}} \tag{8-31}$$

其中

$$\delta_0 = \sin^{-1}\left(\frac{P_0}{P_{E'\max I}}\right) \qquad \delta_{cr} = \pi - \sin^{-1}\left(\frac{P_0}{P_{E'\max III}}\right)$$

上式中的角度以弧度为单位。

根据式（8-31）求得极限切除角 δ_{clim}，但是并没有真正解决问题，因为对实用而言，需要知道的是与这个极限切除角对应的时间——极限切除时间 t_{clim}。

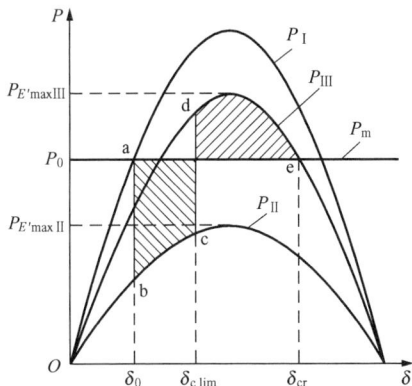

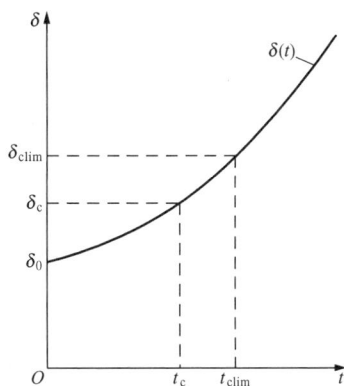

图 8-23　极限切除角　　　　图 8-24　δ_{clim} 与 t_{clim} 关系曲线

根据同步发电机组转子的运动方程

$$P_m - P = \frac{T_J}{360f} \times \frac{\mathrm{d}^2\delta}{\mathrm{d}t^2}$$

因为在分析稳定性问题时，近似假设原动机输入的机械功率是不变的，即 $P_m = P_0$；发电机输出电功率则为 $P = P_{E'\max}\sin\delta$，于是

$$P_0 - P_{E'\max}\sin\delta = \frac{T_J}{360f} \times \frac{\mathrm{d}^2\delta}{\mathrm{d}t^2}$$

上式为非线性微分方程。求解该方程可得到功角对时间的变化曲线，如图 8-24 所示。在图 8-24 上，对应于极限切除角 δ_{clim} 的时间即为待求的极限切除的时间 t_{clim}。所以，极限

切除时间即发电机组转子的角度从故障瞬间的起始角 δ_0 增大到极限切除角 δ_{clim} 所需的时间。这个极限切除时间 t_{clim} 对于选择或整定继电保护装置、选择开关电器等是十分重要的数据。

任务 8.6　提高电力系统暂态稳定性的措施

提高电力系统暂态稳定性的措施比提高电力系统静态稳定性的措施更多。凡是对静态稳定性有利的措施基本上都可以提高系统的暂态稳定性。对于同一个电力系统，保持急剧扰动下的暂态稳定总比保持微小扰动下的静态稳定更困难。提高电力系统暂态稳定性不是首先考虑缩短电气距离，而是首先考虑如何减少功率或能量差额的。急剧扰动下系统的机械与电磁、负荷与电源的功率或能量差额比微小扰动大得多，而且这种扰动往往是暂时性的。如何采取措施以克服这种功率或能量平衡差额，是提高暂态稳定性的首要问题。

对于某一电力系统，究竟选择哪一种或哪几种措施较好，有时可能是明显的，或者为条件所限，并无选择余地；但一般来说，应该通过技术经济比较，找到合理的措施。

以下介绍提高暂态稳定的几种常用措施。

一、快速切除故障和自动重合闸

快速切除故障和自动重合闸常常配合在一起使用，借减少功率或能量的差额提高暂态稳定性，这种措施经济而有效，应首先考虑。

1. 快速切除故障

快速切除故障在提高暂态稳定性方面起着首要的、决定性的作用。由于快速切除故障，减少了加速面积，增加了减速面积，提高了发电厂之间并列运行的稳定性，如图 8-25 所示。另外，由于快速切除故障，使电动机的端电压迅速回升，减少了电动机失速、停顿的危险，提高了负荷的稳定性，如图 8-26 所示。图 8-26 中，M_I 为正常运行时异步电动机的电磁转矩，M_{II} 为故障时异步电动机的电磁转矩。M_m 为电动机所带负载的机械转矩。目前，已经能做到在短路发生后 0.03s 切除故障，其中 0.01s 为保护装置动作时间，0.02s 为断路器动作时间。

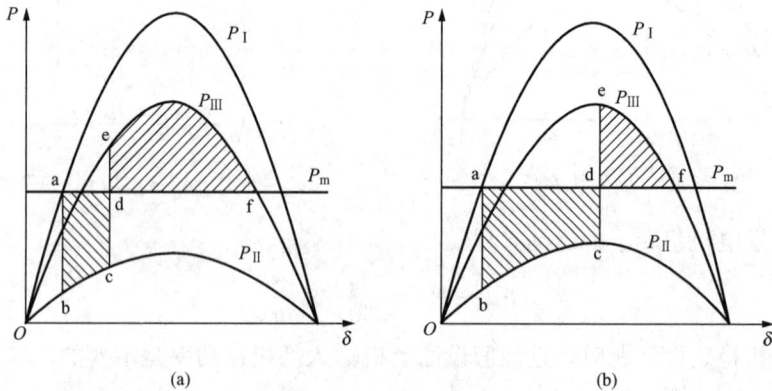

图 8-25　快速切除故障提高发电厂之间并列的稳定性

(a) 快速切除—稳定；(b) 慢速切除—不稳定

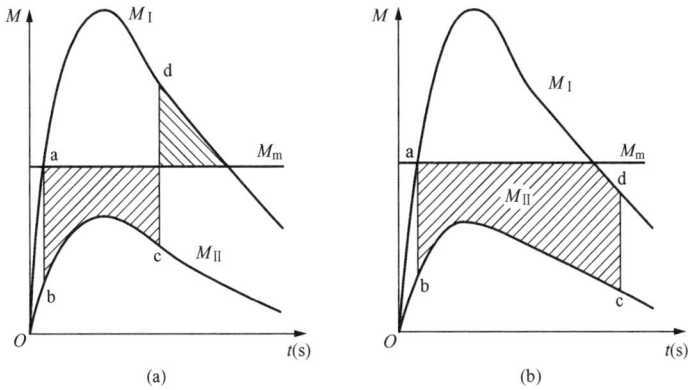

图 8 - 26　快速切除故障提高电动机负荷的稳定性

（a）快速切除—稳定；（b）慢速切除—不稳定

2. 自动重合闸

自动重合闸和继电保护配合使用。电力系统中的故障，特别是高压线路的故障，大多是瞬时性短路故障。采用自动重合闸装置，在故障发生后由继电保护装置跳开断路器，将故障线路切除，待故障消除后，又自动将这一线路投入运行，以提高系统的可靠性，同时大大地提高系统暂态稳定性。自动重合闸的重合成功率很高，可达 90％以上。下面介绍双回路的三相重合闸和单回线路的单相重合闸，在提高电力系统暂态稳定方面的作用。

（1）双回线路的三相重合闸。图 8 - 27（a）为简单电力系统的接线图，如果设系统中双回线路中的一回线路发生瞬时性短路故障，如图 8 - 27（b）、（c）所示。由图 8 - 27 可见，不装三相自动重合闸时，系统不能保持暂态稳定；而装设三相自动重合闸装置后，在运行点运行到 k 点时，如三相重合闸成功，则运行点将从 P_{III} 上的 k 点跃升到 P_I 上的 g 点，增加了减速面积 kghfk，很可能使最大减速面积大于加速面积，而保持电力系统的暂态稳定性。

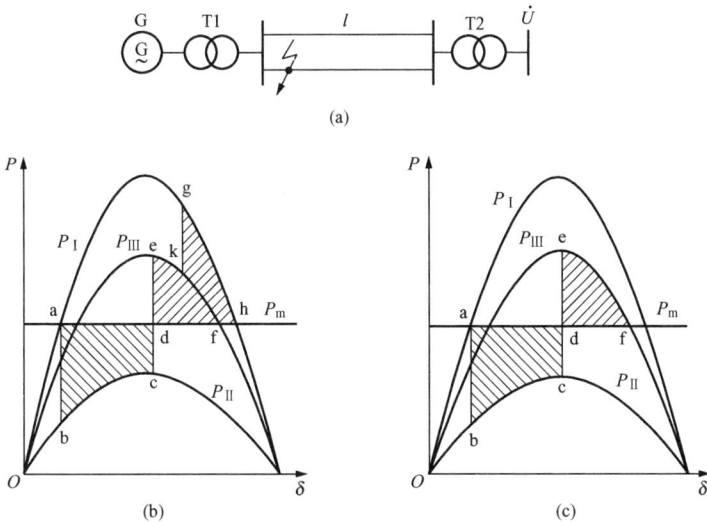

(a)

图 8 - 27　自动重合闸提高发电厂之间并列运行的稳定性

（a）接线图；（b）有三相重合闸；（c）无重合闸

三相重合闸的时间取决于故障点去游离的时间。如果在故障点电弧没有完全熄灭，气体仍处在游离状态下，过早地重合，将引起再度燃弧，使重合不会成功，甚至还会扩大故障。这个去游离时间主要取决于线路的额定电压等级和故障电流的大小，电压越高，故障电流越大，去游离时间越长。

（2）单回线路的单相重合闸。对于 220kV 及以上超高压电力线路故障，90％以上是单相接地短路，而且大多为瞬时性的单相接地短路，可采用按相断开和按相重合的单相重合闸。这种自动重合闸装置可以自动地选择出故障相，切除故障，并完成重合闸。由于只切除了故障相，在切除故障至重合闸前的一段时间里，即使是单回线路，因为送端发电厂和受端系统有非故障相联系，也没有完全断开联系，因而就大大地减少加速面积，如图 8 - 28（c）所示。图 8 - 28 中 P_{III} 为切除一相线路时功—角特性曲线。

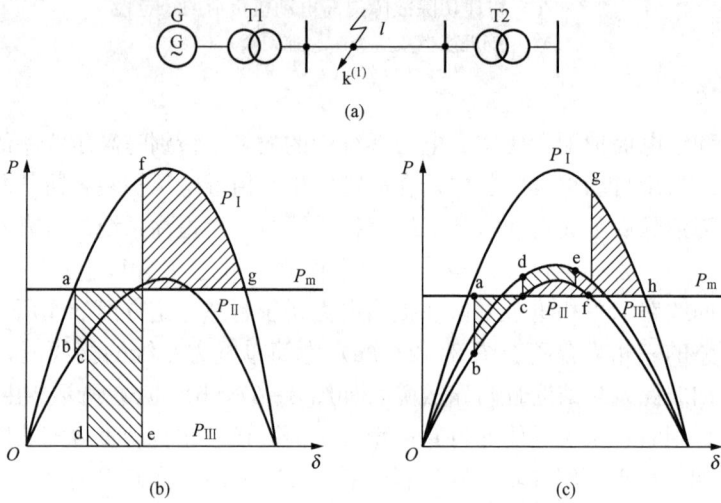

图 8 - 28　单回线路的单相自动重合闸与三相重合闸比较
（a）接线图；（b）三相重合闸；（c）单相重合闸

单相重合闸比三相重合闸去游离的时间要长。根据实测数据，对于 220kV 输电线路，采用三相重合闸，从故障切除到重合闸之间的时间间隙在 0.3s 以上时，不至于引起再燃弧；但采用单相重合闸时，因为故障切除一相后，带电的两相仍将通过导线之间的耦合电容向故障点继续供给电容电流（潜供电流），维持电弧继续燃烧，因此这个时间间隙就要长得多。

显然，单相重合闸对提高负荷的稳定性也是有利的。因重合成功会使系统电源充足，易满足负荷的要求，从而保证了负荷运行的稳定。

二、强行励磁和快速关闭汽门

强行励磁和快速关闭汽门是从自动调节系统入手，通过减少功率或能量的差额来提高电力系统的暂态稳定性，也是很经济有效的措施。

1. 强行励磁

当系统发生故障而使发电机端电压 U_G 低于 85％～90％的额定电压时，发电机的强行励磁装置迅速大幅度地增加发电机的励磁电流 i_f，从而使发电机空载电动势 E_q、发电机端电压 U_G 增加，可保持发电机端电压 U_G 为恒定值，这样也增加了发电机输出的电磁功率，因此强行励磁对提高发电机并列运行和负荷的暂态稳定性都是很有利的。强行励磁的效果与强励的倍数（最大可能的励磁电压与发电机在额定条件下运行时的励磁电压之比）有关，强励倍数越大，效果就越好。此外，强行励磁的效果还与强行励磁的速度有关，强励磁速度越快，效果就越好。

由于强行励磁作用，可使发电机的励磁电流 i_f 增大 $3\sim5$ 倍，时间过长会使发电机转子励磁绕组过热，此外强励时还增大了短路电流，这些都应给予足够的重视。

2. 快速关闭原动机汽门

快速改变原动机的功率对提高暂态稳定有良好的作用，现代大容量机组都有故障调节，即在系统故障时，根据故障的情况，利用一些特殊设备快速地调节原动机的功率。目前已在使用汽轮发电机的快速动作汽门（汽门动作可在 $0.3s$ 内关闭 50% 以上的功率，主要在大型机组中应用）。快速动作汽门对暂态稳定的影响如图 8 - 29 所示。从图 8 - 29 可以看到，当没有快速动作汽门时，系统是不稳定的。有快速动作汽门时，在发生短路时，保护装置或专门的检测控制装置使快速汽门动作，原动机的功率迅速下降，以减小加速面积，增大了减速面积，从而保持暂态稳定。为了减小发电机振荡幅度，可以在功角开始减小时重新开放汽门。

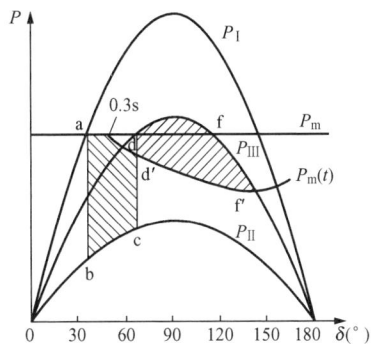

图 8 - 29　快速控制调节汽门
可以提高暂态稳定

必须指出，水轮机在迅速关闭或打开导水叶片时，导管中水压迅速上升或下降而产生的水锤（水锤即骤然升高的水击现象）影响比较突出，因此水轮发电机组借调速系统以提高系统的暂态稳定中可认为机械功率 P_m 为定值。

三、电气制动和变压器中性点经小电阻接地

这些都是用消耗能量的办法减少能量的不平衡，以提高电力系统暂态稳定性的措施，但要增加投资。

1. 电气制动

当电力系统中发生短路时，发电机输出的有功功率急剧减少，发电机组因功率过剩而加速，此时迅速投入制动电阻，以消耗发电机组的有功功率，增大电磁功率，从而减少功率差额，抑制发电机的加速，使发电机不失步，仍能同步运行，从而提高了电力系统的暂态稳定性。

如图 8 - 30 （a）所示，正常运行时断路器 QF 处于断开状态，当系统发生故障后，立即闭合 QF，将制动电阻 R 投入。这样就可以消耗发电机组中过剩的有功功率，从而限制发电机组的加速，使其能同步运行，从而提高了发电机并列运行的暂态稳定性。电气制动的作用也可用等面积定则来解释。图 8 - 30 （b）、（c）比较了有无电气制动的情况。短路故障发生后瞬时投入制动电阻，切除故障时，也即切除电阻。

由图 8 - 30 （b）、（c）可见，在切除故障角 δ_c 不变时，由于有了电气制动，减少了加速面积 bb_1c_1cb，使原来不能保持的暂态稳定性，变为可以保持暂态稳定性。在图 8 - 30 （c）中 P'_II 为无制动时故障后功角特性曲线，P_II 是将 P'_II 向上移动一个距离，向左移动一个相位角的结果。

运用电气制动提高暂态稳定性时，制动电阻的大小及其投切时间要选择得恰当。否则会发生所谓的欠制动，即制动作用过小，不足以抑制发电机转子加速而失步；或者会发生过制

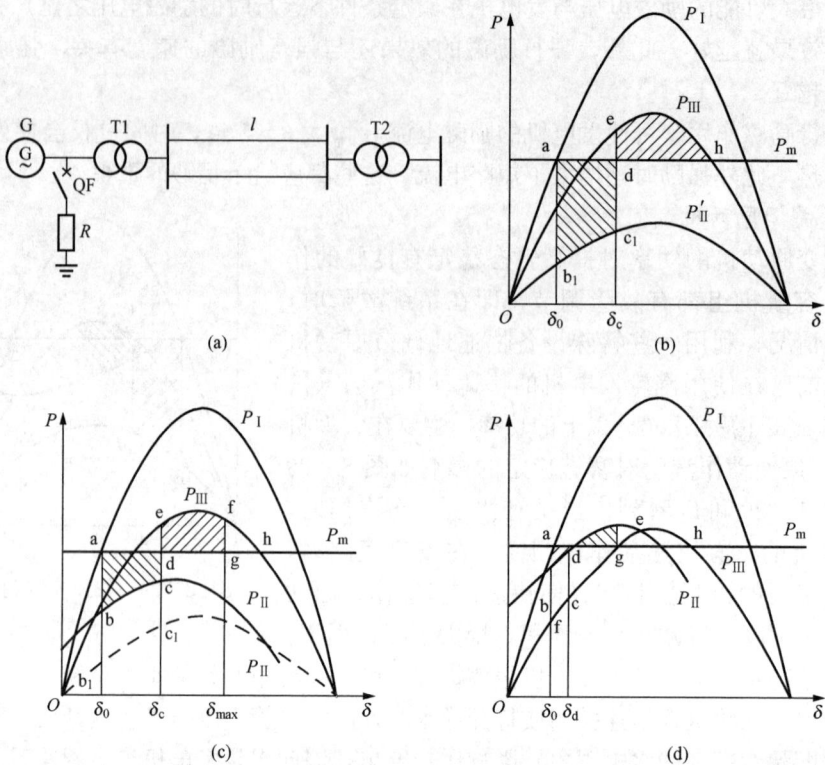

图 8 - 30　电气制动提高发电机并列运行的稳定性

（a）接线图；（b）无电气制动；（c）有电气制动；（d）过制动

动，即制动电阻消耗的功率过大，发电机虽在第一次振荡中没有失步，却在切除故障和切除

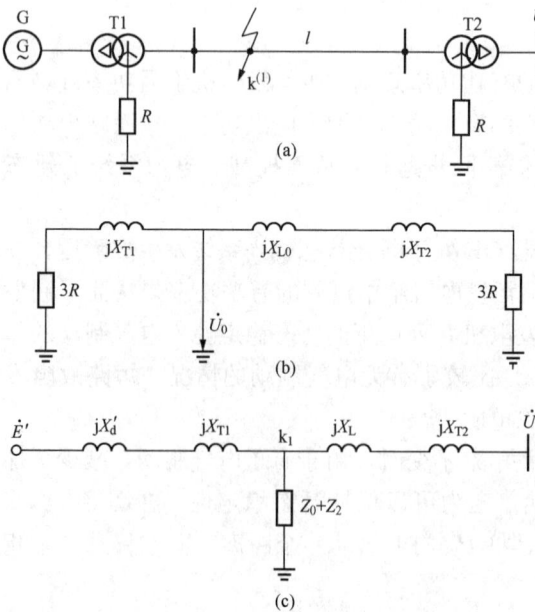

图 8 - 31　变压器中性点经小电阻接地接线图

（a）接线图；（b）零序网络；（c）短路时的复合网络

制动电阻后的摇摆过程中失步了。过制动现象也可用等面积定则解释。因此在考虑某个具体电力系统中如何使用电气制动时，应通过一系列计算来选择制动电阻，然后选择一个恰当的方案。

2. 变压器中性点经小电阻接地

变压器中性点经小电阻接地是对接地性短路故障的电气制动。变压器中性点经小电阻接地的接线图，如图 8 - 31（a）所示，在 k 点发生了接地性不对称短路，短路电流的零序分量回路如图 8 - 31（b）所示。零序网络中加入了电阻 R，短路电流的零序分量通过变压器中性点所接电阻 R 时，将产生有功功率损耗。在短路靠近送电端时，它主要由送电端发电厂供给；接近受电端时，则主要由受电端系统供给。送电端发电机由于要供给这部分功率损耗，短路时它们的加速度就要减缓，或者说这些电阻中的功率损耗起了制动作用，因而提高了系统的暂态稳定性。因此对于不是无限大容量母线的实际电力系统，一般只在送端变压器中性点接入小电阻。如果在受端变压器中性点接小电阻，则由于电阻上的功率消耗，大部分将由受端发电机负担，如果受端系统的容量不够大，使本来处于减速的受电端发电机加重负担，受电端发电机更加加快了减速。因此这一电阻不仅不能提高系统的暂态稳定性，反而恶化了系统的暂态稳定性。一般情况下，受电端变压器中性点一般不接小电阻，而是接小电抗。其作用与接小电阻作用不同，它只是起限制接地短路电流的作用，或者说，它增大了接地短路时功角特性曲线的幅值，从而减小发电机的输入功率与输出功率之间的差额，提高系统的暂态稳定性。

对于不同类型短路时附加阻抗如下：

$k^{(1)}$时

$$Z_D^{(1)} = Z_2 + Z_0 = jX_{2\Sigma} + R_{0\Sigma} + jX_{0\Sigma}$$

$k^{(1.1)}$时

$$Z_D^{(1.1)} = \frac{jX_{2\Sigma}(R_{0\Sigma} + jX_{0\Sigma})}{jX_{2\Sigma} + (R_{0\Sigma} + jX_{0\Sigma})}$$

$k^{(2)}$时

$$Z_D^{(2)} = Z_2 = jX_{2\Sigma}$$

$k^{(3)}$时

$$Z_D^{(3)} = 0$$

由上可见，R 只在 $k^{(1)}$、$k^{(1.1)}$时才起制动作用。

此方法在故障时，功角特性曲线将向上向左移动，功率极限提高了，有利于提高系统暂态稳定性，其情况类似图 8 - 30（c）所示。

中性点连接的小电阻和连接三相上的制动电阻不完全相同，它的制动作用因短路点距送电端、受电端的远近及短路的种类而异。因此在考虑某个具体系统中如何使用这一个措施，也应通过一系列计算方能确定适当的电阻值。

变压器中性点所接的用以提高系统暂态稳定性的小电阻或小电抗的数值很小，若以变压器的额定容量为基准，其电阻或电抗百分数一般不超过百分之几，因此并不改变电力系统中性点工作方式的性质。

四、合理选择电力系统的运行接线

电力系统运行接线的确定，与许多因素有关，如系统本身的结构、运行的经济性、安全可靠性等。接线方式对电力系统运行的稳定性也有很大的影响，必须合理选择。

在电力系统中，远方发电厂向系统中心输电常常采用多回路输电方式。运行中，可以选择并联接线和分组接线两种方式。如图 8 - 32 所示，当开关 QF1、QF2 投入时为并联接线方式，QF1、QF2 断开时为分组接线方式。

从故障和暂态稳定方面来说，两种接线方式下各有特点。

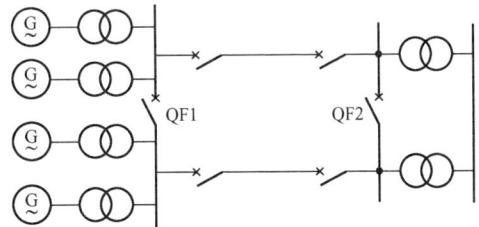

图 8 - 32　输电线路的接线方式

并联接线方式的特点是，一回路因故障被切除后，仍能通过另一回路把功率送到系统中去，系统不会失去电源；但是，线路送端发生短路故障时所有发电机都要受到很大的扰动，大大地增加了保持暂态稳定的困难，而且还可能因非故障线路的过负荷而导致事故的扩大，都会使系统出现较大的功率缺额，从而导致对部分用户的中断供电。

分组接线的特点正好与并联接线相反。当线路送端发生故障时，对无故障组的影响很小，可以大大改善暂态稳定，甚至可以按静态稳定条件来确定正常输送的功率。但分组接线在线路故障之后，由于线路被切除，系统因而失去部分电源。如果系统有功容量备用不足，会使系统出现较大功率缺额，从而导致对部分用户的中断供电。上述两种接线方式的选择，应根据具体情况合理决定。也可以根据运行方式及输送功率的大小，在不同时间采用不同的接线方式。

五、连锁切机和切除部分负荷

所谓连锁切机，就是在输电线路发生事故跳闸或重合闸不成功时，连锁切除线路送电端发电厂的部分发电机组，以减少原动机的输入功率，增大可能的减速面积，抑制发电机加速，从而提高系统的稳定性。图 8-33（a）表示某一电力系统的接线图，图 8-33（b）为该系统在各种运行情况的功角特性曲线。正常运行时，发电机运行点在功角特性曲线 P_{I} 上的 1 点；当线路的送电端 A 点发生短路故障时，运行点从 1 点转移到功角特性曲线 P_{II} 上的 2 点；当故障延续 t_1 秒后，故障线路被切除，运行点从 3 点转移到功角特性曲线 P_{III} 上的 5 点；再延迟某一时间段后，连锁切除发电厂内一台或几台机组，此时由于发电机的等效电抗增大，切机后的功角特性曲线下降为 P'_{III}，运行点从 6 点转移到 7 点，但由于切除了发电机组，原动机的输入功率也从 P_{m} 降到 P'_{m}，结果使减速面积反而增大，从而提高了系统的暂态稳定性。

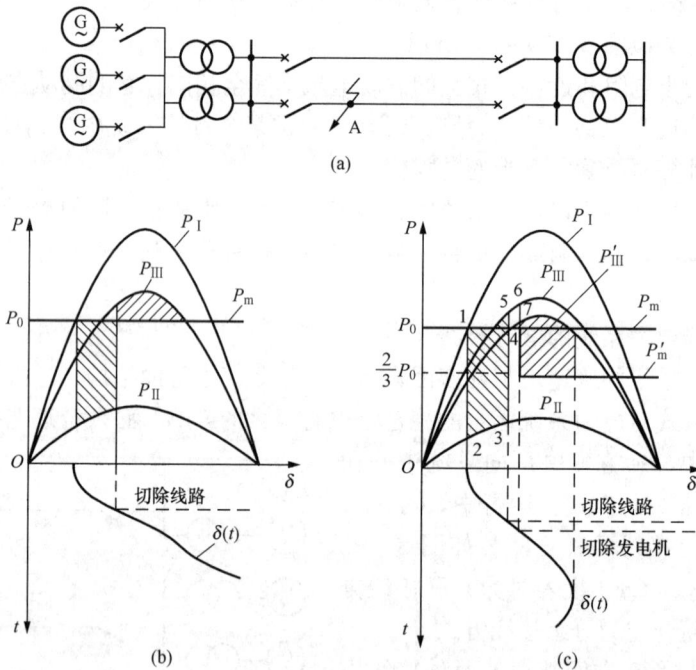

图 8-33　连锁切机提高发电厂并列运行暂态稳定
（a）接线图；（b）不切除发电机；（c）切除一台发电机

连锁切机是简单易行的提高稳定运行的措施，但连锁切除发电厂的部分发电机组，意味着系统内暂时丧失了部分能源，如果受端系统备用电源不足，会引起系统的频率下降。因此，使用时应考虑同时要连锁切除受端系统的部分负荷，以维持系统频率的相对稳定。

六、设置开关站

当远距离输电线路的长度超过 500km，而沿途又没有大功率的用户需要设置变电所时，可以在输电线路中间设置开关站。

当双回路的输电线路在故障切除一回路后，线路阻抗增大一倍，故障后的功率极限要降低很多，对暂态稳定和故障后的静态稳定都是不利的。超高压远距离输电线路的阻抗占系统总阻抗的比例很大，这种影响就更大了。在设置开关站后，把线路分成两段，故障时仅切除一段线路，如图 8 - 34 所示，则线路阻抗就增加得较少。不仅提高了发生故障时的暂态稳定性，而且能提高故障后的静态稳定性，改善故障后的电压质量。

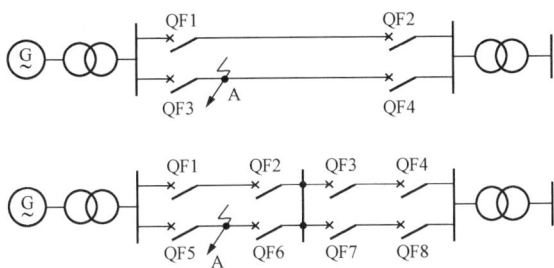

图 8 - 34　输电线路设置开关站

设置开关站增加了电网的投资费用和运行费用，应从技术与经济两方面综合确定开关站的数目。一般对于长度为 300～500km 的输电线路，开关站以一个为宜。开关站的数目及分布位置，还可以结合串联电容补偿、并联电抗补偿的分布统一考虑。设置开关站的地点，还应考虑到沿线路负荷的发展，尽可能设置在远景规划中拟建中间变电所的地方；开关站的接线、布置应兼顾到便于扩建为变电所的可能性。

七、采用强行串联电容补偿

为了提高电力系统正常运行时的静态稳定性，改善正常运行时的电压质量，如果已经在输电线路上设置串联电容补偿，那么为了系统的暂态稳定性和故障后的静态稳定性，以及改善故障后的电压质量，可以考虑采用强行串联电容补偿。所谓强行串联电容补偿，就是在切除故障线段的同时切除部分并联着的电容器组，如图 8 - 35 所示。切除部分并联电容器后，增大了补偿电容的容抗，部分甚至全部地补偿了由于切除故障线段而增加的线路感抗。当然，采用强行串联补偿时，电容器组的额定电流应比不采用强行串联补偿时大，否则，切除部分电容器组后，留下的电容器将过负荷。

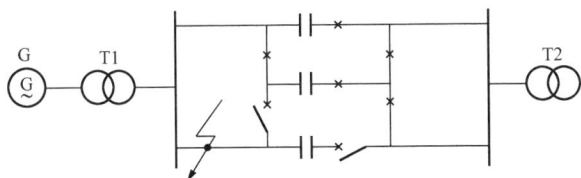

图 8 - 35　强行串联电容补偿

由图 8 - 35 可见，从节约设备投资出发，强行串联电容补偿的接线，应与开关站或中间变电所以及串联电容补偿的接线统一考虑。

八、高压直流输电功率的快速调节

高压直流输电作为两大电力系统互联的重要手段，在我国已逐步地得到应用。高压直流输电的传输功率，可以通过阀控快速地调节（增大或减小）。当交流电力系统发生故障时，利用高压直流传输功率的快速调节，对提高非同步（指两系统间仅通过高压直流线路互联）和同步（指两系统间既有高压直流线路又有高压交流线路互联）互联电力系统的稳定性，具有良好的效果。对于非同步互联系统，当送端发生交流系统短路故障，为确保送端系统的稳定性而进行高压直流输电功率快速调节，若为增大传输功率，即相当于受端系统负荷增加，则对送端系统来说相当于电气制动；若为减小传输功率，即相当于受端系统负荷减少，则对送端系统来说相当于切除有功负荷。当然，高压直流输电功率快速调节，将对无故障的受端电力系统的主频率产生影响，频率波动的大小由受端系统的动态频率特性确定。对于同步的互联系统，当交流电力系统发生故障，特别是两系统间的交流联络线发生故障时，采用高压直流输电功率快速调节，对保持整个互联系统的暂态稳定性，将会有更重要的作用。

九、系统解列

当电力系统出现了超过规定的严重故障时，系统可能失去稳定。为了避免稳定性的破坏波及整个电力系统，应该事先考虑一些应急措施，防止事故扩大，尽量减少停电范围。

所谓系统解列，就是在已经失去同步的电力系统的适当地点断开互联开关，把系统分解成几个独立的、各自保持同步的部分。这样，各部分可以继续同步地工作，保证对用户的供电。在事故消除后，经过调整，再把各部分并列起来，恢复正常运行方式。

一般要根据一次网架结构，对可能异步运行的断面，配置相应的电力系统自动解列装置，将两个不同步运行的部分解列，从而实现自动消除异步运行。解列点的选择应使解列后系统各部分的电源和负荷大致平衡；否则，解列后某些部分系统的频率和电压可能会过分降低（或升高），影响各部分系统的稳定工作和供电的可靠性。通过电力系统解列，即形成各自同步运行的有功及无功平衡的工作部分。

解列措施可用以消除失步振荡、防止稳定破坏、消除异步运行方式、限制设备过负荷。系统解列后，对功率过剩的部分电力系统应采取快速减少原动机功率、过频率切机等措施；对功率不足的电力系统，应采取切除负荷、水电站和蓄能电站的备用机组自启动，以及按频率降低实现备用电源自动投入等措施。

任务 8.7 认识电力系统振荡

电力系统的设计和运行中尽管采取了提高稳定性的措施，但是系统还是不可避免地遇到没有估计到的故障情况以致使系统丧失稳定性。

一、发电机失步后的运行情况

当电力系统由于某种原因，稳定运行的条件不满足，使系统的稳定运行破坏以后，系统内的发电机将失步而转入异步运行状态，引起系统剧烈振荡。

发电机转速偏离同步转速时，它的转子相对于定子磁场就要产生相对运动，转子上所有闭合绕组便要感生电流。感生电流所建立的磁场与定子磁场相互作用，产生了一定的附加转矩。这部分转矩（或功率）称为异步转矩（或功率）。

图 8 - 36（a）所示为一简单电力系统，当输电线路送电端一回线发生瞬时性接地故障时，假设断路器跳闸并重合成功，但因故障切除时间较长，减速面积（$c'defg$）小于加速面积（$abcc'a$），如图 8 - 36（b）所示，该系统仍将失去暂态稳定。当送电端发电机的运行点越过 g 点以后，发电机的转速大于同步转速，即由同步运行状态过渡到异步运行状态。在转入异步运行状态过程中，当 $s>0$，$P_{as.av}>0$，发电机向系统送出异步功率 $P_{as.av}$。转差率 s 逐渐增大 $\left[s（\%）= \dfrac{\omega - \omega_0}{\omega_0} \times 100 = \dfrac{v}{\omega_0} \times 100 \right]$，发电机的异步功率 $P_{as.av}$ 也逐渐增大，同时，由于转差率 s 的增大，即原动机的转速增大，调速器开始动作，逐渐减少原动机的输入功率 P_m。

当 $s = s_∞$ 时（$s_∞$ 代表稳定异步运行的转差率），由于调速器的作用，减少后的原动机的输入功率 P_m 等于发电机输出的异步功率 $P_{as.av}$，发电机便进入了异步运行的稳定状态，如图 8 - 36（b）和图 8 - 37 所示。

发电机转入异步运行时的输出除异步功率 $P_{as.av}$ 外，还有同步功率 $P_{syn} = \dfrac{EU}{X_Σ} \sin$ $(st + δ_0)$。同步功率 P_{syn} 与隐极发电机的功率 P_{Eq} 表达式（8 - 3）不同之处是表达式中以转差为角频率做周期变化，它的平均值为零。因此，它不能向系统输送能量。这种幅值很大的交变功率将对系统产生强烈的扰动，并使发电机转子受到很大的扭矩，具有很大的危害性。

由于转差率 s 不为零，功角 $δ$ 将不断地改变，因而同步功率 P_{syn} 随着 $δ$ 做周期性变化，如图 8 - 38（a）所示。这样，发电机总的输出功率为一脉动功率（$P_{syn} +$

(a)

(b)

图 8 - 36　稳定破坏后同步发电机转入异步运行的情况
(a) 系统接线图；(b) 异步运行情况

$P_{as.av}$），因而机组的转速也不会恒定，其转差 s 将随功角 $δ$ 在 s_{max} 和 s_{min} 之间变化，如图 8 - 38(b)所示。

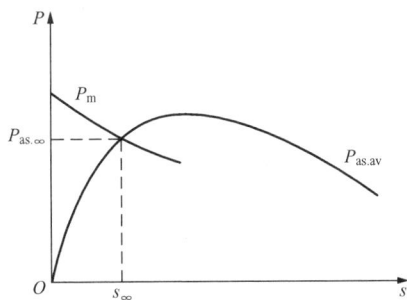

图 8 - 37　发电机输入功率与其异步功率平衡

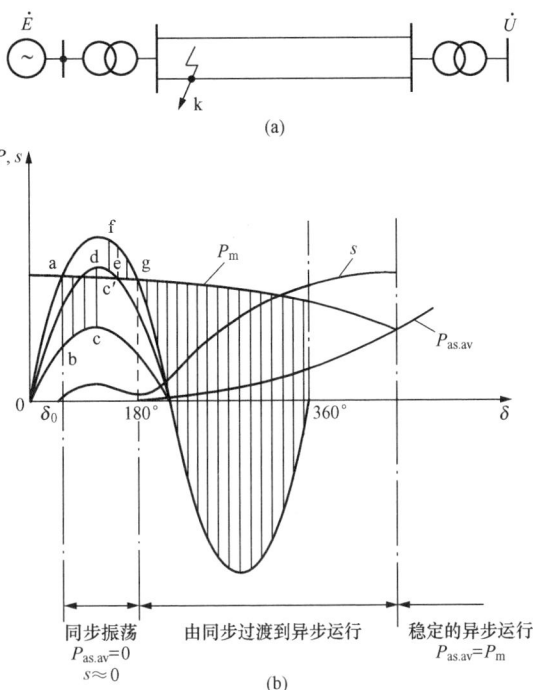

试验结果表明：大多数汽轮发电机可带 70%～80% 的额定容量的负荷在异步情况下运行 15～30min。因为发电机异步运行时转差率不大，转子中感应电流引起的损耗不会明显超过同步运行时的额定损耗，排除了转子过热的危险。这样，当汽轮发电机失步，转入异步运行后，就不必将发电机立即解列，而可以由值班人员采取适当措施，将发电机再拉入同步。

二、振荡的特征

由以上分析可知，当电力系统因发电机失步而发生剧烈振荡时，各发电机和系统联络线上的功率、电流以及某些节点的电压将有不同程度的周期性变化。连接于失去同步的发电厂或系统的联络线上的电流表和功率表指针摆动得最厉害，振荡中心的电压周期性地降到零值。对于发电机来说，相当于周期性地承受三相短路的冲击，发电机将发出不正常的、有节奏的鸣声，其节奏与上述摆动周期相同。

现以图 8 - 36 (a) 所示的简单电力系统为例来分析振荡的特性。为了突出问题的本质，假设 $\dot{U} = U∠0°$，$\dot{E} = E∠δ$，且 $E = U$。发生振荡时，作用于整个回路的电动势为

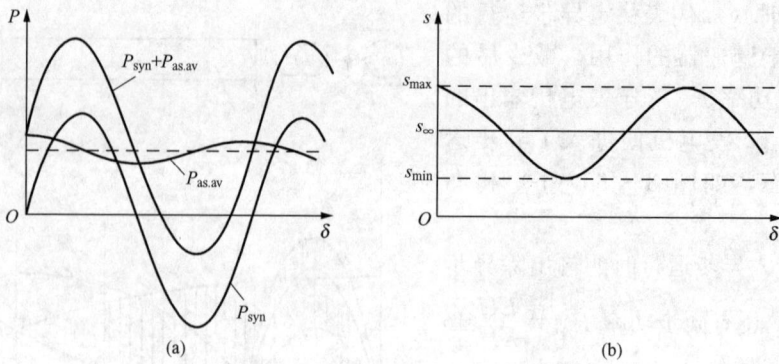

图 8 - 38　$P-\delta$ 曲线与 $s-\delta$ 曲线

(a) $P-\delta$ 曲线；(b) $s-\delta$ 曲线

$$\Delta \dot{E} = \dot{E} - \dot{U} = E(\angle\delta - \angle 0°) = 2jE\sin\frac{1}{2}\delta\angle 0.5\delta \tag{8-32}$$

在这一电动势作用下，电力系统内的平衡电流为

$$\dot{I} = \frac{\Delta\dot{E}}{jX_\Sigma} = 2\frac{E}{X_\Sigma}\sin\frac{1}{2}\delta\angle 0.5\delta \tag{8-33}$$

此时，系统内任一点 p 的电压为

$$\dot{U}_p = E\angle\delta - \dot{I}(jX_\Sigma - jX_{pu}) = E\angle\delta - j\dot{I}\left(\frac{1}{2}X_\Sigma - X_{pk}\right)$$

$$= E\left(\cos\frac{1}{2}\delta + j2\frac{X_{pk}}{X_\Sigma}\sin\frac{1}{2}\delta\right)\angle 0.5\delta \tag{8-34}$$

在图 8 - 36 中 k 点为振荡中心，它位于 $\frac{1}{2}X_\Sigma$ 处。如果从式（8 - 34）求振荡中心 k 点的电压，则应使 $X_{pk} = 0$，于是

$$\dot{U}_k = E\cos\frac{1}{2}\delta\angle 0.5\delta \tag{8-35}$$

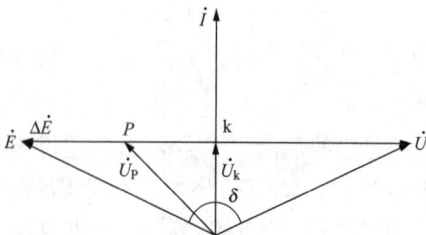

图 8 - 39　系统振荡时的相量图

与以上各电量的表达式对应的相量图如图 8 - 39 所示。从这些电气量的表达式可以看到，当系统发生振荡时，系统内任一点的电压、电流及其相位角均发生振荡。

如果只要求计算系统振荡时各电气量的绝对值，则式（8 - 32）～式（8 - 35）可简化为

$$\left.\begin{array}{l} \Delta E = 2E\sin\dfrac{1}{2}\delta \\[2mm] I = 2\dfrac{E}{X_\Sigma}\sin\dfrac{1}{2}\delta \\[2mm] U_p = E\sqrt{\cos^2\dfrac{1}{2}\delta + \left(2\dfrac{X_{pk}}{X_\Sigma}\sin\dfrac{1}{2}\delta\right)^2} \\[2mm] U_k = E\cos\dfrac{1}{2}\delta \end{array}\right\} \tag{8-36}$$

从式（8-36）可知，系统振荡时，最严重的时刻是 $\delta=(2n+1)\pi$ 时，此时 $\Delta E=2E$、$I=\dfrac{2E}{X_{\Sigma}}$、$U_{\mathrm{p}}=2E\left(\dfrac{X_{\mathrm{pk}}}{X_{\Sigma}}\right)$、$U_{\mathrm{k}}=0$，这相当于在振荡中心发生三相短路，该点的电压为零，电流为最大；当 $\delta=2n\pi$ 时，则 $\Delta E=0$、$I=0$、$U_{\mathrm{p}}=U_{\mathrm{k}}=E$。所以，振荡中心处的电压在 $0\sim E$ 之间周期性地变动，这对附近的用户威胁是很大的。

在振荡时，电力系统内没有统一的频率，系统原来的送电端频率高，受电端频率低。设送电端频率 f_1，受电端频率 f_0，则送电端和受电端的等值发电机的角速度分别为 $\omega_1=2\pi f_1$ 和 $\omega_0=2\pi f_0$，角速度之差为 $\omega_1-\omega_0$。

若设 $\omega_1-\omega_0=\dfrac{2\pi}{T}$，则振荡周期 T 为

$$T=\frac{2\pi}{\omega_1-\omega_0}=\frac{1}{f_1-f_0}$$

或

$$T=\frac{1}{\Delta f}$$

式中　Δf——振荡时，送电端与受电端的频率差。

电力系统振荡时，电流、功率等表计的指针做周期性的摆动，如果数出某一时间 Δt 秒内表计摆动的周期次数为 N，则可由式（8-38）求出振荡周期

$$T=\frac{\Delta t}{N}=\frac{1}{\Delta f} \tag{8-37}$$

三、振荡的处理

1. 再同步

系统发生振荡以后，必须采取措施尽快恢复同步。恢复再同步的必要条件是：第一，发电机能否抵达同步速度，即发电机的转差瞬时值能否经过零值；第二，在抵达同步速度之后，能否不失步地过渡到稳定的同步运行状态。

这样就要设法使两端系统的频率相同，即设法使转差率 s 过零值。因此，送端系统应尽快减小发电机的输出功率，同时增加受端发电机的输出功率。降低送端系统的频率时，应不低于 $48\sim49\mathrm{Hz}$，即要高于系统内低频率减负荷装置最高一级的定值。当受端系统没有备用容量可用来提高频率时，切除部分负荷，使受端系统的频率回升，同时应尽量增加发电机的励磁电流和系统电压，使 E_{q}、U 增大，使发电机的同步功率的幅值增大，从而使转差率的瞬时值的幅值增大。振荡系统内转差率的平均值 s_{∞} 尽量减小，并增大转差率的脉动幅值，就有可能使转差率 s 过零值，如图 8-38 所示，这就有了拉入再同步的条件。

实际运行经验证明，当转差率达零值时，一般都能再同步成功，不会较长时间停留在异步运行状态。

2. 解列

当系统发生振荡后，在一定时间内不能使之再同步时，则应考虑采用系统解列的措施。实际运行经验证明，在顺利的条件下，仅需一、两分钟甚至更短的时间就能实现人工再同步。因此，一般规定：$3\sim4\mathrm{min}$ 如仍未实现人工再同步时，就应在事先规定的解列点将系统解列。解列点的选择，应使振荡的系统完全分离，并保证解列后各部分系统的功率尽量平衡，以防止解列各部分系统的频率和电压发生大幅值度变化；同时，要考虑便于进行恢复同步的并列操作。

小　结

电力系统正常运行的必要条件是，所有同步电机必须同步运转，即具有相同的电角速度。电力系统稳定性，通常是指电力系统受到小的或大的扰动后，所有的同步电机能否继续保持同步运行的问题。随着电力系统的发展和扩大，电能的远距离输送，电力系统运行的稳定性问题，就成为影响整个电力系统安全、可靠运行的更为突出的重要因素，稳定问题越来越严重。当系统发生三相短路时，其对系统稳定运行威胁最大。

功角 δ 在电力系统稳定性的分析中具有十分重要的意义。它既是两台发电机电动势间的相位差，又是用电角度表示的两台发电机转子间的相对位移角。δ 角随时间变化的规律反映了同步发电机转子间相对运动的特征，是判断电力系统同步运行稳定性的依据。

静态稳定性是指电力系统在运行中受到微小扰动后，能够恢复到它原来运行状态的能力。对于简单电力系统，可以用 $\dfrac{\mathrm{d}P}{\mathrm{d}\delta}>0$ 作为此运行状态具有静态稳定的判据，是第一个静态稳定判据。$\dfrac{\mathrm{d}\Delta Q}{\mathrm{d}U}<0$ 是系统电压稳定性的判据，是第二个静态稳定判据。

功率极限是指发电机功率特性的最大值；稳定极限是指保持静态稳定下发电机所能输送的最大功率，必须严格区分这两个重要的概念。

采用自动励磁调节装置、缩短“电气距离”、提高输电线路电压及改善电力线路结构都是提高静态稳定的措施。但是自动励磁调节装置的某些环节会产生负阻尼作用，当发电机输出功率增大（或运行状态改变）到一定程度，调节器的负阻尼完全抵消并超过系统固有的正阻尼，使系统等效阻尼为负值时，系统将自发振荡而失去静态稳定，这使励磁调节器提高稳定性的效果受到限制。

暂态稳定性是指电力系统受到大扰动时，能过渡到新的或恢复到它原有的运行状况能力。利用等面积定则 $A_{(+)}=A_{(-)}$ 可以判断系统的暂态稳定性。切除故障时的功角 δ 越小，加速面积就越小，最大的减速面积就越大，保持系统稳定性的可能性就越大。极限切除角 δ_{clim} 就是稳定的极限，相对应的极限切除时间 t_{clim} 对于选择或整定继电保护装置、选择开关与电器等是十分重要的数据。

提高电力系统暂态稳定性的措施比提高电力系统静态稳定性的措施更多，首先考虑如何减少功率或能量差额的临时性措施。采用快速切除故障和自动重合闸、强行励磁和快速关闭汽门、电气自动、连锁切机和切除部分负荷、合理选择电力系统的运行接线、设置开关站和采用强行串联电容补偿、高压直流输电功率的快速调节等措施都可以提高电力系统的暂态稳定性。

发电机失步而进入异步运行后发生剧烈振荡时，振荡中心相当于三相短路，且是周期性的。系统发生振荡时，可采取措施拉入同步，不必马上解列。无法同步时，应按事先安排好的解列点解列。

习　题

8-1　为什么大型电力系统要考虑稳定性问题？

8-2 电力系统承受大扰动能力的安全稳定标准分为哪几级?

8-3 什么叫电力系统的静态稳定性? 电力系统静态稳定的实用判据是什么?

8-4 电力系统静态稳定的储备系数和整步功率系数是什么?

8-5 什么是小扰动法的基本理论? 其实质是什么?

8-6 简述用小扰动法如何分析简单电力系统的静态稳定性的步骤。

8-7 具有负阻尼的电力系统为什么不能稳定运行?

8-8 什么是电力系统的电压稳定性? 其判据是什么?

8-9 什么是电力系统的频率稳定性? 其判据是什么?

8-10 异步电动机稳定运行的判据是什么? 为什么?

8-11 调节励磁对电力系统的静态稳定性有何影响?

8-12 试求切除 [例8-1] 所述的电力系统的一回线路时,静态稳定储备系数 k_p (%)。

8-13 发电机采用自动调节励磁装置,对电力系统运行的稳定性有何作用?

8-14 电力系统在缺乏功率的情况下,对其稳定性有何影响?

8-15 什么叫人工稳定区?

8-16 为什么说系统电压提高,系统的稳定性就提高,输送容量就提高?

8-17 保证和提高电力系统静态稳定性的措施有哪些?

8-18 什么叫电力系统暂态稳定性?

8-19 引起电力系统产生较大扰动的原因是什么?

8-20 在电力系统暂态稳定性的分析和计算中采用了哪些基本假设?

8-21 分析电力系统运行的暂态稳定性时,为什么可以忽略不计短路电流的负序分量和零序分量?

8-22 简单电力系统发生不同类型不对称短路时,附加电抗、转移电抗及输送功率极限大小有何不同?

8-23 试对简单电力系统的暂态稳定性进行定性分析。

8-24 什么叫加速面积、减速面积和等面积定则? 为什么用等面积定则可以判断系统的暂态稳定性?

8-25 什么叫极限切除角? 什么叫极限切除时间? 它是如何确定的?

8-26 哪种短路故障对电力系统运行的暂态稳定性威胁最严重? 为什么?

8-27 切除短路故障的速度与电力系统运行的暂态稳定性有何关系? 为什么?

8-28 快速重合闸,是否越快越好? 为什么?

8-29 当电力系统发生短路故障时,切除故障元件的同时,在其送电端切除部分发电机,对系统的暂态稳定性有何用? 为什么?

8-30 稳定性遭到破坏,电力系统发生振荡时,会出现哪些振荡特征? 对发电机本身来说,可能有什么危险?

8-31 电力系统发生振荡时,应怎样采取措施,使其恢复同步运行?

8-32 简述提高电力系统暂态稳定运行的措施。

项 目 九　电 力 新 技 术

项目目标　会画出长线路的简化等值电路并求其参数；会根据线路参数求出波阻抗、自然功率；能够说出自然功率的特征；能说出直流输电和交流输电的特点及适用场合；能够简述我国特高压输电技术的概况；能够说出智能电网的概念及其特征；能够列举出智能电网的主要技术。

任务 9.1　远距离输电技术

更大输电容量和更长输电距离的需求不断增加，促进了 500、1000kV 以及更高电压等级的输电线路的建立，将更大容量的电能从一次能源产地的坑口电厂及大型水电厂送往距离数百甚至数千千米以上的负荷中心，或者用超、特高压的输电线路将数个大区的电力系统联合成更大的电力系统，从而达到减少备用，提高供电的可靠性与经济性等目的。这样的线路，称为远距离输电线路。

由于远距离输电线路的电压高、距离长，沿线路均匀分布的阻抗、容纳、漏电导等参数就不能再看成是集中参数。考虑到交流远距离输电线路参数的分布性，在具有分布参数的远距离输电线路中，电压和电流既与时间有关，也与线路的距离有关。

由于远距离输电线路电压高，由电晕引起的功率损耗、无线电干扰、噪声干扰以及高压静电影响等问题十分突出。近年来，高压直流输电技术日趋完善，这为不断扩大电力系统，实现开发远方能源，远距离输送大功率电能，同时提高并联稳定运行能力，开辟了新的途径。

一、交流远距离输电线路的输电方程

1. 均匀分布参数电路的基本方程

图 9-1 所示为长线路的均匀分布参数电路图，图中 $z=r+jx$、$y=g+jb$ 为单位长度线路的阻抗和导纳；由图 9-1 可见，因为沿线路均匀分布着阻抗，长度为 dx 的线路，串联阻抗中的电压降落为

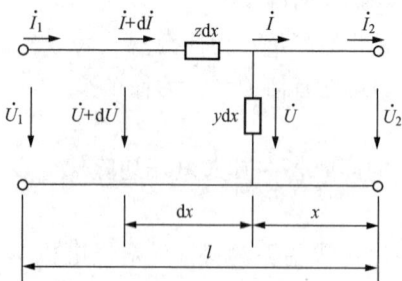

图 9-1　长线路的均匀分布参数电路

$$d\dot{U} = \dot{I}zdx \quad 或 \quad \frac{d\dot{U}}{dx} = \dot{I}z \qquad (9-1)$$

同样，因为沿线路均匀分布着导纳，长度为 dx 的线路，并联导纳中的支路电流为

$$d\dot{I} = \dot{U}ydx \quad 或 \quad \frac{d\dot{I}}{dx} = \dot{U}y \qquad (9-2)$$

将式 (9-1)、式 (9-2) 分别对 x 求导数，可得

$$\frac{d^2\dot{U}}{dx^2} = z\frac{d\dot{I}}{dx} \qquad (9-3)$$

$$\frac{\mathrm{d}^2 \dot{I}}{\mathrm{d}x^2} = y \frac{\mathrm{d}\dot{U}}{\mathrm{d}x} \tag{9-4}$$

分别将式（9-1）、式（9-2）代入式（9-3）、式（9-4），又可得

$$\frac{\mathrm{d}^2 \dot{U}}{\mathrm{d}x^2} = zy\dot{U} \tag{9-5}$$

$$\frac{\mathrm{d}^2 \dot{I}}{\mathrm{d}x^2} = zy\dot{I} \tag{9-6}$$

式（9-5）和式（9-6）为常系数二阶线性微分方程。以线路末端电压、电流表示，可解得输电方程为

$$\dot{U} = \frac{1}{2}(\dot{U}_2 + \sqrt{3}Z_c\dot{I}_2)\mathrm{e}^{\gamma x} + \frac{1}{2}(\dot{U}_2 - \sqrt{3}Z_c\dot{I}_2)\mathrm{e}^{-\gamma x} \tag{9-7}$$

$$\dot{I} = \frac{1}{2}\left(\frac{\dot{U}_2}{\sqrt{3}Z_c} + \dot{I}_2\right)\mathrm{e}^{\gamma x} - \frac{1}{2}\left(\frac{\dot{U}_2}{\sqrt{3}Z_c} - \dot{I}_2\right)\mathrm{e}^{-\gamma x} \tag{9-8}$$

其中
$$\gamma = \sqrt{zy}$$

$$Z_c = \sqrt{\frac{z}{y}}$$

式中　$\dot{U}$、$\dot{I}$——距线路末端长度为 x 处的线电压、线电流；

　　$\dot{U}_2$、$\dot{I}_2$——线路末端的线电压、线电流；

　　　γ——电磁波传播系数；

　　　Z_c——线路特性阻抗（波阻抗）；

　　　x——从线路末端到线路中任意点的距离。

2. 交流远距离输电线路的等值电路

将输电方程式（9-7）、式（9-8）整理可得到

$$\dot{U} = \frac{1}{2}(\mathrm{e}^{\gamma x} + \mathrm{e}^{-\gamma x})\dot{U}_2 + \frac{1}{2}(\mathrm{e}^{\gamma x} - \mathrm{e}^{-\gamma x})\sqrt{3}Z_c\dot{I}_2$$
$$= \dot{U}_2\mathrm{ch}\gamma x + \sqrt{3}Z_c\dot{I}_2\mathrm{sh}\gamma x \tag{9-9}$$

$$\dot{I} = \frac{1}{2}(\mathrm{e}^{\gamma x} - \mathrm{e}^{-\gamma x})\frac{\dot{U}_2}{\sqrt{3}Z_c} + \frac{1}{2}(\mathrm{e}^{\gamma x} + \mathrm{e}^{-\gamma x})\dot{I}_2$$
$$= \frac{\dot{U}_2}{\sqrt{3}Z_c}\mathrm{sh}\gamma x + \dot{I}_2\mathrm{ch}\gamma x \tag{9-10}$$

以上两式中考虑到双曲函数有如下定义

$$\mathrm{sh}\gamma x = \frac{1}{2}(\mathrm{e}^{\gamma x} - \mathrm{e}^{-\gamma x})$$

$$\mathrm{ch}\gamma x = \frac{1}{2}(\mathrm{e}^{\gamma x} + \mathrm{e}^{-\gamma x})$$

式（9-9）、式（9-10）称为远距离输电线路基本方程双曲函数表达式。运用这两个公式，可在已知末端电压 $\dot{U}_2$、电流 $\dot{I}_2$ 时，计算任意点的电压、电流。当 $x = l$ 时，可得到首段电压 $\dot{U}_1$、电流 $\dot{I}_1$ 的表达式

$$\dot{U}_1 = \dot{U}_2 \mathrm{ch}\gamma l + \sqrt{3} Z_c \dot{I}_2 \mathrm{sh}\gamma l \qquad (9\text{-}11)$$

$$\dot{I}_1 = \frac{\dot{U}_2}{\sqrt{3} Z_c} \mathrm{sh}\gamma l + \dot{I}_2 \mathrm{ch}\gamma l \qquad (9\text{-}12)$$

由式（9-11）、式（9-12）可见，这种长线路的两端口网络通用常数分别为

$$\left. \begin{aligned} A &= \mathrm{ch}\gamma l \\ B &= Z_c \mathrm{sh}\gamma l \\ C &= \frac{\mathrm{sh}\gamma l}{Z_c} \\ D &= \mathrm{ch}\gamma l \end{aligned} \right\} \qquad (9\text{-}13)$$

如果只要求计算长线路始末端电压、电流、功率等，可以作长线路的 Ⅱ 形等值电路，

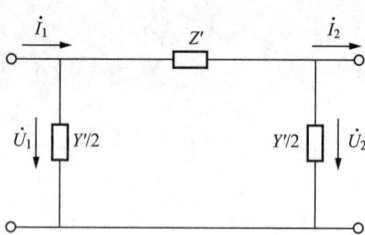

图 9-2 长线路的 Ⅱ 形等值电路

如图 9-2 中，分别以 Z'、Y' 表示它们集中的阻抗、导纳。在图 9-2 中，设图中首端相电压为 $\dot{U}_1$，首端电流为 $\dot{I}_1$；末端电压为 $\dot{U}_2$，末端电流为 $\dot{I}_2$，则可列出首末端电压与电流的关系式为

$$\begin{aligned} \dot{U}_1 &= \dot{U}_2 + \left(\dot{I}_2 + \dot{U}_2 \frac{Y'}{2} \right) Z' \\ &= \dot{U}_2 \left(1 + \frac{Z'Y'}{2} \right) + \dot{I}_2 Z' \end{aligned} \qquad (9\text{-}14)$$

$$\dot{I}_1 = \frac{Y'}{2}\dot{U}_1 + \frac{Y'}{2}\dot{U}_2 + \dot{I}_2 = \dot{U}_2 \left(Y' + \frac{Z'Y'^2}{4} \right) + \dot{I}_2 \left(1 + \frac{Z'Y'}{2} \right) \qquad (9\text{-}15)$$

并计及式（9-13），可得 Ⅱ 形等值电路的通用常数为

$$\left. \begin{aligned} A &= 1 + \frac{1}{2}Z'Y' = \mathrm{ch}\gamma l \\ B &= Z' = Z_c \mathrm{sh}\gamma l \\ C &= Y' \left(1 + \frac{Z'Y'}{4} \right) = \frac{1}{Z_c} \mathrm{sh}\gamma l \\ D &= \frac{1}{2}Z'Y' + 1 = \mathrm{ch}\gamma l \end{aligned} \right\} \qquad (9\text{-}16)$$

由式（9-16）解得

$$\left. \begin{aligned} Z' &= Z_c \mathrm{sh}\gamma l \\ Y' &= \frac{1}{Z_c} \frac{2(\mathrm{ch}\gamma l - 1)}{\mathrm{sh}\gamma l} \end{aligned} \right\} \qquad (9\text{-}17)$$

在 Z'、Y' 的表达式中，由于 Z_c、γ 都是复数，仍然不便于使用，为此将 Z'、Y' 作以下变化。对于 Ⅱ 形等值电路，将式（9-17）改写为

$$Z' = Z_c \mathrm{sh}\gamma l = \sqrt{\frac{z}{y}} \mathrm{sh}\sqrt{zy}l = \sqrt{\frac{zl}{yl}} \mathrm{sh}\sqrt{zl yl} = \sqrt{\frac{Z}{Y}} \mathrm{sh}\sqrt{ZY} = Z \frac{\mathrm{sh}\sqrt{ZY}}{\sqrt{ZY}} \qquad (9\text{-}18)$$

$$\begin{aligned} Y' &= \frac{1}{Z_c} \frac{2(\mathrm{ch}\gamma l - 1)}{\mathrm{sh}\gamma l} = \frac{1}{\sqrt{z/y}} \frac{2(\mathrm{ch}\sqrt{zy}l - 1)}{\mathrm{sh}\sqrt{zy}l} \\ &= \sqrt{y/z} \frac{2(\mathrm{ch}\sqrt{ZY} - 1)}{\mathrm{sh}\sqrt{ZY}} = Y \frac{2(\mathrm{ch}\sqrt{ZY} - 1)}{\sqrt{ZY}\mathrm{sh}\sqrt{ZY}} \end{aligned} \qquad (9\text{-}19)$$

将式（9-18）、式（9-19）中的双曲函数展开为级数

$$\mathrm{sh}\sqrt{ZY} = \sqrt{ZY} + \frac{(\sqrt{ZY})^3}{3!} + \frac{(\sqrt{ZY})^5}{5!} + \frac{(\sqrt{ZY})^7}{7!} + \cdots$$

$$\mathrm{ch}\sqrt{ZY} = 1 + \frac{(\sqrt{ZY})^2}{2!} + \frac{(\sqrt{ZY})^4}{4!} + \frac{(\sqrt{ZY})^6}{6!} + \cdots$$

对于不十分长的电力线路，这些级数收敛很快，因此可只取它们的前三项代入式（9-18）、式（9-19）中，经过不太复杂的运算，可得

$$\left. \begin{array}{l} Z' \approx Z\left(1 + \dfrac{1}{6}ZY\right) \\[2mm] Y' \approx Y\left(1 - \dfrac{1}{12}ZY\right) \end{array} \right\} \tag{9-20}$$

将 $Z = R + \mathrm{j}X = rl + \mathrm{j}xl$，$Y = G + \mathrm{j}B = gl + \mathrm{j}bl$（$G = gl = 0$）代入式（9-20）中展开后可得到

$$\left. \begin{array}{l} Z' \approx rl\left(1 - xb\dfrac{l^2}{3}\right) + \mathrm{j}xl\left[1 - \left(xb - \dfrac{r^2b}{x}\right)\dfrac{l^2}{6}\right] \\[3mm] Y' \approx bl \times rb\dfrac{l^2}{12} + \mathrm{j}bl\left(1 + xb\dfrac{l^2}{12}\right) \end{array} \right\} \tag{9-21}$$

由式（9-21）可见，如将长线路的总阻抗、总电抗、总电纳分别乘以适当的修正系数，就可作为其简化Ⅱ形等值电路，如图9-3所示，其中的修正系数分别为

$$\left. \begin{array}{l} k_r = 1 - xb\dfrac{l^2}{3} \\[3mm] k_x = 1 - \left(xb - \dfrac{r^2b}{x}\right)\dfrac{l^2}{6} \\[3mm] k_b = 1 + xb\dfrac{l^2}{12} \end{array} \right\} \tag{9-22}$$

但是应注意，由于推导式（9-22）时，只用了双曲函数的前三项，在电力线路很长时，该式就不适用了，应直接使用式（9-18）、式（9-19）。反之，电力线路不长时，这些修正系数都接近于1，就不必修正了。

【例9-1】 500kV电力线路使用LGJ-4×300分裂导线，直径24.2mm，分裂间距450mm，三相导线水平排列，相间间距13m，如图9-4所示，设电力线路长600km，试作出该电力线路的等值电路。要求：

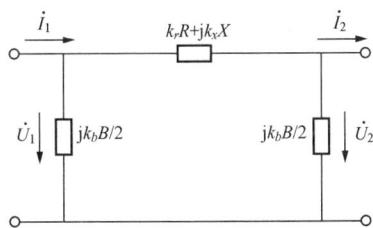

图9-3 长线路的简化Ⅱ形等值电路

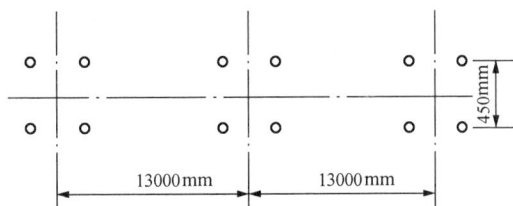

图9-4 500kV线路导线排列方式

（1）不考虑电力线路的分布参数特性；

（2）近似考虑电力线路的分布参数特性；

（3）精确地考虑电力线路的分布参数特性。

解　先计算该电力线路每千米的电阻、电抗、电导和电纳。

$$r = \frac{\rho}{S} = \frac{31.5}{4 \times 300} = 0.02625(\Omega/\text{km})$$

$$D_{\text{eq}} = \sqrt[3]{D_{ab}D_{ac}D_{bc}} = \sqrt[3]{13000 \times (2 \times 13000) \times 13000} = 16380(\text{mm})$$

$$r_{\text{eq}} = \sqrt[4]{rd_{12}d_{13}d_{14}} = \sqrt[4]{12.1 \times 450 \times 450 \times \sqrt{2} \times 450} = 198.7(\text{mm})$$

$$x = 0.1445 \lg \frac{D_{\text{eq}}}{r_{\text{eq}}} + \frac{0.0157}{n} = 0.1445 \lg \frac{16380}{198.7} + \frac{0.0157}{4} = 0.281(\Omega/\text{km})$$

$$b = \frac{7.58}{\lg \dfrac{D_{\text{eq}}}{r_{\text{eq}}}} \times 10^{-6} = \frac{7.58}{\lg \dfrac{16380}{198.7}} \times 10^{-6} = 3.956 \times 10^{-6}(\text{S/km})$$

由表 2-3 得知，使用 LGJ-4×300 分裂导线线路不会发生电晕，所以每千米的电导为零，即 $g=0$。

（1）不考虑电力线路的分布参数特性

$$R = rl = 0.02625 \times 600 = 15.75(\Omega)$$

$$X = xl = 0.0281 \times 600 = 168.6(\Omega)$$

$$B = bl = 3.956 \times 10^{-6} \times 600 = 2.374 \times 10^{-3}(\text{S})$$

$$G = gl = 0(\text{S})$$

由此可作出等值电路如图 9-5（a）所示。

（2）近似考虑电力线路的分布参数特性

$$k_r = 1 - xb\frac{l^2}{3} = 1 - 0.281 \times 3.956 \times 10^{-6} \times \frac{600^2}{3} = 0.876$$

$$k_x = 1 - \left(xb - \frac{r^2 b}{x}\right)\frac{l^2}{6}$$

$$= 1 - \left(0.281 \times 3.956 \times 10^{-6} - \frac{0.02625^2 \times 3.956 \times 10^{-6}}{0.281}\right) \times \frac{600^2}{6} = 0.934$$

$$k_b = 1 + xb\frac{l^2}{12} = 1 + 0.281 \times 3.956 \times 10^{-6} \times \frac{600^2}{12} = 1.033$$

于是

$$k_r R = 0.867 \times 15.75 = 13.65(\Omega)$$

$$k_x X = 0.934 \times 168.6 = 157.50(\Omega)$$

$$k_b B = 1.033 \times 2.374 \times 10^{-3} = 2.452 \times 10^{-3}(\text{S})$$

$$\frac{1}{2}k_b B = \frac{1}{2} \times 2.452 \times 10^{-3} = 1.226 \times 10^{-3}(\text{S})$$

由此可作出其等值电路如图 9-5（b）所示。

（3）精确地考虑电力线路的分布参数特性。首先求电力线路单位长度的阻抗和导纳

$$z = r + jx = 0.02625 + j0.281 = 0.282 e^{j84.66°}(\Omega/\text{km})$$

$$y = jb = j3.956 \times 10^{-6} = 3.956 \times 10^{-6} e^{j90°}(\text{S/km})$$

由此可得电力线路的特性阻抗为

$$Z_c = \sqrt{z/y} = \sqrt{\frac{0.282 e^{j84.66°}}{3.956 \times 10^{-6} e^{j90°}}} = 267.1 e^{-j2.67°}(\Omega)$$

以及

$$\gamma l = \sqrt{zy} \times l = \sqrt{0.282e^{j84.66°} \times 3.956 \times 10^{-6}e^{j90°}} \times 600$$
$$= 0.634e^{j87.33°}$$
$$= 0.0295 + j0.633$$

将 shγl、chγl 展开

$$\mathrm{sh}\gamma l = \mathrm{sh}(0.0295 + j0.633)$$
$$= \mathrm{sh}0.0295\cos0.633 + j\mathrm{ch}0.0295\sin0.633$$
$$= 0.0295 \times 0.806 + j1.0004 \times 0.592$$
$$= 0.593e^{j87.7°}$$

$$\mathrm{ch}\gamma l = \mathrm{ch}(0.0295 + j0.633)$$
$$= \mathrm{ch}\,0.0295\cos0.633 + j\mathrm{sh}0.0295\sin0.633$$
$$= 1.0004 \times 0.806 + j0.0295 \times 0.592$$
$$= 0.806e^{j1.24°}$$

修正系数精确值可通过以下公式求出

$$k_z = \frac{\mathrm{sh}\sqrt{zy}}{\sqrt{zy}} = \frac{0.593e^{j87.7}}{0.634e^{j87.33}} = 0.935e^{j0.37}$$

$$k_y = \frac{2(\mathrm{ch}\sqrt{zy} - 1)}{\sqrt{zy}\,\mathrm{sh}\sqrt{zy}} = \frac{2(0.806e^{j1.24} - 1)}{0.634e^{j87.33}0.593e^{j87.7}} = 4.29e^{-j174.79}$$

$$Z'' = k_z Z = 0.935e^{j0.37}(15.75 + j168.6) = 13.72 + j157.8(\Omega)$$

$$Y'' = k_y Y = 4.29e^{-j174.79}j2.374 \times 10^{-3} = j1.230 \times 10^{-3}(\mathrm{S})$$

由此做出等值电路如图 9 - 5（c）所示。

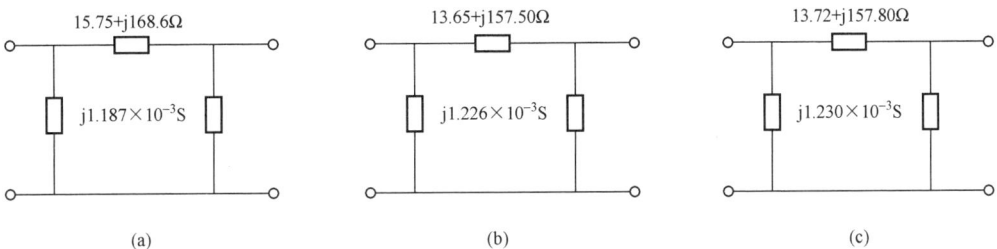

图 9 - 5 ［例 9 - 1］的等值电路
（a）最粗略；（b）经修正；（c）精确

比较这三种等值电路可知，对于超过 500km 的长线路，如不考虑其分布参数特性，将给计算结果带来相当大的误差，其中以电阻值的误差最大（误差不大于 10%），电抗次之，电纳最小。如能近似考虑其分布参数特性，是可以满足精确度的要求。而这种近似考虑仅需要做简单的算术运算，不必像精确考虑时那样要进行复数和双曲函数的复杂计算，因此使计算大为简化。

二、交流远距离输电线路的自然功率

1. 输电线路的波阻抗

分布参数电路的特性阻抗 Z_c 和传播系数 γ 常被用以估算超高压线路的运行特性。由于超高压线路的电阻往往远小于电抗，而电导可以忽略不计，即可以设 $r = 0$，$g = 0$。显然，采用这些假设就相当于线路上没有有功功率损耗，对于这种无损耗线路，特性阻抗和传播系

数分别为

$$Z_{\mathrm{c}} = \sqrt{l_0/c_0}$$

$$\gamma = \mathrm{j}\omega\sqrt{l_0 c_0} \tag{9-23}$$

式中　l_0——线路单位长度的电感；

　　c_0——线路单位长度的电容。

可见，这时的特性阻抗将是一个纯电阻，称为波阻抗。由于无损耗线路的传播系数 $\gamma = a + \mathrm{j}\beta = \mathrm{j}\omega\sqrt{l_0 c_0}$，式中衰减系数 $a = 0$，因此，无损耗线路上的电压、电流的入射波与反射波的振幅值不衰减。波速度为

$$v = \frac{\omega}{\beta} = \frac{1}{\sqrt{l_0 c_0}} \tag{9-24}$$

从式（9-24）可知，无损耗线路的波速度与频率无关，在真空中与光速相同。

2. 输电线路的自然功率

（1）自然功率。自然功率（也称波阻抗负荷）是指负荷为波阻抗时，该负荷消耗的功率。如负荷端电压为线路额定电压，则相应的自然功率为

$$S_{\mathrm{n}} = P_{\mathrm{n}} = U_{\mathrm{N}}^2 / Z_{\mathrm{c}} \tag{9-25}$$

如果无损耗线路末端连接的负荷阻抗为波阻抗时，则负荷电流为

$$\dot{I}_2 = \frac{\dot{U}_2}{\sqrt{3}Z_{\mathrm{c}}} \tag{9-26}$$

代入式（9-11）、式（9-12）可得

$$\dot{U}_1 = \dot{U}_2\mathrm{ch}\gamma l + \sqrt{3}Z_{\mathrm{c}}\dot{I}_2\mathrm{sh}\gamma l = \dot{U}_2\mathrm{ch}\gamma l + \dot{U}_2\mathrm{sh}\gamma l = \dot{U}_2(\mathrm{ch}\gamma l + \mathrm{sh}\gamma l) \tag{9-27}$$

$$\dot{I}_1 = \frac{\dot{U}_2}{\sqrt{3}Z_{\mathrm{c}}}\mathrm{sh}\gamma l + \dot{I}_2\mathrm{ch}\gamma l = \dot{I}_2\mathrm{sh}\gamma l + \dot{I}_2\mathrm{ch}\gamma l = \dot{I}_2(\mathrm{sh}\gamma l + \mathrm{ch}\gamma l) \tag{9-28}$$

当 $r = 0$，$g = 0$ 时，输电线路基本方程就可以由式（9-27）、式（9-28）的双曲函数式简化为如下的三角函数式

$$\dot{U}_1 = \dot{U}_2(\cos\gamma l + \mathrm{j}\sin\gamma l) = \dot{U}_2\mathrm{e}^{\mathrm{j}\gamma l} \tag{9-29}$$

$$\dot{I}_1 = \dot{I}_2(\mathrm{j}\sin\gamma l + \cos\gamma l) = \dot{I}_2\mathrm{e}^{\mathrm{j}\gamma l} \tag{9-30}$$

由式（9-29）和式（9-30）可见，这时线路始端、末端乃至线路上任何一点的电压大小都相等，则功率因数都等于1。而线路两端电压的相位差则正比于线路长度，相应的比例系数就是相位系数 β。

（2）自然功率的特征。当线路输送的功率等于自然功率时，电力传输具有如下的特征：

1）线路上只有电压、电流的入射波而没有反射波。这是因为输电线路末端接上的负荷阻抗等于波阻抗时，就相当于入射波进入了无限长的输电线路，这样就没有反射波了。这是线路输送的功率等于自然功率时的一种很重要的现象。线路中没有反射波时，由入射波送到线路末端的功率将被负荷完全吸收，这种情况称为阻抗匹配。

2）线路首端电压与末端电压的相位差等于 γl；首端电流与末端电流的相位差也等于 γl。电压的相位差由线路电抗所引起；电流的相位差由线路容性电纳所引起。对于 $l = 500\mathrm{km}$ 的输电线路，$\gamma l = \frac{\pi}{6}$；对于 $l = 1000\mathrm{km}$ 的输电线路，$\gamma l = \frac{\pi}{3}$。

3）无损耗线路传输自然功率时，单位长度感抗吸收的无功功率，恰好等于单位长度容纳发出的无功功率，线路各处无功功率达到平衡。

需要指出，线路在传输自然功率时，如果不能忽略线路的电阻与电导，也要引起电压沿线路的逐渐降低。

三、交流远距离输电线路的参数补偿

交流远距离输电线路，由于线路长、线路感抗及导线间容纳较大，这些参数在线路运行时要进行无功功率交换，尤其在正常操作及线路故障时，可能影响线路的运行安全。因此采用补偿这些参数的措施就十分必要。通常采用并联电抗补偿导线间容纳，采用串联电容补偿线路的感抗。下面简要介绍一些补偿措施。

1. 并联电抗补偿

并联电抗是吸收无功功率的设备，在我国 330kV 及 500kV 以上的线路上都装设并联电抗器。装设并联电抗器具有如下主要作用。

（1）补偿输电线路的电容效应引起的电压升高。电力系统线路处在空载或轻载运行状态时，线路容性电纳中的电容电流，通过线路电感时，引起电压升高的现象，称为线路电容效应。

例如当线路空载时，如没有并联电抗补偿，线路长度超过 500km 时，电容效应引起的空载线路末端电压升高 10％以上，这是不允许的。因此，对于远距离线路需要装并联电抗器，以吸收电容充电功率，降低电压。

（2）有助于消除同步发电机带长线路时可能出现的自励磁现象。在交流远距离输电线路投入系统运行时，如果遇到单机带空载长线的特殊情况，由于长线很大的电容电流通过发电机，发电机就会产生自励磁。这种自励磁电动势可能达到很大的数值而危及设备绝缘。因此，在交流远距离输电线路上，需要采用接入高压并联电抗器补偿的方法，以改变发电机端点的出口阻抗，限制发电机自励磁的产生。

（3）消除线路的潜供电流。在交流远距离输电线路上，发生单相瞬时接地故障时，故障相断路器跳开，此时由非故障相相间电容向故障点提供的容性电流，以及非故障相向故障点提供的互感电流，称为潜供电流。由于潜供电流流过故障点，使故障点弧光不能熄灭，影响单相快速自动重合闸的重合成功率，并可能扩大事故范围。可在线路上装设并联电抗器消除潜供电流，并采用良导体架空地线。装设并联电抗器后，可以利用相间电抗及相对地电抗补偿相间电容及相对地电容，以减小或消除潜供电流的横分量。利用良导体架空地线的分流作用，以减小潜供电流的纵分量，从而加速电弧的熄灭。

2. 串联电容补偿

串联电容补偿在输电线路中得到了广泛的应用，在不同电压等级的电网中其作用是不同的，归纳起来有如下几个方面的作用。

（1）在 220kV 以下的中、低压电网，由于负荷的增长，线路的延伸，使得线路阻抗增加，造成电压损耗增大，电压质量下降。采用串联电路补偿，主要用以提高电压，改善电压质量。

（2）在不均一的闭式网中，采用串联电容补偿，可以改变电网的阻抗，使闭式网均一，从而功率分布符合线路有功功率损耗最小的条件，以达到经济运行的目的。

（3）在交流远距离输电线路上，采用串联电容补偿部分线路感抗，缩短电气距离，以增加线路输送的功率，提高系统并联运行的稳定性。

任务9.2 高压直流输电技术

随着电力技术的发展，交流输电线路的输送容量越来越大，送电距离越来越长，感抗也就随之增大。这就限制了线路输送容量的增加，造成了电力系统并联运行的稳定困难。另一方面，远距离交流输电线路感抗与容抗所引起的电压在很大范围内变化，需要装设大量的补偿设备，以解决无功、稳定、操作过电压等一系列问题，使得线路的投资增大，运行复杂。这些都限制了交流输电的进一步发展。因此，利用直流输电已逐渐受到人们的重视。现代电力传输系统是由交流输电和直流输电相互配合构成。直流输电以直流电方式实现电能的传输。电流系统中的发电和用电绝大部分均为交流电，要采用直流输电必须要进行交直流电的相互转换。现代高压大容量换流设备可控汞弧阀、晶闸管整流装置的出现，为实现高压直流输电创造了必要的条件。

一、高压直流输电的接线

高压直流输电一般由整流站、直流线路、逆变站三个主要部分组成。整流站与逆变站合称为换流站。在输送功率的过程中，整流站的作用是把送端三相交流电整为直流电，通过直流输电线路送到受端。在受端逆变站的作用是把直流电反变为三相交流电。通过调节，整流站与逆变站的作用可以反转。

二、两端直流输电系统的构成方式

两端直流输电系统主要可分为单极（正极或负极）、双极（正、负两极）、背靠背直流系统（无直流输电线路）三类。

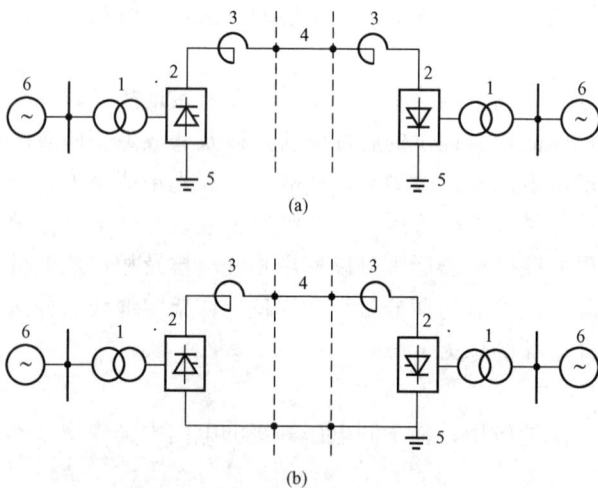

图9-6 单极直流输电系统接线示意图
(a) 单极大地回线方式；(b) 单极金属回线方式
1—换流变压器；2—换流器；3—平波电抗器；4—直流输电线路；5—接地极系统；6—两端的交流系统

1. 单极系统

单极系统可利用大地或海水作为回流电路，线路投资较为节省，一般以负极性运行，因为负极性架空线路的电晕无线电干扰较小，遭受雷击的概率较小；接地极中长期流过直流输电的额定电流，这种系统称为单极一线制或单极一线一地制系统，如图9-6所示。

为了避免回流电流流经大地或海水引起的金属物电解腐蚀问题，有的工程采用低绝缘导线作为回流电路，形成单极两线制系统。这种系统只有一端换流站接地，以固定直流输电系统中线路和设备对地电位。地中无直流电流，属安全接地性质。

2. 双极系统

双极系统大多采用两端中性点接地方式。它由两个可独立运行的单极大地回线方式所组成，地中电流为两极电流之差。如图9-7所示，理想状态下两个极的电流方向相反、大小相等，大地回路中无直流电流。在正常双极对称运行时，地中仅有很小的两极不平衡电流（小于额定电流的1%）。

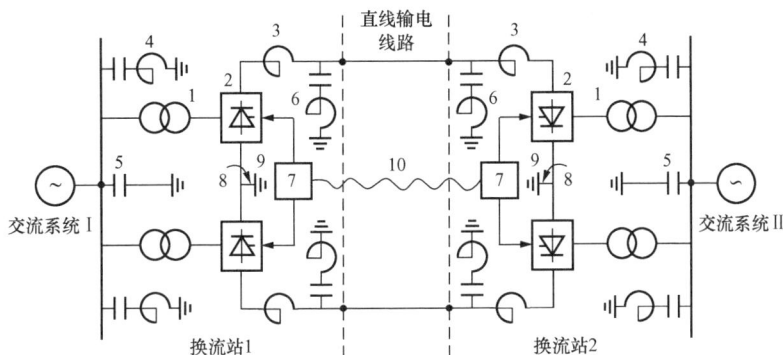

图9-7 双极直流输电系统接线示意图

1—换流变压器；2—换流器；3—平波电抗器；4—交流滤波器；

5—静电电容器；6—直流滤波器；7—控制保护系统；

8—接地极系统；9—接地极；10—远动通信系统

在双极系统中，换流站的接地点一般是换流器的中点，两极和地之间的电位差相等，所以也称为中性点。

为了避免大地回路引起的问题，取消一端换流站的接地点就成为双极两线制。如果再增设一条低绝缘导线作为回流电路，即为三线制，它们的接地点仅作为固定对地电位之用。

当双极系统中一个极的线路发生故障时，双极两线一地制和双极三线制可用健全极线路分别以单极一线一地制或单极两线制继续运行，可至少输送双极功率的一半，从而提高了供电的可靠性。但此时回流电路中的电流增大，其值与极导线电流相等。双极两线制的系统则必须在原来不接地的一个换流站中临时增加接地点，否则一个极发生故障时不能运行。

当一个极的换流器故障或检修时，也可将这个极的线路改接，作为回流电路，以单极两线制运行，避免大地回路有大电流通过。

在双极系统分期建设过程中，可先建成单极系统运行。如果两个极的线路都采用同一极性则称为同极系统。同极性的线路敷设在同一杆塔上，电晕损耗比双极性的小，但这种系统的回流电路中电流较大，等于极导线电流的两倍。

3. 背靠背直流系统

背靠背直流系统如图9-8所示，是无直流输电线路的直流系统。它主要用于两个非同步运行（不同频率或频率相同但非同步）的交流系统之间的联网或送电。背靠背直流系统的整流和逆变设备通常都装设在一个换流站内，也称背靠背换流站。其主要特

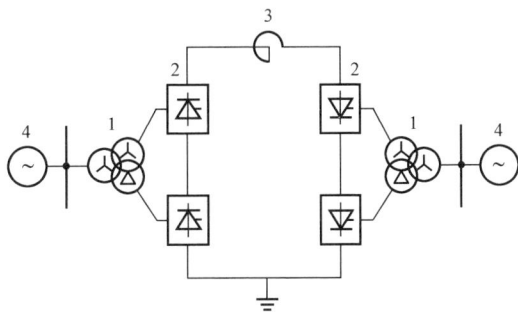

图9-8 背靠背直流系统接线示意图

1—换流变压器；2—换流器；

3—平波电抗器；4—两端交流系统

点是直流侧电压低、电流大，可利用大截面晶闸管的通流能力；可省去直流滤波器；有色金属的消耗和电能损耗的增加很有限，对于换流器和其中元件也不过将原来的串联连接改为并联而已，但是整个直流系统的费用比常规换流站可降低 $15\% \sim 20\%$。

对于短的直流联络线（即所谓短耦合），也同样可以考虑采用较低的电压。

三、高压直流输电与交流输电的比较

高压直流输电主要用于远距离、中间无落点、无电压支持的大功率输电工程。直流输电有很多不同于交流输电的特性，这些特性决定了在交流输电广泛应用、技术发展比较成熟的今天，在某些场合应用直流输电更为合理。因此，将直流输电与目前熟悉的交流输电进行比较，有助于了解直流输电概况和特性。

1. 经济性

（1）线路。三相交流线路要用三根导线，直流输电一般用两根导线。如果交、直流输电线路的导线具有相同的截面和绝缘水平，则直流线路每根导线输送的功率为

$$P_{\mathrm{d}} = U_{\mathrm{d}} I_{\mathrm{d}} \qquad (9\text{-}31)$$

式中　U_{d}——直流线路对地电压；

　　　I_{d}——直流线路电流。

交流线路每相导线输送的功率为

$$P_{\mathrm{a}} = U_{\mathrm{a}} I_{\mathrm{a}} \cos\varphi \qquad (9\text{-}32)$$

式中　U_{a}——交流线路对地电压，即相电压；

　　　I_{a}——交流线路电流；

　　$\cos\varphi$——交流线路的功率因数。

若两种线路采用相同的电流密度时，并且导线材料消耗量相等，则每根导线的电流有效值相等，即

$$I_{\mathrm{d}} = I_{\mathrm{a}} \qquad (9\text{-}33)$$

交、直流输电线路的过电压倍数分别为 $\sqrt{2}K_{\mathrm{a}}U_{\mathrm{a}}$ 和 $K_{\mathrm{d}}U_{\mathrm{d}}$，其中 K_{a}、K_{d} 分别为计及交、直流线路过电压倍数及绝缘裕度所需的系数。交流过电压倍数 K_{a} 取 $2\sim 2.5$，直流线路过电压倍数 K_{d} 为 2。假定取 $K_{\mathrm{a}} = K_{\mathrm{d}}$，当交、直流线路具有相同绝缘水平时，则有

$$U_{\mathrm{d}} = \sqrt{2} U_{\mathrm{a}} \qquad (9\text{-}34)$$

所以，直流线路每根导线与交流线路每根导线输送功率的比值为

$$\frac{P_{\mathrm{d}}}{P_{\mathrm{a}}} = \frac{U_{\mathrm{d}} I_{\mathrm{d}}}{U_{\mathrm{a}} I_{\mathrm{a}} \cos\varphi} = \frac{\sqrt{2} U_{\mathrm{a}} I_{\mathrm{a}}}{U_{\mathrm{a}} I_{\mathrm{a}} \cos\varphi} = \frac{\sqrt{2}}{\cos\varphi} \qquad (9\text{-}35)$$

在交流远距离输电情况下，一般 $\cos\varphi$ 较高，约为 0.95，因此

$$\frac{P_{\mathrm{d}}}{P_{\mathrm{a}}} = \frac{\sqrt{2}}{0.95} = 1.5 \qquad (9\text{-}36)$$

这表明，两类线路建设费用相同时，直流线路每根导线输送的功率为交流线路每根导线输送功率的 1.5 倍。

考虑交、直输送总功率之比

$$\frac{\sum P_{\mathrm{d}}}{\sum P_{\mathrm{a}}} = \frac{2P_{\mathrm{d}}}{3P_{\mathrm{a}}} = 1 \qquad (9\text{-}37)$$

由此可得出，两根导线的直流输电线路和三根导线的交流输电线路输送的功率大致相

等。因此，单位长度的直流输电线路所需的有色金属、绝缘材料和占地走廊的总费用可比交流输电线路节省 1/3 左右。即使直流系统中需要装设中性线，而中性线对地绝缘可以降低，从而节约线路建设费用。在需要应用电缆的场合，如跨海输电、向大城市人口密集区输电等，直流输电线路的费用仅为交流线路费用的一半甚至更低。

直流输电线路可以分期投资。在初期负荷较小时，可先建设一条；待负荷增长后，再建设第二条。交流输电线路必须三相同时建成才能使用。

（2）两端设备。直流输电系统的两端是换流站。换流站的主要设备有换流变压器、换流器、平波电抗器、直流滤波器、无功补偿设备等，其中换流器和直流滤波器是直流输电所特有的，换流变压器由于直流输电的特点，其造价也比交流变电所中的变压器高。换流器主要由晶闸管元件构成，随着电子工业的发展，晶闸管元件的价格不断下降。换流站中有很多设备是交流变电所没有的，因而换流站要比交流变电所复杂，造价也较高。

（3）总费用与等价距离。虽然直流输电两端设备的费用较交流输电要高得多，但是线路造价较低。当输电距离增加到一定值时，直流线路所节省的费用恰好抵偿了换流站所增加的费用，此时交、直流输电的总费用正好相等，这个距离就称为交、直流输电的等价距离。如果仅从直接的经济性考虑，当输电距离大于等价距离时，宜采用直流输电，反之则采用交流输电。换流站的造价逐年下降，等价距离也在逐年缩短。

2. 技术性

直流输电之所以能得到迅速发展，除了经济上的原因外，更主要的是由于技术上的先进性。

（1）运行的稳定性。交流输电线路远距离输电时，输送容量受到稳定极限的限制，输送有功功率的功角特性方程为

$$P = \frac{E_1 E_2}{X_\Sigma} \sin\delta \tag{9-38}$$

式中　E_1、E_2——送端、受端相同等值电动势；

　　　　δ——E_1、E_2 之间的相角差；

　　　　X_Σ——E_1、E_2 之间的总等值电抗。

从式（9-38）可知，$\delta = 90°$ 时，输送功率达到最大值，$P_m = \frac{E_1 E_2}{X_\Sigma}$。如果 $\delta > 90°$，则同步功率 $\frac{dP}{d\delta} < 0$，失去保持同步能力，从而线路解列，造成事故。因此，$P_m = \frac{E_1 E_2}{X_\Sigma}$ 是交流输电线路的静态稳定极限，为了保证系统运行稳定性和可靠性，输送功率应保留一定的静态储备，即

$$PX_\Sigma \leqslant (1-K)E_1 E_2 \tag{9-39}$$

式中　K——静态稳定储备系数。

由于 X_Σ 基本上与线路长度成正比，式（9-39）表明，为了保证电力系统稳定安全运行，输送容量与输送距离的乘积必须小于一定值。即当输送距离增加时，线路所能够输送的最大容量将下降。

采用直流输电线路来输送功率，不存在交流输电系统的稳定性问题。线路所能输送的容量仅受导线截面限制，而不受稳定性限制。在多个交流输电系统联网时，若采用直流线路可以提高交流输电系统的稳定性。由于直流输电系统有快速调节输送功率的能力，因此当交流

输电线因扰动引起输送功率变化时，直流输电系统可按要求迅速调节功率，抵消交流系统的变化，减小由于发电机输出的电功率与输入的机械功率之间的不平衡引起的转子转速摇摆，从而提高了交流系统的稳定性。

（2）非同步联络线。当用交流联络线连接两个交流系统为一个较大系统时，被连接的两个系统必须具有相同频率，两端系统的电压和相位也必须保持一定关系，两端系统相互牵制，两系统的短路容量也因联网而增大，一端系统发生故障时，有可能对另一端系统产生不利影响。用直流输电线路联络两个交流系统时无须同步运行，两端系统以各自独立的频率、电压、相位运行，可发挥联网带来的效益，又可避免联网带来的不利影响。由于直流输电联络线的电流能够快速调节，两系统的短路容量不因联网而明显增大。

（3）新发电方式与系统的连接。许多很有前途的新的发电方式，如磁流体发电、电气体发电、燃料电池发电、太阳能电池发电等，发出的都是直流电。此外，还存在着将原子能直接转换成高压直流电能的可能性。采用直流输电技术将这些发电方式产生的电能与交流电力系统连接，是一种技术上经济上都较为合理的方式。

四、高压直流输电主要优缺点及适用场合

通过交、直流输电比较，可将直流输电的主要优缺点概括如下。

1. 优点

（1）当输送相同的功率时，直流输电线路造价比交流线路低。

（2）被直流输电线路连接的两交流系统可非同步运行，被联电网之间交换的功率可方便快速地控制，输送容量和距离不受同步运行稳定性限制。

（3）用直流输电系统联网基本上不增加被联电网的短路容量。

（4）直流输电输送的有功和换流器吸收的无功功率均可方便快速地控制，进而改善交流系统的运行性能。对于交直流并联的输电系统，可以利用直流的快速控制以阻尼交流系统的低频振荡，提高与其并联的交流线路的输送能力。

（5）线路电晕干扰小。

（6）线路基本上不存在电容电流，沿线电压分布均匀，线路无需无功补偿。

2. 缺点

（1）换流站造价高于变电所，这主要是由于换流器较贵，且由于换流器运行时需要较多的无功并产生大量谐波，换流站中需装设滤波器和无功补偿设备。

（2）由于目前尚无适用直流断路器，发展多端直流输电系统受到一定限制。

（3）直流输电利用大地（或海水）为回路将带来接地极附近地下金属构件、管道等埋设物的电腐蚀、直流电流通过中性点接地变压器使变压器饱和以及对通信系统和航海磁罗盘的干扰等问题。当地表面电阻率很高时，接地极址的选择比较困难。

（4）由于直流电的静电吸附作用，使直流输电线路和换流站设备的污秽问题比交流输电严重，给外绝缘带来困难，这也是特高压直流输电需要研究的问题。

3. 直流输电主要适用于以下场合

直流输电的应用场合有以下两大类。

（1）技术上交流输电难以实现而只能采用直流输电的场合（如不同频率的联网，因稳定问题而难以采用交流，远距离电缆输电等）。

（2）技术上两种输电方式均能实现，但直流比交流的技术经济性能好。

采用直流输电相对比较有利的场合有以下几种。

(1) 远距离大功率输电。

(2) 用于海底电缆，跨海峡向岛屿送电。

(3) 向电密度高的大城市供电，需要限制短路容量，以及架空输电线路空中走廊有困难，必须采用地下电缆的场合。

(4) 联系多个不同额定频率或要求非同步运行的交流电力系统。

任务9.3 特高压输电技术

为了提高输电的经济性，满足大容量和远距离输电的需求，电网的电压等级不断提高，20 世纪 60 年代末，开始进行 1000kV（1100、1150kV）和 1500kV 电压等级特高压输电工程的可行性研究和特高压输电技术的研究。苏联从 20 世纪 70 年代末开始建设 1150kV 输电工程。1985 年建成埃基巴斯图兹—科克切塔夫—库斯坦奈特高压 1150kV 线路，全长 900 千米，累计运行时间 5 年。在 1991 年，由于苏联解体和经济衰退，电力需求不足，导致特高压线路降压至 500kV 运行。日本是世界上第二个建成特高压工程的国家。1993 年建成柏崎刈羽—西群马—东山梨 1000kV 线路，全长 190 千米；1999 年建成西群马—福岛核电站 1000kV 线路，全长 240 千米；目前已建成全长 426 千米的东京外环特高压输电线路。由于电力需求增长减缓，一直按 500kV 降压运行。我国从 1986 年开始特高压研究，2009 年 1 月，晋东南—南阳—荆门 1000kV 特高压交流试验示范工程投产，设备国产化率超过 90%，2010 年，我国云南—广东、向家坝—上海的 ±800kV 特高压直流输电投产。特高压交、直流示范工程的成功建设和运行，全面验证了特高压的技术可行性、系统安全性、设备可靠性、工程经济性和环境友好性。

一、特高压输电研究

远距离、大容量输电的需求带动了特高压输电技术研究。特高压输电技术是在超高压输电技术基础上发展的输电技术。根据超高压输电的设计和运行经验，以及特高压输电建设和运行的经济和环境保护要求。在高电压技术方面有特高压电晕效应、特高压绝缘及要求和电磁场及其影响三大关键技术问题必须进行深入研究。

各国对三大关键技术试验研究取得的主要成果如下。

(1) 在减少线路阻抗、提高输电能力的前提下，可听噪声特性和环境要求是特高压线路设计应考核的主要因素。按满足可接受的可听噪声标准进行线路设计，对无线电和电视的干扰水平可得到满意的结果，电晕功率损耗可降至最小。

(2) 特高压输电电网的工频过电压和操作过电压是选择和设计绝缘系统的决定性因素。限制工频过电压特别是操作过电压是特高压输电的基本可行性问题。研究表明，采用并联电抗器、避雷器、开关合分闸电阻和长线路分段等有效技术措施，特别是利用高性能避雷器可以使操作过电压限制在 1.6p. u. 水平。工频和操作过电压的空气击穿电压特性，即击穿电压与两电极间的距离关系有饱和趋势。研究表明，在工频和操作过电压有效控制下，对于 1000～1600kV 特高压输电电网，空气间隙的饱和趋势不会使输电成本达到难以接受的水平，更不会制约特高压输电的发展。根据工频过电压和操作过电压确定的绝缘水平能满足雷电过电压的绝缘水平要求。

（3）在特高压输电线路下和输电走廊边缘的地面工频电场强度可以做到与超高压线路相同的数量水平。按可听噪声标准设计的特高压导线布置、导线高度、相间距离和线路走廊宽度，将形成类似于超高压线路已接受的电场强度和环境影响。特高压线路电流产生的磁场与超高压线路没有根本的差异，不会成为影响线路设计的重要问题。工频电磁场对生态的影响研究表明，特高压的环境效应按超高压输电线路原则设计，对生态不会有不良的效果。

二、特高压交流输电

1. 特高压输电线路的等值电路

特高压输电线路和其他输电线路一样，在进行电力系统分析时，用串联的电阻 R 和电抗 X，以及并联的电纳 B 和电导 G 进行模拟。在进行电力系统分析时，一般用 Π 形等值电路，如图 9-9 所示。

在特高压电路中采用分裂导线来降低线路电阻、电抗，减少对电晕环境的影响。

特高压输电线路的电阻、电抗、电导和电纳沿线路长度是均匀分布的。但是在电力系统分析计算时，一般采用集中等效参数代替分布参数。当已知特高压输电单位长度线路参数时，阻抗和导纳的等效集中参数可用分布参数特性计算得到，其等值电路中参数计算同远距离输电线路。

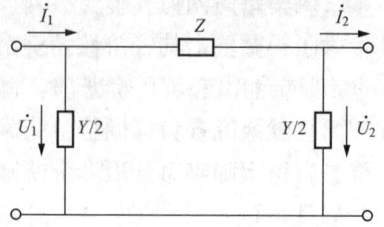

图 9-9　输电线路的 Π 形等值电路

2. 特高压输电线路的自然功率

（1）波阻抗。超高压—特高压输电线路的波阻抗和传播系数与分裂导线的结构和相间距离有关，与输电线长度无关。不同的分裂导线结构和相间距离有不同的波阻抗 Z_c 和传播系数 γ，但同一电压等级输电线路的波阻抗和传播系数差别很小。典型的超高压、特高压输电线路的波阻抗和传播系数列于表 9-1。从表 9-1 可以看出，不同电压等级的相位系数基本相同。

表 9-1　　　　　　　　　　超高压—特高压输电线路特征阻抗，传播系数

电压等级（kV）	500	765	1100	1500
分裂导线（mm）	4×300	4×685	8×900	12×685
子导线间距或分裂导线直径（cm）	42	64.8	106.9	128.0
相间距离（m）	13	13.9	22.0	23.8
$Z_c(\Omega)$	$270.1\angle-2.64°$	$259.9\angle-1.23°$	$228.8\angle-0.62°$	$228.6\angle-0.49°$
γ（rad/km）	$1.056\times10^{-3}\angle-87.35°$	$1.070\times10^{-3}\angle-88.76°$	$1.0642\times10^{-3}\angle-89.38°$	$1.0641\times10^{-3}\angle-89.50°$
α[①]（nepers/km）	0.0486×10^{-3}	0.023×10^{-3}	0.01150×10^{-3}	0.000916×10^{-3}
β（rad/km）	1.0549×10^{-3}	1.0698×10^{-3}	1.0642×10^{-3}	1.0641×10^{-3}

① 弧度衰减系数。

（2）自然功率。自然功率，是输电线路的受端每相接入一个波阻抗 $Z_c = \sqrt{z_0/y_0}$ 时负荷消耗的功率。输送自然功率是一种用于比较不同电压等级输电线路输电能力和分析电压、无功调节的一种方法。

当特高压线路接入波阻抗 Z_c 输送自然功率时，特高压输电有如下特性。

1）线路在输送自然功率时，送端和受端的电压和电流间相位相同，功率因数没有变化，沿线路（无损）电压和电流幅值不变。

2）线路在输送自然功率时，线路电抗的无功损耗基本等于线路电纳（线路电容）产生的无功。线路电容产生的无功仅与 U_1 和 U_2 有关，与输送的有功和无功基本无关。输电线路电抗的无功损耗与输送功率呈平方关系。当线路输送功率大于自然功率时，送端的电源必须向线路输入无功才能保持无功平衡和电压稳定。随着输送功率的增加，输入的无功将增加。当线路输送的功率小于自然功率时，线路电容产生的无功大于线路电抗消耗的无功，使送端和受端电压升高，送端电源要吸收无功。因此，特高压输电线路按自然功率输送是最经济合理的。

3. 特高压输电线路的输电特性

（1）功率损耗和电压降落。特高压输电线路功率损耗和电压降落计算，与其他输电线路，特别是超高压线路完全一样。线路的有功损耗与输送的有功和无功的平方成正比，与电压平方成反比。因此，在输送相同功率情况下，提高输电线路电压能显著减少线路的有功损耗；减少线路的无功传输，可大大减少线路有功和无功损耗，提高线路运行的经济性，减少受端并联无功补偿投资。

线路的等效电容产生的无功与电压平方成正比。1100kV 线路单位长度电纳约为 500kV 的 1.1 倍以上。这样，1100kV 线路电容产生的无功约为 500kV 线路的 5.3 倍。1000kV 线路电容产生的无功约为 500kV 线路的 4.4 倍。

输电线路电阻功率损耗与流过输电线路的电流平方成正比，与电阻值成正比。当输送功率一定时，提高线路输电电压，可减少电流，从而显著减少输电线路电阻功率损耗。增加导线截面和减少电线材料的电阻率可减少输电线路电阻，亦可减少输电线路电阻功率损耗。对于一个给定的输送功率来说，输电线路电阻的功率损耗与输电电压平方成正比，与电阻成反比。通常情况下，1000kV 级输电线路每千米电阻值约为 500kV 的 20%。两个电压等级的输电线路通过相同电流，1100kV 输电线路的电阻功率损耗仅为 500kV 线路的 20%。1100kV 线路波阻抗约为 500kV 线路的 85% 左右。通过电力系统分析，在满足稳定条件下，单回 1000kV 输电线路输送功率通常为 500kV 输电线路的 4 倍以上。采用特高压输电能特别明显地降低输电线路电阻功率损耗。在输送相同功率情况下，1000kV 输电线路的功率损耗仅为 500kV 输电线路的 1/16 左右。

输电效率是线路输出功率与输入功率的百分比。由于线路功率损耗小，1000（1100）kV 线路输电效率 $\eta = P_2/P_1 \times 100\%$ 远比 500kV 线路高。

除了电阻功率损耗外，特高压输电线路功率损耗，还有电晕放电功率损耗和绝缘子泄漏损耗。电晕功率损耗几乎与电压成正比，而与输送功率大小无关。由于对特高压线路来说，设计要满足其他环境要求，如可听噪声限制的要求，与超高压相比，特高压输电电晕功率损耗在数量上与超高压差不多，而占其输送功率的百分比将更小。当采用非对称分裂导线布置时，还可使电晕损耗有所降低。绝缘子泄漏损耗，几乎微乎其微。因此，正常天气条件下，特高压输电线路的这两类功率损耗相对线路电阻的功率损耗，从经济影响方面考虑几乎可以忽略不计。

输电线路电压损耗与输送功率成正比，与电压成反比。因此，减少线路无功的传输，有利于输电系统电压调节，提高受端电压水平，提高输电的电压稳定性。

（2）有功功率和无功功率的输送。自然功率是电压和线路单位长度阻抗和导纳的函数，线路输送的自然功率与线路长度无关，长线路和短线路输送的自然功率一样。由于线路电容产生的无功和线路电抗的无功损耗均是线路长度的函数，即线路长度增加，电抗的无功损耗和电容产生的无功功率都增加，反之亦然，特高压输电与超高压输电在输送有功功率与无功功率的关系的变化规律是一样的。

特高压线路电容产生的无功功率比超高压大得多，1100kV 线路产生的无功功率几乎为 500kV 线路的 6 倍。因此，特高压输电的电压无功调节难度要比超高压大。

为了限制工频过电压，超高压、特高压输电线路通常在线路送端和受端装设并联电抗补偿。对于 500kV 线路，并联电抗补偿容量包括高抗和低抗补偿，通常要补偿线路 90％ 及以上的充电功率。对于特高压线路来说，并联电抗补偿容量要兼顾工频过电压限制和输送不同功率的无功调节，一般补偿度可选 75％ 左右。当并联电抗补偿接入线路时，若线路输送的功率接近或超过自然功率，线路本身的无功功率不再自我平衡，线路要吸收大量的无功功率，并且吸收的无功功率随有功功率的输送变化而增大，从而进一步增加了电压和无功功率调节的难度，甚至要影响特高压线路的输电能力。如果用可控电抗补偿代替固定并联电抗补偿，将能兼顾工频过电压限制和无功功率调节，大大有利于特高压电网的运行。可控电抗器的调节方式应是：线路输送功率较小或空载时，补偿容量处于最大值；随着线路功率的增加平滑地减少补偿容量，使线路电抗消耗的无功功率主要由线路电容产生的无功功率来平衡；而当三相跳闸甩负荷时，快速反应增大补偿容量，以减低线路运行在重负荷情况下限制工频过电压。

4. 特高压输电线路的经济性

特高压输电与超高压输电的经济性比较，一般用输电成本进行比较。比较两个电压等级输送同样的功率和同样的距离所用的输电成本。一回 1100kV 特高压输电线路的输电能力可达到 500kV 输电线路输电能力的 4 倍以上，即 4～5 回 500kV 输电线路的输电能力相当于一回 1100kV 输电线路的输电能力。显然，在线路和变电所运行、维护方面，特高压输电所需的成本将比超高压输电少很多。线路的功率和电能损耗，在运行成本方面占有相当的比重。在输送相同功率情况下，1100kV 线路功率损耗为 500kV 线路的 1/16 左右。考虑这一点，特高压输电线路在运行成本方面具有更强的竞争优势。

表 9 - 2　　　　　　　　　　不同电压等级的典型单回路线路走廊宽度

电压等级（kV）	345	500	765	1000	1500
走廊宽度（m）	38	45	60	90	120

表 9 - 2 列出了各种电压等级的一般较为典型的线路走廊宽度。从表 9 - 2 可以看出，1000kV 输电线路的走廊宽度是 500kV 线路走廊宽度的 2 倍。但一回 1000kV 线路的输电能力约为 500kV 线路的 5 倍。对于输送相同功率来说，1000kV 线路走廊宽度约为 500kV 的 40％。增加单回线路的能力，减少线路走廊和变电所占地面积，在公众对环境要求日益严格的情况下是非常重要的。特高压输电可大幅度提高输电能力，因而可减少线路和变电所占用土地面积，在我国东部地区显得尤为重要。

三、特高压直流输电

1. 特高压直流输电的现状

特高压输电包括特高压交流输电（UHVAC）和特高压直流输电（UHVDC）两种形

式。特高压输电中，交流为 1000kV，直流为 ±800kV。根据我国未来电力流向和负荷中心分布的特点，以及特高压交流输电和特高压直流输电的特点，在我国特高压电网建设中，将以 1000kV 交流特高压输电为主形成国家特高压骨干网架，以实现各大区域电网的同步强联网；±800kV 特高压直流输电，则主要用于远距离、中间无落点、无电压支持的大功率输电工程。

在 20 世纪 70～80 年代，苏联哈萨克斯坦的埃基巴斯图兹火电基地向其欧洲部分负荷中心的送电、巴西亚马逊河水电群向其东南部和东北部的送电以及印度和非洲的远距离大容量送电，都曾经对特高压直流输电的应用进行过研究；结论是：±800kV 的直流输电工程在技术上是可行的，±1000kV 不经过很大努力进行研究是困难的，±1200kV 若技术上没有重大的突破是不可能的。除苏联外，其他国家由于工程项目不落实，而停留在研究阶段。1992 年苏联埃基巴斯图兹—唐波夫 ±750kV、2414km 的直流输电工程建成。2010 年 6 月，我国云南—广东 ±800kV 直流输电工程竣工投产，输电距离 1373km，输送容量 500 万 kW；2010 年 7 月，向家坝—上海 ±800kV 直流输电工程投产，输电距离 1907km，输送容量 700 万 kW。这是迄今世界电压等级最高的直流输电项目，为实施国家"西电东送"战略、自主创新战略、促进节能减排战略、发展低碳作出了贡献。

2. 特高压直流输电的设备

特高压直流输电换流站的主要设备有换流阀、换流变压器、平波电抗器、交流滤波器、直流滤波器、直流避雷器、交流避雷器、无功补偿设备、控制保护装置和远动通信设备等。其中交流滤波器、交流避雷器、无功补偿设备（以上设备均接在换流站交流母线上，与直流侧高电压无直接关系）以及控制保护和远信设备，对于特高压直流输电和高压直流输电没有太大的差别。特高压直流输电直流侧电压高、容量大，对换流阀、换流变压器、平波电抗器、直流滤波器、直流避雷器等设备提出更高的要求。

（1）换流阀。大型直流输电工程均采用晶闸管换流阀。这种换流阀是由许多个晶闸管元件串联组成，其电压取决于单个晶闸管元件的电压以及元件串联的个数；其电流取决于晶闸管的通流能力，而后者主要由晶闸管的截面所决定。目前中国电科院自主研发设计建设完成了达到可为 ±1000kV 电压等级和 5000A 电流水平换流阀进行全部型式试验和运行试验的直流换流阀试验设施，并在此基础上，直流换流阀电气特性、多物理场数值分析、成套电气设计技术、成套结构设计技术、触发监测技术、关键零部件研制和换流阀集成技术等方面取得了重大突破，已全面掌握了直流换流阀研发设计制造的核心技术与工艺，成为继瑞士 ABB、德国西门子公司之后，全球第三个掌握和拥有特高压直流换流阀设计制造和试验技术的企业。

（2）换流变压器。换流变压器阀侧绕组承担有交流电压和直流电压的叠加，这对变压器的油纸绝缘和套管均有特殊的要求，当直流电压升高时，需要进一步的研究。目前 ±800kV 换流变压器的关键技术包括：特高压直流电压作业下，绝缘特性、主绝缘结构的研究；直流运行中产生的陡波对 ±800kV 换流变压器绕组纵绝缘的作用和影响的研究；±800kV 换流变压器容量提升对漏磁分布、杂散损耗以及局部过热影响的研究。此外还应重点解决如下技术问题：±800kV 换流变压器的抗短路能力；交、直流复合电场作用下 ±800kV 换流变压器局部放电的发生和预防；±800kV 直流输电工程用换流变压器的阀侧出线装置等。

（3）平波电抗器。直流输电工程中有干式和油浸式两种类型的平波电抗器。油浸式电抗器的主绝缘由油纸复合绝缘系统提供，相对较复杂，在电压极性反转时，受临界场强的限制；但其油纸绝缘系统技术较成熟，运行较可靠。油浸式电抗器由于有铁心，易于增加电感值；在大电流下，铁心饱和会使电感值减小。油浸式电抗器采用干式套管直接插入阀厅，解决了水平穿墙套管的不均匀湿闪问题。干式平波电抗器对地绝缘简单，其主绝缘由支柱绝缘子承担；结构简单、质量轻、易于运输；无辅助系统，运行维护方便。干式电抗器无铁心，在任何电流下其电感值均保持不变，但电感值不易做大；在直流输电潮流反转、直流电压极性反转时，没有临界场强的限制。以上两种类型的平波电抗器，在直流输电工程中均得到广泛应用。对于特高压直流输电，主要应对直流电压的油纸绝缘以及支柱绝缘子进行更多的研究。

（4）直流滤波器。直流滤波器并联在换流站直流极母线上，用来降低直流侧谐波。通常直流滤波器采用由电容、电感和电阻组成的调谐型滤波器。直流滤波器上所加的直流电压，主要由高压电容器承担。高压电容器通常由许多电容器单元串联而成，直流电压按串联单元端部绝缘子的泄漏电阻分布在每个串联单元上，当直流输电电压升高时，串联单元数随之增加。为了提高滤波效果，在近期建设的直流输电工程中，采用了有源直流滤波器。这种新型滤波器在特高压直流输电工程中同样可以采用。

（5）直流避雷器。换流站中有多种交流避雷器和直流避雷器，交流避雷器接在交流侧。特高压直流侧主要有直流线路避雷器、直流极母线避雷器、直流中性母线避雷器、直流阀避雷器等。

直流避雷器的运行条件和工作原理与交流避雷器有很大差别。直流避雷器中的续流为直流电流，没有过零点可利用，因此灭弧较困难；直流输电系统电容元件（如长电缆、滤波电容器、陡波吸收电容器等）比较多，在正常运行时均处于充电状态，当避雷器动作时，将通过避雷器放电，因此换流站避雷器的通流容量要比常规交流避雷器大得多；正常运行时直流避雷器的发热较严重；有些直流避雷器两端均不接地，外绝缘要求高。因此，直流避雷器比交流避雷器制造难度大。

氧化锌避雷器具有非线性好、通流能力强、结构简单等优点，因此在换流站中得到广泛应用。氧化锌避雷器是通过增加氧化锌芯片的串联数而得到较高耐压能力，在±600kV直流避雷器的制造和运行经验的基础上，制造±800kV直流避雷器难度是不大的，其主要限制条件是热稳定性和寿命问题。

（6）直流绝缘子和套管。由于静电吸附作用，输电线路和换流站的污秽严重，要求直流绝缘子（线路绝缘子和支柱绝缘子）和套管的爬距长并具有良好的防污性能。长爬距的瓷绝缘子和玻璃绝缘子在直流线路上均得到广泛应用。复合绝缘子具有良好的抗污闪性能、价格便宜，近年来在直流输电工程中已经得到应用。

直流套管主要有直流穿墙套管（换流器直流高压端引出阀厅、换流器交流端引出阀厅）、油浸式平波电抗器套管、换流变压器阀侧绕组套管。在直流输电工程中，由于直流穿墙套管的不均匀湿闪而引起的故障屡有发生，给套管的制造带来困难，因此可采用换流变压器阀侧绕组套管直接插入阀厅与换流器交流端子相连，以及油浸式平波电抗器套管直接插入阀厅与换流器直流高压端子相连的办法，省去直流穿墙套管，从而避免了不均匀湿闪问题。

3. 特高压交、直流输电方式比较

下面从技术特点、输电能力和稳定性能、注意研究问题的三个方面进行特高压交、直流输电方式的概括比较。

（1）技术特点。1000kV交流输电线路中间可以落点，具有电网功能；输电容量大、覆盖范围广，同步电网可以覆盖全国范围，为国家级电力市场运行提供平台；节省架线走廊；线路（包括变压器）有功功率损耗与输送功率比值较小；从根本上解决了大受端电网短路电流超标和500kV线路输电能力低的问题，具有可持续发展性。

±800kV直流输电线路两端直流中间不落点，将大量电力直送大负荷中心；输电容量大、输电距离长、节省架线走廊；线路（包括变压器）有功功率损耗与输送功率比值比较大；在交直流并列输电情况下，可利用直流有功功率调制（如双侧频率调制——利用直流电流反相位调制），可以有效抑制与其并列的交流线路的功率振荡，包括区域性低频振荡，提高交流系统的暂态、动态稳定极限；直流联网不增加两端短路电流，但是需要采用松散电网结构等措施来解决大受端电网短路电流超标问题。

（2）输电能力和稳定性能。1000kV交流输电线路的输电能力取决于各线路两端的短路容量比和输电线路距离（相邻两个变电所落点之间的距离）；输电稳定性（同步能力）取决于运行点的功角大小（线路两端功角差）。

±800kV直流输电线路输电稳定性取决于受端电网有效短路比和有效惯性参数。

（3）注意研究的问题。1000kV交流输电线路需要注意研究的问题有随着运行方式变化，交流系统调相调压的问题；大受端电网静态无功功率平衡和动态无功功率备用及电压稳定性问题；严重运行工况及严重故障条件下，相对薄弱断面大功率转移等问题，是否存在大面积停电事故隐患及其预防措施研究。

±800kV直流输电线路需要注意研究的问题有：大受端电网静态无功功率平衡和动态无功功率备用及电压稳定性问题；在多回直流溃入比较集中落点条件下，大受端电网严重故障是否会发生多回直流逆变站因连续换相失败引起同时闭锁等问题，是否存在大面积停电事故隐患及其预防措施研究。

任务9.4 智能电网技术

一、智能电网概念及特征

1. 智能电网

目前，智能电网的发展在全世界还处于起步阶段，还没有一个全球共同的精确定义，世界各地因为条件不同，出发点不同，需要根据实际情况赋予新的含义，但发展智能电网已经逐渐成为世界各地区电力行业的共识。

智能电网就是电网的智能化，也被称为"电网2.0"。它是建立在集成的、高速双向通信网络的基础上，通过先进的传感和测量技术、先进的设备技术、先进的控制方法以及先进的决策支持系统技术的应用，实现电网的可靠、安全、经济、高效、环境友好和使用安全的目标，其主要特征包括坚强、自愈、兼容、经济、集成、优化。

2. 智能电网的内涵与特征

（1）基本内涵。根据经济社会发展对未来电网的要求，中国智能电网应具备以下五个方面的基本内涵：坚强可靠、经济高效、清洁环保、透明开放、友好互动。

1）坚强可靠的实体电网架构是中国坚强智能电网发展的物质基础，是实施国家宏观能源战略、实现大范围资源优化配置、保证国家能源安全的基石，同时也是抵御多重故障、外力破坏、信息攻击、防灾抗灾的基础。近年来，我国电力工业快速发展。截至 2011 年年底，发电装机容量 10.56 亿 kW，全社会用电量 4.6928 万亿 kW·h。跨区跨省电网建设快速推进，电网网架结构得到加强和完善。2009 年 1 月，我国自主研发、设计和建设的具有自主知识产权的 1000kV 晋东南—南阳—荆门特高压交流试验示范工程正式投运，标志着我国在远距离、大容量、低损耗的特高压核心输电技术和设备国产化上取得重大突破，建设智能电网具备了一定的物质基础。根据国家电网规划，今后将以大型能源基地为依托，加快建设由 1000kV 交流和 ±800、±1000kV 直流等构成的特高压电网，从而形成较为坚强的网架结构。

2）经济高效是对中国坚强智能电网发展的基本要求。①通过信息整合及共享，可以支撑管理精益化，提高管理效益；②实现对系统运营的控制优化，提高运行和输送效率，降低运营成本；③实现全网资源优化和全寿命优化，提高资产及投资利用率；④推动发电侧挖潜改造、均衡发展，提升能源投资效益；⑤引导电力用户科学用电、节约用电。

3）清洁环保是经济社会对中国坚强智能电网的基本要求。①坚强智能电网在业务重组、信息重构、技术提升、架构优化的基础上，能够极大地提高资源综合利用效率，直接或间接地服务于清洁环保；②积极鼓励和提倡清洁能源的发展，促进传统电源节能减排，减少化石能源消耗；③通过推动友好互动的用户服务、推广低耗节能设备、电动汽车和智能家电等智能设备大规模应用，改变终端用户用能方式，提高清洁的电能在终端能源消费中的比重，降低能耗并减少排放；④提高社会综合环保能力，建立与自然和谐共融的社会公共基础产业。

4）透明开放是中国坚强智能电网的发展理念。①能够为电力市场化建设提供透明、开放的实施平台，实现各类电源和用户的无歧视接入；②以公开、透明的市场规则对电源与用户进行管理、提供服务，并满足电源及用户的多元化、差异化需求，为其提供高品质的服务；③以开放的形态，充分利用电网资源向社会提供附加增值服务，充分利用社会公共资源提高综合资源利用率，提升电力行业及其他行业的核心竞争力，适应技术进步和需求变化。

5）友好互动是中国坚强智能电网的主要运行特征。①坚强智能电网能够依据实时运行状态和多维约束条件，灵活调整电网运行方式，友好兼容各类电源和用户接入与退出；②在保证电网安全的条件下，最大限度地满足电源侧和用户侧的多元需求；③通过双向互动，激励电源侧、用户侧主动参与电网安全运行，实现发电及用电资源优化配置。

6）坚强智能电网是坚强可靠、经济高效、清洁环保、透明开放、友好互动的现代化电网，包括发电、输电、变电、配电、用电和调度等主要环节和信息化支撑平台。坚强的智能电网不仅具有各级电网协调发展的网架结构，而且从发输变配用的角度看，也是一个有机整体，必须统一规划、协调建设。"统一"是前提，"坚强"是基础，"智能"是关键。

（2）基本特征。智能电网主要具有坚强、自愈、兼容、经济、集成、优化等特征。

1）坚强。在电网发生大扰动和故障时，电网仍能保持对用户的供电能力，而不发生大面积的停电事故；在自然灾害和极端气候条件或人为的外力破坏下仍能保证电网的安全运行；具有确保信息安全的能力和防计算机病毒破坏的能力。

2）自愈。具有实时、在线连续的安全评估和分析能力，强大的预警控制系统和预防控制能力，自动故障诊断、故障隔离和系统自我恢复的能力。

3）兼容。能支持可再生能源的正确、合理地接入，适应分布式发电和微电网的接入，能使需求侧管理的功能更加完善和提高，实现与用户的交互和高效互动。

4）经济。支持电力市场和电力交易的有效开展，实现资源的合理配置，降低电网损耗，提高能源利用效率。

5）集成。实现电网信息的高度集成和共享，采用统一的平台和模型，实现标准化、规范化和精细化的管理。

6）优化。优化资产的利用，降低投资成本和运行维护成本。

二、我国建设智能电网的总体目标

中国坚强智能电网建设的总体目标是：以统一规划、统一标准、统一建设为原则，以特高压电网为骨干网架、各级电网协调发展的坚强电网为基础，利用先进的通信、信息和控制等技术，构建以信息化、自动化、互动化为特征的国际领先、自主创新、中国特色的坚强智能电网，是一个坚强可靠、经济高效、清洁环保、透明开放、友好互动的现代电网。通过电力流、信息流、业务流的一体化融合，实现多元化电源和不同特征电力用户的灵活接入和方便使用，极大提高电网的资源优化配置能力，大幅提升电网的服务能力，带动电力行业及其他产业的技术升级，满足我国经济社会全面、协调、可持续发展要求。

主要体现在：

（1）提供更加安全、高效、经济、清洁的电力供应，切实履行电网企业的社会责任；

（2）以效率和效益为中心，优化资源配置，构建柔性架构，实现最优化经济运营；

（3）与电源方合作共赢，形成电力产业可持续发展和良性循环；

（4）提高可靠性和服务质量，为用户提供高效增值服务；

（5）坚持自主科技创新，推动电力行业及其他产业技术提升。

由于国情、发展阶段及资源分布的不同，国内外的智能电网在内涵及发展的方向、重点等诸多方面有着显而易见的"区别"。美国和欧洲的电力工业已步入成熟期，电网建设趋于平稳，电力需求趋于饱和，电力供应及冗余储备趋向平衡，输电网架构变化很小。为了提高电网安全和实现市场效益最大化，把当前智能电网的研究及应用重点放在配电和用电领域，其目标是推动分布式能源系统和可再生能源的大规模利用，注重商业模式的创新和用户服务的提升。

我国目前处于经济发展阶段，电网仍处于快速发展期，负荷增长快，电网建设快，网架变化快，这些特点决定了构建智能电网必须具有中国特色：以大型能源基地为依托，建设特高压电网，促进大煤电、大水电、大核电、大型可再生能源的集约化开发，实现更大范围内能源资源优化配置；建设以特高压为骨干网架的坚强国家电网，以智能输电网建设为重点，兼顾智能配电网建设，解决大电网安全稳定运行问题和可再生能源接入问题，应对电力行业未来面临的挑战。

三、智能电网的主要技术

1. 通信技术

建立高速、双向、实时、集成的通信系统是实现智能电网的基础，没有这样的通信系统，任何智能电网的特征都无法实现。因为智能电网的数据获取、保护和控制都需要这样的通信系统的支持，因此建立这样的通信系统是迈向智能电网的第一步。同时通信系统要和电网一样深入到千家万户，这样就形成了两张紧密联系的网络：电网和通信网络，只有这样才能实现智能电网的目标和主要特征。高速、双向、实时、集成的通信系统使智能电网成为一个动态的、实时信息和电力交换互动的大型的基础设施。当这样的通信系统建成后，它可以提高电网的供电可靠性和资产的利用率，繁荣电力市场，抵御电网受到的攻击，从而提高电网价值。

高速双向通信系统的建成，智能电网通过连续不断地自我监测和校正，应用先进的信息技术，实现其最重要的特征——自愈特征。它还可以监测各种扰动，进行补偿，重新分配潮流，避免事故的扩大。高速双向通信系统使得各种不同的智能电子设备（IEDs）、智能表计、控制中心、电力电子控制器、保护系统以及用户进行网络化的通信，提高对电网的驾驭能力和优质服务的水平。

在这一技术领域主要有两个方面的技术需要重点关注，其一就是开放的通信架构，它形成一个"即插即用"的环境，使电网元件之间能够进行网络化的通信；其二是统一的技术标准，它能使所有的传感器、智能电子设备以及应用系统之间实现无缝的通信，也就是信息在所有这些设备和系统之间能够得到完全的理解，实现设备和设备之间、设备和系统之间、系统和系统之间的互动操作功能。这就需要电力公司、设备制造企业以及标准制定机构进行合作，才能实现通信系统的互联互通。

2. 量测技术

参数量测技术是智能电网基本的组成部件，先进的参数量测技术获得数据并将其转换成数据信息，以供智能电网的各个方面使用。它们评估电网设备的健康状况和电网的完整性，进行表计的读取、电费估计以及防止窃电、缓解电网阻塞以及与用户的沟通。

未来的智能电网将取消所有的电磁表计及其读取系统，取而代之的是可以使电力公司与用户进行双向通信的智能固态表计。基于微处理器的智能表计将有更多的功能，除了可以计量每天不同时段电力的使用和电费外，还有储存电力公司下达的高峰电力价格信号及电费费率，并通知用户实施什么样的费率政策。更高级的功能由用户自行根据费率政策，编制时间表，自动控制用户内部电力使用的策略。

对于电力公司来说，参数量测技术给电力系统运行人员和规划人员提供更多的数据支持，包括功率因数、电能质量、相位关系、设备健康状况和能力、表计的损坏、故障定位、变压器和线路负荷、关键元件的温度、停电确认、电能消费和预测等数据。新的软件系统将收集、储存、分析和处理这些数据，为电力公司的其他业务所用。

未来的数字保护将嵌入计算机代理程序，极大地提高可靠性。计算机代理程序是一个自治和交互的自适应的软件模块。广域监测系统、保护和控制方案将集成数字保护、先进的通信技术以及计算机代理程序。在这样一个集成的分布式的保护系统中，保护元件能够自适应地相互通信，这样的灵活性和自适应能力极大地提高可靠性，因为即使部分系统出现了故障，其他的带有计算机代理程序的保护元件仍然能够保护系统。

3. 设备技术

智能电网要广泛应用先进的设备技术，极大地提高输配电系统的性能。未来的智能电网中的设备将充分应用在材料、超导、储能、电力电子和微电子技术方面的最新研究成果，从而提高功率密度、供电可靠性和电能质量以及电力生产的效率。未来智能电网将主要应用三个方面的先进技术，即电力电子技术、超导技术以及大容量储能技术。通过采用新技术和在电网及负荷特性之间寻求最佳的平衡点来提高电能质量。通过应用和改造各种各样的先进设备，如基于电力电子技术和新型导体技术的设备，来提高电网输送容量和可靠性。配电系统中要引进许多新的储能设备和电源，同时要利用新的网络结构，如微电网。

经济的 FACTS 装置将利用比现有半导体器件更能控制的低成本的电力半导体器件，使这些先进的设备可以广泛地推广应用。分布式发电将被广泛应用，多台机组间通过通信系统连接起来形成一个可调度的虚拟电厂。超导技术将用于短路电流限制器、储能、低损耗的旋转设备以及低损耗电缆中。先进的计量和通信技术将使得需求响应的应用成为可能。

新型的储能技术将被应用在分布式能源或大型的集中式电厂。大型发电厂和分布式电源都有其不同的特性，它们必须协调有机地结合，以优化成本，提高效率和可靠性，减少环境影响。

4. 控制技术

先进的控制技术是指智能电网中分析、诊断和预测状态并确定和采取适当的措施以消除、减轻和防止供电中断和电能质量扰动的装置和算法。这些技术将提供对输电、配电和用户侧的控制方法并且可以管理整个电网的有功和无功。从某种程度上说，先进控制技术紧密依靠并服务于其他四个关键技术领域，如先进控制技术监测基本的元件（参数量测技术），提供及时和适当的响应（集成通信技术，先进设备技术）并且对任何事件进行快速的诊断（先进决策技术）。另外，先进控制技术支持市场报价技术以及提高资产的管理水平。

未来先进控制技术的分析和诊断功能将引进预设的专家系统，在专家系统允许的范围内，采取自动的控制行动。这样所执行的行动将在秒一级水平上，这一自愈电网的特性将极大地提高电网的可靠性。当然，先进控制技术需要一个集成的高速通信系统以及对应的通信标准，以处理大量的数据。先进控制技术将支持分布式智能代理软件、分析工具以及其他应用软件。

（1）收集数据和监测电网元件。先进控制技术将使用智能传感器、智能电子设备以及其他分析工具测量的系统和用户参数以及电网元件的状态情况，对整个系统的状态进行评估，这些数据都是准实时数据，对掌握电网整体的运行状况具有重要的意义。同时还要利用向量测量单元以及全球卫星定位系统的时间信号，来实现电网早期的预警。

（2）分析数据。准实时数据以及强大的计算机处理能力为软件分析工具提供了快速扩展和进步的能力。状态估计和应急分析将在秒级而不是分钟级水平上完成分析，这给先进控制技术和系统运行人员足够的时间来响应紧急问题；专家系统将数据转化成信息用于快速决策；负荷预测将应用这些准实时数据以及改进的天气预报技术来准确预测负荷；概率风险分析将成为例行工作，确定电网在设备检修期间、系统压力较大期间以及不希望的供电中断时的风险的水平；电网建模和仿真使运行人员认识准确的电网可能的场景。

（3）诊断和解决问题。由高速计算机处理的准实时数据使得专家诊断来确定现有的、正在发展的和潜在的问题的解决方案，并提交给系统运行人员进行判断。

（4）执行自动控制的行动。智能电网通过实时通信系统和高级分析技术的结合使得执行问题检测和响应的自动控制行动成为可能，它还可以降低已经存在问题的扩展，防止紧急问题的发生，修改系统设置、状态和潮流以防止预测问题的发生。

（5）为运行人员提供信息和选择。先进控制技术不仅给控制装置提供动作信号，而且也为运行人员提供信息。控制系统收集的大量数据不仅对自身有用，而且对系统运行人员也有很大的应用价值，而且这些数据辅助运行人员进行决策。

5. 支持技术

决策支持技术将复杂的电力系统数据转化为系统运行人员一目了然的可理解的信息，因此动画技术、动态着色技术、虚拟现实技术以及其他数据展示技术用来帮助系统运行人员认识、分析和处理紧急问题。

在许多情况下，系统运行人员做出决策的时间从小时缩短到分钟，甚至到秒，这样智能电网需要一个广阔的、无缝的、实时的应用系统、工具和培训，以使电网运行人员和管理者能够快速的做出决策。

（1）可视化。决策支持技术利用大量的数据并将其裁剪成格式化的、时间段和按技术分类的最关键的数据给电网运行人员，可视化技术将这些数据展示为运行人员可以迅速掌握的可视的格式，以便运行人员分析和决策。

（2）决策支持。决策支持技术确定了现有的、正在发展的以及预测的问题，提供决策支持的分析，并展示系统运行人员需要的各种情况、多种的选择以及每一种选择成功和失败的可能性。

（3）调度员培训。利用决策支持技术工具以及行业内认证的软件的动态仿真器将显著的提高系统调度员的技能和水平。

（4）用户决策。需求响应（DR）系统以很容易理解的方式为用户提供信息，使它们能够决定如何以及何时购买、储存或生产电力。

（5）提高运行效率。当决策支持技术与现有的资产管理过程集成后，管理者和用户就能够提高电网运行、维修和规划的效率和有效性。

6. 标准体系

目前 IEEE 致力于制定一套智能电网的标准和互通原则，主要内容在于以下三个方面，即电力工程，信息技术和互通协议等方面标准和原则。

除 IEEE 外，国际电工委员会（IEC）也在发挥重要作用，美国国家标准与技术研究院 NIST 协调各部门之间的合作。参与标准制定的 15 家机构分别负责标准制定的不同环节。

建设坚强智能电网是立足于中国国情、适应经济社会发展要求、综合利用先进技术来推动中国电力可持续发展的战略性选择，有利于贯彻落实科学发展观，推动电网科学发展，进而促进我国电力行业和能源事业的科学发展，有利于实施大规模、远距离、高效率输电，促进大煤电、大水电、大核电、大型可再生能源基地的集约化开发，实现更大范围的能源和电力资源优化配置，推动能源供应结构清洁化、优质化，降低对环境的影响，提升应对气候变化能力。同时，借助电网的智能化功能，各级电力公司可以与用户进行友好互动并提供多元化服务，推动并适应新能源发展要求和新型的电能利用模式，从而更好地满足用户的多样化需求，进一步提升对用户的服务品质和价值。发展智能电网，将有力地带动相关产业的发展，提升国内电力装备制造业自主创新能力，促进产业结构升级。智能电网的运行将大幅度提高发电、输电和用电的效率，促进节能减排，推动经济社会可持续发展。

四、中国智能电网的构成体系

1. 发展基础体系

发展基础体系指电网系统的物理载体，是实现"坚强"的重要基础。主要由三大部分组成：①以特高压电网为骨干网架、各级电网协调发展的实体电网，是整个坚强智能电网的物理载体，是实现坚强智能电网的基础；②电网支撑站点（包括变电站/换流站、电网储能点、电网补偿点、配网控制点等），是实现坚强智能电网各项应用功能的基础，也是支撑实体坚强智能电网的关键；③电网设备和满足电网安全经济运行、灵活可靠的各种坚强智能电网装备。上述三者构成了坚强智能电网的物理基础。

2. 技术支撑体系

技术支撑体系指先进的通信、信息和知识技术等，是实现"智能"的基础。坚强智能电网实现电力流、信息流、业务流高度一体化的支撑前提在于信息的无损采集、流畅传输、有序应用。各个层级的通信支撑体系是坚强智能电网信息运转的有效载体，是坚强智能电网坚实的信息传输基础。通过充分利用坚强智能电网多元、海量信息的潜在价值，挖掘其背后所蕴含的知识，服务于坚强智能电网生产流程的精细化管理和标准化建设，提高电网调度的智能化和科学决策水平，提升电力系统运行的安全性和经济性。

3. 智能应用体系

智能应用体系指通过电力流、信息流、业务流的一体化融合，实现电网运行方式的灵活可调，保障多元化电源和不同特征电力用户的可靠接入和方便使用，提供增值服务，以及提升社会经济效益的各种能力等，是"坚强"的成效，是"智能"的具体体现。

4. 标准规范体系

健全、完善的技术管理方面的标准、规范、试验、认证、评估体系等，是建设坚强智能电网的制度保障。

标准规范体系作为技术发展的制高点，有利于坚强智能电网的规范化建设和运营，指导和检验坚强智能电网的发展和建设，对保护民族工业发展至关重要。随着大量新技术的应用和新系统的建设，需要开展相关试验与认证技术、方法和环境的研究。同时，面临如此全面、宏大的工程，如何进行绩效把握和评判，如何进行针对性的滚动修订和校正，显现出极为重要的意义，必须研究设立科学、合理、适用的评估体系。

在上述四大体系构架的基础上，通过电力流、信息流、业务流的高度一体化融合，才能实现坚强智能电网的发展目标。

五、中国智能电网实施进程

1. 智能电网的实施进程

坚强智能电网的发展将是一个持续渐进、在发展中完善的长期进程。必须充分发挥国家的战略决策和管理部门的管理调控作用，统筹协调各类资源，实现资源合理有效配置，发挥整体技术优势，推动坚强智能电网建设的全面、协调、可持续发展。坚强智能电网的建设实施必须按照"统一规划、分步实施、试点先行、整体推进"的工作原则，在每一个阶段，必须遵循"滚动修正、持续提升、深化完善"的科学发展理念，以顺利实现坚强智能电网建设的总体目标。

坚强智能电网的实施大致分为三个阶段。

第一阶段（2009～2012 年）：研究试点阶段。明确发展目标，完成整体规划智能电网的关键技术研究，加强完善实体电网建设，整合信息平台，开展标准修订，进行相关技术试点，到 2012 年，我国坚强智能电网关键技术试点工作全面开展。

第二阶段（2012～2015 年）：全面建设阶段。在全面总结试点经验的基础上，选取先进技术，形成建设标准，规范建设要求；跟踪发展需要、技术进步并进行建设评估，滚动修订发展规划，坚强智能电网建设全面铺开。到 2015 年，我国坚强智能电网基本建成，关键技术和装备达到国际领先水平。

第三阶段（2015～2020 年）：完善提升阶段。在全面建设的基础上，评估建设绩效，结合应用需求和技术发展，进一步完善和提升我国坚强智能电网的综合水平，引领国际坚强智能电网的技术发展。到 2020 年，全面建成我国坚强智能电网，技术和装备全面达到国际领先水平。

2. 相关领域研究和实践

（1）清洁能源及储能领域。

1）清洁能源及接入技术。

a）风力发电。完成了甘肃酒泉等多个大型风电基地输电规划的技术经济论证，风电监控及并网控制等关键技术研究，取得了一系列重要成果。自主研发了国内首套面向电力调度的风电功率预测系统并投入运行，完成风电机组控制系统研发并实现应用，构建起涵盖风电机组控制、风电场综合监控、并网和运行调度等较为完整的风电控制系统体系。建立风电接入电网仿真分析平台，开展风电对电网的影响与对策研究，制订了《风电场接入电力系统技术规定》（GB/T 19963—2011）等相关标准，建立了国内唯一具有专业资质的风电检测机构。

b）光伏发电。科技部通过 863 项目，支持开展兆瓦级并网光伏电站及其相关技术研究，并在大中城市的公益性建筑物和其他建筑物上推广使用与建筑结合的光伏电源。国家电网公司正在研究光伏发电及其控制系统的建模仿真，大规模光伏电站与电网相互影响以及太阳能发电领域前沿课题等。

2）储能技术。

a）抽水蓄能技术。掌握了抽水蓄能电站综合监控和安全检测等核心运行控制技术，以及相关设备的设计、开发、制造、运行管理技术，满足了大型抽水蓄能电站建设、运营和维护的需要，为电网削峰填谷、调频调相、事故备用、蓄洪补枯和黑启动等提供了重要保障。

b）电化学储能技术。成功研制出 650AH 钠硫电池单体，完成了 100kW 全钒液流电池的研制和组装。国际领先水平的电网储能电池特性试验系统基本建成。国内最为先进的超导电力应用试验平台投入应用，千焦级高温超导储能单元研制获得突破。公司还启动了基于电动汽车与电网实现能量双向传输的逆变器系统和电池梯次利用的相关研究。

（2）输配电领域。

1）特高压输电技术。

a）特高压交流输电技术。2009 年我国自主研发、设计和建设的具有自主知识产权的 1000kV 交流输变电工程——晋东南—南阳—荆门特高压交流试验示范工程正式投入运行，标志着我国在远距离、大容量、低损耗的特高压核心技术和设备国产化上取得重大突破。一大批原创性成果居世界领先地位。一是在电压标准、电磁环境、过电压及绝缘配合、特高压施工技术、大电网运行控制等方面取得重大突破，掌握了特高压输变电核心技术，达到了世界领先水平。二是设备研制实现了国产化目标，显著提升了我国民族装备制造业的自主创新能力和国际竞争力，创造了一批世界纪录，工程国产化率达到 90% 以上。三是建成了世界一流的特高压试验设施，实验研究能力达到国际领先水平，创造了多项世界第一。四是建立了较为完整的特高压标准体系，为特高压技术的规模化应用创造了条件。在世界上首次提出了特高压电磁环境控制指标，研究形成了一系列特高压技术标准，建立了全套的特高压工程设计、施工和运行维护技术规范体系，制定了 47 项国家标准。

b）特高压直流输电技术。成功研制出具有完全自主知识产权的±800kV 直流平波电抗器，在世界上首次开发完成基于 6 英寸 4500A 晶闸管的特高压直流换流阀和首套±800kV 特高压换流变压器，这标志着我国已经突破±800kV 特高压直流工程建设的技术瓶颈，正在开展电压源换相直流输电技术研究。

2）大电网运行控制技术。

a）电网广域测量技术。我国已成为世界上安装 PMU 装置最多的国家，国产 PMU 装置的性能、精度、处理能力均优于国外产品。基于 PMU 的 WAMS 系统广泛应用，各项功能处于世界领先水平。实现电网动态过程监视及扰动识别的同时，建设 WAMAP（广域监测分析保护控制系统）系统，目前基于 PMU 的安全稳定在线定量分析、安全稳定预防控制在线辅助决策、安全稳定紧急控制在线预决策等功能已通过 RTDS 仿真试验，并应用于实际系统。

b）仿真及运行控制技术。已建立了全国联网负荷模型，完成了世界上最大的特高压同步电网的安全稳定计算，提出了区域电网与特高压电网的协调控制措施，得出了 2012 年"三华"电网能够满足安全稳定运行要求的重要结论，完成了全数字实时仿真装置和在线动态安全评估及决策支持系统的研发和应用，为大电网的安全、可靠和经济运行奠定了重要基础。

3）灵活交流输电技术。

灵活交流输电技术（FACTS）处于世界领先水平。在固定串补（FSC）、可控串补（TCSC）、静止无功补偿（SVC）、可控并联电抗（CSR）、静止同步补偿（STATCOM）等技术方面，取得丰硕成果，实现了规模化应用。在故障电流限制技术（FCL）、统一潮流控制技术（UPFC）等方面，也已开展相关研究。

4）数字化变电站与数字化电网技术。

a）数字化变电站技术。数字化变电站技术研究主要集中在以下几个方面：数字式互感器、智能高压电器、基于 IEC 61850 规范的标准化信息模型和网络化的信息处理，以及智能化的运行管理。目前，国内在数字化变电站建设方面有着大量的实践，已有 300 多座数字化变电站投入运行。我国的数字化变电站从设计规划、工程实施、技术装备、运行维护等方面，均居于国际领先水平。

b）数字化电网技术。已建成的国家电网调度数据网，为电网生产控制系统提供了高质量的专网数据传输服务，为坚强智能电网建设提供可靠的网络数据传输平台。自主研发的能量管理系统（EMS）等在省级以上调度机构得到了广泛的应用，电网调度自动化系统总体技术达到国际先进水平。与国外相比，在自动电压控制、继电保护和安稳控制装置、在线稳定分析和预警、动态稳定控制等方面有着深厚积累和明显技术优势。

目前，我国正在开展广域全景分布式一体化电网调度技术支持系统的研发，将电网实时监视和控制、分析预警和辅助决策、节能安全经济协调优化的调度计划、不同时序和空间的信息集成等强大的智能化应用功能集成在一起，为坚强智能电网建设打下坚实的技术基础。

5）配电网自动化技术。

我国配网自动化起步较早、但发展较缓，2000 年以来，针对薄弱环节，充分利用先进的自动控制、通信、信息等技术，加大对城农配网的改造力度。在快速故障诊断、隔离和自动恢复供电、无功/电压控制、配网潮流分析计算、网络拓扑分析及配网网络重构、GIS/AM/FM 的联网应用与开发、DMS 与 EMS 及 MIS 的联网及数据共享等方面，取得了诸多成果，在实现配网优化运行，提高供电可靠性，提升管理与服务水平，提高经济效益等方面起到了重要作用。

6）状态检修技术与资产全寿命周期管理。

随着传感器、微电子、信号处理技术以及神经网络、专家系统、模糊理论等技术的综合应用，基于设备状态监测和先进诊断技术的状态检修研究得到了较快发展，在电力变压器、断路器、避雷器、互感器、GIS、电缆等设备的状态监测与诊断评估、电介质材料老化检测和故障机理、红/紫外成像技术等方面开展了大量的应用研究，取得了一系列重要成果。于2008 年全面启动资产全寿命周期管理，目标是建立设备状态数字化评价体系和具有自诊断功能的智能设备技术体系，实现设备定期检修向状态检修转变。

（3）用电领域。

1）自动抄表和自动测量技术。

2008 年底，我国全面启动电力用户用电信息采集系统建设，研究制定了系统、终端和电能表的统一功能规范，确定了标准数据模型，开始了相关关键技术研发和系统建设前期工作。系统全面建成后，将为电网数据中心和用户侧提供强大数据支撑，可满足需求侧管理的要求，对用户提供自身用电信息实时查询和有针对性的用电建议等服务。

2）定制电力技术。

用户电力技术（Custom Power）是提高用户供电可靠性和供电质量的重要技术手段，也是坚强智能电网的重要支撑技术之一。在动态电压恢复器技术（DVR）、固态切换开关技术（SSTS）方面，取得了大量的理论和实践应用成果，并应用于北京奥运场馆。在配电系统静止无功补偿器技术（DSTATCOM）、有源电力滤波器（APF）技术方面，也已开展相关研究。

（4）信息通信技术领域。

1）通信技术。

目前我国电力系统已经建成三纵四横的主干网络，形成了以光纤通信为主，微波、载波等多种通信方式并存的通信网络格局，通信技术水平及服务保障能力不断提高，电网内35kV 及以上变电所基本建立了基于 SDH/MSTP 的电力光纤通信网。建立了覆盖所有被调厂站的调度交换系统，各级管理机构建立了四级汇聚、五级交换的电力行政交换网络。采用H.320 或 H.323 协议标准建立了覆盖公司总部、网省公司、地区和县的视频会议系统。通信信息及管理系统（通信告警监视系统、通信资源管理系统和业务管理系统等）在电力系统中得到了广泛应用。基于 SDH 光传输网的电力统一时间系统取得了重大突破，完成了应急通信系统的建设。

2）信息化技术。

我国电力系统信息化工程已经全部完成，已实现从上到下的三级贯通，为电网一体化管理提供了有效手段。

（5）坚强智能电网试点。

2007 年，华东电网公司在国内率先开展了坚强智能电网的试点工作，制定了华东坚强智能电网实施方案，并启动了高级调度中心、统一信息平台等智能电网试点工程。目前，先行开展的高级调度中心项目一期工作已通过验收。在配电网方面，上海市电力公司在 2008 年开展了智能配电网研究，重点关注智能表计、配电自动化以及用户互动等方面。此外，华北电网公司也于 2008 年启动了数字电表等用户侧的智能电网相关实践，为建设国际领先、自主创新、中国特色的坚强智能电网奠定坚实基础。

六、社会效益综合评估

建设坚强智能电网是立足于中国国情、适应经济社会发展要求、综合利用先进技术来推动中国电力可持续发展的战略性选择，有利于贯彻落实科学发展观，推动电网科学发展，进而促进我国电力行业和能源事业的科学发展，有利于实施大规模、远距离、高效率输电，促进大煤电、大水电、大核电、大型可再生能源基地的集约化开发，实现更大范围的能源和电力资源优化配置，推动能源供应结构清洁化、优质化，降低对环境的影响，提升应对气候变化能力。同时，借助电网的智能化功能，各级电力公司可以与用户进行友好互动并提供多元化服务，推动并适应新能源发展要求和新型的电能利用模式，从而更好地满足用户的多样化需求，进一步提升对用户的服务品质和价值。发展智能电网，将有力地带动相关产业的发展，提升国内电力装备制造业自主创新能力，促进产业结构升级。智能电网的运行将大幅度提高发电、输电和用电的效率，促进节能减排，推动经济社会可持续发展。

2009～2011 年，我国坚强智能电网的投资总计达 1 万亿元以上，年均 3000 亿元以上；2012～2015 年达到 1.5 万亿元；2016～2020 年达到 1.7 万亿元。2009～2011 年间，将通过坚强智能电网建设，可促进我国年平均 GDP 增幅约为 0.9%，年平均拉动就业人数 210 万人左右。到 2020 年，通过提升发电利用效率、输电效率和电能终端使用效率，以及推动水电、核电和风能及太阳能等可再生和清洁能源开发利用，可实现能源消费节约和化石能源资源替代共计 4.7 亿 t 标煤；实现减排二氧化碳约 13.8 亿 t，减排二氧化硫约 85 万 t；可以使家庭用户每年的电费平均降低约 10%。降低电网企业运营成本，减少发电装机投资和发电环节运营成本。预计到 2020 年，建设运行智能电网可削减高峰负荷 1.27 亿 kW，按照 20% 机组备用率计算，相当于减少装机容量约 1.59 亿 kW，按照火电机组建设成本 3700 元/kW 来测算，将减少投资累计约 5800 亿元。同时，智能电网建设还可以带动电力和其他产业结构调整，促进技术和装备升级。

小 结

对于超过 500km 的长线路，应近似考虑其分布参数特性，是可以满足精确度的要求。近似计算修正系数分别为

$$k_r = 1 - xb\frac{l^2}{3}$$

$$k_x = 1 - \left(xb - \frac{r^2 b}{x}\right)\frac{l^2}{6}$$

$$k_b = 1 + xb\frac{l^2}{12}$$

当线路输送的功率等于自然功率时，单位长度感抗吸收的无功功率等于单位长度容纳发出的无功功率。线路各处无功功率达到平衡。

交流远距离输电线路，采用并联电抗补偿导线间容纳，采用串联电容补偿线路的感抗。

随着交流输电线路的送电距离越来越长，输送容量越来越大，造成了电力系统并联运行的稳定困难。高压直流输电已逐渐受到人们的重视。高压直流输电一般由整流站、直流线路、逆变站三个主要部分组成。在输送功率的过程中，整流站的作用是把送端三相交流电整为直流电，通过直流输电线路送到受端。在受端逆变站的作用是把直流电反变为三相交流电。

远距离、大容量输电的需求带动了特高压输电技术研究。特高压输电包括特高压交流输电（UHVAC）和特高压直流输电（UHVDC）两种形式。在我国特高压电网建设中，将以 1000kV 交流特高压输电为主形成国家特高压骨干网架，以实现各大区域电网的同步强联网；±800kV 特高压直流输电，则主要用于远距离、中间无落点、无电压支持的大功率输电工程。

目前，智能电网的发展在全世界还处于起步阶段，中国智能电网应具备以下五个方面的基本内涵，即坚强可靠、经济高效、清洁环保、透明开放、友好互动。智能电网的主要技术有集成通信技术、参数量测技术、先进设备技术、先进控制技术、决策支持技术。

习　题

9-1　交流远距离输电线路的 Π 型等值电路参数的修正系数的计算式是什么？在什么情况下应用参数修正系数精确值？在什么情况下应用参数修正系数近似值？

9-2　有一额定电压为 330kV 的远距离交流输电线路，长为 500km，双回路架设，三相水平排列，相间距离为 8m。每相采用双分裂导线，次导线为 LGJQ-300，次导线间距为 40cm，双回路末端负荷为 600MW，$\cos\varphi=0.98$，若线路末端实际电压为 320kV，试求：

（1）末端串联电容补偿装置时，线路首端电压及功率；

（2）双回线路中各装有补偿度 k_c（％）＝50 的串联电容补偿站，线路首端电压及功率。

9-3　什么叫线路的自然功率？输送自然功率时有什么特征？

9-4　有一条额定电压为 500kV 的无损耗线路，三相水平排列，相间距离为 13m。每相四分裂，次导线为 LGJQ-300，次导线间距为 40cm。试求自然功率等于多少？

9-5　远距离交流输电线路，采用并联电抗、串联电容补偿的目的是什么？

9-6　高压直流输电的接线方式有哪些类型？

9-7　高压直流输电适用于什么场合？

9-8　高压直流输电线路比交流输电线路有什么优点？

9-9　比较特高压交、直流输电方式的特点。

9-10　智能电网的基本内涵和基本特征是什么？

9-11　智能电网的主要技术有哪些？

9-12　中国智能电网的构成体系是什么？

附录 A　电网的常用参数

各种常用架空线的规格见附表 A-1，国产架空导线 LGJ 型铝绞线规格标准见附表 A-2，LJ、TJ 型架空线路的电阻及感抗见附表 A-3，LGJ 型架空线路导线的电阻及感抗见附表 A-4，LGJQ、LGJJ 型架空线路导线的电阻及感抗见附表 A-5，LGJ、LGJQ、LGJJ 型架空线路导线的容纳见附表 A-6，220kV～750kV 架空线路导线的电阻及感抗见附表 A-7，110～750kV 架空线路导线的电容及充电功率见附表 A-8，钢绞线的电阻及内电抗见附表 A-9，35kV 三相双绕组电力变压器的技术参数见附表 A-10，110kV 三相双绕组电力变压器的技术数据见附表 A-11，110kV 三相双绕组有载调压电力变压器技术数据见附表 A-12，220kV 三相双绕组电力变压器的技术数据见附表 A-13，220kV 三相双绕组有载调压电力变压器技术数据见附表 A-14，110kV 三相三绕组电力变压器的技术数据见附表 A-15，110kV 三相三绕组有载调压电力变压器技术数据见附表 A-16，220kV 三相三绕组有载调压电力变压器技术数据见附表 A-17，220kV 三相三绕组电力变压器的技术数据见附表 A-18，220、330kV 三相自耦电力变压器技术数据见附表 A-19。

附表 A-1　　　　　　　　　　各种常用架空线的规格

标准截面（mm²）	LJ 型				LGJ 型						LGJQ 型				
	股数	计算外径（mm）	计算截面（mm²）	单位质量（kg/km）	股数 铝	股数 钢	计算外径（mm）	计算截面（mm²）	单位质量（kg/km）	股数 铝	股数 钢	计算外径（mm）	计算截面（mm²）	单位质量（kg/km）
10	3	4.46	10.10	27.6	6	1	4.50	12.37	42.9					
16	7	5.10	15.89	43.5	6	1	5.40	17.81	61.7					
25	7	6.36	24.71	67.6	6	1	6.60	26.60	92.2					
35	7	7.50	34.36	94.0	6	1	8.40	43.10	149.0					
50	7	9.00	49.48	135.0	6	1	9.60	56.30	195.0					
70	7	10.65	69.29	190.0	6	1	11.40	79.40	275.0					
95	19	12.50	93.27	257.0	28	7	13.68	112.04	401.0					
95	7	12.42	94.23	258.0	7	7	13.68	112.04	398.0					
120	19	14.00	116.99	323.0	28	7	15.20	138.30	495.0					
120					7	7	15.20	138.30	492.0					
150	19	15.76	148.07	408.0	28	7	16.72	167.40	598.0	24	7	16.44	161.40	537.0
185	19	17.50	182.80	404.0	28	7	19.02	216.80	774.0	24	7	18.24	198.50	661.0
240	19	19.90	236.38	652.0	28	7	21.28	271.10	969.0	24	7	21.88	285.60	951.0
300	37	22.40	297.57	822.0	28	19	25.20	377.20	1348.0	54	7	23.70	335.00	1116.0
300										24	7	23.72	335.70	1117.0

标准截面 (mm²)	LJ 型				LGJ 型					LGJQ 型				
	股数	计算外径 (mm)	计算截面 (mm²)	单位质量 (kg/km)	股数 铝	股数 钢	计算外径 (mm)	计算截面 (mm²)	单位质量 (kg/km)	股数 铝	股数 钢	计算外径 (mm)	计算截面 (mm²)	单位质量 (kg/km)
400	37	25.90	397.83	1099.0	28	19	27.68	454.60	1626.0	54	7	27.36	446.60	1487.0
400										24	7	27.40	448.30	1491.0
500	37	28.98	498.97	1376						54	19	30.16	538.50	1795.0
600	61	31.95	503.78	1699						54	19	33.20	652.80	2175.0
700										54	19	36.24	778.80	2592.0

标准截面 (mm²)	LGJJ 型					GJ 型			
	股数 铝	股数 钢	计算外径 (mm)	计算截面 (mm²)	单位质量 (kg/km)	股数	计算外径 (mm)	计算截面 (mm²)	单位质量 (kg/km)
10									
16									
25						7	6.60	26.60	227.7
35			83.09	91.917		7	7.80	37.15	318.2
50			108.70	120.06		7	9.00	49.46	423.7
70			153.30	169.54		19	11.00	72.19	615.0
95			223.00	246.58		19	12.50	93.22	794.5
95						37	12.60	94.11	793.9
120						37	14.00	116.18	981.0
120									
150	30	7	17.50	181.60	677.0				
185	30	7	19.60	227.80	850.0				
240	30	7	22.40	297.60	1110.0				
300	30	19	25.68	389.60	1446.0				
300									
400	30	19	29.18	502.99	1868.0				
400									
500									
600									
700									

附表 A - 2 国产架空导线 LGJ 型铝绞线规格标准

标准截面 铝/钢 (mm²)	结构，根数/直径（根/mm）		计算截面 (mm)			外径 (mm)	20℃最大直流电阻 (Ω/km)	计算拉断力（N）	弹性系数（实际值）N/mm²	线膨胀系数（计算值，1/℃）	单位长度质量 (kg/km)	交货长度（m）
	铝	钢	铝	钢	合计							
10/2	6/1.50	1/1.50	10.60	1.77	12.37	4.50	2.706	4120	79000	19.1	42.9	3000
16/3	6/1.85	6/1.85	16.13	2.69	18.82	5.55	1.779	6130	79000	19.1	65.2	3000
25/4	6/2.32	1/2.32	25.36	4.23	29.59	6.96	1.131	9290	79000	19.1	102.6	3000
35/6	6/2.72	1/2.72	34.86	5.81	40.67	8.16	0.8230	12630	79000	19.1	141.0	3000
50/8	6/3.20	1/3.20	48.25	8.04	56.29	9.60	0.5946	16870	79000	19.1	195.1	2000
50/30	12/2.32	7/2.32	50.73	29.59	80.32	11.60	0.5692	42620	105000	15.3	372.0	3000
70/10	6/3.80	1/3.80	68.05	11.34	79.39	11.40	0.4217	23390	79000	19.1	275.2	2000
70/40	12/2.72	7/2.72	69.73	40.67	110.40	13.60	0.4141	58300	105000	15.3	511.3	2000
95/15	26/2.15	7/1.67	94.39	15.33	109.72	13.61	0.3058	35000	76000	18.9	380.8	2000
95/20	7/4.16	7/1.85	95.14	18.82	113.96	13.87	0.3019	37200	76000	18.5	408.9	2000
95/55	12/3.20	7/3.20	96.51	56.30	152.81	16.00	0.2992	78110	105000	15.3	707.7	2000
120/7	18/2.90	1/2.90	118.89	6.61	125.50	14.50	0.2422	27570	66000	21.2	379.0	2000
120/20	26/2.38	7/1.85	115.67	18.32	134.49	15.07	0.2496	41000	76000	18.9	466.8	2000
120/25	7/4.72	7/2.10	122.48	24.25	146.73	15.74	0.2345	47880	76000	18.5	526.6	2000
120/70	12/3.60	7/3.60	122.15	71.25	193.40	18.00	0.2364	98370	105000	15.3	895.6	2000
150/8	18/3.20	1/3.20	144.76	8.04	152.80	16.00	0.1989	32860	66000	21.2	461.4	2000
150/20	24/2.78	7/1.85	145.68	18.82	164.50	16.67	0.1980	46630	73000	19.6	549.4	2000
150/25	26/2.70	7/2.10	148.86	24.25	173.11	17.10	0.1939	54110	76000	18.9	601.0	2000
150/35	30/2.50	7/2.50	147.26	34.36	181.62	17.50	0.1962	65020	80000	17.8	676.2	2000
185/10	18/3.60	1/3.20	183.22	10.18	193.40	18.00	0.1572	40880	66000	21.2	584.0	2000
185/25	24/3.15	7/2.10	187.04	24.25	211.29	18.90	0.1542	59420	73000	19.6	706.1	2000
185/30	26/2.98	7/2.32	181.34	29.59	210.93	18.88	0.1592	64320	76000	18.9	732.6	2000
185/45	30/2.80	7/2.80	184.73	43.10	227.83	19.60	0.1564	80190	80000	17.8	848.2	2000
210/10	18/3.80	1/3.80	204.14	11.34	215.48	19.00	0.1411	45140	66000	21.2	650.7	2000
210/25	24/3.33	7/2.32	209.02	27.10	236.12	19.98	0.1380	65990	73000	19.6	789.1	2000
210/35	26/3.22	7/2.50	211.73	34.36	246.09	20.38	0.1363	74250	76000	18.9	853.9	2000
210/50	30/2.98	7/2.98	209.24	48.32	258.06	20.86	0.1381	90830	80000	17.8	960.8	2000
240/30	24/3.60	7/2.40	244.29	31.67	275.96	21.60	0.1181	75620	73000	19.6	622.2	2000
240/40	26/3.42	7/2.66	238.85	38.90	277.75	21.66	0.1209	83370	76000	18.9	964.3	2000
240/55	30/3.20	7/3.20	241.27	56.30	297.57	22.40	0.1198	102100	80000	17.8	1108	2000
300/15	42/3.00	7/1.67	296.88	15.33	312.21	23.01	0.09724	68060	61000	21.4	939.8	2000

续表

标准截面 铝/钢 (mm²)	结构，根数/ 直径（根/mm）		计算截面 (mm)			外径 (mm)	20℃最大 直流电阻 (Ω/km)	计算拉断 力（N）	弹性系数 (实际值， N/mm²)	线膨胀系数 (计算值， 1/℃)	单位长 度质量 (kg/km)	交货长 度（m）
	铝	钢	铝	钢	合计							
300/20	45/2.93	7/1.95	303.42	20.91	324.33	23.43	0.09520	75680	63000	20.9	1002	2000
300/25	43/2.85	7/2.22	306.21	27.10	333.31	23.76	0.09433	83410	65000	20.5	1058	2000
300/40	24/3.99	7/2.66	300.09	38.90	338.99	23.94	0.09614	92220	73000	19.6	1133	2000
300/50	26/3.83	7/2.98	299.54	48.82	348.36	24.26	0.09636	103400	76000	18.9	1210	2000
300/70	30/3.60	7/3.60	305.36	71.25	376.61	25.20	0.09463	128000	80000	17.8	1402	2000
400/20	42/3.51	7/1.95	406.40	20.91	427.31	26.91	0.07104	88850	61000	21.4	1286	1500
400/25	42/3.33	7/2.22	391.91	27.10	419.01	26.64	0.07370	95940	63000	20.9	1295	1500
400/35	48/3.22	7/2.50	390.88	34.36	425.24	26.82	0.07389	103900	65000	20.5	1349	1500
400/50	54/3.07	7/3.07	399.73	51.82	451.55	27.63	0.07223	123400	69000	19.3	1511	1500
400/65	26/4.22	7/3.44	398.94	65.06	464.00	28.00	0.07236	135200	76000	18.9	1611	1500
400/95	30/4.16	19/2.50	407.75	93.27	501.02	29.14	0.07087	171300	78000	18.0	1860	1500
500/35	45/3.75	7/2.50	497.01	34.36	531.37	30.00	0.05812	119500	63000	20.9	1642	1500
500/45	48/3.60	7/2.80	488.58	43.10	531.68	30.00	0.05912	128100	65000	20.5	1688	1500
500/65	54/3.44	7/3.44	501.88	56.30	566.94	30.96	0.05760	154000	69000	19.3	1897	1500
630/45	45/4.20	7/2.80	623.45	80.32	666.55	33.60	0.04633	148700	63000	20.9	2060	1200
630/55	48/4.12	7/3.20	639.92	56.30	696.22	34.32	0.04514	164400	65000	20.5	2209	1200
630/80	54/3.87	19/2.32	635.19	71.25	715.51	34.82	0.04551	192900	67000	19.4	2388	1200
800/55	45/4.80	7/3.20	814.30	100.88	870.68	38.40	0.03547	191500	63000	20.9	2690	1000
800/70	45/4.63	7/3.60	808.15	71.25	879.40	38.58	0.03574	207000	65000	20.5	2791	1000
800/100	54/4.33	19/2.60	795.17	100.88	896.05	38.98	0.03645	241100	67000	19.4	2991	1000

附表 A-3　　　　　　　LJ、TJ 型架空线路的电阻及感抗（Ω/km）

铝导线 型号	电阻 (LJ)	几何均距（m）										电阻 (TJ)	铜导线 型号
		0.6	0.8	1.0	1.25	1.5	2.0	2.5	3.0	3.5	4.0		
		感　　抗											
LJ-16	1.98	0.358	0.377	0.391	0.405	0.416	0.435	0.449	0.46			1.2	TJ-16
LJ-25	1.28	0.345	0.363	0.377	0.391	0.402	0.421	0.435	0.446			0.74	TJ-25
LJ-35	0.92	0.336	0.352	0.366	0.380	0.391	0.410	0.424	0.435	0.445	0.453	0.54	TJ-35
LJ-50	0.64	0.325	0.341	0.355	0.365	0.380	0.398	0.413	0.423	0.433	0.441	0.39	TJ-50
LJ-70	0.46	0.315	0.331	0.345	0.359	0.370	0.388	0.399	0.410	0.420	0.428	0.27	TJ-70
LJ-95	0.34	0.303	0.319	0.334	0.347	0.358	0.377	0.390	0.401	0.411	0.419	0.20	TJ-95
LJ-120	0.27	0.297	0.313	0.327	0.341	0.352	0.368	0.382	0.393	0.403	0.411	0.158	TJ-120
LJ-150	0.21	0.287	0.312	0.319	0.333	0.344	0.363	0.377	0.388	0.398	0.406	0.123	TJ-150

附表 A - 4　　　　　　　　LGJ 型架空线路导线的电阻及感抗 （Ω/km）

导线型号	电阻	1.0	1.5	2.0	2.5	3.0	3.5	4.0	4.5	5.0	5.5	6.0	6.5	7.0	7.5	8.0
		几何均距（m） 感抗														
LGJ - 35	0.85	0.366	0.385	0.403	0.417	0.429	0.438	0.446								
LGJ - 50	0.65	0.353	0.374	0.392	0.400	0.418	0.427	0.435								
LGJ - 70	0.45	0.343	0.364	0.382	0.396	0.408	0.417	0.425	0.433	0.440	0.446					
LGJ - 95	0.33	0.334	0.353	0.371	0.385	0.397	0.406	0.414	0.422	0.429	0.435	0.44	0.445			
LGJ - 120	0.27	0.326	0.347	0.365	0.379	0.391	0.400	0.408	0.416	0.423	0.429	0.433	0.438			
LGJ - 150	0.21	0.319	0.340	0.358	0.372	0.384	0.398	0.401	0.409	0.416	0.422	0.426	0.432			
LGJ - 185	0.17				0.365	0.377	0.386	0.394	0.402	0.409	0.415	0.419	0.425			
LGJ - 240	0.132				0.357	0.369	0.378	0.386	0.394	0.401	0.407	0.412	0.416	0.421	0.425	0.429
LGJ - 300	0.107										0.399	0.405	0.410	0.414	0.418	0.422
LGJ - 400	0.08										0.391	0.397	0.402	0.406	0.410	0.414

附表 A - 5　　　　　　　　LGJQ、LGJJ 型架空线路导线的电阻及感抗 （Ω/km）

导线型号	电阻	5.0	5.5	6.0	6.5	7.0	7.5	8.0
		几何均距（m） 感抗						
LGJQ - 300	0.108		0.401	0.406	0.411	0.416	0.420	0.424
LGJQ - 400	0.08		0.391	0.397	0.402	0.406	0.410	0.414
LGJQ - 500	0.065		0.384	0.390	0.395	0.400	0.404	0.408
LGJJ - 185	0.17	0.406	0.412	0.417	0.422	0.426	0.433	0.437
LGJJ - 240	0.131	0.397	0.403	0.409	0.414	0.419	0.424	0.428
LGJJ - 300	0.106	0.390	0.396	0.402	0.407	0.411	0.417	0.421
LGJJ - 400	0.079	0.381	0.387	0.393	0.398	0.402	0.408	0.412

附表 A - 6　　　　　　　　LGJ、LGJQ、LGJJ 型架空线路导线的容纳 （×10⁻⁶S/km）

导线型号		1.5	2.0	2.5	3.0	3.5	4.0	4.5	5.0	5.5	6.0	6.5	7.0	7.5	8.0	8.5
		几何均距（m） 容纳														
LGJ	35	2.97	2.83	2.73	2.65	2.59	2.54									
	50	3.05	2.91	2.81	2.72	2.66	2.61									
	70	3.12	2.99	2.88	2.79	2.73	2.68	2.62	2.58	2.54						
	95	3.25	3.08	2.96	2.87	2.81	2.75	2.69	2.65	2.61						
	120	3.31	3.13	3.02	2.92	2.85	2.79	2.74	2.69	2.65						
	150	3.38	3.20	3.07	2.97	2.90	2.85	2.79	2.74	2.71						
	185			3.13	3.03	2.96	2.90	2.84	2.79	2.74						
	240			3.21	3.10	3.02	2.96	2.89	2.85	2.80	2.76					
	300									2.86	2.81	2.78	2.75	2.72		
	400									2.92	2.88	2.83	2.81	2.78		

续表

导线型号		几何均距（m）														
		1.5	2.0	2.5	3.0	3.5	4.0	4.5	5.0	5.5	6.0	6.5	7.0	7.5	8.0	8.5
		容　　纳														
LGJJ 或 LGJQ	120						2.8	2.75	2.70	2.66	2.63	2.60	2.57	2.54	2.51	2.49
	150						2.85	2.81	2.76	2.72	2.68	2.65	2.62	2.59	2.57	2.54
	185						2.91	2.86	2.80	2.76	2.73	2.70	2.66	2.63	2.60	2.58
	240						2.98	2.92	2.87	2.82	2.79	2.75	2.72	2.68	2.66	2.64
	300						3.04	2.97	2.91	2.87	2.84	2.80	2.76	2.73	2.70	2.68
	400						3.11	3.05	3.00	2.95	2.91	2.87	2.183	2.80	2.77	2.75
	500						3.14	3.08	3.01	2.96	2.92	2.88	2.84	2.81	2.79	2.76
	600						3.16	3.11	3.04	3.02	2.96	2.91	2.88	2.85	2.82	2.79

附表 A - 7　　　　　220～750kV 架空线路导线的电阻及感抗（Ω/km）

导线型号	220kV				330kV（双分裂）		500kV（四分裂）	
	单导线		双分裂					
	电阻	电抗	电阻	电抗	电阻	电抗	电阻	电抗
LGJ - 185	0.17	0.41	0.085	0.315				
LGJ - 240	0.132	0.432	0.066	0.310				
LGJ - 300	0.107	0.427	0.05	0.308	0.054	0.321		
LGJ - 400	0.08	0.417	0.04	0.303	0.04	0.316	0.02	0.289
LGJ - 500	0.065	0.411	0.0325	0.300	0.0325	0.313	0.0163	0.287
LGJ - 600	0.055	0.405	0.0275	0.297	0.0275	0.310	0.0138	0.286
LGJ - 700	0.044	0.398	0.022	0.294	0.022	0.307	0.011	0.284

注：计算条件如下

电压（kV）	220	330	500	线分裂距离（cm）	40	40	40
线间距离（m）	6.5	8	14	导线排列方式	水平二分裂	水平二分裂	正四角四分裂

附表 A - 8　　110～750kV 架空线路导线的电容（μF/km）及充电功率（MVA/100km）

导线型号	110kV		220kV				330kV（双分裂）		500kV（三分裂）		750kV（四分裂）	
			单导线		双分裂							
	电容	功率	电容	功率	电容	功率	电容	功率	电容	功率	电容	功率
LGJ - 50	0.808	3.06										
LGJ - 70	0.818	3.14										
LGJ - 95	0.84	3.18										
LGJ - 120	0.854	3.24										
LGJ - 150	0.87	3.3										
LGJ - 185	0.885	3.35			1.14	17.3						
LGJ - 240	0.904	3.43	0.837	12.7	1.15	17.5	1.09	36.9				

续表

导线型号	110kV		220kV				330kV（双分裂）		500kV（三分裂）		750kV（四分裂）	
			单导线		双分裂							
	电容	功率	电容	功率	电容	功率	电容	功率	电容	功率	电容	功率
LGJ - 300	0.913	3.48	0.848	12.9	1.16	17.7	1.10	37.3	1.18	94.4		
LGJ - 400	0.939	3.54	0.867	13.2	1.18	17.9	1.11	37.5	1.19	95.4	1.22	215
LGJ - 500			0.882	13.4	1.19	18.1	1.13	38.2	1.2	96.2	1.23	217
LGJ - 600			0.895	13.6	1.20	18.2	1.14	38.6	1.205	96.7	1.235	228
LGJ - 700			0.912	14.8	1.22	18.3	1.15	38.8	1.21	97.2	1.24	219

附表 A - 9　　　　　　　钢绞线的电阻及内电抗（Ω/km）

通过电流（A）	钢绞线型号及直径（mm）									
	GJ-25，$d=5.6$		GJ-35，$d=7.8$		GJ-50，$d=9.2$		GJ-70，$d=11.5$		GJ-95，$d=12.6$	
	电阻	电抗	电阻	电抗	电阻	电抗	电阻	电抗	电阻	电抗
1	5.25	0.54	3.66	0.32	2.75	0.23	1.70	0.16	1.55	0.08
2	5.27	0.55	3.66	0.35	2.75	0.24	1.70	0.17	1.55	0.08
3	5.28	0.56	3.67	0.36	2.75	0.25	1.70	0.17	1.55	0.08
4	5.30	0.59	3.69	0.37	2.75	0.25	1.70	0.18	1.55	0.08
5	5.32	0.63	3.70	0.40	2.75	0.26	1.70	0.18	1.55	0.08
6	5.35	0.67	3.71	0.42	2.75	0.27	1.70	0.19	1.55	0.08
7	5.37	0.70	3.73	0.45	2.75	0.27	1.70	0.19	1.55	0.08
8	5.40	0.77	3.75	0.48	2.76	0.28	1.70	0.20	1.55	0.08
9	5.45	0.84	3.77	0.51	2.77	0.29	1.70	0.20	1.55	0.08
10	5.50	0.93	3.8	0.55	2.78	0.30	1.70	0.21	1.55	0.08
15	5.97	1.33	4.02	0.75	2.80	0.35	1.70	0.23	1.55	0.08
20	6.70	1.63	4.40	1.04	2.85	0.42	1.74	0.25	1.55	0.09
25	6.97	1.91	4.89	1.32	2.95	0.49	1.77	0.27	1.55	0.09
30	7.10	2.01	5.21	1.56	3.10	0.59	1.79	0.30	1.56	0.09
35	7.10	2.06	5.36	1.64	3.25	0.69	1.83	0.33	1.56	0.09
40	7.02	2.00	5.35	1.69	3.40	0.80	1.83	0.37	1.57	0.10
45	6.92	2.08	5.30	1.71	3.52	0.91	1.83	0.41	1.57	0.11
50	6.85	2.07	5.25	1.72	3.61	1.00	1.93	0.40	1.58	0.11
60	6.70	2.00	5.13	1.70	3.99	1.10	2.07	0.55	1.58	0.13
70	6.60	1.90	5.00	1.64	3.73	1.14	2.21	0.65	1.61	0.15
80	6.30	1.79	4.89	1.57	3.70	1.15	2.27	0.70	1.63	0.17
90	6.40	1.73	4.78	1.50	3.68	1.14	2.29	0.72	1.67	0.20
100	6.32	1.67	4.71	1.43	3.65	1.13	2.33	0.73	1.71	0.22
125	—	—	4.60	1.29	3.58	1.04	2.33	0.73	1.83	0.31
150	—	—	4.47	1.27	3.50	0.95	2.38	0.73	1.87	0.34
175	—	—	—	—	3.45	0.94	2.23	0.71	1.89	0.35
200	—	—	—	—	—	—	2.19	0.69	1.88	0.35

附表 A - 10   35kV 三相双绕组电力变压器技术数据

型号	额定容量（kVA）	额定电压（kV）		损耗（kW）		短路电压（%）	空载电流（%）
		高压	低压	空载	短路		
SJL1 - 50/35	50	35	0.4	0.3	1.15	6.5	6.5
SJL1 - 100/35	100	35	0.4	0.43	2.5	6.5	4.0
SJL1 - 160/35	160	35	0.4	0.59	3.6	6.5	3.0
SJL1 - 160/35	160	35	10.5；6.3；3.15	0.65	3.8	6.5	3.0
SJL1 - 200/35	200	35	10.5；6.3；3.15	0.9	5.1	6.5	2.8
SJL1 - 250/35	250	35	0.4	0.8	4.8	6.5	2.6
SJL1 - 250/35	250	35	10.5；6.3；3.15	0.8	4.8	6.5	2.6
SJL1 - 315/35	315	35	10.5；6.3；3.15	1.05	6.1	6.5	2.4
SJL1 - 400/35	400	35	10.5；6.3；3.15	1.25	7.2	6.5	2.3
SJL1 - 400/35	400	35	0.4	1.1	6.9	6.5	2.3
SJL1 - 500/35	500	35	10.5；6.3；3.15	1.45	8.5	6.5	2.1
SJL1 - 630/35	630	35	10.5；6.3；3.15	1.7	9.9	6.5	2.0
SJL1 - 630/35	630	35	0.4	1.5	9.6	6.5	2.0
SJL1 - 800/35	800	35	10.5；6.3；3.15	1.9	12	6.5	1.7
SJL1 - 1000/35	1000	35	10.5；6.3；3.15	2.2	14	6.5	1.7
SJL1 - 1000/35	1000	35	10.5；6.3；3.15	2.2	14	6.5	1.7
SJL1 - 1250/35	1250	35	10.5；6.3；3.15	2.6	17	6.5	1.6
SJL1 - 1600/35	1600	35；38.5	10.5；6.3；3.15	3.05	20	6.5	1.5
SJL1 - 1600/35	1600	35	0.4	3.05	20	6.5	1.5
SJL1 - 2000/35	2000	35；38.5	10.5；6.3；3.15	3.6	24	6.5	1.4
SJL1 - 2000/35	2000	35；38.5	10.5；6.3；3.15	4.25	27.5	6.5	1.3
SJL1 - 3150/35	3150	35；38.5	10.5；6.3；3.15	5.0	33	7	1.2
SJL1 - 4000/35	4000	35；38.5	10.5；6.3；3.15	5.9	39	7	1.1
SJL1 - 5000/35	5000	35；38.5	10.5；6.3；3.15	6.9	45	7	1.1
SJL1 - 6300/35	6300	35；38.5	10.5；6.3；3.15	8.2	52	7.5	1.0
SJL1 - 7500/35	7500	35	10.5	9.6	57	7.5	0.9
SJL1 - 8000/35	8000	38.5	11；10.5；6.6 6.3；3.3；3.15	11	58	7.5	1.5
SJL1 - 10000/35	10000	38.5；35	11；10.5；6.6 6.3；3.3；3.15	12	70	7.5	1.5
SJL1 - 15000/35	15000	38.5；35	11；10.5；6.6 6.3；3.3；3.15	16.5	93	8	1.0
SJL1 - 20000/35	20000	38.5；35	11；10.5；6.6 6.3；3.3；3.15	22	115	8	1.0
SJL1 - 31500/35	31500	38.5；35	11；10.5；6.6 6.3；3.3；3.15	30	180	8	0.7
SJL1 - 8000/35	8000	35±3×2.5% 38.5±3×2.5%	11；10.5；6.6；6.3	11	60.6	7.5	1.25
SJL1 - 10000/35	10000	38.5	6.3	12	70	7.5	1.5

注   SJL—三相油浸自冷式铝线变压器。

附表 A-11   **110kV 三相双绕组电力变压器技术数据**

型号	额定容量（kVA）	额定电压（kV）		损耗（kW）		短路电压（%）	空载电流（%）
		高压	低压	空载	短路		
SFL1-6300/110	630	121±5%	11；10.5	52	9.76	10.5	1.1
		110±5%	6.6；6.3				
SFL1-8000/110	8000	121±5%	11；10.5	62	11.6	10.5	1.1
		110±5%	6.6；6.3				
SFL1-10000/110	10000	121±2×2.5%	10.5；6.3	72	14	10.5	1.1
SFL1-16000/110	16000	121±2×2.5%	10.5；6.3	110	18.5	10.5	0.9
SFL1-20000/110	20000	121±2×2.5%	10.5；6.3	135	22	10.5	0.8
SFL1-31500/110	31500	121+5%−2×2.5%	10.5；6.3	190	31.05	10.5	0.7
SFL1-40000/110	40000	121±2×2.5%	10.5；6.3	200	42	10.5	0.7
SFPL1-50000/110	50000	121±5%	10.5；6.3	250	8.6	10.5	0.75
SSPL1-63000/110	63000	121±5%	10.5；6.3	296	60	10.5	0.8
SSPL1-90000/110	90000	121±2×2.5%	10.5	440	75	10.5	0.7
SSPL1-120000/110	12000	121±2×2.5%	10.5	520	100	10.5	0.65
SSPL1-20000/110	20000	121±2×2.5%	6.3	135	22.1	10.5	0.8
SSPL1-63000/110	63000	121±2×2.5%	10.5	300	68	10.5	
SSPL1-90000/110	90000	121±2×2.5%	13.8	450	85	10.5	
SSPL1-63000/110	63000	121±2×2.5%	10.5	291.48	65.4	10.57	0.8
SSPL1-120000/110	120000	121±2×2.5%	13.8	588	120	10.4	0.57
SSPL1-150000/110	150000	121±2×2.5%	13.8	646.25	204.5	12.68	1.73
SFL-20000/110	20000	121±2×2.5%	10.5；6.3	135	37	10.5	1.5
SFL-63000	63000	121±2×2.5%	10.5；6.3	300	68	10.5	2.5
SFPL90000/110	90000	121±2×2.5%	10.5	448	164	10.74	0.67
SFPL-120000/110	120000	121±2×2.5%	10.5	572	95.6	10.78	0.695
SFPL-120000/110	120000	121±2×2.5%	10.5	590	175	10.5	2.5
SFL1-12500/110	12500 / 6250+6250	110±5%	3.3	99.8	16.4	9	0.93

注 SFL—三相油浸风冷式铝线变压器；
    SSPL—三相强迫油循环水冷式铝线变压器。

附表 A-12   **110kV 三相双绕组有载调压电力变压器技术数据**

型号	额定容量（kVA）	额定电压（kV）		损耗（kW）		短路电压（%）	空载电流（%）
		高压	低压	空载	短路		
SFZ7-20000/110	20000	110±3×2.5% / 121±8×1.25%	10.5	1.0	26	97	10.5
SFZ7-20000/110	20000	110±8×1.25%	6.3；6.6；10.5；11		30	104	10.5
SFZL7-20000/110	20000	110±8×1.25%	6.3；6.6；10.5；11		30	104	10.5
SFZL7-16000/110	16000	121±8×1.25%	6.3	1.4	22.625	83.48	10.62
SFZL7-16000/110	16000	110±8×1.25%	6.3；6.6；10.5；11	1.2	25.3	86	10.5
SFZ7-16000/110	16000	110±8×1.25%	10.5	1.2	23	106	10.5

续表

型号	额定容量 (kVA)	额定电压 (kV) 高压	额定电压 (kV) 低压	损耗 (kW) 空载	损耗 (kW) 短路	短路电压 (%)	空载电流 (%)
SFZ7 - 16000/110	16000	110±8×1.25%	10.5；6.3		25.3	86	10.5
SFZ7 - 16000/110	16000	110±8×1.25%	6.3；6.6；10.5；11		25.3	86	10.5
SFZ7 - 12500/110	12500	110±3×2.5% (121)	6.3；6.6；10.5；11	1.0	17	69	10.5
FZ7 - 12500/110	12500	110±8×1.25%	6.3；6.6；10.5；11		21	70	10.5
SFZL7 - 10000/110	10000	110±8×1.25%	6.3；6.6；10.5；11	1.3	17.8	59	10.5
SFZ - 10000/110TH	10000	110	11		17.8	59	10.5
SFZ7 - 10000/110	10000	110±8×1.25% (121)	6.3；6.6；10.5；11	1.1	15	57	10.5
SFZ7 - 10000/110	10000	110±8×1.25% (121)	6.3；6.6；10.5；11	1.1	16	57	10.5
SFZ7 - 10000/110	10000	110±8×1.25%	6.3；6.6；10.5；11		17.8	59	10.5
SZL7 - 8000/110	8000	110±8×1.25%	6.3；6.6；10.5；11	1.4	15	50	10.5
SFZ7 - 8000/110	8000	110±8×1.25%	6.3；6.6；10.5；11		15	50	10.5
SFZL7 - 8000/110	8000	110±8×1.25%	6.3；6.6；10.5；11		15	50	10.5
SFZ7 - 6300/110	6300	110±8×1.25%	6.3；6.6；10.5；11		12.5	41	10.5
SFZL7 - 6300/110	6300	110±8×1.25%	6.3；6.6；10.5；11		12.5	41	10.5
SFZL7 - 6300/110	6300	110±8×1.25%	6.3；6.6；10.5；11		12.5	41	10.5

附表 A - 13　　　　　　　　220kV 三相双绕组电力变压器技术数据

电力变压器型号	额定容量 (kVA)	额定电压 (kV) 高压	额定电压 (kV) 低压	损耗 (kW) 空载	损耗 (kW) 短路	短路电压 (%)	空载电流 (%)
SFD - 63000/220	63000	$220^{+1}_{-3}×2.5\%$	69	402.4	120	14.4	3
SFD - 63000/220	63000	220±2×2.5%	46	401	120	14.4	2.6
SSPL - 63000/220	63000	220±2×2.5%	10.5	404	93	14.45	2.41
SSPL - 90000/220	90000	220±2×2.5%	10.5	472.5	92	13.75	0.67
SSPL - 120000/220	120000	220±2×2.5%	10.5	1012	98.2	14.2	1.26
SSPL - 120000/220	120000	$242^{+1}_{-3}×2.5\%$	38.5	932.5	98.2	14	1.26
SSPL - 120000/220	120000	242±2×2.5%	10.5	1012	98.2	14.2	1.26
SSPL - 150000/220	150000	242±2×2.5%	13.8	883	137	13.13	1.43
SSPL - 150000/220	150000	242±2×2.5%	10.5	894.5	137	13.13	1.43
SSPL - 150000/220	150000	236±2×2.5%	13.8	873	137	12.5	1.43
SSPL - 180000/220	180000	242±2×2.5%	15.75 / 13.8	892.8 / 904	175	12.22 / 12.55	0.427
SSPL - 260000/220	260000	242±2×2.5%	15.75	1460	232	14	0.963
SSP - 360000/220	360000	236±2×2.5%	18	1950	155	15	1.0
SFP3 - 180000/220	180000	220±2×2.5%	69	688	170	13.2	1.2
SSP3 - 150000/220	150000	242±2×2.5%	13.8	600	150	13.25	1.2
SFP3 - 150000/220	150000	242±2×2.5%	13.8	600	160	13.4	1.0

续表

电力变压器型号	额定容量（kVA）	额定电压（kV）		损耗（kW）		短路电压（%）	空载电流（%）
		高压	低压	空载	短路		
SSP3 - 150000/220	150000	242±2×2.5%	13.8	600	150	13.25	1.2
SSP7 - 150000/220	150000	242±2×2.5%	13.8	428	124	13.3	0.32
SFP7 - 120000/220	150000	242±2×2.5%	13.8	450	140	13	0.8
SFP3 - 120000/220	120000	242±2×2.5%	13.8	443	123.5	13.8	0.9
SFP3 - 120000/220	120000	202+3×2.5%－1	69	526.5	131.5	14.3	0.9
SFP7 - 120000/220	120000	242±2×2.5%	10.5	385	118	13	0.9
SFP1 - 120000/220	120000	236±2×2.5%	10.5	376	115	12	0.36
SSP7 - 120000/220	120000	242±2×2.5%	10.5 15.75	385	118	14	0.9
SFP7 - 120000/220	120000	242±2×2.5%	10.5 15.75	385	118	14	0.9
OSFP - 100000/220	100000	242±2×2.5%	13.8	380	100	13	0.6
SFP3 - 90000/220	90000	220±2×2.5%	66	400	115	12.5	0.891
SSP3 - 75000/220TH	75000	242±2×2.5%	10.5	342	79.6	13.85	1.3
SFP3 - 63000/220	63000	220±2×2.5%	69	290	87	13.2	1.2
SFP3 - 63000/220	63000	242±2×2.5%	6.3	290	80	14.5	0.78
SFP7 - 63000/220	63000	220±2×2.5%	69	245	73	12.5	1
SFP7 - 63000/220	50000	242±2×2.5%	13.8	210	61	12	1
SFP7 - 40000/220	40000	220±2×2.5% （242）	6.3 6.6 10.5 11	175	52	12	1.1

注 SFD—三相浸风冷强迫导向油循环变压器，其他型号含义同前。

附表 A - 14   **220kV 三相双绕组有载调压电力变压器技术数据**

型号	额定容量（kVA）	额定电压（kV）		空载电流（%）	空载损耗	负载损耗（kW）	阻抗电压（%）
		高压	低压				
SFPZ7 - 120000/220	120000	220±8×1.25%	38.5	0.8	124	385	12～14
SFPZ4 - 120000/220	120000	220±8×1.25%	69	1.1	135	490	13.7
SFPZ7 - 120000/220	120000	220±8×1.25%	37.5	0.5	90	380	14
SFPZ4 - 90000/220	90000	220±8×1.5%	69	0.8	102	369.9	13.5
SFPZ7 - 90000/220	90000	220±8×1.5%	38.5	0.75	110	320	13.3
SFPZ - 80000/220	80000	220±8×1.46%	69	0.24	91	305	13.5
SFPZ4 - 63000/220	63000	220±8×1.5%	66	0.9	78	270	13.4
SFPZ3 - 40000/220	40000	220+6×2%－10	6.3	1	53.12	176.865	11.98
SFPZ7 - 40000/220	40000	230±8×1.5%	6.3	0.37	33	230	20.6
SFPZ7 - 31500/220	31500	230±8×1.5%	6.3	0.59	29	144	16
SFPZL - 20000/220	20000	230±7×1.46%	6.3	1.3	42	106	10.6

附表 A - 15　　　　　　　110kV 三相三绕组电力变压器技术数据

电力变压器型号	额定容量 (kVA)	额定电压 (kV)			损耗 (kW)				短路电压 (%)			空载电流 (%)
		高压	中压	低压	短路			空载	高中	高低	中低	
					高中	高低	中低					
SFSL1 - 6300/110	6300/6300/ 6300	121±2×2.5% 110±2×2.5%	38.5±2× 2.5%	11；10.5	62.9 62.3	62.6 62.0	50.7 50.7	12.5	17	10.5	6	1.4
		121±2×2.5% 110±2×2.5%		6.6；6.3	66.2 65.6	60.2 59.6	51.6 51.6	12.5	10.5	17	6	1.4
SFSL1 - 8000/110	8000/4000/ 8000	121±5 110±5	38.5±2× 2.5%	11；10.5	27 27	83 89	19 19	14.2	17.5	10.5	6.5	1.3
	8000/8000/ 4000	121±5 110±5		6.6；6.3	84	27	21	14.2	10.5	17.5	6.5	1.3
SFSL1 - 10000/110	10000/10000 /10000	121±2×2.5%	38.5±2× 2.5% 6.3	10.5 6.3	91.0 89.6	89.0 88.7	69.3 69.7	17	17.01 10.5	10.5 17.0	6 6	1.5
SFSL1 - 15000/110	15000/15000 /15000	121±2×2.5%	38.5±2× 2.5%	10.5；6.3	120	120	95	22.7	17.01 10.5	10.5 17.0	6 6	1.3
SFSL1 - 20000/110	20000/10000 /20000	121±5%	38.5±5%	10.5 6.3	152.8	52	47	50.2	10.5	18	6.5	4.1
		121±2×2.5%	38.5±5%	10.5；6.3	52	148.2	47	50.2	18	10.5	6.5	4.1
SFSL1 - 20000/110	20000/20000 /20000	121±2×2.5%	38.5±5%	10.5 6.3	145	158	117	49.9	10.5	18	6.5	3.5
		121±2×2.5%	38.5±5%	10.5；6.3	154	154	119	49.9	18	10.5	6.5	3.5
SFSL1 - 25000/110	25000/25000 /25000	121±2×2.5%	38.5±5%	10.5；6.3	175	197	142	49.5	10.5	18	6.5	3.6
SFSL1 - 31500/110	31500/31500 /31500	121±2×2.5%	38.5±2× 2.5%	10.5；6.3	229.1 215.4	212 231	181.6 184	37.2 37.2	18 10.5	10.5 18	6.5 6.5	0.8 0.8
SFSL1 - 40000/110	40000/40000 /40000	121±2×2.5%	38.5±2× 2.5%	10.5；6.3	276 244	250 274.5	205.5 205.5	72 72	17.5 10.5	10.5 17.5	6.5 6.5	2.7 2.7
SFSL1 - 50000/110	50000/50000 /50000	121±2×2.5%	38.5±2× 2.5%	6.3；6.3	302.2 350.6	350.9 318.3	251 252.9	62.2 62.2	10.5 18	18 10.5	6.5 6.5	2.7 2.7
SFSL1 - 50000/110	50000/50000 /50000	121±2×2.5%	38.5	6.3	350 300	300 350	255 255	59.2	17.5 10.5	10.7 17.5	6.5 6.5	0.8
SFSL1 - 63000/110	63000/63000 /63000	121±2×2.5%	38.5±5%	6.3；6.3	380 470	470 380	320 330	64.2 64.2	10.5 18.5	18.5 10.5	6.5 6.5	0.7 0.7

续表

电力变压器型号	额定容量（kVA）	额定电压（kV）			损耗（kW）				短路电压（%）			空载电流（%）
		高压	中压	低压	短路			空载	高中	高低	中低	
					高中	高低	中低					
SFSL1-10000/110	10000/10000/10000	121±2×2.5%	38.5±2×2.5%	6.3	87.95 88.75	90.05 86.55	67.9 67.7	21.4	17 10.5	10.5 17	6 6	1.5
SFSL1-15000/110	15000/15000/15000	121±2×2.5%	38.5±2×2.5%	6.3	120	120	94	30.5	17 10.5	10.5 17	6 6	1.2
SFSL1-20000/110	20000/20000/20000	121±2×2.5%	38.5±2×2.5%	6.3；6.3	153 142.9	147.6 152.9	111.6 110.4	33.5	17 10.5	10.5 17	6 6	1.1
		121±2×2.5%	38.5±2×2.5%	6.3	155 150	150 155	112 112	34	17 10.5	10.5 17	6 6	1.2
SFSL1-25000/110	25000/25000/25000	121±2×2.5%	38.5±2×2.5%	10.5 6.3	194	182	144	49.5	18	10.5	6.5	3.6
			10.5	6.3	219	224	172	42.9	10.5	18	6	3
SFSL1-31500/110 SSPSL1-31500/110	31500/31500/31500	121±2×2.5%	38.5±2×2.5%	10.5 6.3	217 202	200.7 214	158.6 160	46.8	17 10.5	10.5 17	6 6	0.9
		121±2×2.5%	38.5±2×2.5%	13.8	230	214	184	38.4	18	10.5	6.5	0.8
SSPSL1-45000/110	45000/45000/45000	121±5%	69	6.3	160	185	115	80	12	23	9.5	3
SSPSL1-50000/110	50000/50000/50000	121±5%	38.5±5%	10.5	350	318.3	251	89.6	18	10.5	6.5	2.8
SSPSL1-75000/110	75000/75000/75000	121±5%	38.5±2×2.5%	10.5	580	510	450	76	18.5	10.5	6.5	0.8
SFSL-10000/110	10000/10000/10000	121±5%	38.5±2×2.5%	10.5 6.3	91	91	70	22	18 10.5	10.5 18	6.5 6.5	3.3
SFSL-15000/110	15000/15000/15000	121±5%	38.5±2×2.5%	10.5 6.3	120	120	95	27	17 10.5	10.5 17	6 6	4.0
SFSL-31500/110	31500/31500/31500	121±5%	38.5±2×2.5%	10.5 6.3	235	235	115	49	18 10.5	10.5 18	6.5 6.5	2.5
SFSL-63000/110	63000/63000/63000	121±5%	38.5±2×2.5%	10.5 6.3	410	410	266	84	18 10.5	10.5 18	6.5 6.5	2.5

注　SFSL—三相油浸风冷三绕组铝线变压器；
　　SFPSL—三相强迫油循环风冷三绕组铝线变压器。

附表 A-16

110kV 三相三绕组有载调压电力变压器技术数据

电力变压器型号	额定容量 (kVA)	额定电压 (kV) 高压	中压	低压	空载电流 (%)	空载损耗 (kW)	短路损耗 (kW) 高中	高低	中低	短路电压 (%) 高中	高低	中低
SFPSZ7-63000/110	63000	115±8×1.25%	38.5±5%	6.3	1	84.7		300		10.5	18.5	6.5
SFSZ7-63000/110	63000	110±8×1.25%	38.5±2×2.5%	6.3,6.6,10.5,11	1.2	84.7		300		17~18(10.5)	10.5(17~18)	6.5
SFSZ-63000/110	63000	110±8×1.25%	38.5±5%	11		77		300		10.5	15.5	6.5
SFPSZ7-63000/110	63000	121+3110−3×2.5%	38.535±5%	6.3,6.6,10.5,11	0.8	67		270		17~18(10.5)	10.5	6.5
SSPSZ1-50000/110	50000	121+3 ±2.5%	38.5±5%	13.8		64.74	24.68	23.6	188.13	17.89	10.49	6.262
SFPSZ7-50000/110	50000	110±8×1.25%	38.5±2×2.5%	6.3,6.6,10.5,11	1.3	71.2		250		17~18(10.5)	10.5(17~18)	6.5
SFSZQ7-40000/110	40000	110±8×1.25%	38.5±5%	10.5	1.1	60.2		210		10.5	17.5	6.5
SFSZL7-40000/110	40000	110±8×1.25%	38.5±2×2.5%	6.3,6.6,10.5,11	1.3	60.2		210		17~18(10.5)	10.5(17~18)	6.5
SFSZ7-40000/110	40000	110±8×1.25%	38.5±2×2.5%	6.3,6.6,10.5,11	1.3	60.2		210		17~18(10.5)	10.5(17~18)	6.5
SFSZL-40000/110	40000	110±8×1.25%	38.5±2×2.5%	6.3,6.6,10.5,11		60.2		210		10.5	17.5	6.5
SFSZ7-40000/110	40000	121+4 / 110−4×2.5%	38.5 / 35±5%	6.3,6.6,10.5,11	1.1	54		192		10.5	10.5	6.5
SFSZ7-31500/110	31500	110±8×1.25%	38.5±2×2.5%	11	1.09	50.3		175		10.5	17.5	6.5
SFSZQ7-31500/110	31500	110±8×1.25%	38.5±2×2.5%	10.5	1.15	50.3		175		10.5	18	6.5
SFSZL1-31500/110	31500	110±8×1.25%	38.5±5%	11	0.7	34.5	175		165	10.5	10.5(17~18)	6.5
SFSZL7-31500/110	31500	110±8×1.25%	38.5±2×2.5%	6.3,6.6,10.5,11	1.4	50.3		175		10.5	17.5	6.5
SFSZL-31500/110	31500	110±8×1.25%	38.5±2	6.3,6.6,10.5,11	1.4	50.3		175		10.5	10.5	6.5
SFSZL7-31500/110	31500	121±8 / 110±8×1.25%	35±2×2.5%	10.5,11	0.8	38		160			10.5	

续表

电力变压器型号	额定容量 (kVA)	额定电压 (kV) 高压	中压	低压	空载电流 (%)	空载损耗 (kW)	短路损耗 (kW) 高中	高低	中低	短路电压 (%) 高中	高低	中低
SFSZL7-31500/110	31500	121±3 / 110±3×1.25%	38.5±2 / 35±2×2.5%	6.3、6.6、10.5、11	1.1	46		160			10.5	
SFSZL7-20000/110	20000	110±8×1.25%	38.5±2×2.5%	6.3、6.6、10.5、11	1.5	35.8		125		17~18 (10.5)	10.5 (17~18)	6.5
SFSZ1-20000/110	20000	121±3×2.5%	36.75±5%	10.5		31.25	131.7	138.7	99.68	10.74	17.88	6.21
SFSZ7-20000/110	20000	110±8×1.25%	38.5±2×2.5%	6.3、6.6、10.5、11	1.5	35.8		125		17~18 (10.5)	10.5 (17~18)	6.5
SFSZL7-20000/110	20000	110	38.5	6.3、6.6、10.5、11	1.5	33		125		17.5	17.5	6.5
SFSZL7-20000/110	20000	121±3 / 110±3×1.25%	38.5±2 / 35±2×2.5%	6.3、6.6、10.5、11	0.9	26		121			10.5	6.5
SFSZL7-16000/110	16000	110±8×1.25%	38.5±2×2.5%	6.3、6.6、10.5、11	1.5	30.3		106		17~18 (10.5)	10.5 (17~18)	6.5
SFSZ7-16000/110	16000	110±8×1.25%	38.5±2×2.5%	6.3、6.6、10.5、11	1.5	30.3		106		17~18 (10.5)	10.5 (17~18)	6.5
SFSZ7-16000/110GY	16000	110±3×2.5%	38.5	11	1.03	25.03	99.12	106	78.35	10.78	18.02	6.25
SFSZL7-12500/110	12500	110±8×1.25%	38.5±2×3.5%	6.3、6.6、10.5、11		25.2		87		10.5	17~18	6.5
SFSZL7-10000/110	10000	110±8×1.25%	38.5±2×2.5%	6.3、6.6、10.5、11	1.6	21.3		74		17~18 (10.5)	10.5 (17~18)	6.5
SFSZL7-10000/110	10000	121±8 / 110±8×1.25%	38.5±2 / 35±2×2.5%	6.3、6.6、10.5、11	1.6	19		70			10.5	
SFSZL7-10000/110	10000	110±8×1.25%	38.5±2×3.5%	6.3、6.6、10.5、11		21.3		74		10.5	17~18	6.5
SFSZL7-8000/110	8000	110±8×1.25%	38.5±2×3.5%	6.3、6.6、10.5、11	1.7	18		63		17~18 (10.5)	10.5 (17~18)	6.5
SFSZ7-8000/110	8000	110±8×1.25%	38.5±2×3.5%	6.3、6.6、10.5、11		18		63		10.5	17~18	6.5

附表 A-17

220kV 三相三绕组有载调压电力变压器技术数据

型　号	额定容量(kVA) 高压/中压/低压	额定电压(kV) 高压	中压	低压	空载电流(%)	空载损耗(kW)	短路损耗(kW) 高中	高低	中低	短路电压(%) 高中	高低	中低
SFPSZ4 - 180000/220	180000	230±8×1.5%	121	13.8	0.846	175	700	785		14.7	25	8.7
SSPSZ7 - 180000/220	180000/180000/9000	220±8×1.5%	115	37.5	0.38	165	700	206	137	13.1	21.5	7.2
OSSPSZ7 - 180000/220	180000/180000/6000	242	121±4×2.5%	15.8	0.391	105	470	166	188	9.3	55.4	45.5
SFPSZ4 - 150000/220	150000	220±8×1.5%	121	10.5	1.2	172		750		14	23.47	7.42
SFPSZ1 - 150000/220	150000/150000/75000	220±8×1.5%	121	10.5	0.3	140	600	193	123	14.2	22.9	7.1
SFPSZ - 150000/220	150000/150000/150000	220±8×1.5%	121	11	0.68	177		230		14.5	24	7.5
SFPSZ4 - 120000/220	120000/120000/(60000)120000	220±8×1.5%	121	11(10.5)	1.2	155		640		13 / 13.7	13.5 / 2.3	7.5 / 7.2
SFPSZ4 - 120000/220	120000/120000/80000	220±8×1.5%	69	10.5	0.85	155		500		14	23	7.3
SFPSZ4 - 120000/220	120000/120000/(60000)120000	220±8×1.5%	121	38.5	1.2	155	630	640	156	14	23	7.3
SFPSZ7 - 120000/220	120000/120000/60000	220+10-6×1.5%	115±2×2.5%	11	0.3	79		192	25.8	13.7	39	30
SFPSZ1 - 120000/220	120000	220+8-4×1.5%	121	38.5	0.29	133	359	473	84	14.7	21.6	8.3
SFPSZ7 - 120000/220	120000/120000/60000	220±6×1.5%	118.25	10.5	0.48	132	440	121	135	12.1	22.4	8.4
SFPSZ7 - 120000/220	120000/120000/60000	230±8×1.25%	121	10.5/11	0.7	140	440	131	117	13.5	22.4	7.4
SFPSZ7 - 120000/220	120000/120000/60000	220±8×1.25%	121	10.5	0.7	140	435	143	107	13.5	22.4	7.4
SFPSZ7 - 120000/220	120000/120000/60000	220±8×1.5%±8×1.25%	121	10.5/11	0.7	130		140		13.5	22.4	7.4
SFPSZ7 - 120000/220	120000/120000/120000	230±8×1.25%	121	38.5	0.9	144	422	429	328	13	21.2	7

续表

型号	额定容量(kVA) 高压/中压/低压	额定电压(kV) 高压	中压	低压	空载电流(%)	空载损耗(kW)	短路损耗(kW) 高中	高低	中低	短路电压(%) 高中	高低	中低
SFPSZ7-120000/220	120000/120000/120000	220±8×1.5%	118.25	10.5	0.8	148	384	144	113	11.8	21.6	8.1
SFPSZ7-120000/220	120000/120000/90000	220±8×1.5%	121	11	1.1	148	440	305	215	12.9	21.2	7.3
SFPSZ7-120000/220	120000	231±8×1.25%	38.5	10.5	0.5	139	402	408	368	23.1	12.7	9
SFPSZ7-120000/220	120000/120000/60000	220±8×1.25%	38.5	11	0.7	140	140			13	21.4	7.2
SFPSZ7-120000/220	120000/120000/60000	220±8×1.25%	121	11	0.9	144		180		14	23	7
SFPSZ7-120000/220	120000	220±8×1.25%	121	10.5	0.8	124	465	241	266	14	22.6	7.4
SFPSZ4-90000/220	90000/45000/90000	230±8×1.5%	115	37	0.9	99	168	430	120	23.1	14.3	7.4
SFPSZ4-90000/220	90000/90000/45000	220±8×1.5%	69	10.5	0.65	96.57	420	150	103	13.84	22.47	7.14
SFPSZ7-90000/220	90000	220±8×1.5%	121	10.5 11	0.5	110	424	466	319	13.4	21.3	7.2
OSFPS7-90000/220	90000/90000/45000	220±6×1.5%	121	38.5	0.18	46	240	203	196	7.7	14.3	9.8
SFPSZ4-90000/220	90000/45000/90000	220±8×1.5%	38.5	63	0.38	112		393		21.3	7.3	13.3
SFPSZ-90000/220	90000/90000/90000	220+7-9×1.25%	121	11	0.7	113		395		14.5	24	7.5
SFPSZ7-90000/220	90000/90000/45000	220±8×1.25%	121	38.5	0.8	93	370	130	94	13.6	23.4	7.9
SFPSZ4-63000/220	63000/63000/31500	230±8×1.5%	66	11	1	90	320	95	75	14	22.6	7.5
SFPSZ7-63000/220	63000/63000/31500	230±8×1.25%	38.5	6.3	1	79	274			14.07	23.2	7.52
SFPSZ-63000/220	63000/63000/63000	220±8×1.25%	121	38.5	0.8	88		280		14	24	7.5

附表 A‑18　　　　220kV 三相三绕组电力变压器技术数据

型　号	额定容量（kVA）	额定电压（kV）			损耗（kW）				短路电压（%）			空载电流（%）
		高压	中压	低压	空载	短路			高中	高低	中低	
						高中	高低	中低				
SFPSL‑31500/220	31500	220	69	10.5	23	173.4	250	29.5	14.8	23	7.3	3.6
SFPSL‑63000/220	63000	220	121	38.5	125	470.5	440	314.2	23	14	7.6	2.7
SFPSL‑90000/220	90000	220	38.5	11	146.1	556.2	612	417	13.1	20.3	5.86	2.56
SFPSL‑120000/220	120000/120000/120000	220	121	10.5	123.1	1023	227	165	24.7	14.7	8.8	1
SWDS‑90000/220	90000	242	121	12.8	205.5	727.8	579.7	412	24.56	13.94	8.6	
SSPSL‑150000/220	150000	242	121	10.5	239	918.3	838.6	619.3	24.4	14.1	8.3	2.15
SSPSL‑180000/220	180000	236	121	13.8	254	1057	1173	712	14.2	24.1	8.1	2.16
SSPSL‑50000/220	50000	220	38.5	11	76.3	329.3	381.08	196.3	15.83	24.75	0.99	0.98
SSPSL‑63000/220	63000	220	121	11	94	377.1	460.04	252.06	15.15	25.8	8.77	1.25
SSPSL‑120000/222	120000/80000/120000	220	121	38.5	131.5	466	691	268	25.7	14.9	8.86	0.85

附表 A‑19　　　　220、330kV 三相自耦电力变压器技术数据

型　号	额定容量（kVA）	额定电压（kV）			损耗（kW）				短路电压（%）			空载电流（%）
		高压	中压	低压	空载	短路			高中	高低	中低	
						高中	高低	中低				
OSFPSL‑90000/220	90/90/45	220±2×2.5%	121	11	77.7	323.7	315	253.5	9.76	36.62	24.24	0.5
OSFPSL‑120000/220	120/120/60	220±4×2.5%	121	11	73.25	456	366	346	9.35	33.1	21.6	0.346
SSPSOL‑300000/220	300/300/150	242±2×2.5%	121	13.8	224.7	1043	508.2	612.5	13.43	11.74	18.66	0.582
OSFPS‑240000/330	240/240/40	330±2×1%	242	10.5	73.5	565.3	176.9	180.4	8.64	94.2	78.5	0.206
SSPSO‑360000/330	360/360/72	363+4.5%−5.5%	242	11	207				7.5	77.5	66.7	0.351
OSFPSJ‑90000/330	90/90/30	345	121±6×1.67%	11	97	339.4	93.92	78.4	9.65	25.74	14.25	0.483
OSFPS‑150000/330	150/150/40	330±2×2.5%	121	11	145.4	569.5	83.95	106.4	9.9	24.3	13.9	0.627

附录 B 并联电容器技术数据

附表 B-1   烷基苯浸渍介质并联电容器

型 号	额定电压 (kV)	额定容量 (kvar)	额定电容 (μF)	相数	外形及安装尺寸（mm）								质量 (kg)
					L_1	L_2	L_3	B	H_1	H_2	A	M	
BWF$_2$6.3 - 12 - 1W	6.3	12	0.962	1	380	420	460	110	230	395	232	M10	17
BWF$_2$11/√3 - 12 - 1W	11/√3	12	0.947	1	380	420	460	110	230	435	232	M10	17
BWF$_2$10.5 - 12 - 1W	10.5	12	0.346	1	380	420	460	110	230	435	232	M10	17
BWF$_2$6.3 - 16 - 1W	6.3	16	1.283	1	380	420	460	110	230	395	232	M10	17
BWF$_2$11/√3 - 16 - 1W	11/√3	16	1.263	1	380	420	460	110	230	435	232	M10	17
BWF$_2$10.5 - 16 - 1W	10.5	16	0.462	1	380	420	460	110	230	435	232	M10	17
BWF6.3 - 25 - 1W	6.3	25	2.005	1	380	420	460	110	360	525	232	M10	24
BWF11/√3 - 25 - 1W	11/√3	25	1.973	1	380	420	460	110	360	565	232	M10	24
BWF$_2$10.5 - 25 - 1W	10.5	25	0.722	1	380	420	460	110	360	525	232	M10	24
BWF11 - 25 - 1W	11	25	0.658	1	380	420	460	110	360	565	232	M10	24
BWF6.3 - 30 - 1W	6.3	30	2.406	1	380	420	460	110	360	525	232	M10	24
BWF11/√3 - 30 - 1W	11/√3	30	2.368	1	380	420	460	110	360	565	232	M10	24
BWF10.5 - 30 - 1W	10.5	30	0.866	1	380	420	460	110	360	565	232	M10	24
BWF11 - 30 - 1W	11	30	0.789	1	380	420	460	110	360	565	232	M10	24
BWF6.6/√3 - 50 - 1W	6.6/√3	50	10.961	1	380	420	460	170	370	535	244	M10	35
BWF6.3 - 50 - 1W	6.3	50	4.010	1	380	420	460	170	370	535	244	M10	35
BWF11/√3 - 50 - 1W	11/√3	50	3.946	1	380	420	460	170	370	535	244	M10	35
BWF10.5 - 50 - 1W	10.5	50	1.444	1	380	420	460	170	370	575	244	M10	35
BWF11 - 50 - 1W	11	50	1.315	1	380	420	460	170	370	575	244	M10	35
BWF6.3 - 80 - 1W	6.3	80	6.416	1	380	420	460	135	660	825	250	M10	49
BWF11/√3 - 80 - 1W	11/√3	80	6.314	1	380	420	460	135	660	865	250	M10	49
BWF10.5 - 80 - 1W	10.5	80	2.310	1	380	420	460	135	660	865	250	M10	49
BWF11 - 80 - 1W	11	80	2.105	1	380	420	460	135	660	865	250	M10	49
BWF6.3 - 100 - 1W	6.3	100	8.020	1	380	420	460	170	670	875	244	M10	63
BWF11/√3 - 100 - 1W	11/√3	100	7.892	1	380	420	460	170	670	875	244	M10	63
BWF12/√3 - 100 - 1W	12/√3	100	6.631	1	380	420	460	170	670	875	244	M10	63
BWF10.5 - 100 - 1W	10.5	100	2.887	1	380	420	460	170	670	875	244	M10	63
BWF11 - 100 - 1W	11	100	2.631	1	380	420	460	170	670	875	244	M10	63
BWF12 - 100 - 1W	12	100	2.210	1	380	420	460	170	670	875	244	M10	63

附表 B‑2 苯甲基硅油浸渍介质并联电容器

苯甲基硅油浸渍介质

型 号	额定电压 (kV)	额定容量 (kvar)	额定电容 (μF)	相数	外形及安装尺寸（mm）								质量 (kg)
					L_1	L_2	L_3	B	H_1	H_2	A	M	
BGF11/2×$\sqrt{3}$-50-1W	11/2×$\sqrt{3}$	50	15.784	1	380	420	460	123	370	575	244	M10	27
BGF6.3-50-1W	6.3	50	4.010	1	380	420	460	123	370	535	244	M10	27
BGF6.9-50-1W	6.9	50	3.343	1	380	420	460	123	370	535	244	M10	27
BWF11/$\sqrt{3}$-50-1W	11/$\sqrt{3}$	50	3.946	1	380	420	460	123	370	575	244	M10	27
BWF10.5-50-1W	10.5	50	1.444	1	380	420	460	123	370	575	244	M10	27
BGF3.15-100-1W	3.15	100	32.080	1	380	420	460	135	670	865	250	M12	57
BGF11/2×$\sqrt{3}$-100-1W	11/2×$\sqrt{3}$	100	31568	1	380	420	460	135	670	890	250	M12	57
BGF3.3-100-1W	3.3	100	29.23	1	380	420	460	135	670	865	250	M12	57
BGF6.3-100-1W	6.3	100	8.02	1	380	420	460	135	670	865	250	M12	57
BGF11/$\sqrt{3}$-100-1W	11/$\sqrt{3}$	100	7.892	1	380	420	460	135	670	890	250	M12	57
BGF$_2$11/$\sqrt{3}$-100-1W	11/$\sqrt{3}$	100	7.892	1	560	616	460	170	368	592	380	M12	56
BGF10.5-100-1W	10.5	100	2.887	1	380	420	460	135	670	890	250	M12	57
BGF11-100-1W	11	100	2.631	1	380	420	460	135	670	890	250	M12	57
BGF$_2$11-100-1W	11	100	2.631	1	560	616	460	170	368	592	380	M12	56
BGF12-100-1W	12	100	2.210	1	380	420	460	135	670	890	250	M12	57
BGF10.5-100-3W	10.5	100	2.887	3	670	730	762	160	385	608	250×2	M12	67
BGF11-100-3W	11	100	2.631	3	670	730	762	160	385	608	250×2	M12	67
BGF11/$\sqrt{3}$-200-1	11/$\sqrt{3}$	200	15.784	1	625	685	717	160	690	914	400	M12	108
BGF11-200-1W	11	200	5.261	1	625	685	717	160	690	914	400	M12	108

附表 B‑3 二芳基乙烷浸渍介质并联电容器

二芳基乙烷浸渍介质

型 号	额定电压 (kV)	额定容量 (kvar)	额定电容 (μF)	相数	外形及安装尺寸（mm）								质量 (kg)
					L_1	L_2	L_3	B	H_1	H_2	A	M	
BFF1.05-50-1W	1.05	50	144.36	1	449	422	382	122	255	365	465	250	25
BFF3.15-50-1	3.15	50	16.05	1	379	352	312	122	255	365	555	180	24
BFF6.3-18-1W	6.3	18	1.444	1	380	420	460	110	230	395	232	M10	17
BFF11/$\sqrt{3}$-18-1W	6.3	18	1.421	1	380	420	460	110	230	435	232	M10	17
BFF10.5-18-1W	6.9	18	0.520	1	380	420	460	110	230	435	232	M10	17
BFF6.3-25-1W	11/$\sqrt{3}$	25	2.005	1	380	420	460	110	230	395	232	M10	17
BFF11/$\sqrt{3}$-25-1W	10.5	25	1.973	1	380	420	460	110	230	435	232	M10	17
BFF10.5-25-1W	3.15	25	0.722	1	380	420	460	110	230	435	232	M10	17

二芳基乙烷浸渍介质

型　　号	额定电压（kV）	额定容量（kvar）	额定电容（μF）	相数	L_1	L_2	L_3	B	H_1	H_2	A	M	质量（kg）
BFF6.3 - 30 - 1W	$11/2\times\sqrt{3}$	30	2.406	1	380	420	460	110	230	395	232	M10	17
BFF11/$\sqrt{3}$ - 30 - 1W	3.3	30	2.368	1	380	420	460	110	230	435	232	M10	17
BFF10.5 - 30 - 1W	6.3	30	0.866	1	380	420	460	110	230	435	232	M10	17
BFF6.3 - 50 - 1W	$11/\sqrt{3}$	50	4.010	1	380	420	460	110	360	525	232	M10	24
BFF11/$\sqrt{3}$ - 50 - 1W	$11/\sqrt{3}$	50	3.946	1	380	420	460	110	360	565	232	M10	24
BFF10.5 - 50 - 1W	10.5	50	1.444	1	380	420	460	110	360	565	232	M10	24
BFF6.3 - 100 - 1W	6.3	100	8.020	1	380	420	460	135	430	630	250	M10	35
BFF11/$\sqrt{3}$ - 100 - 1W	$11/\sqrt{3}$	100	7.892	1	380	420	460	135	430	630	250	M10	35
BFF$_2$11/$\sqrt{3}$ - 100 - 1W	$11/\sqrt{3}$	100	7.892	1	560	616	640	135	360	590	380	M12	43
BFF11/$\sqrt{3}$ - 100 - 1GW	$11/\sqrt{3}$	100	7.892	1	380	420	460	135	670	890	250	M12	57
BFF$_2$6.9 - 100 - 1W	6.9	100	6.686	1	560	616	640	135	360	590	380	M12	43
BFF10.5 - 100 - 1W	10.5	100	2.887	1	380	420	460	135	430	630	250	M12	35
BFF11 - 100 - 1W	11	100	2.631	1	380	420	460	135	430	630	250	M12	35
BFF$_2$11 - 100 - 1W	11	100	2.631	1	560	616	640	135	360	590	380	M12	43
BFF11 - 100 - 3GW	11	100	2.631	3	670	730	762	160	385	608	250×2	M12	67
BFF11 - 120 - 3W	11	120	3.157	3	670	730	762	160	385	608	250×2	M12	67
BFF20 - 120 - 1W	20	120	0.955	1	560	616	640	175	408	790	380	M12	61
BFF6.3 - 200 - 1W	6.3	200	16.040	1	560	620	652	160	675	900	380	M12	90
BFF11/$\sqrt{3}$ - 200 - 1W	$11/\sqrt{3}$	200	15.784	1	560	620	652	160	675	900	380	M12	90
BFF10.5 - 200 - 1W	10.5	200	5.774	1	560	620	652	160	675	900	380	M12	90
BFF11 - 200 - 1W	11	200	5.261	1	560	620	652	160	675	900	380	M12	90
BFF11 - 200 - 3W	11	200	5.261	3	560	620	652	160	675	900	210×2	M12	93
BFF22.5 - 200 - 1W	22.5	200	1.258	1	560	620	652	160	705	1086	380	M16	100
BFF24 - 200 - 1W	24	200	1.105	1	560	620	652	160	705	1086	380	M16	100
BFF6.3 - 334 - 1W	6.3	334	26.786	1	642	702	734	180	675	922	400	M16	117
BFF11/$\sqrt{3}$ - 334 - 1W	$11/\sqrt{3}$	334	26.359	1	642	702	734	180	675	922	400	M16	117
BFF11 - 334 - 1W	11	334	8.786	1	625	685	717	160	690	914	400	M12	105
BFF19.5 - 334 - 1W	19.5	334	2.796	1	642	707	734	180	705	1086	400	M16	124
BFF22.5 - 334 - 1W	22.5	334	2.100	1	642	707	734	180	705	1086	400	M16	124
BFF24 - 334 - 1W	24	334	1.846	1	642	707	734	180	705	1086	400	M16	124

附表 B-4 苄基甲苯浸渍介质并联电容器

苄基甲苯浸渍介质

型　号	额定电压 (kV)	额定容量 (kvar)	额定电容 (μF)	相数	外形及安装尺寸 （mm）								质量 (kg)
					L_1	L_2	L_3	B	H_1	H_2	A	M	
BAM1.05-100-1W	1.05	100	288.72	1	450	423	383	123	460	640	840	250	50
BAM2.1-100-1W	2.1	100	72.18	1	450	423	383	123	260	380	580	250	30
BFF2.1-100-1W	2.1	100	72.18	1	450	423	383	123	460	640	840	250	50
BAM3.15-50-1W	3.15	50	16.05	1	450	422	383	123	115	235	505	250	20
BAM11/√3-100-1W	11/√3	100	7.892	1	380	420	460	135	360	565	250	M10	29
BAF11/√3-200-1W	11/√3	200	15.784	1	380	420	460	170	670	875	250	M12	63
BAF11-200-1W	11	200	5.261	1	380	420	460	170	670	875	250	M12	63
BAM11/√3-200-1W	11/√3	200	15.784	1	560	620	652	135	430	630	380	M12	50
BAM11/√3-334-1W	11/√3	334	26.359	1	560	620	652	160	670	875	380	M16	88

附表 B-5 全膜并联电容器（二芳基乙烷浸渍介质）

全膜并联电容器（二芳基乙烷浸渍介质）

型　号	额定电压 (kV)	额定容量 (kvar)	额定电容 (μF)	相数	外形及安装尺寸 （mm）								质量 (kg)
					L_1	L_2	L_3	B	H_1	H_2	A	M	
BFM6.6/√3-25-1W	6.6/√3	25	5.481	1	300	340	380	135	165	330	180	M10	13
BFM6.3-25-1W	6.3	25	2.005	1	300	340	380	135	165	330	180	M10	13
BFM11/√3-25-1W	11/√3	25	1.973	1	300	340	380	135	165	370	180	M10	13
BFM6.6/√3-30-1W	6.6/√3	30	6.577	1	300	340	380	135	185	350	180	M10	14
BFM6.3-30-1W	6.3	30	2.368	1	300	340	380	135	185	350	180	M10	14
BFM11/√3-30-1W	11/√3	30	2.3.6	1	380	340	380	135	185	390	180	M10	14
BFM6.6/√3-50-1W	6.6/√3	50	10.961	1	380	340	380	135	255	420	180	M10	18
BFM6.3-50-1W	6.3	50	4.010	1	380	340	380	135	255	420	180	M10	18
BFM11/√3-50-1W	11/√3	50	3.956	1	420	340	380	135	255	460	180	M10	18
BFM11-50-1W	11	50	1.315	1	420	340	380	135	255	460	180	M10	18
BFM12-50-1W	12	50	1.105	1	380	340	380	135	255	460	180	M10	18
BFM6.6/√3-100-1W	6.6/√3	100	21.922	1	380	420	460	135	310	475	250	M12	25
BFM6.3-100-1W	6.3	100	8.202	1	380	420	460	135	310	475	250	M10	25
BFM11/√3-100-1W	11/√3	100	7.892	1	420	420	460	135	310	515	250	M10	25
BFM11-100-1W	11	100	2.631	1	420	460	500	135	310	515	250	M10	27
BFM12-100-1W	12	100	2.210	1	380	460	500	135	310	515	250	M10	27
BFM6.6/√3-200-1W	6.6/√3	200	43.844	1	380	420	460	170	440	650	244	M12	44

全膜并联电容器（二芳基乙烷浸渍介质）

型　号	额定电压（kV）	额定容量（kvar）	额定电容（μF）	相数	外形及安装尺寸（mm）								质量（kg）
					L_1	L_2	L_3	B	H_1	H_2	A	M	
BFM6.3 - 200 - 1W	6.3	200	16.040	1	380	420	460	170	440	650	244	M12	44
BFM11/$\sqrt{3}$ - 200 - 1W	11/$\sqrt{3}$	200	15.784	1	380	420	460	170	440	650	244	M12	44
BFM11 - 200 - 1W	11	200	5.261	1	420	465	500	170	440	650	250	M12	48
BFM12 - 200 - 1W	12	200	4.421	1	420	465	500	170	440	650	250	M12	48
BFM22/$\sqrt{3}$ - 200 - 1W	22/$\sqrt{3}$	200	3.946	1	530	575	610	160	480	865	370	M16	66
BFM22.5 - 200 - 1W	22.5	200	1.258	1	530	575	610	160	480	865	370	M16	66
BFM24 - 200 - 1W	24	200	1.105	1	530	575	610	160	480	865	370	M16	66
BFM6.3 - 334 - 1W	6.3	334	26.786	1	625	685	717	170	440	690	400	M16	74
BFM11/$\sqrt{3}$ - 334 - 1W	11/$\sqrt{3}$	334	26.359	1	625	685	717	170	440	690	400	M16	74
BFM11 - 334 - 1W	11	334	8.786	1	625	685	717	170	440	690	400	M16	74
BFM12 - 334 - 1W	12	334	7.383	1	625	685	717	170	440	690	400	M16	74
BFM19 - 334 - 1W	19	334	2.945	1	665	715	745	190	480	690	380	M16	91
BFM20 - 334 - 1W	20	334	2.658	1	665	715	745	190	480	865	380	M16	91
BFM22.5 - 334 - 1W	22.5	334	2.100	1	665	715	745	190	480	865	380	M16	91
BFM24 - 334 - 1W	24	334	1.846	1	665	715	745	190	480	865	380	M16	91
BFM11 - 100 - 3W	11	100	2.631	3	560	596	640	135	340	570	420	M10	42
BFM11 - 200 - 3W	11	200	5.261	3	560	610	640	135	450	685	420	M10	53
BFM11 - 300 - 3W	11	300	7.892	3	650	700	730	170	450	685	500	M10	75

注　型号说明：

第一个符号：B—并联电容器；

第二个符号：浸渍剂：A—苄基甲苯；F—二芳基乙烷；G—硅油；W—烷基苯；

第三个符号：F—膜纸复合介质；M—全膜介质；

第四个符号：额定电压（kV）；

第五个符号：额定容量（kvar）；

第六个符号：相数；

第七个符号：W：户外式（无字母为户内式）。

附录 C 导线的允许载流量

裸铜、铝及钢芯铝绞线的允许载流量（按环境温度＋25℃，最高允许温度＋70℃，无日照）见附表 C-1，温度校正系统 K_θ 值见附表 C-2。

附表 C-1 **裸铜、铝及钢芯铝绞线的允许载流量**

（按环境温度＋25℃，最高允许温度＋70℃，无日照）

铜绞线			铝绞线			钢芯铝绞线	
导线型号	载流量（A）		导线型号	载流量（A）		导线型号	载流量（A）
	屋外	屋内		屋外	屋内		屋外
TJ-4	50	25	LJ-10	75	55	LGJ-35	175
TJ-6	70	35	LJ-16	105	80	LGJ-50	210
TJ-10	95	60	LJ-25	135	110	LGJ-70	265
TJ-16	130	100	LJ-35	170	135	LGJ-95	330
TJ-25	180	140	LJ-50	215	170	LGJ-120	380
TJ-35	220	175	LJ-70	265	215	LGJ-150	445
TJ-50	270	220	LJ-95	325	260	LGJ-185	510
TJ-60	315	250	LJ-120	375	310	LGJ-240	610
TJ-70	340	280	LJ-150	440	370	LGJ-300	690
TJ-95	415	340	LJ-185	500	425	LGJ-400	835
TJ-120	485	405	LJ-240	610		LGJQ-300	690
TJ-150	570	480	LJ-300	680		LGJQ-400	825
TJ-185	645	550	LJ-400	830		LGJQ-500	945
TJ-240	770	650	LJ-500	980		LGJQ-600	1050
TJ-300	890		LJ-625	1140		LGJJ-300	705
TJ-400	1085					LGJJ-400	850

注 本表数值均是按最高温度为70℃计算的。对铜线，当最高温度采用80℃时，则表中数值应乘以系数1.1；对于铝线和钢芯铝线，当最高温度采用90℃时，则表中数值应乘以系数1.2。

附表 C-2 **温度校正系数 K_θ 值**

实际环境温度（℃）	-5	0	5	10	15	20	25	30	35	40	45	50
K_θ	1.29	1.24	1.20	1.15	1.11	1.05	1.00	0.94	0.88	0.81	0.74	0.67

注 当实际环境温度不是25℃时，附表 C-1中的载流量应乘以表中的温度校正系数 K_θ 值。

参 考 文 献

[1] 李梅兰，卢文鹏. 电力系统分析. 2版. 北京：中国电力出版社，2005.

[2] 刘振亚. 特高压电网. 北京：中国经济出版社，2005.

[3] 刘振亚. 智能电网知识读本. 北京：中国电力出版社，2010.

[4] 何光宇，孙英云. 智能电网基础. 北京：中国电力出版社，2010.

[5] 许晓慧. 智能电网导论. 北京：中国电力出版社，2009.

[6] 国家电网公司人力资源部. 国家电网公司生产技能人员职业能力培训通用教材电力系统（分析）. 北京：中国电力出版社，2010.

[7] 杨淑英，邹永海. 电力系统分析复习指导与习题精解. 2版. 北京：中国电力出版社，2008.

[8] 肖艳萍. 发电厂变电站电气设备. 北京：中国电力出版社，2008.

[9] 郭思顺. 架空送电线路设计基础. 北京：中国电力出版社，2009.

[10] 张炜. 电力系统分析. 北京：中国水利水电出版社，2007.

[11] 曹娜. 电力系统分析. 北京：北京大学出版社，2009.

[12] 杜文学. 电力系统. 北京：中国电力出版社，2007.

[13] 陈立新，杨光宇. 电力系统分析. 2版. 北京：中国电力出版社，2009.

[14] 杨淑英. 电力系统概论. 北京：中国电力出版社，2003.

[15] 韦钢. 电力系统分析要点与习题. 2版. 北京：中国电力出版社，2008.

[16] 尹克宁. 电力工程. 北京：中国电力出版社，2005.

[17] 于永源，杨绮雯. 电力系统分析. 3版. 北京：中国电力出版社，2004.

[18] 西北电力设计部. 电力工程电气设计手册（电气一次部分）. 北京：中国电力出版社，2009.